AF570285

Zum Buch

Wir stehen einer komplexen Umwelt, die uns immer mehr Wissen und Informationen abverlangt, oft ratlos gegenüber. Unsere Alltagserfahrungen helfen hier nicht weiter.
Wie misst man eine Million Grad? Warum soll ich zwischen Masse und Gewicht unterscheiden? Warum friert ein See auch bei stärkstem Frost nicht bis zum Boden durch? Wie entwickelte sich überhaupt die Atomvorstellung? Wozu brauchen Wissenschaftler diese vielen Formeln? Wenn Sie sich auch solche Fragen stellen, finden Sie hier das Rüstzeug, die Antworten darauf besser zu verstehen.
Pumping-Physics setzt hier an und will mit Fragestellungen, die auch für Laien geeignet sind, das Interesse an Naturwissenschaft und Technik wecken. Es dreht sich dabei nicht nur um die reine Wissensvermittlung, es geht vielmehr um: Naturwissenschaftlich denken.
Wie in der kurzen Anekdote im Vorwort geschildert, steht *Pumping-Physics* für diese aktive Beschäftigung mit den Themen und die Physik erweist sich als gute Basis.
Ein bewährtes Konzept wird modern präsentiert: Konkrete, klar umrissene Fragestellung. Die Beantwortung mittels vorgegebener Auswahlmöglichkeiten ist insbesondere für Nicht-Fachleute sinnvoll und senkt die Hemmschwelle, sich auch mit kniffligen Fragen zu befassen, nach dem Motto: „Probieren kann ich's ja mal!"
Ein lebendiger Schreibstil und pfiffige zum Teil farbige Grafiken lassen auch den Spaß nicht zu kurz kommen. Um sich vom aktiven Lesen mal zurücklehnen zu können, lockern ein- bis zweiseitige Einschübe mit weiterführenden Beispielen oder interessanten Hintergrundinformationen aus den Wissenschaften den Text auf.

Ottmar Kögel diplomierte 1993 in Physik, Schwerpunkte Optik und Werkstoffwissenschaften. Zuvor nutzte er sein musisches Talent für ein Studium zum Ton- und Bildingenieur am Robert-Schumann-Institut und der Hochschule Düsseldorf.
Dieses breite Interessensspektrum ist auch die Grundlage für seine berufliche Laufbahn als Produktmanager in unterschiedlichen Branchen – stets verbunden mit der verständlichen Aufbereitung komplizierter Sachverhalte.
Über das nebenberufliche Engagement an naturwissenschaftlich-technischen Schulen sowie die Präsentation entsprechender Themen auf diversen Wissenschaftsevents erkannte er, dass mit pfiffigen Fragen und einem pragmatischen Schreibstil mit einem Schuss Humor vor allem auch die physikalischen Grundlagen einem breiten Publikum vermittelt werden können.
Ottmar Kögel ist Autor zahlreicher Fachartikel und ausführlicher Beiträge in Fachbüchern und findet regelmäßig die Zeit für journalistische Beiträge in der Presse.

Ottmar Kögel

Pumping-Physics

Naturwissenschaftlich denken
Mehr Durchblick mit Physik

I

Mechanik
Flüssigkeiten & Gase
Wärme
Atome & Quanten

2. korrigierte und verbesserte Auflage

BoD

Bibliografische Information der Deutschen Nationalbibliothek:
Die Deutsche Nationalbibliothek verzeichnet diese Publikation in der Deutschen Nationalbibliografie; detaillierte bibliografische Daten sind im Internet über www.dnb.de abrufbar.

2. korrigierte und verbesserte Auflage 2018

Grafiken: Luitgard Kraus, Wendy Kraus, Gaia Di Gerlando, Autor
Umschlagmotiv: Luitgard Kraus
Herstellung und Verlag: BoD - Books on Demand GmbH, Norderstedt
ISBN: 978 3 739210544

INHALT

Vorwort

Neugier und der Wunsch, die Welt zu verstehen, scheinen in der Natur des Menschen zu liegen. Nicht erst der moderne Mensch beobachtet, sammelt und ordnet. Schon immer führte diese Neugierde die Menschheit zu neuen Erkenntnissen und Entdeckungen. Eine möglichst genaue und zugleich einfache Beschreibung der Naturerscheinungen zu finden ist das Ziel der Naturwissenschaften und insbesondere der Physik.

Was uns beschäftigt und gleichzeitig fasziniert, sind die nicht alltäglichen Dinge. Wie entwickelte sich die Idee von den Atomen? Warum sind manche Stoffe fest, andere aber flüssig? Im LargeHadronCollider LHC am CERN prallen die Teilchen mit der Energie zweier ICE-Züge aufeinander: Wie kann ich mir das vorstellen? Warum soll ich zwischen Masse und Gewicht unterscheiden? Wieso schwimmen Schiffe aus Eisen? Wie kalt ist es im Weltraum? Und neuerdings vielleicht: Was hat es mit dem Higgs-Teilchen auf sich? Wenn Sie sich auch solche Fragen stellen, finden Sie hier das Rüstzeug, die Antworten darauf besser zu verstehen.

Wir stehen einer zunehmend komplexeren Welt, in der immer mehr Wissen und Informationen angehäuft werden, oft etwas hilflos gegenüber. Wer sich auf dieses technisch-naturwissenschaftliche Feld einlässt, verspürt daher einen ständig wachsenden Wissensdurst. Dagegen hilft nur die aktive Beschäftigung mit den Fragestellungen und dieses Buch unterstützt Sie dabei.

Pumping iron, Englisch für Bodybuilding, ist zwar schweißtreibender Sport, hält aber fit. Als mir ein amerikanisches Gitarrenheft namens *Pumping Nylon* unter die Finger kam, gefiel mir diese Umdeutung von „pumping“ als, wenn auch harte: *Übung*. Nicht nur körperlich, sondern auch intellektuell. *Pumping-Physics* soll ebenso zur aktiven Beschäftigung mit Themen aus Naturwissenschaft und Technik anregen.

John Hymus, Inhaber Internationale Sprachenschule, Rhyl/Wales: “It sounds good - 'pumping-physics' would meet your expectations.”

Guenther Mohr, Mathematiker, Toronto/Kanada: “Pumping physics conjures up a vision of being very diligent at learning about physics. So far so good.”

Guenthers „Vorstellung des sehr gewissenhaften Lernens“ scheint vielleicht etwas abgehoben, drückt aber doch das aus, was *Pumping-Physics* auch ist: fachlich korrekte Physik!

In *Pumping Physics* steckt wohl beides: einmal der Spaß an der Sache. Aber auch das ernsthafte Ringen um die „hard facts". Dem Wortspiel verpflichtet hat *Pumping Physics* rundweg *denk*sportlichen Charakter - „sounds good". Wer sich für Physik interessiert, will die Phänomene in seiner Umwelt verstehen. Mit dem Blick unter die Oberfläche, sieht man sich sehr schnell komplexen Zusammenhängen gegenüber. Um aber das Wesentliche, die physikalischen Prinzipien und Konzepte zu verstehen, ist gar nicht so viel Spezialwissen, Theorie oder allzu Technisches erforderlich.
All das wird in diesem Buch daher weggelassen. Auch Mathematik, oft als die Sprache der Physik bezeichnet, soll kaum in Erscheinung treten. Mit einfacher Schulmathematik lassen sich bereits wichtige Gesetzmäßigkeiten erkennen und die Aussagen physikalischer Formeln verstehen. Sie bringen das Wesentliche besser auf den Punkt als lange Erklärungen. Und prägnante Formeln wie Newtons $F = m \cdot a$ oder Einsteins $E = m \cdot c^2$ stehen für sich.

Zwei Aspekte erleichtern es, unsere vielschichtige und abstrakte Welt zu verstehen: Physik ist ein sehr strukturiertes Fach und befasst sich mit ganz grundlegenden Fragestellungen.
Gründlich vorzugehen heißt auch, wichtige Prinzipien und Konzepte zu kennen. Hat man bestimmte fundamentale Tatsachen, die für sich genommen weder unbegreiflich noch abschreckend sind, einmal verstanden, erschließen sich dem Leser auch größere Zusammenhänge der Physik.
Der Leitgedanke, viele komplexe Details wegzulassen und die Themen eher anschaulich anzugehen, bedeutet nicht: unstrukturiert. Aus einer auch auf Einsteigerniveau grundlegenden Herangehensweise folgt die klare Ordnung ganz zwanglos. Durch eine verständliche Gliederung sowie das Hervorheben wichtiger Aussagen und Gesetze lässt sich so Stück für Stück sicheres Wissen schaffen.
Thematisch liegt der Fokus auf Fragestellungen, die auch für den interessierten Laien nachvollziehbar sind. Schon der Alltag, unsere unmittelbare Umgebung bieten ein reiches Reservoir an anschaulichen Beispielen. Dabei dreht es sich nicht nur um die reine Wissensvermittlung, es geht vielmehr darum, naturwissenschaftlich denken zu lernen.
Die Inhalte werden physikalisch möglichst exakt, gleichzeitig aber auch unterhaltsam vermittelt. Der Stoff ist anschaulich gegliedert nach klassischen Teilgebieten der Physik.

Die Mechanik ist nach wie vor der sichere Einstieg und wird auch hier den Anfang machen. Es folgen die Flüssigkeiten und Gase, ein Feld, auf dem man immer wieder auf Fragen aus dem Alltag stößt. Die oft selbst direkt wahrnehmbaren, zum Teil aber auch erstaunlichen Phänomene der Wärme nehmen großen Raum ein. Mit einer verständlichen Herleitung des heutigen Atommodells endet dieser Band.

Durch ein umfangreiches Stichwortverzeichnis eignet sich das Buch auch zum Nachschlagen.

Die Themen werden als klar umrissene Fragestellungen in Form von Frage und Antwort präsentiert. Davon lebt auch die Physik: Forscher beobachten nicht nur Vorgänge, die in der Natur von selbst ablaufen. In geplanten physikalischen Beobachtungen, den Experimenten, stellen sie gezielt Fragen an die Natur.

Begriffe und physikalische Größen werden vor ihrem Gebrauch eingeführt, entweder separat oder mit einer passenden Frage. Insbesondere wird konsequent auf eine standardisierte Terminologie und Schreibweise etwa der Formeln geachtet.

Bei der Lösung hilft Ihnen eine Auswahl aus vorgegebenen Alternativen. Die Beantwortung mittels Auswahlmöglichkeiten ist nicht dem Quiz-Zeitgeist geschuldet. Der Weg über das Ausschließen nicht zutreffender Aussagen ist insbesondere für Nicht-Fachleute durchaus sinnvoll und senkt die Hemmschwelle, sich auch mit kniffligen Fragen zu befassen, nach dem Motto: „Probieren kann ich's ja mal!" Außerdem bieten Alternativantworten die Chance, einen Kick Spaß und Spiel einzubringen.

Um sich vom aktiven Lesen mal zurücklehnen zu können, lockern ein- bis zweiseitige Einschübe den fortlaufend gegliederten Text auf. Dort finden sich jeweils passend weiterführende Informationen. Auch wird entlang der einzelnen Themen der Weg von der klassischen Antike bis zur modernen Naturwissenschaft der Neuzeit skizziert. Es ist von Irrtümern, Anekdoten und so manch unbekannter Charaktereigenschaft der einschlägigen Protagonisten die Rede.

Immer jedoch steht die Physik, das naturwissenschaftliche Denken im Mittelpunkt. Pfiffig illustriert, mit Spaß an der Sache formuliert und interessanten Hintergrundinformationen aus den Wissenschaften gelingt es, die Lektüre dennoch nicht zur Anstrengung werden zu lassen.

Danksagung:

Vielen Dank an alle, die mich bei meiner Arbeit am Projekt „Pumping-Physics“ unterstützt haben. Mein besonderer Dank gilt Frau Andrea Hager, Oberstudienrätin für Mathematik/Physik am Emmy-Noether-Gymnasium, Erlangen und nicht zuletzt meiner Frau und Lektorin Bettina Höfner-Kögel.

Erlangen, November 2015
Ottmar Kögel

Vorwort zur zweiten Auflage

Das durchweg positive Feedback auf die Mischung aus Spaß an der Sache und dem Zugang zu echtem Fachwissen war Anlass für eine verbesserte, zweite Auflage.
Das Konzept, physikalisch-technische Grundlagen möglichst exakt, zugleich aber auch interessant und unterhaltsam zu vermitteln, hat sich bewährt. Die Themen aus Naturwissenschaft und Technik als klar umrissene Fragestellung in Form von Frage und Antwort anzugehen, hat meinen Leserinnen und Lesern ganz offensichtlich gut gefallen.
Die Rückmeldungen aufmerksamer Leser sind das Wertvollste, das in die Neuauflage eingeflossen ist. Die Antwort zu *Klettern mit Tau und Rolle* konnte so beispielsweise deutlich einfacher formuliert werden. Einige mit einem Schüler ausgetauschte Posts im Pumping-Physics-Blog zu *Hydrostatisches Paradoxon* mündeten in einer begrifflich präziseren Darstellung der Druckverhältnisse in verschiedenen Gefäßformen, ohne dass die Anschaulichkeit verloren ging. Viele weitere Fragen profitierten auf diese Weise und sind nun noch leichter erfassbar.
Das Stichwortverzeichnis wurde erweitert, sein Nutzen dadurch vergrößert. Schließlich wurden zahlreiche kleinere (Druck-) Fehler korrigiert.
Ich danke Allen, die durch kritische Anmerkungen zur Verbesserung der neuen Auflage beigetragen haben.

Erlangen, November 2018
Ottmar Kögel

MECHANIK

Auch die Physik des 21. Jahrhunderts beginnt mit dem Studium der Mechanik. So erschließt sich am einfachsten die Bedeutung vieler physikalischer Grundprinzipien wie die Erhaltungsätze oder das Wechselwirkungsprinzip.
Seit Galileo Galilei nehmen das Experiment und die Messung von Größen eine zentrale Stellung ein. Der Vorteil des Experimentierens gegenüber der reinen Beobachtung liegt darin, dass im Experiment die Versuchsbedingungen verändert und so der Einfluss einer Größe auf eine andere untersucht werden kann. Dabei verfolgt der Physiker die Vorgänge immer auch messend. Die Resultate werden miteinander in Zusammenhang gebracht, um die Abhängigkeit der Größen zu erkennen oder sogar ein physikalisches Gesetz zu erhalten.
Das sich daraus entwickelnde Wechselspiel von Modellbildung und experimenteller Untersuchung ist bis heute kennzeichnend für die physikalische Forschung.
Neben der grundlegenden Vorgehensweise zur Gewinnung neuer Erkenntnisse kamen auch typische Methoden der Physik ursprünglich aus der Mechanik.
Ein wichtiges Ziel der Mechanik ist es, die Bewegung von Körpern unter dem Einfluss von Kräften zu beschreiben. Dazu werden Bewegungsgleichungen aufgestellt, deren formelmäßige Lösung dann z. B. die gewünschte Bahnkurve des Körpers ergibt.
Daher stehen die grundsätzlichen Bewegungsgrößen am Anfang.
Die **Kinematik** behandelt die Gesetzmäßigkeiten, die den Bewegungsabläufen zugrunde liegen. Die bei der Bewegung auftretenden Kräfte bleiben unberücksichtigt. Man unterscheidet zwei Arten von Bewegung: geradlinige Bewegung (Translation) und Drehbewegung (Rotation).

Werden auch die auftretenden Kräfte und Massen mit einbezogen, werden aus reinen Bewegungsabläufen **dynamische** Prozesse. Das Konzept der Kraft ist fundamental in Physik und Technik, um beispielsweise die Bewegung eines Körpers vorherzusagen.

Die berühmten Newtonschen Gesetze dürfen bei diesem Einstieg natürlich nicht fehlen.

Größen und Einheiten

Eine **Messung** könnte ein Resultat wie das obige liefern: Eine Strecke von s = 20 m. Sie liefert eine **physikalische Größe**, die aus einem Zahlenwert und einer Einheit besteht. Die Stoppuhr gibt die benötigte Zeit von $t \approx 2$ s.
Größen (Formelzeichen) wie „*s*" und „*t*" werden kursiv, die Symbole für Einheiten wie „m" für Meter oder „s" für Sekunde immer in Normalschrift dargestellt.
Eine Zusammenstellung wichtiger (SI) Einheiten findet sich im Anhang.
Auch für sehr große oder sehr kleine Zahlenwerte gibt es kürzere Schreibweisen. Entweder in der sogenannten wissenschaftlichen Notation mit 10er-Potenzen oder mit bestimmten Präfixen, die jeweils einer Potenz entsprechen. Die Strecke 1250 m lässt sich somit abkürzen zu: 1,25 10^3 m bzw. 1,25 km. Insbesondere für die Mechanik wichtige Basisgrößen sind

Präfixe für SI-Einheiten

Faktor	Präfix	Zeichen
10^{12}	Tera-	T
10^{9}	**Giga-**	**G**
10^{6}	**Mega**	**M**
10^{3}	**Kilo-**	**K**
10^{2}	Hekto	H
10^{1}	Deka-	da
10^{-1}	Dezi-	d
10^{-2}	**Zenti-**	**c**
10^{-3}	**Milli-**	**m**
10^{-6}	**Mikro-**	**µ**
10^{-9}	**Nano-**	**n**
10^{-12}	Piko-	p
10^{-15}	Femto-	f

Länge

Vor gut 100 Jahren wurde die **Längeneinheit Meter (m)** über zwei Kerben in einem Metallstab festgelegt. Von diesem in Paris aufbewahrten Original wurden exakte Kopien an alle Normungsbehörden weltweit verschickt. Heute geht die Einheit Meter auf eine Naturkonstante zurück, nämlich die Lichtgeschwindigkeit:

Ein Meter ist die Entfernung, die das Licht im Vakuum in $\frac{1}{299\,792\,548}$ Sekunden zurücklegt.
Die Bestimmung der Länge wird letztlich auf eine hochpräzise Zeitmessung zurückgeführt.

Zeit
Die Zeitmessung basiert auf einem periodischen Vorgang. Naheliegend wurden früher Stunde, Minute und Sekunde auf die tägliche Rotation der Erde zurückgeführt. Im 17. Jh. aufkommende Uhren nutzten die regelmäßigen Schwingungen von Pendeln oder Federn.
Heute definiert man die Zeit ebenfalls über eine Naturkonstante:
Taktgebende Schwingung zur Definition der **Zeiteinheit Sekunde (s)** ist eine bestimmte Oszillation des Caesiumatoms. Diese extrem schnelle Schwingung ermöglicht die von Atomuhren bekannte Ganggenauigkeit.

Masse
Noch wird die **Masseneinheit Kilogramm (kg)** über einen Zylinder aus einer Platin-Iridium-Legierung festgelegt, der sich ebenfalls in Paris befindet und von dem es weltweit Kopien gibt. Für Messungen auf atomarer Skala verwendet man die atomare Masseneinheit u, die anhand des Kohlenstoff-12-Atom definiert ist. Aktuell wird im aus Deutschland koordinierten Avogadro-Projekt eine Neudefinition des Kilogramms über das „Zählen" von Atomen in einem Silizium-Einkristall angestrebt.

Besser messen

Zu den ganz grundlegenden Messungen gehört die Bestimmung von Zeitpunkten oder Zeitintervallen. Dazu nutzt man einfache, mechanische Stoppuhren, die man über Druckknöpfe bedient. Manche haben eine Digitalanzeige. Für eine höhere Präzision gibt es auch elektronisches Zeitmess-Equipment. Alle Messungen jedoch hängen, neben der Ganggenauigkeit der verwendeten Uhren, vom exakten Starten bzw. Stoppen der Zeitmessung ab. Das Erfassen kurzer Zeitintervalle mit einer Stoppuhr ist problematisch, da das Drücken der Start-Stopp-Knöpfe große Unsicherheiten mit sich bringt. Wie kann man diese systembedingten Unzulänglichkeiten abmindern oder weitgehend ausschließen?

a) Wiederholen der gleichen Messung und bilden des Mittelwertes
b) Es bleibt nur eines: Den Umgang mit der Stoppuhr trainieren
c) Bei periodischen Vorgängen kann man die Messung über einen längeren Zeitraum durchführen und das Ergebnis durch die Anzahl der Perioden teilen.

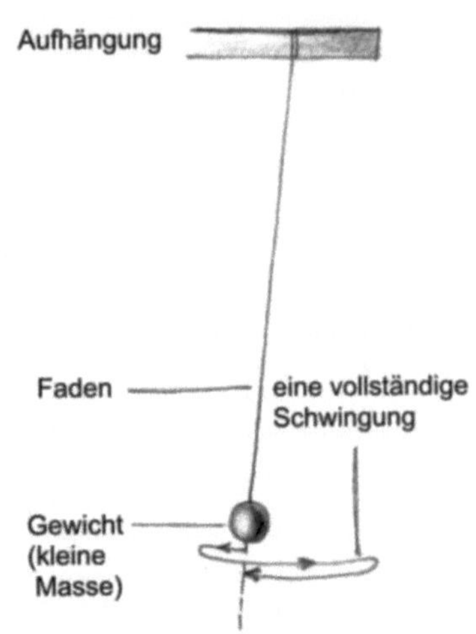

Antwort

Die Antworten a) und c) sind richtig
Beide Wege sind das Standard-Verfahren zur Erhöhung der Messgenauigkeit. Das Wiederholen ein und derselben Messung und die Bildung des Mittelwertes ist über die sogenannte Fehlerrechnung sogar mathematisch exakt definiert. Die Anzahl n der gemachten Messungen geht rechnerisch in die letztlich unvermeidliche, aber minimierte Schwankung des Mittelwertes ein.
Um die Schwingungsperiode in Sekunden des abgebildeten Pendels zu messen, lässt man diese mehrere Male schwingen und teilt die gemessene Zeit durch die Anzahl der Hin- und Herbewegungen. So könnte die Messung einer einzigen Schwingungsperiode z. B. 2 Sekunden ergeben. Mehr Genauigkeit ist messtechnisch nicht möglich. Lässt man das Pendel jedoch 25-Mal schwingen und misst dabei die Zeit von 55 Sekunden, so ergibt sich der genauere Wert von 2,2 Sekunden für eine Periode.
Neben diesen statistischen Schwankungen, die sich mit zunehmender Anzahl an Versuchen ausmitteln, gibt es noch die systematischen Fehler, wie z. B. ein falsch kalibriertes Messinstrument. Sie heben sich natürlich nicht durch wiederholte Messungen auf, sondern müssen erkannt und behoben werden.
Die Erhöhung der Messgenauigkeit bezieht sich auf alle physikalischen Größen und ist ein sich über Jahrhunderte und alle verfügbare Techniken erstreckender Prozess.

Begriffe der Kinematik

Wir betrachten hier die eindimensionale Bewegung entlang einer geraden Linie. Die Beschränkung auf eine Richtung vereinfacht die Beschreibung. Bewegungen werden zwar durch Kräfte verursacht, auf diese wird weiter auch eingegangen. Die Kinematik untersucht jedoch nur die Bewegungen *an sich*, sowie Änderung dieser Bewegungen.
Schließlich betrachten wir Objekte als punktförmig. Elektronen wären tatsächlich solche dimensionslosen **Massenpunkte**. Aber auch starre Körper, bei denen sich alle Teile mit der gleichen Geschwindigkeit in die gleiche Richtung bewegen, werden als ein Teilchen aufgefasst. Verfolgt man beispielsweise die Bahn eines Sprinters, so misst man etwa die Bewegung seines Oberkörpers, der hier den Massenpunkt darstellt.

Ort und Verschiebung

Um Bewegung zu beschreiben, ist zuerst ein Bezugssystem festzulegen. Den Ort eines Teilchens anzugeben bedeutet, seine Position relativ zu einem bestimmten Referenzpunkt festzulegen. Dieser Punkt ist z. B. der Ursprung (Nullpunkt) eines Bezugssystems.
Das Bezugssystem wird als Achse mit einer Längeneinteilung, z. B. in der Einheit Meter, dargestellt. Die positive Richtung zeigt dabei nach rechts, die negative nach links. Entsprechend werden die Positionen (Orte) mit positiven bzw. negativen Zahlenwerten um den Ursprungspunkt (Null) angegeben:

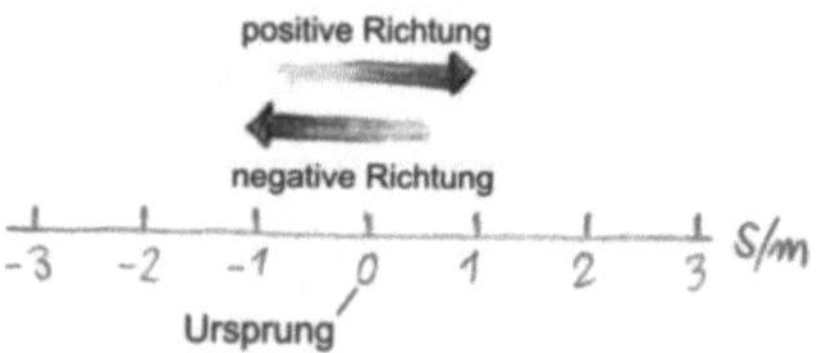

Die Bewegung von einem Ort s_1 zu einem anderen Ort s_2 wird eine **Verschiebung** genannt, mit: $\Delta s = s_2 - s_1$.

Der griechische Großbuchstabe Δ (Delta) steht für eine Änderung einer Größe. Die Bewegung von z. B. $s_1 = 3$ m nach $s_2 = 8$ m ist eine Verschiebung um $\Delta s = +5$ m in die positive Richtung. Von s_2 wieder zurück zu s_1 ist dann eine Verschiebung um – 5 m.
Wenn die Situation eindeutig oder übersichtlich ist, wird eine Verschiebung auch einfach mit „s“ bezeichnet, das Δ also weggelassen.

Eine Verschiebung ist ein Beispiel für eine *vektorielle Größe*, d.h. es wird neben dem Betrag, hier 5 m, auch die Richtung angegeben. Im Fall der geradlinigen Bewegung reicht hierfür ein „+“- bzw. „–“ –Zeichen.

Vektoren sind wichtig in der Physik, bei den Kräften wird näher darauf eingegangen.

Durchschnittsgeschwindigkeit

Die Bewegung eines Massenpunktes wird anschaulich anhand von Zeit-Ort-Diagrammen dargestellt. Dabei wird der Ort ***s*** als Funktion der Zeit ***t*** aufgetragen, ***s(t)***.

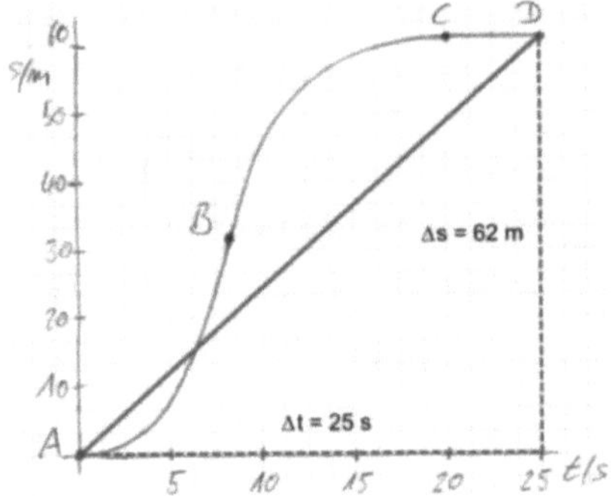

Die Abbildung rechts zeigt die Bewegung eines Fahrzeuges von A nach D. Offensichtlich beschleunigt es, bremst ab B wieder ab und kommt bei C zum Stehen, wo es bis D stehen bleibt.

Fragt man wie *schnell* ist das Fahrzeug unterwegs ist, gibt man z. B. dessen **Durchschnittsgeschwindigkeit** oder **mittlere Geschwindigkeit** v_D an.

Sie ist definiert als der zurückgelegte Weg dividiert durch die dafür benötigte Zeit, also: $v_D = \frac{\Delta s}{\Delta t} = \frac{s_2 - s_1}{t_2 - t_1}$.

Als Einheit der Geschwindigkeit resultiert z. B. $\frac{\text{m}}{\text{s}}$ oder $\frac{\text{km}}{\text{h}}$. Im Zeit-Ort-Diagramm entspricht die Durchschnittsgeschwindigkeit der Steigung der Geraden zwischen A und D:

$$v_D = \frac{s_D - s_A}{t_D - t_A} = \frac{62\text{ m}}{25\text{ s}} \approx 2{,}5\ \frac{\text{m}}{\text{s}}.$$

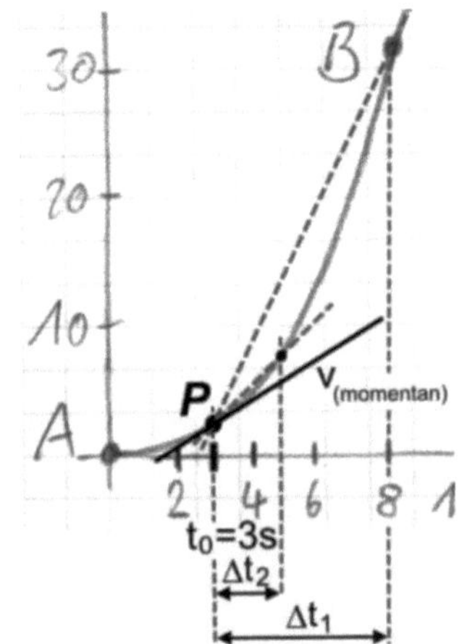

Für den Radfahrer aus *Größen und Einheiten* ergibt die Messung:

$$v_D = \frac{20\text{ m}}{2{,}07\text{ s}} \approx 10\ \frac{\text{m}}{\text{s}} = 36\frac{\text{km}}{\text{h}}$$

Wie die Verschiebung besitzt auch die Geschwindigkeit einen Betrag und eine Richtung, ist also ebenfalls eine Vektorgröße. Der Betrag entspricht dabei der Steigung der Geraden.

Momentangeschwindigkeit

Meist will man jedoch wissen, wie schnell sich ein Objekt (Massenpunkt) zu einem gegebenen Zeitpunkt t_0 bewegt. Dazu misst man die Verschiebung Δs für ein sehr kurzes Zeitintervall

$\Delta t = t - t_0$. In der vergrößert dargestellten Beschleunigungsphase zwischen A und B sind Messungen zur Bestimmung der **Momentangeschwindigkeit** $\boldsymbol{v}$ zum Zeitpunkt $\boldsymbol{t_0} = \mathbf{3\ s}$ dargestellt. Verkürzt man von Δt_1 über Δt_2 das Zeitintervall Δt immer weiter, so erhält man die durchgezogene Gerade, die die *s(t)*-Kurve am Punkt P(3 s/4,5 m) *tangiert.*
Ihre Steigung entspricht der Momentangeschwindigkeit (hier bei t_0 = 3s). Es gilt:

$$v = \lim_{\Delta t \to 0} \frac{\Delta s}{\Delta t} = \frac{ds}{dt}.$$

Sehr kleine Größen bzw. Größenänderungen werden üblicherweise mit einem vorangestellten „d" gekennzeichnet.
Das zur Beispielbewegung von A nach D gehörige Zeit-Geschwindigkeits-Diagramm stellt sich schließlich so dar:

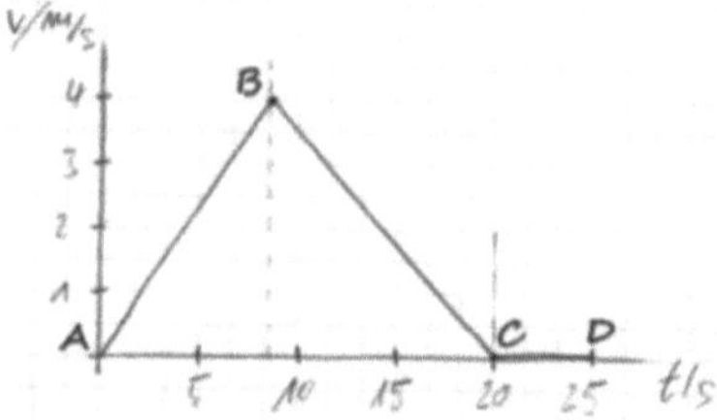

Beschleunigung

Ändert sich die Geschwindigkeit eines Teilchens, so heißt es, das Teilchen erfährt eine **Beschleunigung** $\boldsymbol{a}$. Im Beispiel steigert das Fahrzeug vom Start bei A bis B die Geschwindigkeit, es wird beschleunigt. Die betrachtete Bewegung ist gleichmäßig, d.h. die Beschleunigung konstant, es gilt: $a = \frac{v_B - v_A}{t_B - t_A}$.

Allgemein berechnet sich die (mittlere) Beschleunigung zu: $a = \frac{\Delta v}{\Delta t} = \frac{v_2 - v_1}{t_2 - t_1}$.

Die übliche Einheit der Beschleunigung ist $\frac{\mathrm{m}}{\mathrm{s}^2}$.

Beim Abbremsen zwischen B und C unterliegt das Fahrzeug einer negativen Beschleunigung, da sich die Geschwindigkeit verringert. Sie ist im Beispiel geringer (Betrag) als die Anfahrbeschleunigung und hat ein negatives Vorzeichen. Im *t-v*-Graphen fällt die Gerade zwischen B und C entsprechend flacher. Rechts das Beschleunigungs-Diagramm.

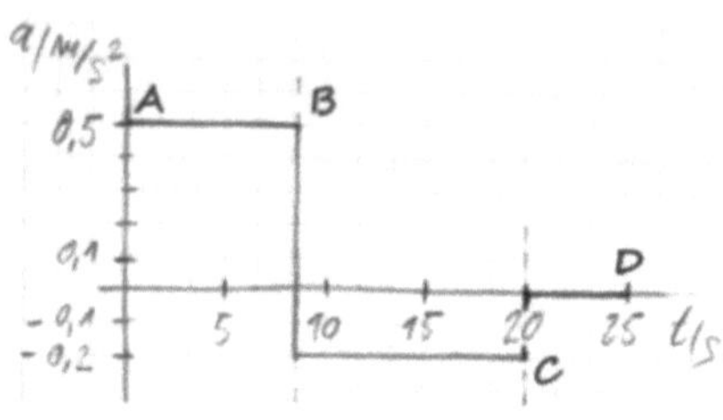

Hin und zurück

Betrachten wir als erstes eine einfache Bewegung. Ein Fußgänger, den wir als Massenpunkt ansehen, bewegt sich auf einer geradlinigen Bahn nach dem hier abgebildeten Zeit-Ort-Diagramm.
Kann man das zugehörige Diagramm für die Geschwindigkeit eindeutig angeben?

a) Ja (versuchen Sie eine Skizze)

b) Nein

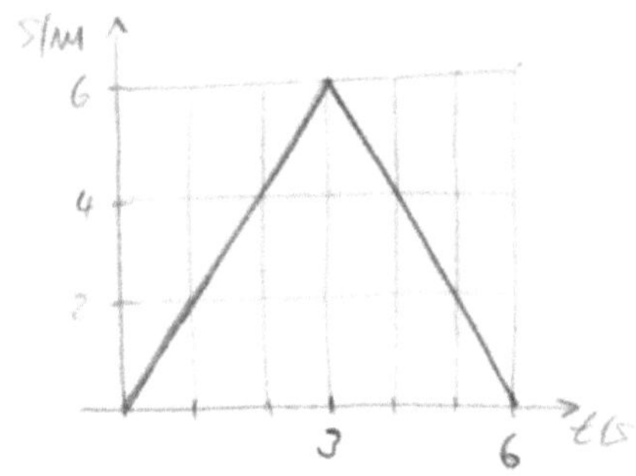

Kann genau diese Bewegung in der Natur vorkommen?

a) Ja

b) Nein

Antwort

Die Antwort auf die erste Frage lautet:
a) Ja.
Die (mittlere) Geschwindigkeit ***v*** eines Körpers ist definiert als seine Ortsänderung oder Verschiebung **Δ*s*** in einem bestimmten Zeitintervall **Δ*t***. Als Einheit ergibt sich z. B. m/s oder km/h.
Der Fußgänger startet bei $s_1 = 0$ m und schreitet konstant fort bis zu $s_2 =$ 6 m nach drei Sekunden. Dann kehrt sie in der gleichen Weise wieder bis zum Ausgangspunkt zurück.
Es ist eine sogenannte gleichförmige Bewegung, also eine geradlinige Bewegung mit konstanter Geschwindigkeit.

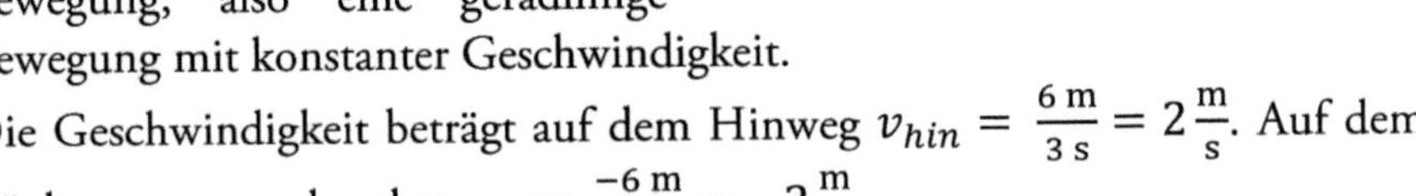

Die Geschwindigkeit beträgt auf dem Hinweg $v_{hin} = \frac{6\,\text{m}}{3\,\text{s}} = 2\,\frac{\text{m}}{\text{s}}$. Auf dem Rückweg entsprechend $v_{rück} = \frac{-6\,\text{m}}{3\,\text{s}} = -2\,\frac{\text{m}}{\text{s}}$.
Zum Vorzeichen vergleiche die Anmerkung in *Achterbahn*.

Die Antwort auf die zweite Frage lautet: b) Nein.
Die Bewegungsumkehr nach 3 Sekunden bei 6 Meter kann in der Natur nie unmittelbar, d. h. mit 0 Sekunden Verzögerung, geschehen.

Die bewegte Masse muss auf 0 m/s abgebremst und anschließend wieder auf – 2 m/s beschleunigt werden. Dies kann nicht unendlich schnell geschehen, da dann auch unendlich große Kräfte auftreten würden.
Außerdem ist kein Körper völlig starr, sondern verformbar. Kräfte werden dadurch immer etwas „abgefedert".
Die oben skizzierte abrupte Geschwindigkeitsumkehr ist also nur eine Idealisierung. In der Realität verläuft das nach der rechts skizzierten abgerundeten Kurve.

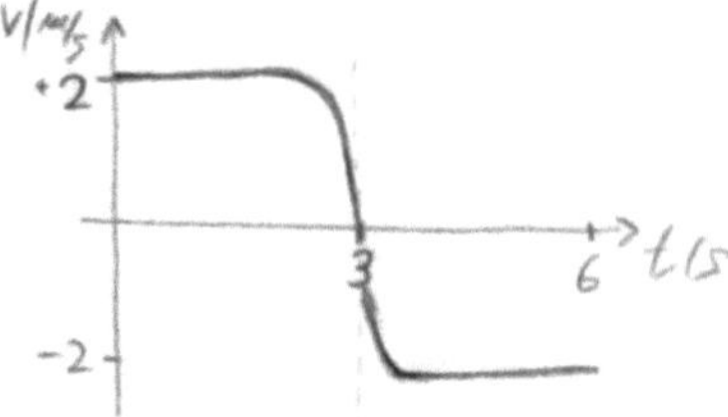

Von A nach B

Auf einer geradlinigen Strecke liegen zwei 15 km voneinander entfernte Orte A und B. Entlang dieser Strecke bewegt sich ein Radfahrer nach dem hier abgebildeten Zeit-Geschwindigkeit-Diagramm. Wie lautet das entsprechende Zeit-Ort-Diagramm?

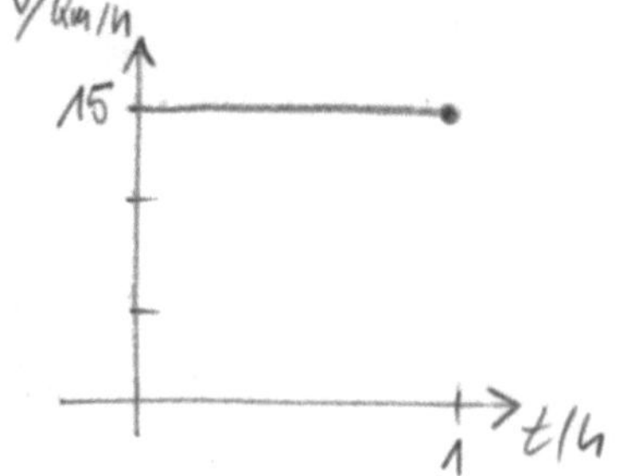

a) Waagrechte Gerade bei $s = A$
b) Beliebig viele Geraden mit der Steigung 15 km/h
c) Gerade mit der Steigung 15 km/h beginnend bei $s = A$
d) Es gibt beliebig viele passende *t*-*s*-Diagramme

Antwort

Die Antwort lautet: b)
Zur Beschreibung einer Bewegung gehören der Ort ***s***, z. B. zum Zeitpunkt $t = 0$ s, und die Geschwindigkeit ***v*** zur gleichen Zeit. Die Geschwindigkeit hat einen Betrag, hier 15 km/h. Und sie hat eine Richtung, im Fall der Bewegung entlang einer Strecke heißt das nur vorwärts oder rückwärts. Das *t*-v-Diagramm gibt nur eine benötigte Information vor, nämlich die Geschwindigkeit. Damit ist die Steigung der Geraden *s(t)* bestimmt: 15 km/h.

Der Ort, an dem die Bewegung ab $t = 0$ s startet, kann völlig beliebig gewählt werden, beispielsweise bei A = −3 km.
Das nach einer Stunde erreichte Ziel liegt dann bei B = 12 km.

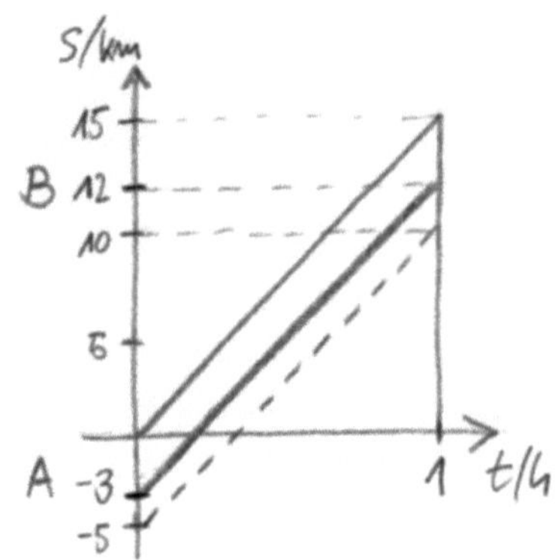

Diagramme

Diagramme sind ein wichtiges Hilfsmittel in Wissenschaft und Technik. Diagramme und Grafiken sind ein Weg, wissenschaftliche Daten so darzustellen, dass Trends oder (physikalische) Gesetze direkt zu sehen sind. In einem Diagramm lässt sich der Zusammenhang zwischen zwei Größen anschaulich machen. Anhand der hier verwendeten Grafiken ist etwa der Zeit-Ort- bzw. Zeit-Geschwindigkeit-Verlauf sofort ablesbar.
Durch Interpretation von Diagrammen werden Abhängigkeiten von Größen untereinander erkennbar. Im Kraft-Ausdehnungs-Diagramm der Frage *Feder, konstante* weiter unten ergibt sich z. B. ein für jede Feder charakteristischer Zusammenhang zwischen F und Δl. Das Diagramm liefert unmittelbar den Proportionalitätsfaktor: Die Federkonstante.
Darüber hinaus erlauben Diagramme Voraussagen zu machen. So können aus den hier verwendeten Zeit-Ort- und Zeit-Geschwindigkeit-Diagrammen nicht nur die Bewegungen von Körpern bestimmt werden, sondern z. B. auch die auf sie einwirkenden Kräfte.
Schreibweise Die hier benutzte Konvention, Diagramme in der Reihenfolge horizontaler Wert – vertikaler Wert zu benennen, kennt diese Kurzschreibweise, beispielsweise für ein Zeit-Geschwindigkeit-Diagramm: ***t*-*v*-Diagramm** bzw. ***v*(*t*)-Diagramm**.

...und los

Ein Fußgänger bewegt sich nach dem hier abgebildeten Zeit-Ort-Diagramm. Er steht bei $s = 4$ m und geht dann los.

Mit wie vielen verschiedenen Geschwindigkeiten ist der Passant unterwegs?

a) einer
b) zwei
c) drei
d) vier
e) fünf

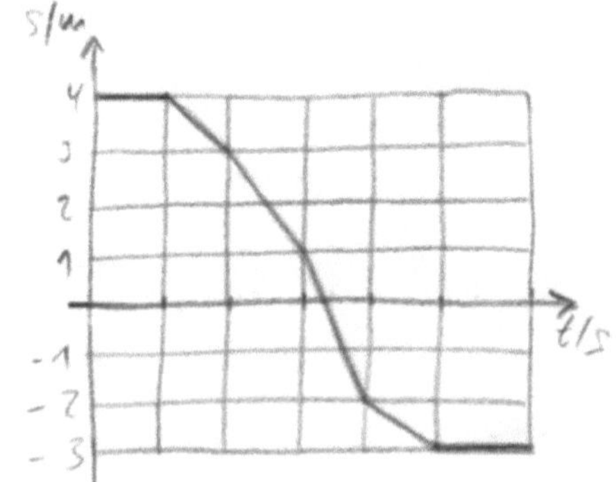

Antwort

Die Antwort lautet: d) vier.

Der Fußgänger läuft vom Ausgangspunkt nur in eine Richtung, nämlich zu den kleineren Ortsangaben auf der Skala. Seine Geschwindigkeit ist daher immer negativ.

Er startet aus dem Stand, d. h. mit $v_1 = 0$, legt an Geschwindigkeit zu, überquert die „0"-Markierung und nimmt dann aber wieder Tempo raus.

In der Summe bewegt er sich mit vier unterschiedlichen Geschwindigkeiten: 0 m/s, −1 m/s, −2 m/s und −3 m/s.

Das zugehörige Zeit-Geschwindigkeit-Diagramm ist rechts abgebildet.

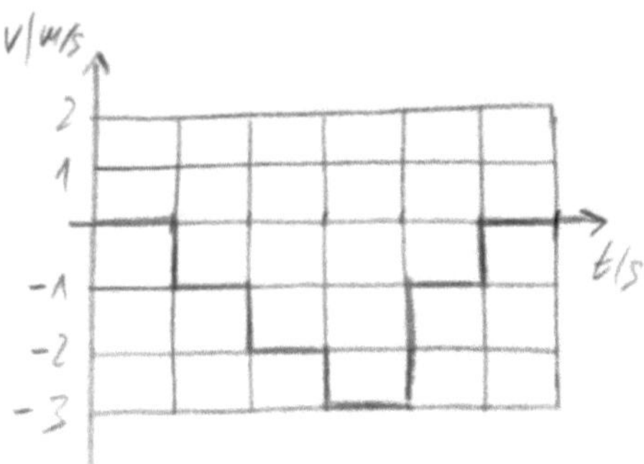

Der Weg ist das Ziel

Die folgende Problemstellung ist gewissermaßen die Umkehrung der letzten Frage:

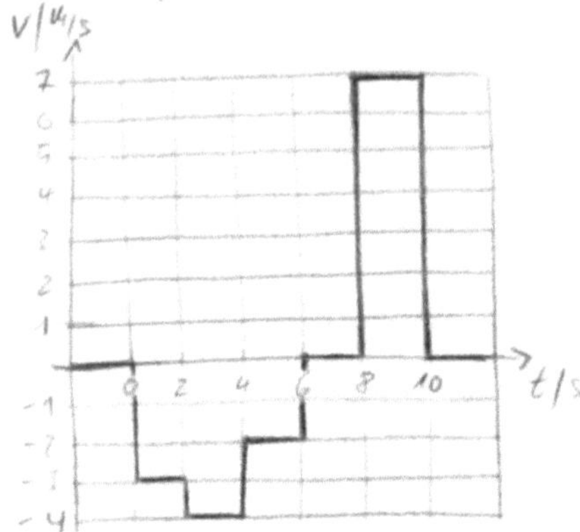

Der Fußgänger bewegt sich diesmal nach dem abgebildeten Zeit-Geschwindigkeit-Diagramm.

Nachdem er an einem bestimmten Ort s_0 steht, geht er mit der Geschwindigkeit v_1 los.

Führt sein Weg wieder zum Ausgangspunkt zurück?

a) Ja

b) Nein

Wo bei s_0 in Meter ist er gestartet, wenn er am Ende genau bei $s = 0$ m angelangt ist?

a) 4 m

b) 2 m

c) 0 m (gelangt wieder an den Startpunkt)

d) -2 m

e) -4 m

Antwort

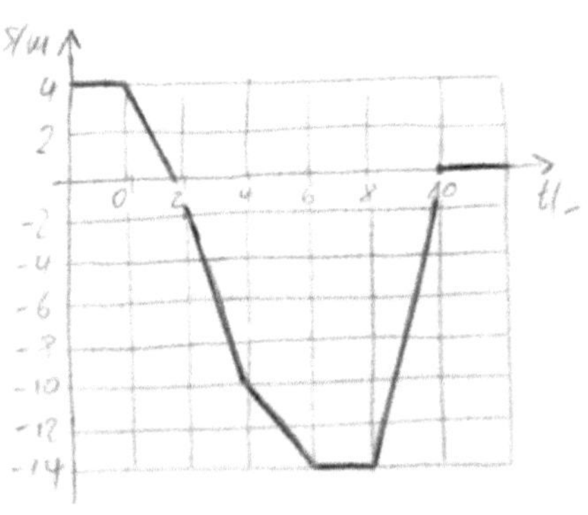

Die Antwort auf die erste Frage lautet b) Nein.

In *Hin und zurück* liegt eine ähnliche Fragestellung vor. Man kann aus dem Geschwindigkeitsprofil nur die relative Ortsveränderung ermitteln. Dazu summiert man die einzelnen Wege für die gegebenen konstanten Gehgeschwindigkeiten auf.

Das Zeitintervall Δt_i ist immer gleich 2 s.

$\Delta s_1 = v_1 \cdot 2$ s= −3 m/s ·2 s = - 6 m
$\Delta s_2 = v_2 \cdot 2$ s= −4 m/s ·2 s = - 8 m
...
$\Delta s_4 = v_4 \cdot 2$ s= −0 m/s ·2 s = - 0 m
$\Delta s_5 = v_5 \cdot 2$ s= +7 m/s ·2 s = +14 m.
Weg insgesamt: - **4m**

Mit den ermittelten Werten kann man nun ein Zeit-Ort-Diagramm erstellen, das noch in einem Punkt offen ist: Die absolute Skalierung der vertikalen Weg-Achse muss noch relativ bleiben.
Die zweite Frage gibt die Information, um die horizontale Achse korrekt einzuzeichnen: Ziel ist bei $s = 0$ m, s. Abb. unten.
Die zweite Antwort sollte man nun direkt aus dem jetzt auch vertikal skalierten Diagramm ablesen können: a) Start bei +4m.

Tourenplanung

Noch eine weitere Interpretation eines *v(t)*-Diagramms.
Eine Radtour mit der ganzen Familie steht an. Normalerweise mischt sich Daddy nicht in die Planungen von Ausflügen ein, hier meldet er sich aber zu Wort: Da er mit dem Kinderwagen-Anhänger maximal 15 km/h fahren kann, fixiert er die ganze Tour an dieser Geschwindigkeit.
Er ersinnt folgendes Zeit-Geschwindigkeit-Diagramm:

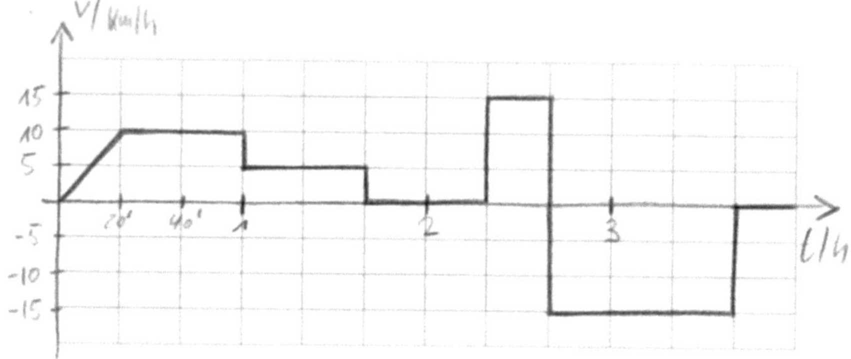

Frage: Sind nach diesem Streckendiagramm am Ende alle wieder zu Hause?

Antwort

Dazu stellt man sich den Streckenverlauf vor. Daddy teilt die Zeitachse in 20-Minuten ein und rechnet mit Geschwindigkeiten in 5 km/h-Schritten.
Aus dem Geschwindigkeitsprofil ergibt sich nun die Ortveränderung relativ zum Start Zuhause. Dazu summiert man die einzelnen Wegstrecken für die gegebenen, nun nicht mehr völlig konstanten Geschwindigkeiten, auf. Das Zeitintervall Δt_i ist immer gleich 20 Minuten.
Δs_1: Aber Daddy ist nicht ganz der Sportterrorist und steigert das Tempo im ersten 20 min-Intervall erstmal von 0 auf 10 km/h. Den zurückgelegten Weg ermittelt man über die Durchschnittsgeschwindigkeit von 5 km/h, also
$\Delta s_1 = ½ \cdot v_1 \cdot 20$ min = 5 km/h · 1/3 h = 5/3 km

Die weitere Planung Daddys geht nur noch von konstanten Radlgeschwindigkeiten aus:
Δs_2 errechnet sich wie auch andere Stecken über mehrere, hier 2 Zeitintervalle:
$\Delta s_2 = v_2 \cdot 40$ min = 10 km/h · 2/3 h = 20/3 km
$\Delta s_3 = v_3 \cdot 40$ min = 50 km/h · 2/3 h = 10/3 km
Mittagspause…
$\Delta s_4 = v_4 \cdot 40$ min = 15 km/h · 1/3 h = 5 km
.. und wieder zurück
$\Delta s_5 = v_5 \cdot 1$ h = -15 km/h · 1 h = -15 km
Weg insgesamt: **+ 5/3 km**

Die Radler kommen nach dieser Planung also nicht zuhause an. Es fehlt ein Wegstück, das dem Warmfahren in den ersten 20 Minuten entspricht.
Vielleicht sollte das nächste Mal wieder…

Unter der Laterne

Mia wartet unter einer der Laternen, die vor ihrem Haus im Abstand von 20 Metern stehen, darauf, dass sie von ihrer Freundin abgeholt wird. Es dauert und sie schlendert herum.
Welches Zeit-Geschwindigkeits-Diagramm führt sie am weitesten weg von ihrer Ausgangsposition.

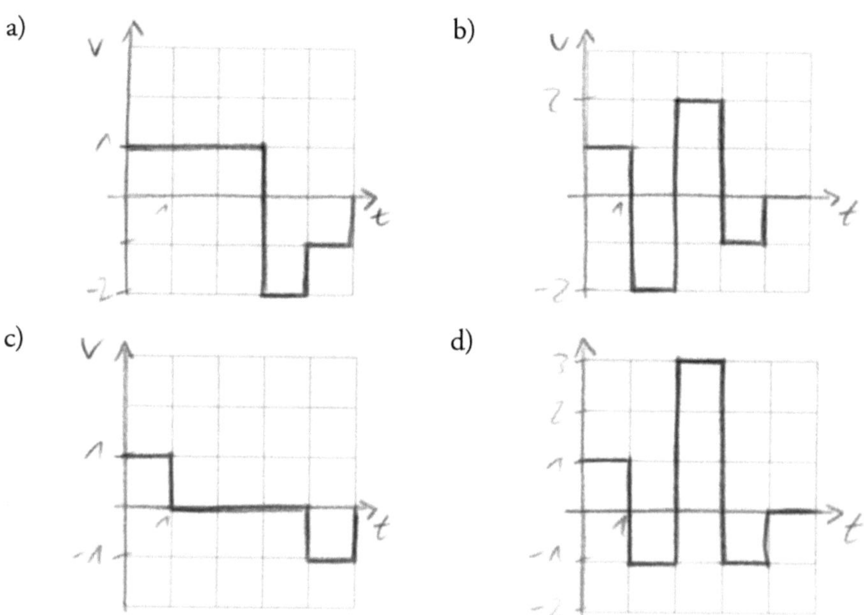

Antwort

Die Antwort lautet: d)
Nach den *v(t)*-Diagrammen a) bis c) schlendert Mia nur um die erste Laterne herum, bewegt sich aber nie wirklich von ihr weg.
Der Ablauf nach d) führt sie bis zur nächsten Laterne in 20 m Entfernung. Nun wartet sie dort, in der Hoffnung, dass ihre Abholerin schneller kommt.

„Lamppost walk“

Solche Hin-und-Her-Bewegungen um einen Mittelwert oder die Wegbewegung von einem Ursprungswert spielen in der Statistischen Physik als Verdeutlichung der zufälligen Änderungen einer Größe eine Rolle. Eine beliebtes Gedankenspiel ist der „lamppost walk“: Ein Betrunkener startet bei einer Laterne. Jeder seiner Schritte hat eine bestimmte Länge. Der Mann ist jedoch so betrunken, dass es jedes Mal völlig offen ist, ob er einen Schritt vorwärts oder rückwärts macht. Die Bewegung in die eine Richtung kann dabei wahrscheinlicher sein, als die in die Gegenrichtung. Steigt die Straße etwa steil an, ist ein Schritt abwärts wohl wahrscheinlicher als einer bergauf. Nun ist das Hauptanliegen der Physik nicht, wie ein Betrunkener nach Hause kommt. Es illustriert jedoch den allgemeinen Fall, wenn N Strecken (allg.: Vektoren) gleicher Länge zufällig aneinander gereiht werden und dann gefragt wird, wie lang die resultierende Strecke ist und wohin sie zeigt. Diese Methode wird ständig angewendet: Ob bei der Diffusion eines Moleküls in einem Gas, ähnlich auch bei der Brownschen Bewegung, dem magnetischen Spin („auf“, „ab“) eines Atoms oder zur Berechnung der Intensität einer inkohärenten Lichtquelle.

Auch hinter der Berechnung zu erwartender Messfehler steckt dieses Prinzip. Der Ansatz der zufälligen Schwankungen ist fundamental für die Wahrscheinlichkeitstheorie und wird in allen Bereichen der Physik angewendet.

Langsamer oder schneller nass

Man erlebt es regelmäßig: Es hat zu regnen angefangen und man hat keinen Schirm zur Hand, muss aber durch den Regen laufen, um an sein Ziel zu kommen. Wie wird man weniger nass:

a) normal gehen oder

b) möglichst schnell durch den Regen rennen?

Der Einfachheit denken wir uns den, der im Regen unterwegs ist, als aufrecht „laufenden" Quader mit der oberen Deckfläche A_{oben} als Kopf und der vorderen Seitenfläche A_{vorne} als Körper. Der Regen soll genau senkrecht fallen.

Antwort

Die Antwort lautet: b) möglichst schnell durch den Regen rennen.
Betrachten wir zunächst die vordere Seitenfläche A_{vorne}.
Zwischen ihr, also unserem Körper, und dem Ziel befindet sich eine bestimmte Menge Regentropfen. Egal ob man langsam läuft oder rennt, es befindet sich immer die gleiche Anzahl Tropfen *vor* dem Körper. Also nimmt man, ob man schnell oder langsam bis zum Ziel gelangt, all diese Regentropfen mit. Beim Rennen ist die Rate (Tropfen/Sekunde) eben entsprechend groß.
Oben, also auf dem Kopf, sieht es anders aus. Die Tropfrate hängt hier nicht von der Geschwindigkeit ab mit der man läuft. Da der Regen genau von oben kommt und man sich aber horizontal fortbewegt, also senkrecht zu den Tropfenbahnen, fällt immer die gleichen Anzahl Tropfen pro z. B. Sekunde auf die „Kopf"-Fläche A_{oben}. Je schneller man also läuft, desto weniger Wasser fängt man mit der Oberseite ein.
Was man instinktiv tut, nämlich rennen, ist genau das Richtige. Alessandro de Angelis, Physik-Professor aus Udine, hat beide Möglichkeiten kurzerhand durchgerechnet: Wer mit sehr sportlichen 10 m/s rennt bleibt um ca. 10 % trockener als derjenige, der mit nur 3 m/s geht. Das Modell von dem hier wie auch bei der Rechnung ausgegangen wird, ist allerdings wenig realistisch: Regen geht einerseits meist mit Wind einher. Dieser kann zudem von allen Seiten wehen. Ebenso die Art des Regens, d. h. seine Stärke oder sind es kleine oder große Tropfen, müssen in die Überlegungen einfließen. Auch liegt die Krux darin, dass keines der Modelle mit menschlichen Körperformen arbeitet, sondern mit dem beschriebenen Quader. Die hier gefragten Physiker wie Meteorologen sind nahezu einhellig der Meinung, dass die Einflussfaktorenganz einfach zu mannigfaltig sind, das Problem praktisch nicht bere-

chenbar ist. Natürlich haben Forscher, zwei US-amerikanische Meteorologen, auf einer 100-m-Teststrecke längst den Praxistest gemacht und einen signifikanten Vorteil für den Läufer gegenüber dem langsam Gehenden ermittelt. Bei Wind von hinten ist man sich aber einig, hilft es, seine Geschwindigkeit der des Windes anzupassen. Im „Idealfall" bekommt man so weder von vorne noch von hinten Regentropfen ab.
Auf eine sehr praxisnahe Lösung kommen schließlich Wissenschaftler der Royal Astronomical Society, London: Alternativ sollte man anstatt lange zu überlegen doch einen Schirm mitnehmen.

Zündschnur

Bankräuber wollen das Gefängnis in die Luft sprengen, um ihren Kumpel zu befreien.
Beim letzten Banküberfall hat ihn ein von der Explosion herumfliegendes Teil erwischt, weil er nicht schnell genug weglaufen konnte.

Abbrandgeschwindigkeit der Zündschnur: 50 cm/s
Aus leidiger Erfahrung ist ihnen bekannt, dass die Explosionsreste bis zu 30 m weit umherfliegen.
Ein Bankräuber kann mit bis zu 5 m/s wegrennen.

Wie lang muss die Zündschnur mindestens sein, damit diesmal keiner erschlagen wird?

Antwort

Die Antwort lautet: 3 m.
Der Räuber benötigt für die 30 m-Strecke die Zeit $t = \frac{s}{v} = \frac{30\ \mathrm{m}}{5\ \mathrm{m/s}} = 6\ s$.
Damit die Zündschnur mindestens diese 6 Sekunden lang brennt, muss sie3 Meter lang sein.

Zwischen Radlern

Nun eine klassische Frage.
Googelt man nach „Fahrrad“ und „Biene“ oder „Fliege“ finden sich u. a. Foren, in denen Hilfe zur Beantwortung folgendes Problems gesucht wird: Nehmen wir Fliegen. Unser Mitleid über das Ende einer Landfliege dürfte sich in Grenzen halten.

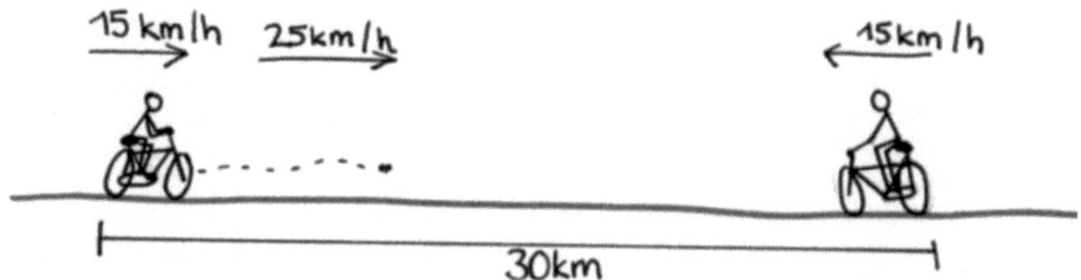

Zwei Radler kommen sich entgegen. Die von links Kommende fährt mit 15 km/h, ihr Gegenüber tritt ebenfalls bei 15 km/h. Als die beiden Fahrräder 30 km voneinander entfernt sind, startet die Fliege vom linken Fahrrad mit 25 km/h Richtung rechtes Fahrrad. Wenn die Fliege das Vorderrad des rechten Fahrrades berührt, dreht sie sofort um und fliegt wieder zum linken Fahrrad zurück. Die Flüge hin und her werden immer kürzer bis die Fahrräder zusammenstoßen und die Fliege zerquetscht wird.
Welche Gesamtstrecke hat die Fliege bei ihren Hin- und Rückflügen bis zu ihrem Ende zurückgelegt?

a) 7,5 km
b) 15 km
c) 25 km
d) nicht mit einfachen Methoden zu lösen

Antwort

Die Antwort lautet: c) 25 km
Wer am Ende dann d) gewählt hat, hat sich vielleicht an einer detaillierten und in der Tat etwas komplizierteren Lösung der Aufgabe versucht. Die Strecken, die die Fliege zwischen den Rädern zurücklegt werden immer kürzer, Richtungswechsel zum Ende hin immer häufiger. Summiert man all diese Einzelstrecken zusammen, erhält man die 25 km Gesamtstrecke.
Betrachtet man sich das Ganze mit Abstand, geht es auch viel einfacher.

Der **Schlüssel ist die Zeit**, nämlich die Rest-Lebenszeit der Fliege.
Die Radler begegnen sich mit der Relativgeschwindigkeit von 30 km/h. Bis zu ihrem unglücklichen Zusammenstoß dauert es also genau eine Stunde. Solange lebt die Fliege also noch, und solange kann sie noch fliegen. Dabei legt sie bei ihrer Fluggeschwindigkeit von 25 km/h eben 25 km zurück.

Kick it like Daddy

Wenn Vater von der Arbeit nach Hause kommt, hat er bis zum Abendessen oft noch eine Viertelstunde Zeit, um mit seinem Sohn noch ein bisschen herumzutoben. Der Junge spielt gerne Fußball und so trippeln sie meist den schönen breiten Weg entlang, einmal ums kleine Wäldchen herum.
Vom Bewegungsmangel heutiger Schulkinder weiß er natürlich und schließt seinen Sohn nicht unbedingt davon aus. Er will daher, dass sich sein kleiner Kickpartner in der Viertelstunde so viel bewegt wie möglich und überlegt sich, wie er dazu wohl seine Pässe am besten schlagen muss:

a) immer nach vorne in die Richtung, in die er selber läuft
b) immer nach hinten, so dass der Sohn jedes Mal noch das Stück mehr laufen muss, da auch er selber zwischenzeitlich weiter läuft
c) es ist egal, wie und wohin er den Ball schlägt (außer natürlich in den Graben)

Antwort

Die Antwort lautet: c)

Es ist egal, da es hier nicht auf die Einzelstrecken ankommt, sondern auf die Gesamt*zeit*, die sich der Junge mit seiner typischen Laufgeschwindigkeit bewegt. Ob er dabei erst das Stück nach vorne laufen muss und mit dem Ball das kürzere Stück dem Vater entgegen, oder ob er zunächst die gleiche Strecke nach hinten zu laufen hat und dann mit dem Ball dem Vater hinterher, ist egal. Er läuft abwechselnd mit und ohne Ball eben die Viertelstunde lang. Wer sich anders entschieden hat, dachte vielleicht an die längste Einzelstrecke: Dann wäre b) die richtige Antwort

Wieder einmal ist also die *Zeit* der Schlüssel für die Lösung...

Bewegung - Was ist das?

„Wie Bewegung?", fragen Sie sich jetzt vielleicht. Ein beliebiger Körper bewegt sich von einem Ort A zu einem Ort B, ganz einfach. In den zurückliegenden Fragen haben wir zur Beschreibung dieses Vorgangs Begriffe wie Strecke ***s***, Geschwindigkeit ***v*** und Beschleunigung ***a*** eingeführt. Für die Philosophen der klassischen Antike hatte die Naturbeobachtung eine zentrale Bedeutung. So suchte man auch nach einer schlüssigen Erklärung dafür, was Raum, Zeit und Bewegung überhaupt ausmacht.

Eine zugrunde liegende Vorstellung war, dass jeder Körper seinen „natürlichen" Ort hat. Diesen strebt er an, indem z. B. schwere Körper nach unten sinken oder fallen und leichte Körper nach oben steigen. Außerdem „ruht" schließlich ein Körper an seinem Ort.
Die Naturphilosophen hielten noch eine weitere, aus heutiger Sicht fast unverständliche Beschränkung für richtig: Greift der Mensch ein, stört er die natürliche, kontinuierliche Bewegung aller Dinge hin zu ihrem eigentlichen Ort, und bringt so nichts in Erfahrung. Durch Technik, heute sollte man sagen durch Experimente, kann man keine physikalischen Erkenntnisse erlangen, diese stört eben die natürlichen Abläufe. Deshalb wurde zunächst über Bewegung *nachgedacht.*
Für den Griechen Zeno von Elea, der bereits im 5. Jh. v. Chr. über das Verhältnis von Raum, Zeit und Bewegung philosophierte, tat sich ein unlösbarer Widerspruch auf:
Aus der Annahme, dass alle Körper ihren natürlichen Ort haben, fasst Zeno Bewegung als Abfolge unbewegter „ruhender" Einzelbilder auf (im Prinzip wie bei einem Film, [13] S. 26). Ein Gegenstand nimmt ihm zufolge ohne

Frage zu einem bestimmten Zeitpunkt einen ganz bestimmten Ort ein. Er kann nicht gleichzeitig an verschiedenen Orten sein. Die Frage, wie ein Körper von einem Ort A nach B gelangt, also zwischen zwei Ruheorten wechselt, ließ er außen vor. Alle Betrachtungen hierüber führten zwangsläufig zur Unendlichkeit oder unendlich kleinen Intervallen, was man zur damaligen Zeit logisch nicht ganz schlüssig fassen konnte. Der Ortswechsel geschieht einfach.

Um philosophisch zu beweisen, dass Bewegung nicht möglich sei, erdachte sich Zeno einige Paradoxien. Das bekannteste ist das vom schnell laufenden Achill und der langsamen Schildkröte. Achill räumt der Schildkröte einen Vorsprung ein und versucht dann, sie einzuholen. Dazu muss er zuerst den Punkt erreichen, an dem die Schildkröte gestartet ist. In dieser Zeit hat die Schildkröte jedoch bereits einen neuen Punkt erreicht. Bis Achill dorthin gelangt, ist die Schildkröte erneut ein Stück weiter. Dies setzt sich unendlich fort.

Das Problem Zenos läuft darauf hinaus, wie wir uns von einem einzelnen „ruhenden" Filmbild zum nächsten bewegen. Zeno konnte sich aber keine kontinuierliche, stetige Bewegung vorstellen, und schloss deshalb, dass Achill die Schildkröte nie einholen kann. Da man sich Bewegung also gar nicht widerspruchsfrei denken konnte, gibt es sie in Wahrheit nicht.

Nun kann aber jeder Mensch sehen, wie sich die Dinge um ihn herum bewegen. Aristoteles (vgl. Kasten unten) formulierte über 100 Jahre später eine Interpretation, die sich fast zwei Jahrtausende hielt, bis Galilei und andere die neuzeitliche Physik begründeten.

Auch Aristoteles hielt daran fest, dass jeder Körper einen bestimmten Raum und eine bestimmte Zeit beansprucht. Er war aber überzeugt, dass Zenos Vorstellung von Bewegung als ein „Film" falsch war: Für ihn war Bewegung ein kontinuierlicher Fluss von untrennbaren Ruhemomenten. In Wirklichkeit bleibt Achill nicht unendlich oft stehen, sondern läuft stetig weiter und überholt schließlich die Schildkröte. Aristoteles sah Bewegung letztlich als ein Ganzes, vom Anfang zum Ende. Achill passiert beim Einholen der Schildkröte zwar diese unendlich vielen Punkte, sie spielen für die Bewegung an sich aber keine Rolle. Nach dieser Logik soll Bewegung also möglich sein.

Die Frage der unendlichen Teilbarkeit von Raum und Zeit wird nicht beantwortet. Aristoteles nimmt Bewegung letztlich doch als Ganzes war, als kontinuierlichen Übergang von A nach B. Wie der eigentliche Grenzübergang nach Unendlich logisch zu beherrschen ist, interessiert auch ihn nicht wirklich.

Dies gelingt erst mit dem Aufkommen der modernen Naturwissenschaft den theoretischen Physikern bzw. Mathematikern Newton und Leibniz mit der sogenannten Infinitesimalrechnung.

Wenn es weiter unten um Kraft bzw. die Newtonschen Bewegungsgesetze geht, stößt man bei den Wissenschaftlern der Antike auf weitere, fast schon kuriose Erklärungen wie für die Bewegung des gewöhnlichen Wurfes (z. B. eines Steins). [13] Kapitel 1, [10]

Aristoteles

Aristoteles war der bedeutendste Philosoph und Naturforscher der Antike. Geboren 384 v. Chr. in Mazedonien wurde er Schüler Platons. In den Jahren 342/41 war er Erzieher Alexander des Großen. Außerdem war er als großer Rhetoriker bekannt. Er starb 322 v. Chr.

Aristoteles forderte mit Nachdruck, dass Theorien und Meinungen über Mensch und Natur mit den Sinneswahrnehmungen übereinstimmen sollten. Diese sich abzeichnende und von ihm klar formulierte Zeitenwende im Denken hatte insbesondere großen Einfluss auf die „Physik“ (griech. für Ursprung). Aus seiner Lehre der vier Ursachen: Materie, Form, Wirkungsursache, Zweck (telos) leitet er viele seiner naturwissenschaftlichen Beobachtungen ab, z. B. die oben erläuterte Auffassung von Bewegung oder weiter unten zum Kraftbegriff, vgl. *Kuriose Kraft.* Mit Physik, wie wir sie heute verstehen, haben die Erkenntnisse des Aristoteles allerdings wenig gemein.

Bekannt ist auch seine Lehre der fünf Elemente: Erde, Wasser, Luft, Feuer sowie der Quintessenz. Dieses 5. Element ist der Äther jenseits der Mondphase, in dem sich das von den irdischen Bewegungen losgelöste göttliche und unendliche Kreisen der Planeten und Gestirne abspielt.

Seine physikalisch-naturwissenschaftlichen Schriften werden später als Metaphysik zusammengefasst. Seine immense Autorität ließ sein Wissen quasi zum Dogma werden und verhinderte u. a., dass sich das heliozentrische Weltbild schon früher durchsetzen konnte.

Durchschnittlich

Ein PKW fährt die Strecke s = 100 Meter in der Zeit t = 4 Sekunden. Die daraus nach der einfachen Formel $v = \frac{s}{t}$ errechnete Geschwindigkeit von 25 m/s ist

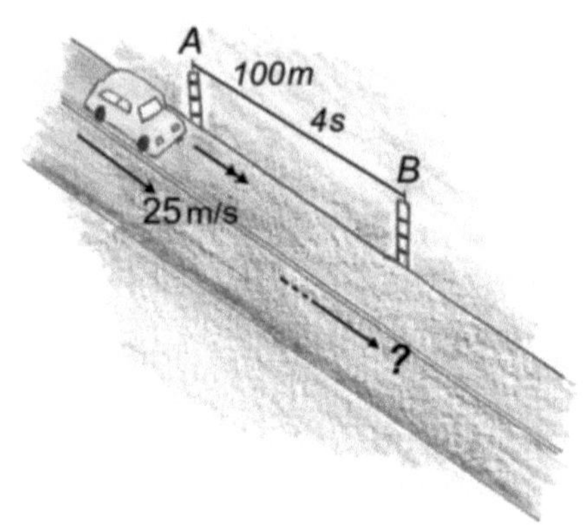

a) seine Anfangsgeschwindigkeit
b) seine durchschnittliche Geschwindigkeit
c) seine Endgeschwindigkeit?

Antwort

Sicher kann man nur sein mit Antwort b) Durchschnittsgeschwindigkeit. Sie wird unter *Begriffe der Kinematik* definiert. Der PKW könnte auf die Strecke von 100 Metern beschleunigt (1) oder abgebremst (2) haben. Oder beides (3): Er fährt vielleicht beschleunigt an A (s = 0) vorbei, bremst in der Mitte ab und passiert mit weiter abnehmender Geschwindigkeit das Streckenende B bei s = 100 m.

Nur, wenn das Fahrzeug die vollen 100 Meter mit konstanter Geschwindigkeit fährt, wären auch die Antworten a) und c) richtig.

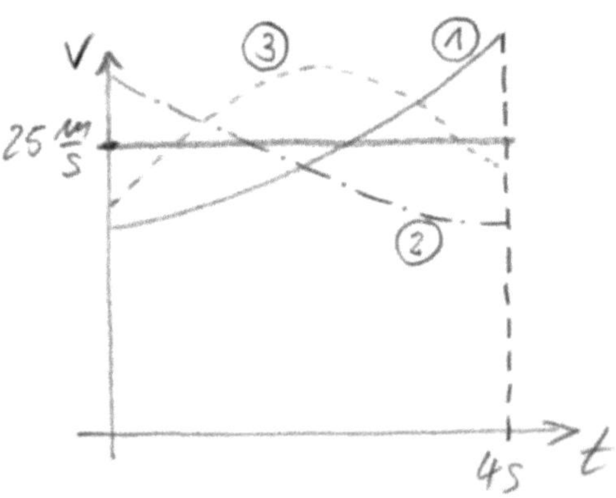

25 m/s entsprechend übrigens 90 km/h – durchschnittlich schnell eben.

Bei der **Umrechnung von Größeneinheiten** geht man vom Verhältnis der enthaltenen Einheiten aus. Hier: 1 km = 1000 m und 1 h = 3600 s.

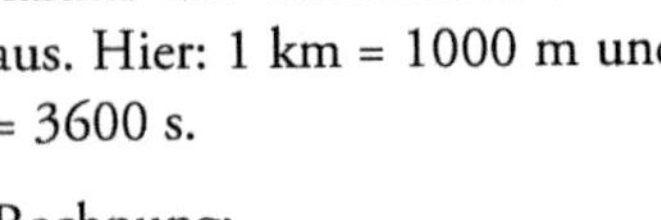

Rechnung:

$$25\,\frac{\text{m}}{\text{s}} = 25 \cdot \frac{\frac{1}{1000}\,\text{km}}{\frac{1}{3600}\,\text{h}} = 25 \cdot 3{,}6\,\frac{\text{km}}{\text{h}} = 90\,\frac{\text{km}}{\text{h}}$$

Gleichförmige und ungleichmäßige Verschiebung

Eine Verschiebung Δs wird ganz zu Beginn als die Bewegung von einem Ort s_1 zu einem anderen Ort s_2 beschrieben. Diese feste Distanz zwischen Anfangspunkt A und Endpunkt B wird im Text auch als Strecke bezeichnet. Liegt eine **gleichförmige** Bewegung vor, also mit konstanter Geschwindigkeit v, so errechnet sich die zurückgelegte Strecke einfach zu: $\Delta s = v \cdot \Delta t$.

Ist die Bewegung wie meistens jedoch **ungleichmäßig**, variiert also die Geschwindigkeit, ist die Berechnung des Gesamtweges Δs_{ges} nicht direkt möglich, lässt sich aber auf die Anwendung der einfachen Formel zurückführen. Man betrachtet dazu immer nur so kurze Zeitintervalle Δt_i, dass die Geschwindigkeit währenddessen als konstant angesehen werden kann (Momentangeschwindigkeit). Dann lässt sich das zurückgelegte Wegstück wieder über $\Delta s_i = v_i \cdot \Delta t_i$ einfach berechnen. Die Gesamtverschiebung ergibt sich dann durch Addieren der einzelnen Wegstücke: $\Delta s_{ges} = \Delta s_1 + \Delta s_2 + \ldots + \Delta s_i + \ldots$

Was etwas umständlich zu beschreiben ist, löst man mathematisch elegant mit der *Integration*. Siehe dazu unten im gleichnamigen Kasten.

Nochmal durchschnittlich

Die durchschnittliche Geschwindigkeit ist oben unter „Begriffe“ definiert als der zurückgelegte (Gesamt-) Weg dividiert durch die dafür benötigte Zeit. Die Formel dazu lautet:

$$v_D = \frac{\Delta s}{\Delta t}.$$

Daran ändert sich auch nichts, wenn man folgenden Fall betrachtet.

Ein Rennfahrer dreht zwei gemächliche Trainingsrunden. Die erste Runde der Länge s Kilometer hat er mit 40 km/h zurückgelegt. Wie schnell muss er die zweite Runde fahren, um auf eine Durchschnittsgeschwindigkeit von 60 km/h zu kommen?

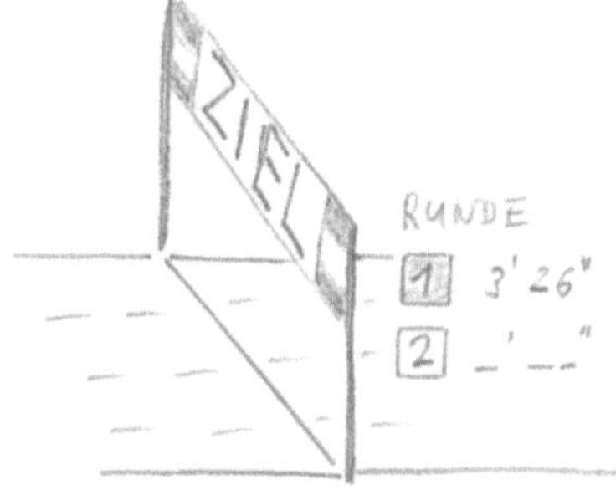

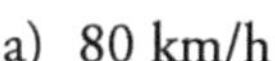

a) 80 km/h

b) 100 km/h

c) 120 km/h

Antwort

Die Antwort lautet: c) 120 km/h, also deutlich schneller.

Fährt ein Auto die halbe Strecke, hier die erste Runde, mit Tempo 40 und die andere Hälfte mit Tempo 80, dann beträgt die durchschnittliche Geschwindigkeit nicht etwa 60, sondern nur gut 50 km/h. Um also die Durchschnittsgeschwindigkeit merklich zu steigern, muss man in einen folgenden Streckenabschnitt deutlich schneller fahren.

Die Durchschnittsgeschwindigkeit berechnet sich nämlich nicht einfach nach dem arithmetischen Mittel, d. h. zu $v_{arithm} = \frac{v_1+v_2}{2}$, sondern leicht anders: Das Rennauto fährt die erste Runde der Strecke mit der konstanten Geschwindigkeit v_1 (hier: 40 km/h) in der Zeit t_1 und die zweite mit der hier gesuchten v_2 in der Zeit t_2. Die durchschnittliche Geschwindigkeit lautet: $v_D = \frac{zurückgelegter\ Weg}{benötigte\ Zeit} = \frac{2 \cdot s}{(t_1+t_2)}$

$t_1 = \frac{s}{v_1}$ bzw. $t_2 = \frac{s}{v_2}$ eingesetzt ergibt die Durchschnittsgeschwindigkeit:

$$\boldsymbol{v_D = \frac{2\,s}{(\frac{s}{v_1} + \frac{s}{v_2})} = \frac{2\ v_1 \cdot v_2}{(v_1 + v_2)}}$$

Diese Formel ist das **harmonische Mittel** der beiden Geschwindigkeiten v_1 und v_2, siehe dazu auch den Kasten „Im Mittel". Würden nicht jeweils gleich lange Strecken durchfahren, ergäbe sich eine leicht abgewandelte Formel.

Berechnung der Geschwindigkeit von Runde 2

Setzen wir die geforderten v_D = 60 km/h sowie die bekannte v_1 = 40 km/h ein, erhalten wir: $60\ km/h = \frac{2 \cdot 40\frac{km}{h}\, v_2}{\frac{40\ km}{h} + v_2}$. Umstellen dieser Gleichung, so dass v_2 alleine steht. Über 60 km/h · 40 km/h + 60·v_2 = 80·v_2 folgt schließlich: $v_2 = \frac{2400\ km/h}{20} = 120\ km/h.$

Auch die Berechnung ergibt die auf den ersten Blick recht hoch erscheinende Geschwindigkeit für die zweite Runde.

Das t-v-Diagramm zeigt, warum v_2 so hoch sein muss – und klärt vielleicht, wo es bei dem einen oder anderen haken mag.

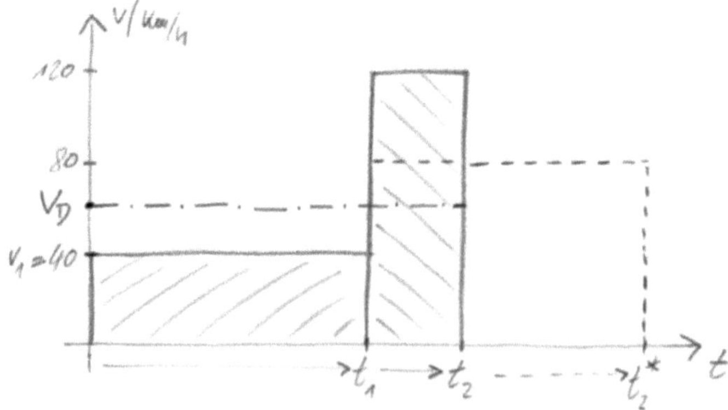

Der Punkt ist: Durch die höhere Geschwindigkeit benötigt das Rennauto für die zweite Runde auch weniger Zeit. Es stehen sich wie gestrichelt angedeutet nicht zwei gleich breite t-v-Rechtecke gegenüber, sondern das zweite ist umso schmaler, je höher die Geschwindigkeit v_2 ist. Einfach rechnerisch: $s_2 = s = v_2 \cdot t_2$.

Gibt es dann beliebig viele Rechtecke für die dies gilt: $s = v_{21} \cdot t_{21} = v_{22} \cdot t_{22} = v_{23} \cdot t_{23} \ldots$?

Ja, aber nur eines, für das auch die Durchschnittsgeschwindigkeit v_D exakt 60 km/h wird.

Dafür muss $v_2 = 120$ km/h ($=3 \cdot v_1$) und $t_2 = 1/3 \cdot t_1$ werden.

Die Durchschnittgeschwindigkeit eines Leichtathleten, der einige Läufe über die gleiche Distanz absolviert, errechnet sich also mit dem harmonischen und nicht einfach mit dem arithmetischen Mittel.

Im Mittel

Mittelwerte, wie die Durchschnittsgeschwindigkeit der letzten beiden Fragen, sind von ausgesprochener Bedeutung in allen wissenschaftlichen Disziplinen. Früher wurden sie auch als Durchschnittswerte bezeichnet.

Der Mittelwert ist ein Begriff aus dem Gebiet der Statistik. Im Prinzip wird auf unterschiedliche Weise die Summe oder das Produkt aller gemessenen Werte gebildet und durch ihre Anzahl geteilt. Das Ergebnis liegt zwischen dem größten und dem kleinsten Wert. Einige Mittelwerte sollen hier näher beleuchtet werden. Die einzelnen Werte werden mit x_i, der Mittelwert dann mit $\bar{x}$ bezeichnet:

Arithmetisches Mittel

Das arithmetische Mittel ist der gängigste und einfachste Mittelwert. Es errechnet sich aus der Summe aller Werte dividiert durch ihre Anzahl:

Definition: $\bar{x}_{arithm} = \frac{1}{2}(x_1 + x_2)$, allg.: $\bar{x}_{arithm} = \frac{1}{n}(x_1 + x_2 + \cdots)$

Bei allen Mittelwertbildungen sind für zum Teil sehr viele Werte Additionen bzw. Multiplikationen auszuführen. Für die Summe etwa gibt es diese kompakte Schreibweise:

$$\bar{x}_{arithm} = \frac{1}{n}(x_1 + x_2 + \cdots) = \frac{1}{n}\sum_{n=1}^{n} x_i$$

Σ ist das große griechische Sigma und soll für Summe stehen.

Es ist der klassische Mittelwert, der zur Berechnung aller gängigen Durchschnittwerte herangezogen wird. Insbesondere liefert er das Mittel aus mehreren Messwerten, welches schließlich als „wahre“ Größe genommen wird. Einfach mal verwenden kann auch schief gehen, wie in der Frage *Nochmal durchschnittlich* zu sehen ist: Das arithmetische Mittel liefert nur dann die Durchschnittgeschwindigkeit, wenn über gleiche Zeiten gemessen wird. Oft sollen aber gleiche Strecken verglichen werden. Dafür ist das harmonische Mittel geeignet, siehe auch unten.

Geometrisches Mittel

Das geometrische Mittel spiegelt den Wachstumsfaktor einer Größe wieder. Eine Population von anfänglich zwei Hasen wächst beispielsweise nach der ersten Reproduktion um das Doppelte, nach der zweiten um das 4-fache, nach der dritten um das 3-fache und nach der vierten um das 2,5-fache. Der

Endbestand nach der vierten Reproduktion errechnet sich demnach zu: 2·2·4·3·2,5 = 120.

Im Mittel vermehren sich die Hasen um das $\sqrt[4]{(2 \cdot 3 \cdot 4 \cdot 2{,}5)} = 2{,}78$-fache. Gegenprobe: $(2{,}78)^4 \cdot 2 \approx 120$.
Auch zur Bestimmung des Zinseszins oder der Wertsteigerung von Wertpapieren wird das geometrische Mittel herangezogen.

Definition: $\bar{x}_{geom} = \sqrt{(x_1 \cdot x_2)}$, allg.: $\bar{x}_{geom} = \sqrt[n]{(x_1 \cdot x_2 \cdot \ldots x_n)}$

Ein eher praktisches Beispiel. Die Rohrdurchmesser z. B. von Abflussrohren wachsen mit jeder Stufe um einen bestimmten Faktor und nicht um einen konstanten (arithmetischen) Wert. Von z. B. sechs Rohren hat das kleinste 20 mm und das größte 200 m Durchmesser. Es gilt dazwischen vier Rohre einzupassen, von 20 mm soll in fünf Stufen ein Durchmesser von 200 mm erreicht werden.

- arithmetische Stufung: $d = 36$ mm, da (20 + 5 ·36) mm = 200 mm
- geometrische Stufung: $q = 1{,}585$, da $20 \cdot (1{,}585)^5$ mm = 200 mm

Bei arithmetischer Stufung ist der prozentuale Zuwachs des Durchmessers sehr unausgeglichen. Vom 1. zum 2. Rohr springt er um 180 %, vom 5. zum 6. Rohr wären es nur noch 22%, s. Abb. links. Bei Rohren ist der Durchfluss interessant. Dieser springt einmal um 324% bzw. um nur noch knapp 5%.

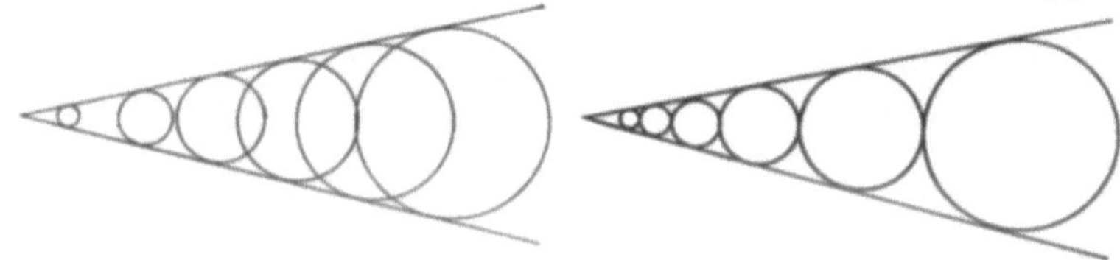

Dagegen ist der prozentuale Zuwachs des Durchmessers bei geometrischer Abstufung von Rohr zu Rohr derselbe, nämlich das 1,585-fache oder 58,5%. Schon rein anschaulich zeigt die Abbildung rechts, dass die Rohrdurchmesser gleichmäßiger ansteigen.

Quadratisches Mittel

In der Technik hat das quadratische Mittel große Bedeutung bei periodisch veränderlichen Größen. Der arithmetische Mittelwert einer um den Nullpunkt schwankenden Größe wäre exakt Null. Positive und negative Werte heben sich gegenseitig auf. Dies ist natürlich sinnlos, denn eine Größe wie der Wechselstrom, bei dem Strom und Spannung ständig die Richtung (+/-) wechseln, zeigt ja effektiv eine Wirkung. Für die Bewertung von Spannungs-, Strom- und Leistungswerten wird daher der quadratische Mittelwert genutzt. Er liefert die sogenannten *Effektivwerte*.

Definition: $\bar{x}_{quadr} = \sqrt{\frac{(x_1{}^2+x_2{}^2)}{2}}$, allg.: $\bar{x}_{quadr} = \sqrt{\frac{(x_1{}^2+x_2{}^2+\cdots+x_n{}^2)}{n}}$

Allgemein ist das quadratische Mittel zur Angabe des Grades der Abweichung von Werten um ihren Mittelwert von Bedeutung. Indem die Quadrate zur Berechnung herangezogen werden, können sich einzelne positive und negative Abweichungen nicht gegenseitig egalisieren.

Harmonisches Mittel

Sollen zur Berechnung der Durchschnittsgeschwindigkeit Messwerte, die über gleiche Strecken ermittelt wurden, benutzt werden, muss das harmonische Mittel herangezogen werden. Näheres steht dazu in der Frage *Nochmal durchschnittlich*. Der Vollständigkeit halber hier die allgemeine Definition: $\bar{x}_{harm} = 1/\left(\frac{1}{x_1}+\frac{1}{x_2}\right) = \frac{2\ x_1 \cdot x_2}{(x_1+x_2)}$,

oder: $\bar{x}_{harm} = 1/\left(\frac{1}{x_1}+\frac{1}{x_2}+\cdots+\frac{1}{x_n}\right)$

Es gibt noch zahlreiche Mittelwertdefinitionen, insbesondere für statistische Zwecke. Interessant sind auch die geometrischen oder ästhetischen Interpretationen.

Von Bedeutung sind noch die *gewichteten Mittelwerte*. Sie resultieren, indem man den einzelnen Werten eine unterschiedliche Gewichtung zuordnet, mit denen sie in das Gesamtmittel einfließen. So kann man den Schwerpunkt eines Körpers (siehe unten) als das mit seiner Masse an jedem Punkt gewichtete Mittel der Ortskoordinate auffassen. Ein Beispiel wäre auch, wenn bei einer Prüfung mündliche und schriftliche Leistung unterschiedlich stark in die Gesamtnote einfließen.

Vollgas

Zu Beginn des Kinematik-Kapitels werden anhand eines anfahrenden Fahrzeugs die Begriffe *Momentangeschwindigkeit* sowie *Beschleunigung* eingeführt. Beschleunigung ist die Änderung der Geschwindigkeit (Δv) in einem betrachteten Zeitintervall (Δt). Auf das dabei wichtige Zeit-Geschwindigkeit-Diagramm nimmt diese Frage Bezug. Auch die folgenden befassen sich verschiedentlich mit der beschleunigten Bewegung.

Ein flotter Schlitten gibt aus dem Stand Vollgas und kommt bei konstanter Beschleunigung in 5 Sekunden 75 Meter weit. Welche Geschwindigkeit v_{end} hat er nach den 5 Sekunden erreicht?

a) 15 m/s (54 km/h)

b) 30 m/s (108 km/h)

c) 60 m/s (216 km/h)

d) dies ist aus den Angaben nicht zu ermitteln

Tipp: Ansteigende Gerade in *t*-*v*-Diagramm zeichnen. Dreiecksfläche unter Kurve entspricht dem zurückgelegten Weg *s* (75m)
Wie errechnet sich der Weg s aus der Geschwindigkeit *v*?

Antwort

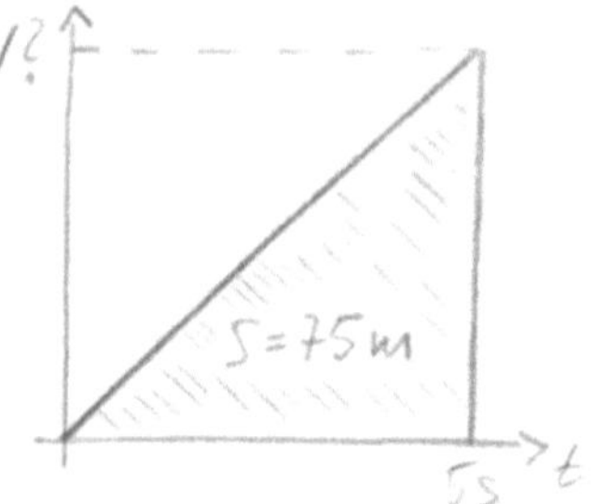

Die Antwort lautet b) 108 km/h.

Man muss die Rechnung jetzt quasi von hinten aufzäumen: Die Strecke errechnet sich nach:

$$s(5\text{s}) = 75\text{m} = \frac{1}{2} v_{end}(5\text{s}) \cdot 5\text{s}$$

Nun einfach nach der Geschwindigkeit v umstellen:

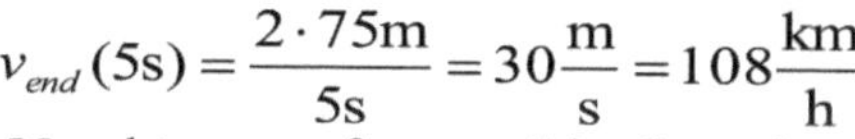

$$v_{end}(5\text{s}) = \frac{2 \cdot 75\text{m}}{5\text{s}} = 30\frac{\text{m}}{\text{s}} = 108\frac{\text{km}}{\text{h}}$$

„Von hinten aufzäumen“ heißt in der Physik oft: Formel umstellen.

Integration

In der Grafik der letzten Frage *Vollgas* ist der zurückgelegte Weg s als Fläche A unter der Zeit-Geschwindigkeit-Kurve eingezeichnet. Die Berechnung der Fläche ist hier einfach:

$$A = \frac{1}{2} \cdot v_{End} \cdot t_{End} = s(t_{End})$$

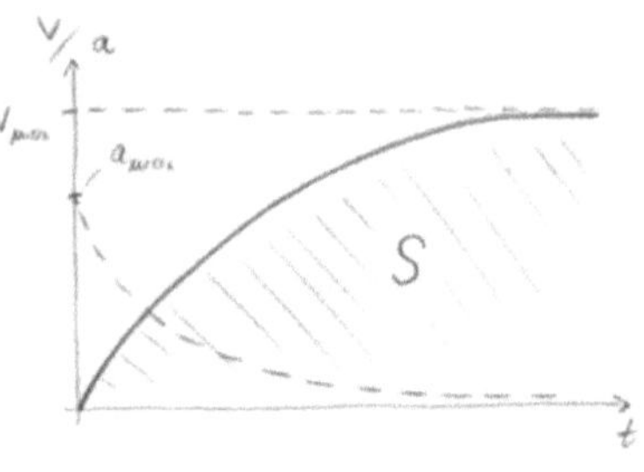

Die Geschwindigkeit *v* steigt wegen der konstanten Beschleunigung *a* einfach linear an.
Dies ist jedoch ein Sonderfall. In der Realität haben physikalische Größen meist einen unregelmäßigen Verlauf. So kann etwa die Beschleunigung des PKW anfänglich am größten sein und wird, je näher er seiner Endgeschwindigkeit v_{max} kommt, auf Null absinken, s. Abb. rechts.
Der zurückgelegte Weg *s* entspricht weiterhin der Fläche *A* unter der *t-v*-Kurve. Kennt man z. B. durch eine Reihe von Messpunkten die Kurve, kann man s durch das darunter skizzierte Verfahren berechnen. Der Weg *s* entspricht annähernd der Summe der Rechteckte s_{Σ} unter den einzelnen Messpunkten. Je mehr Messpunkte, desto näher kommt s_{Σ} dem tatsächlich gefahrenen Weg *s*. Dieses Verfahren nennt man **Integration**.

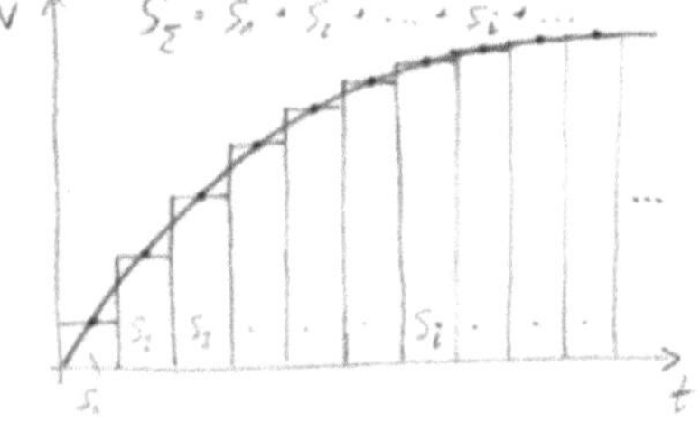

Die Bedeutung der Integralrechnung für die Physik und andere Naturwissenschaften liegt darin, dass sich die meisten physikalischen Probleme in sogenannten Differentialgleichungen fassen lassen. Auch im *t-v*-Diagramm steckt eine einfache Differentialgleichung: Die Geschwindigkeit ist nämlich die Ableitung des Ortes nach der Zeit. Hier kann auf dieses fundamentale mathematische Werkzeug nicht näher eingegangen werden.
Zu ihrer Lösung bedarf es der Methoden der Integration. Diese erfordern im höheren Maß geistige Beweglichkeit, Kombinationsfähigkeit sowie Intuition. Kurz: Erfahrung.

Formell sieht ein Integral immer so aus: $I = \int_{unt.Grenze}^{ob.Grenze} y(x)\, dx$.

Die Kurve ist als Funktion y(x) gegeben, x somit die sogenannte Integrationsvariable. Die Unterteilung in kleine Abschnitte wird mit dx symbolisiert.

Anwendungen der Integrationsrechnung aus Physik und Chemie:

Weg *s*, Geschwindigkeit *v*, Beschleunigung *a*

Die hier gebrachten Beispiele zur Bewegung eines Körpers können im Wesentlichen mit den Integralen der Form: $s = \int v\ dt$ bzw. $v = \int a\, dt$ berechnet werden.

Arbeit *W* einer veränderlichen Kraft *F* im Weg zwischen s_1 und s_2

Allgemeine Form: $W = \int_{s_1}^{s_2} F(s)\, ds.$

Bei einer elastischen Feder ist die Zugkraft *F* proportional der durch die Dehnung bewirkten Verlängerung Δl, die dem zurückgelegten Weg s entspricht: $F(s) = D \cdot s$. Zur Federkonstante D siehe auch die Frage *Feder, konstante*. Dann ergibt sich bei einer Federdehnung um *l* als verrichtete Arbeit: $W = \int_0^l D \cdot s\, ds = \left[\frac{1}{2} D \cdot s^2\right]_0^l = \frac{1}{2} D \cdot l^2.$

W wächst quadratisch mit der Auslenkung der Feder. Der Ausdruck in eckigen Klammern ist der übliche Zwischenschritt über das zugrunde liegende Integral.

W stellt auch die in der gespannten Feder gespeicherte *Energie* dar.

Kinetische Energie E_{kin} einer Masse *m* mit der Geschwindigkeit *v*

$E_{kin} = m \int v\, dv = \frac{1}{2} m v^2$ ist die allgemeine Formel zur Berechnung der kinetischen Energie.

Radioaktiver Zerfall – Zerfallsgesetz

In einem bestimmten Zeitintervall *dt* zerfallen *dN* Kerne. Dabei ist *dN* der Zahl *N* der noch vorhandenen zerfallsfähigen Kerne proportional: $dN \approx N\, dt$. Der Proportionalitätsfaktor heißt Zerfallskonstante λ. Sie gibt den Bruchteil *dN/dt* an, der von *N* aktiven Kernen in der Zeit *dt* zerfällt. Die resultierende Differentialgleichung lautet dann: $\frac{dN}{N} = -\lambda\, dt.$

Durch Integration erhält man das Zerfallsgesetz: $N = N_0 e^{-\lambda t}$.

Schon die wenigen Beispiele, auf die hier nur am Rande eingegangen werden kann, zeigen, wie vielfältig das Gebiet der Integralrechnung ist. Es füllt ganze

Lehrbücher und gehört in den Werkzeugkasten eines jeden Ingenieurs und Wissenschaftlers.

Mehr Mathematik

Ein Aspekt der wissenschaftlichen Revolution, die im 16. und 17. Jh. das Denken nachhaltig veränderte, war die Wertschätzung der **Mathematik**.

Sich noch als Philosophen begreifend, haben René Descartes („cogito ergo sum") und andere die Mathematik systematisch weiter voran gebracht. Mit diesem gezielten, streng rationalen Vorgehen wurde das moderne Denken der Neuzeit eingeläutet. Man spricht daher von der Epoche des Rationalismus.

Der englische Physiker Isaac Newton und der deutsche Universalgelehrte Gottfried Wilhelm Leibniz konnten sich also auf gute Vorarbeit stützen, als sie zeitgleich und unabhängig voneinander die sogenannte **Infinitesimalrechnung** entwickelten.

Newton hatte diese mathematische Disziplin bereits 1666 entwickelt, veröffentlichte seine Ergebnisse jedoch erst 1687. Zwischenzeitlich publizierte Leibniz, der sich auch mit englischen Kollegen austauschte, seine Ergebnisse zur Differential- und Integralrechnung. Daraus wurde viele Jahre später der berühmteste **Prioritätsstreit** der Wissenschaftsgeschichte, der zwischen beiden Lagern in voller Schärfe ausbrach. Sozusagen englische, namentlich die Royal Society, gegen kontinentale Mathematiker, allen voran der Schweizer Jakob Bernoulli. Schaden nahm vor allem die Entwicklung der Mathematik in England, die lange an der zu komplizierten Newtonschen Notation festhielt. Heute wird weltweit die von Leibniz entworfene Schreibweise verwendet, also das bekannte: $\frac{dy}{dx}$.

Schneller werden

Ein PKW fährt 90 km/h. Zum Überholen beschleunigt er 5 Sekunden lang mit 2 m/s².

I) Welche Geschwindigkeit hat er nach 5 Sekunden Gasgeben?

a) 108 km/h

b) 126 km/h

c) 144 km/h

II) Wie lang ist die Beschleunigungsstrecke?
(vom Ort des Gasgebens gerechnet)

a) 25 m

b) 125 m

c) 150m

Antwort

Die Antwort I) lautet b) 126 km/h.

Hier müssen nicht einfach die Änderungen von Ort und Geschwindigkeit berücksichtigt werden, sondern auch die konstante Bewegung vor dem Beschleunigungsvorgang.

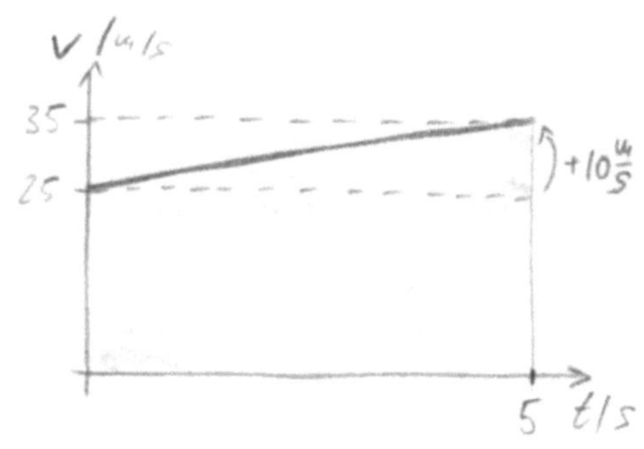

Was sich vielleicht etwas komplizierter anhört, lässt sich durch die sogenannte Überlagerung zweier unabhängiger Anteile einfach in den Griff bekommen:

- gleichförmige Bewegung mit konstanter Geschwindigkeit
- gleichmäßig beschleunigte Bewegung

Die einzelnen Anteile an der Bewegung addiert man dann zusammen:
Der PKW fährt konstant 90 km/h. Dann beschleunigt er 5 Sekunden bei 2 m/s² und erhöht so die Geschwindigkeit um 10 m/s, oder 36 km/h.
Seine Endgeschwindigkeit beträgt dann 126 km/h.

Die Antwort II) lautet c) 150 m.
Auch hier werden zwei unabhängige *Weg*-Anteile überlagert:
Durch die Beschleunigung erhöht sich die Geschwindigkeit des PKW konstant um 10 m/s, im Mittel hat er also 5 m/s mehr. In den 5 Sekunden Gasgeben bringt dies den PKW um s_2 = 25 m weiter.

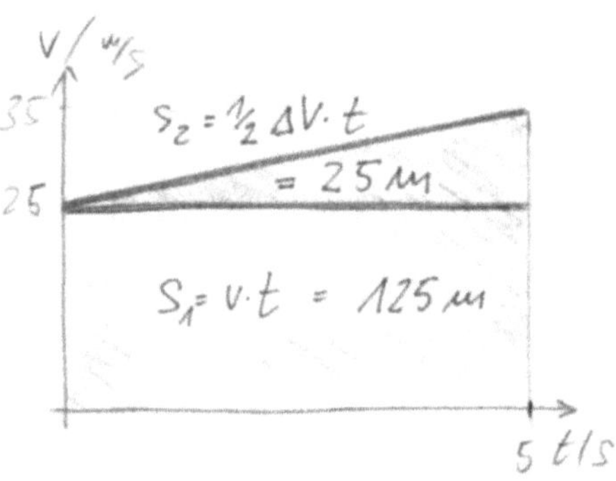

Der PKW fährt während er beschleunigt aber auch mit seiner konstanten *Grund*-Geschwindigkeit von 90 km/h oder 25 m/s.
Er legt also sowieso die Strecke Δs_1 = 25 m/s · 5 s = 125 m zurück
Insgesamt legt der PKW während er zum Überholen beschleunigt 150 m zurück.

LKW überholen

Eine Führerscheinfrage lautet:
Sie fahren mit 100 km/h auf einer Landstraße. Vor Ihnen fährt ein LKW mit 70 km/h. Wie weit müssen Sie bei Beginn eines Überholvorgangs von einer Straßenkuppe mindestens noch entfernt sein?
Für die Beantwortung werden noch diese allgemeinen Eckwerte angenommen:

- Abstand zum LKW vor Ausscheren und zum Wiedereinordnen: 50 m
- Fahrzeuglängen: PKW 4 m, LKW 16 m

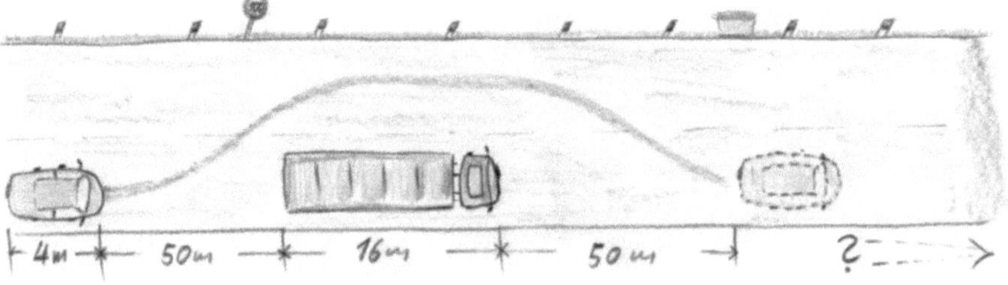

Welche Strecke muss man also für diesen Überholvorgang einsehen können?

a) 200 m
b) 400 m
c) 800 m

Antwort

Die Antwort lautet: c)

Die Antwort erreicht man in zwei Schritten. Zuerst wird der Überholweg relativ zum überholten Fahrzeug berechnet. Das ist eine einfache Addition der gegebenen Abstände:

Δs = 50 m + 16 m + 50 m + 4 m = 120 m. Vergleiche dazu die Skizze.

Während des Überholens bewegt sich der LKW zugleich weiter. Auch diese Strecke muss vom PKW gefahren werden. Zunächst wird die Zeit benötigt, die der gesamte Überholvorgang dauert. Der PKW überholt den LKW mit 30 km/h oder 8 1/3 m/s mehr. Für die Überholstrecke relativ zum LKW von Δs = 120 m benötigt er daher: t_Δ = 120 m / 8,33 m/s = 14,4 s

In diesen t_Δ = 14,4 s bewegt sich der LKW mit 70 km/h = 19,4 m/s weiter, das sind: s_{LKW} = 19,4 m/s · 14,4 s = 280 m.

Die gesamte Überholstrecke beträgt also: $s_{Überholen} = \Delta s + s_{LKW}$ = 400 m

Das ist aber nicht die Antwort auf die Prüfungsfrage! Es ist nämlich noch der entgegenkommende Verkehr zu berücksichtigen, der während des Überholvorgangs selbst mit 100 km/h fährt und damit ebenfalls 400 m zurücklegt. Für den Überholvorgang muss man also die doppelte Strecke des eigenen Überholwegs einsehen können. Daher heißt die korrekte Antwort: 800 m.

Achterbahn

Geschwindigkeit und Beschleunigung kann man selbst wohl nirgends besser erfahren als in einer Achterbahn. So wie es auf und ab geht, wechselt die Fahrt auch zwischen schnell und langsam.

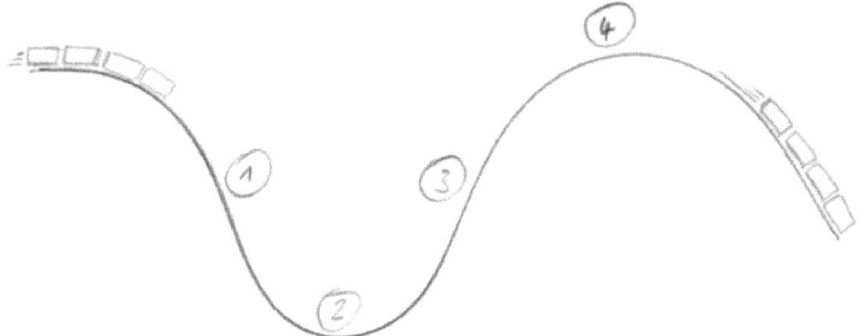

I. Wo ist die Geschwindigkeit maximal – bei 1, 2, 3 oder 4?

II. Wo ist die Geschwindigkeit minimal – bei 1, 2, 3 oder 4?

III. Wo ist die Beschleunigung maximal – bei 1, 2, 3 oder 4?

IV. Wo ist die Abbremsung maximal – bei 1, 2, 3 oder 4?

Antwort

Die Antworten lauten: I-2, II-4, III-1 und IV-3.
Maximale Abbremsung ist gleichbedeutend mit minimaler Beschleunigung – auch wenn diese hier einen negativen Wert hat.
Das Ergebnis lässt sich schön in einer kleinen Tabelle zusammenfassen:

	max.	min.
Geschwindigkeit		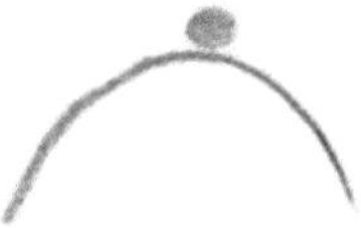
Beschleunigung		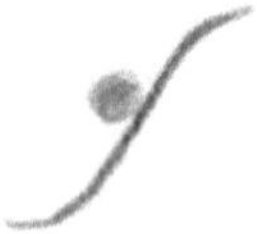

Vorzeichen einer Beschleunigung

Bei 3 bewegen sich die Wagen hoffentlich vorwärts, d.h. die Geschwindigkeit ist positiv, z. B. v_3 = +15 m/s. Es geht jedoch bergauf, die Wagen werden also gebremst, die Beschleunigung ist der Fahrtrichtung entgegen gerichtet, d.h. negativ, z. B. a_3 = -3m/s^2. Jede Sekunde nimmt die Geschwindigkeit der Wagen um 3 m/s ab, bleibt aber positiv.
Die durch das Vorzeichen angegebene Richtung der Beschleunigung ist daher korrekt auf die momentane Richtung der Geschwindigkeit anzuwenden. Es gilt auch: Sind die Vorzeichen von Geschwindigkeit und Beschleunigung gleich, nimmt der Betrag der Geschwindigkeit zu, ein Körper wird schneller. Sind die Vorzeichen entgegengesetzt, so nimmt der Betrag der Geschwindigkeit ab. Ein Körper wird langsamer.

Hier wie auch zur nächsten Frage sollte eine Betrachtung der mechanischen Energien, die bei diesen Bewegungsabläufen eine Rolle spielen, erfolgen. Die Behandlung dieser potenziellen und kinetischen Energie sowie weiterer Formen ist nicht für diesen Band vorgesehen. In *Energie in der Mechanik*, S. 134, findet sich eine kurze Zusammenfassung.

Kinematik in der Halfpipe

Was ist das Reizvolle an der Halfpipe?
Zum echten Fahrgefühl – weiß jedenfalls die Autowerbung – gehören Geschwindigkeit ***v*** *und* Beschleunigung ***a***.

Wenn der Skater das Halbrund hinunter saust. Welche Aussage ist wahr?

a) nimmt seine Geschwindigkeit ab und erhöht sich die Beschleunigung
b) erhöht sich seine Geschwindigkeit und nimmt die Beschleunigung ab
c) erhöhen sich beide
d) bleiben beide gleich und konstant
e) nehmen beide ab

Antwort

Die Antwort ist: b)

Die Halfpipe ist nicht irgendein Hügel, sondern es geht wohl definiert bergab. Da sie oben im Senkrechten endet, startet der Skater im freien Fall und erfährt dabei eine Beschleunigung, die gleich der Erdbeschleunigung g ist. Von diesem Maximalwert nimmt die Beschleunigung a parallel zu Bahn stets ab, da diese immer flacher wird, bis sie am unteren Ende eben ausläuft. Dort ist die Bahn-Beschleunigung dann gleich Null.

Beschleunigung $\mathbf{a}$ und Geschwindigkeit $\mathbf{v}$ sind gerichtete Größen und werden mit Pfeilen, den Vektoren, veranschaulicht.

Zum Vektorbegriff, insbesondere dessen Komponenten entlang einer bestimmten Richtung, wie hier stets parallel zur gekrümmten Bahn, siehe ab der Frage *Kraft als Vektor*.

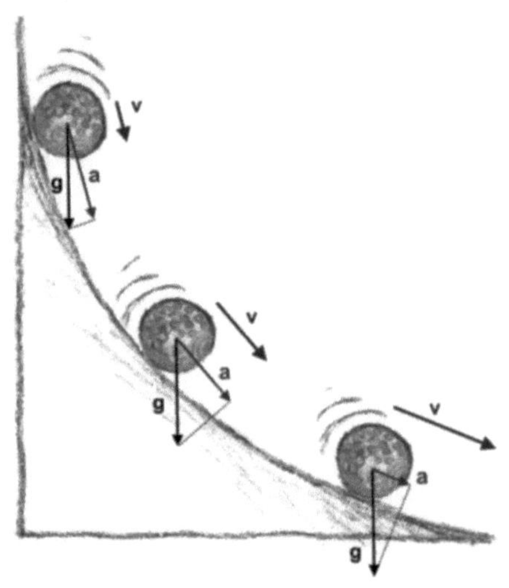

Mit der Geschwindigkeit verhält es sich gerade anders herum. Oben am Start ist sie Null, nimmt dann die Röhre abwärts ständig zu, bis sie am Tiefpunkt der Bahn maximal wird und nicht mehr zunimmt, da dort die Beschleunigung, wie gesagt, Null wird.

Die *Vorzeichen* der Änderung (in Betrag und Richtung) von Geschwindigkeiten und Beschleunigungen sind stets sorgfältig zu beachten! Vgl. dazu auch die vorherige Frage.

Denkt man sich die bisher betrachtete Bewegung am ansteigenden Teil der Halfpipe fortgesetzt, endet sie an der gegenüberliegenden Oberkante. Die Geschwindigkeit ist dann Null, der Skateboarder kommt zum Stillstand. Aber nur kurz, denn die beiden oberen Enden der Bahn sind die Umkehrpunkte einer Pendelbewegung.

Aufschlagen, beschleunigt

Entlang zweier Schnüre sind jeweils Stahlkugeln angebracht. Bei der rechten Schnur befinden sich alle Kugeln in gleichen Abständen zueinander, während sich bei der linken Schnur die vom Boden aus gemessenen Abstände der Kugeln wie 1:4:9:16 verhalten. Jetzt hält man diese sogenannten *Fallschnüre* wie skizziert so, dass sich die unteren Kugeln eine Längeneinheit, z. B. einen Meter über dem Boden befinden und lässt sie nacheinander fallen. Was trifft zu? Beim Auftreffen auf dem Boden schlagen

a) die Kugeln der rechten Schnur in gleichmäßigen Zeitintervallen;
b) die Kugeln der linken Schnur in gleichmäßigen Zeitintervallen;
c) alle Kugeln aufgrund der hinzukommenden Massenträgheit in ungleichmäßigen Zeitintervallen

am Boden auf.

Antwort

Die Antwort lautet b)

Die Kugeln der linken Schnur treffen in gleichmäßigen Zeitintervallen am Boden auf. Aufgrund der konstanten Erdbeschleunigung (vgl. unten *Gravitationsfeld*) verhalten sich beim freien Fall die Fallstrecken wie die Quadrate der Fallzeiten. Doppelte Fallzeit heißt z. B. vierfache Fallhöhe. Dies kann man hiermit sehr anschaulich zeigen.

Alle vier Kugeln jeder Schnur beginnen gleichzeitig zu fallen. Die Zeit läuft ab dem Loslassen der Schnur, t = 0 s, (Beginn der Stoppuhr-Messung). Die jeweils erste Kugel beider Schnüre schlägt bei $t_{K1} = \Delta t$ auf.

Linke Schnur: Die Abstände der anderen Kugeln sind so gewählt, dass jede Kugel die konstante Zeit Δt länger fällt als die jeweils darunter befestigte.

So schlagen die Kugeln 2, 3 und 4 zu den Zeitpunkten $t_{K2} = 2 \cdot \Delta t$, $t_{K3} = 3 \cdot \Delta t$ und $t_{K4} = 4 \cdot \Delta t$ auf.

Dies erreicht man, wenn die Abstände quadratisch wachsen, in der Einheit Meter wären dies: h_1 = 1 m, h_2 = 4 m (statt: 2 m), h_3 = 9 m und h_4 = 16 m. Die Schnur beginnt mit der ersten Fallhöhe von 1 m, ihre Gesamtlänge beträgt daher: $h_{ges} = h_4 - h_1$ = 16 m – 1 m = 15 m.

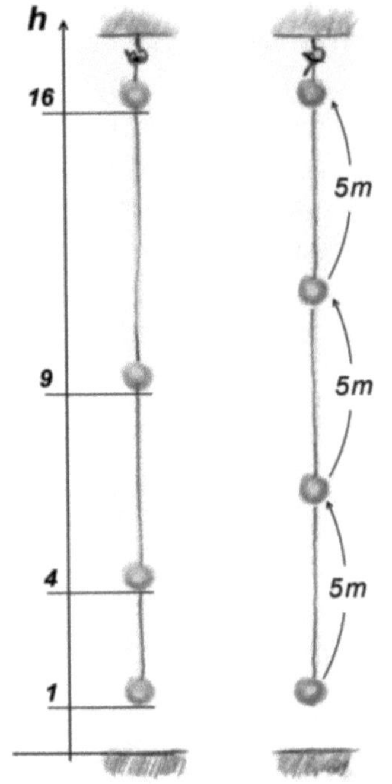

Rechte Schnur: Sind die Kugeln wie in der Abbildung rechts hingegen in gleichmäßigen Abständen (hier: 5 m) auf die Schnur aufgezogen, so schlagen die Kugeln in immer kürzeren Zeitabständen auf dem Boden auf.

Weil eben die Zeiten für das Durchfallen der äquidistanten Höhendifferenzen von 5 m nicht Δt, $2 \cdot \Delta t$ bzw. $3 \cdot \Delta t$ sind, sondern die Zeitabstände kürzer werden.

Wer über ein mindestens zweistöckiges Treppenhaus verfügt, sollte dieses Experiment unbedingt einmal nachmachen.

Die Fallschnur selbst war Galilei noch nicht bekannt. Ähnliche Abstandsüberlegungen, auch bei Experimenten mit der schiefen Ebene, führten ihn jedoch zum universellen Fallgesetz.

Einfach, anschaulich, klassisch

An einer Schur aufgereihte Kügelchen, das klingt zunächst mehr nach Kinderspielzeug als nach einem physikalischen Experiment.

Was die Fallschnur zum klassischen physikalischen Experiment macht, ist ausschließlich die berechnete Anordnung der Kugeln sowie das gezielte Fallenlassen mit Zeitmessung.

Das ist an Einfachheit nicht zu überbieten, wer liebt das nicht. So fand die Fallschnur Eingang in fast jedes einschlägige Fachbuch und in viele Physik-Schulbücher.

Es gibt noch zahlreiche solche „einfachen" Versuche.

Ein Vorderrad eines Fahrrades, dessen Mantel durch einen schweren Ring aus Blei ersetzt und dessen Achse mit zwei Griffen verlängert wurde, ist das übliche Demonstrationsgerät für die Drehmomenterhaltung.

Viele dieser einfachen, unmittelbar lehrreichen Versuche zu physikalischen Problemen hatten ihren Ursprung in der noch beschränkt verfügbaren Technik. So erfand der englische Physiker George Atwood eine pfiffige Vorrichtung, um Messungen zum dynamischen Grundgesetz (2. Newtonsches Gesetz) zu machen. Die sogenannte Atwood-Maschine besteht im Prinzip aus einem leichtläufigen Rad über das zwei Gewichte an einer Schnur gehängt werden. Mehr dazu in der Frage Atwood-Maschine.

Formeln

Vielen bereiten Formeln scheinbar Probleme. Doch dazu gibt es sie bestimmt nicht – ganz im Gegenteil. Formeln verwirren auch nicht, sondern sie schaffen Ordnung, sie sind sozusagen die Essenz wichtiger physikalischer Resultate.
Formeln können in der Tat als unverrückbare Eckpfeiler eines Wissensgebietes angesehen werden. Auf eine Formel, oft besser als Gleichung oder Gesetz bezeichnet, reduziert sich alles, beim „Jonglieren" mit ihr kann man erkennen, ob man einen bestimmten Sachverhalt auch wirklich verstanden hat.
Nehmen wir die hier unter dem Begriff Kinematik (Lehre von der Bewegung) betrachtete eindimensionale, geradlinige Bewegung eines Körpers.
Die wichtigsten Bewegungsgleichungen lauten dann:

$$v = \frac{\Delta s}{\Delta t} = \frac{zurückgelegter\ Weg}{benötigte\ Zeit}$$

für $s = 0$ bei $t = 0$ ergibt sich

$$v = \frac{s}{t}$$

$$a = \frac{\Delta v}{\Delta t} = \frac{Geschwindigkeitsänderung}{benötigte\ Zeit}$$

für $s = 0$ bei $t = 0$ ergibt sich

$$a = \frac{v}{t}$$

Es handelt sich dabei um eine

gleichförmige Bewegung | *gleichmäßig beschleunigte Bewegung*

die sich für die obigen Startwerte bei $t = 0$ als Diagramm darstellen lässt:

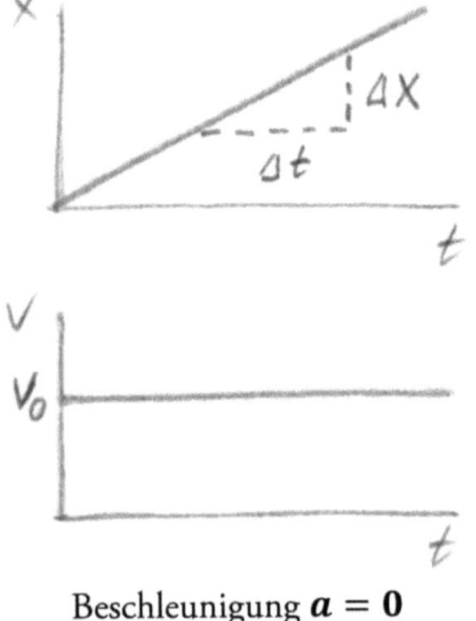

Beschleunigung $\boldsymbol{a = 0}$

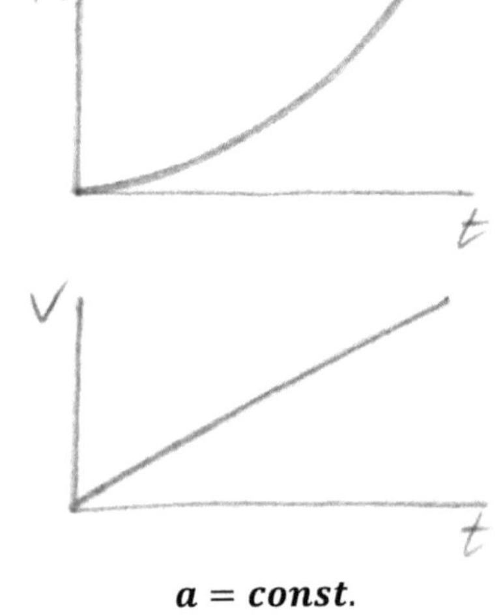

$\boldsymbol{a = const.}$

Zusammengefasst ergibt sich die allgemeine Gleichung für die geradlinige Bewegung bei konstanter Beschleunigung:

$$x(t) = \frac{1}{2}at^2 + v_0t + x_0$$

In dem Ausdruck steckt die ganze Systematik dieser Art Bewegung und die Bewegungen lassen sich damit berechnen.

Sie fragen sich vielleicht, warum eingangs betont wurde, dass in diesem Buch versucht wird, mit möglichst wenigen Formeln auszukommen? Nun, die Formelsprache ist abstrakt und folgt nicht aus der Alltagssprache. Manche Formel, die einen Sachverhalt für den Physiker ideal zusammenfasst, wäre für den Laien nicht zu durchschauen. Trotzdem lässt sich das physikalische Phänomen mit Worten verständlich machen.
Wo immer aber die Möglichkeit besteht, wie etwa in der Kinematik oder weiter unten beim Druck sowie einigen Wärmeerscheinungen, sollte man vor einer prägnanten Formel nicht zurückschrecken.
Sie bringen eben vieles einfach auf den Punkt.

Begriffe der Dynamik

Werden die an Bewegungen beteiligten Massen und die auf sie einwirkenden Kräfte berücksichtigt, sprechen wir von *Dynamik*.

Kraft Wirkt auf einen Körper eine Kraft, so kann dieser beschleunigt werden. Die Sprinterin beschleunigt beim Start mit Muskelkraft ihren Körper. Kräfte können Körper verformen. Kräfte werden an ihren Wirkungen erkannt.

Bewegungsgesetze Die grundlegenden Zusammenhänge zwischen **Kraft, Masse und Beschleunigung** werden durch die drei Newtonschen Bewegungsgesetze beschrieben. Das zweite Gesetz bildet auch das *Grundgesetz der Dynamik*: $\boldsymbol{F} = \boldsymbol{m} \cdot \boldsymbol{a}$.

Einheit der Kraft Die Einheit der Kraft ist das Newton, 1 N und wird ebenfalls über die Beschleunigung einer Masse definiert.

Die **Diagramme** der Kinematik dienen auch zur Darstellung dynamischer Bewegungsabläufe.

Was sind Kräfte?

Der Begriff „Kraft“ wird in der Umgangssprache nicht so präzise und eindeutig verwendet, wie dies in der Physik notwendig ist. Auch Kräfte einfach als Anziehung oder Abstoßung aufzufassen, ist für physikalische Betrachtungen zu ungenau.

Wir können Kräfte selbst nicht sehen, sehr wohl aber die Effekte, die sie auf Körper ausüben.

Wir definieren Kräfte also nach dem, was sie **tun**. Was trifft auf Kräfte zu? Sie ändern

a) das Gewicht von Körpern

b) den Betrag der Geschwindigkeit von Körpern

c) die Richtung einer Bewegung

d) die Form von Körpern

Antwort

Die Antworten b), c) und d) bzw. Kombinationen davon treffen zu.
Kräfte sind ganz allgemein die Ursache für die Beschleunigung oder Verformung eines Körpers. An den Auswirkungen wie: ein Auto fährt los, wir fahren eine Kurve in der Achterbahn oder Bäume bewegen sich im Wind, erkennen wir, dass eine Kraft wirkt.

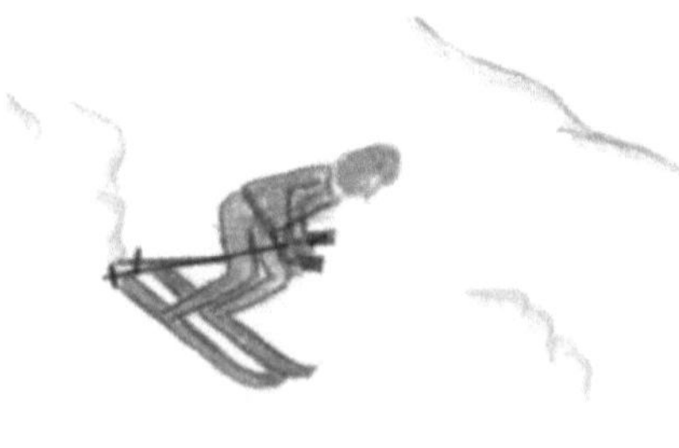

Will der links abgebildete Skifahrer die Richtung ändern, spürt er die wirkenden Kräfte unmittelbar in den Beinen.

Umgekehrt schließt man aus jeder Beschleunigung oder Verformung auf eine Kraft als Ursache. Bei den sich biegenden Pappeln muss ein starker Wind von rechts wehen, s. Abb.

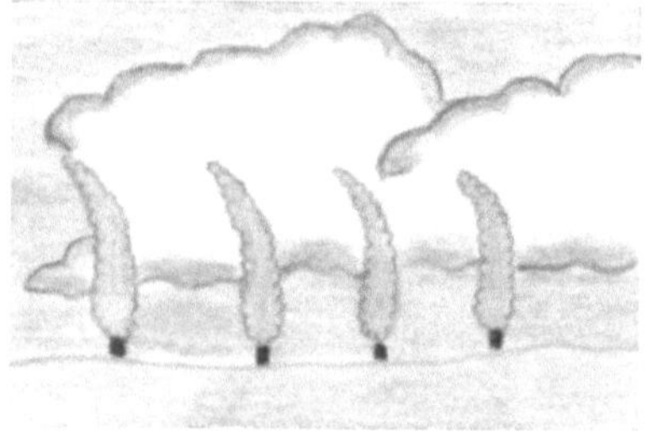

Der Begriff „Gewicht“ in Antwort a) ist umgangssprachlich üblich, aus Sicht der Physik jedoch problematisch. Hier bezeichnet Gewicht eigentlich die „Gewichtskraft“ eines Körpers, also einer Masse im Anziehungsbereich einer anderen Masse, z. B. der Erde (mehr dazu unten, wenn es um Gravitation geht).
Ganz so geheimnisvoll sind Kräfte aber nicht. Wir werden sehen, wie man sie „sichtbar“ machen kann.

Was Kräfte bewirken

In der Umgangssprache spricht man von Kaufkraft, Urteilskraft oder Waschkraft.
Die Physik und viele technische Disziplinen nutzen den *Kraft*begriff in der oben gemachten Definition - Ursache für eine Beschleunigung bzw. Verformung – auf vielfältige Weise.
Welche der folgenden Fachbegriffe bezeichnen eine Kraft im physikalischen Sinne?
(In Klammern die Einordnung in das entsprechende physikalische Gebiet.)

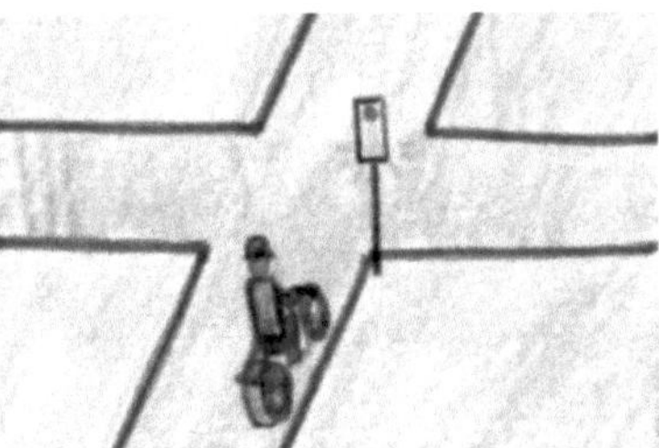

a) Magnetische Kraft (Magnetismus)
b) Gewichtskraft (Mechanik)
c) Reibungskraft (Mechanik)
d) Elektrische Kraft (Elektrizität)
e) Brechkraft (Optik)
f) Zugkraft (Mechanik)
g) Auftriebskraft (Flüssigkeiten & Gase)
h) Schubkraft (Mechanik)
i) Luftwiderstandskraft (Mechanik)
j) Druckkraft (Flüssigkeiten & Gase)
k) Beschleunigungskraft (Mechanik)
l) Sehkraft (Optik)
m) Bremskraft (Mechanik)
n) Federkraft (Mechanik)
o) Muskelkraft (Mechanik)
p) Molekulare Anziehungskraft (Atome)
q) Zentripetalkraft (Mechanik)
r) Motorkraft (mechanisch)

Antwort

Die Antworten e) und l) sind keine Kräfte im Sinne der obigen Definition. Von Beschleunigungskraft, Auswahl k), kann man nicht sprechen. Kräfte erkennt man an ihren Wirkungen und eine davon ist eben Beschleunigung. Einige der angeführten Kräfte, z. B. b), f) oder h) beschleunigen einen Körper. Der Ampel-Blitzstart des Motorrads rührt daher von dessen Motorkraft. Manche Fachausdrücke sind sehr gebräuchlich auch wenn sie auf grundlegende Kräfte zurückgeführt werden können: Die Luftwiderstandskraft, Auswahl i), ist schlicht Reibungskraft. Die Bremskraft, Auswahl m), kann als *negative* Beschleunigung aufgefasst werden.

Einige Beispiele für die aufgeführten Kräfte:

a) Magnetische Kraft: Elektrokran hebt Schrott, Magnet schließt Schranktür
b) Gewichtskraft: Apfel fällt vom Baum, Körper drückt auf Unterlage (man steht auf dem Fußboden), Bücher biegen das Regal durch
c) Reibungskraft: obwohl man mit konstanter Geschwindigkeit auf ebener Bahn radelt, muss man in die Pedale treten
d) Elektrische Kraft: Haare werden beim Kämmen hochgezogen
f) Zugkraft: Eine Lokomotive zieht Waggons, Nägel aus der Wand ziehen
g) Auftriebskraft: Schiff schwimmt, ohne weiteres Zutun bleibt der Körper an der Wasseroberfläche
h) Schubkraft: Düsenflugzeug, Rakete
i) Luftwiderstandskraft: Fahrtwind
j) Druckkraft: Der Druck bewirkt eine Kraft gegen die Reifeninnenseite und gibt diesem so seine Form
m) Bremskraft: Fahrzeug bremst ab, die Insassen spüren nach vorne gerichtete Kraft, LKW bremst für spielendes Kind, s. Abb. oben
n) Federkraft: Gewicht hängt an einer Federwaage, Feder im Polstermöbel wirkt dem Gewicht des Sitzenden entgegen
o) Muskelkraft: die wohl unmittelbarste aller mechanischen Kräfte
p) Molekulare Anziehungskräfte: ...halten z. B. einen Wassertropfen zusammen
q) Zentripetalkraft, auf ein (Dreh-)Zentrum gerichtete Kraft, die einen Körper auf ein kreisförmigen Bahn hält: Hammerwerfer, Zentrifuge
r) Motorkraft, beschleunigt bzw. bewegt verschiedenste Fahrzeuge

Kräfte messen

Es gibt die unterschiedlichsten Arten von Kräften.
Wie werden Kräfte gemessen?

a) Durch Vergleich mit Gewichtskraft auf Balkenwaage
b) Über die Dehnung einer Stahlschraubenfeder
c) Mittels der Beschleunigung einer Referenzmasse
d) Einfach mit einer Waage

Antwort

Die Antwort lautet: b)
Man bezeichnet zwei Kräfte als gleich, wenn sie eine elastische Schraubenfeder gleich weit dehnen. Bringt man an einen solchen *Kraftmesser* eine Skala an, kann man Kräfte vergleichen. Der Messbereich, also welche maximalen Kräfte gemessen werden können, ist durch die Elastizitätsgrenze der Feder des Kraftmessers begrenzt.
Mit einem Kraftmesser werden die unterschiedlichsten Kräfte gemessen. Kraftmesser z. B. zur Bestimmung der Gewichtskraft heißen *Federwaagen* und sind auch im Alltag sehr gebräuchlich. Meist sind sie nicht in der Gewichtseinheit N skaliert, sondern in „kg", also dem Maß für die *Masse* des gewogenen Körpers.

Zu den anderen Alternativen:
Eine Balkenwaage, wie auch jede andere Waage, erlaubt eine Messung der Gewichtskraft über die bekannte Erdanziehung auf eine bestimmte Masse. Messungen sonstiger Kräfte, wie die Beschleunigungskraft eines Fahrzeuges sind mit einer Waage natürlich nicht möglich.
Die Beschleunigung einer Referenzmasse erlaubt die Bestimmung der Kraft. Wie im anderen Fall ist diese Methode aber nicht auf jede Anwendung übertragbar. Es ist aber das Standardverfahren zur Definition der Krafteinheit. Siehe dazu weiter unten.
Über die elementaren Messprinzipien für Kräfte hinaus gibt es noch unzählige Verfahren zur Bestimmung einer Kraft. Oft kommen indirekte Methoden zum Einsatz oder es sind aufwändige elektronische Auswertungen angeschlossen.

Feder, konstante

Eine Federwaage als Kraftmesser hat ohne angehängtes Massestück, umgangssprachlich vereinfacht Gewicht genannt, die Ausgangslänge l_0.
Einige Tafeln der gleichen Schokolade dienen als Massestücke von je ca. 100 g.
Wird eine Tafel an die Federwaage gehängt, kommt es zur Dehnung um Δl_1.
Wie weit von l_0 aus gemessen wird die Feder gedehnt, wenn man zwei Tafeln anhängt?

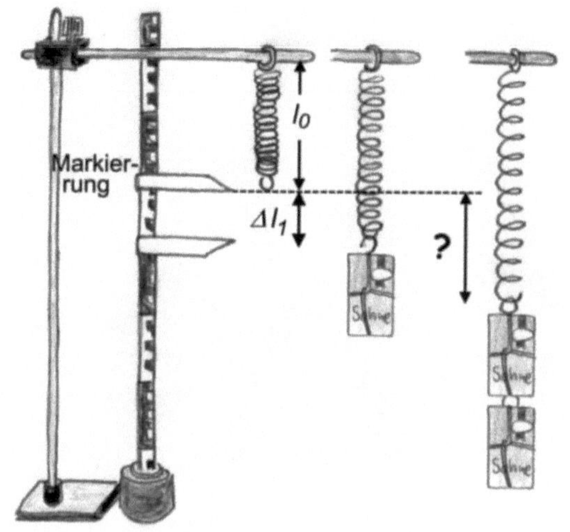

a) $\Delta l_2 = 1\ \Delta l_1$

b) $\Delta l_2 = 1½\ \Delta l_1$

c) $\Delta l_2 = 2\ \Delta l_1$

d) $\Delta l_2 = 4\ \Delta l_1$

Antwort

Die Antwort lautet c) um $\Delta l_2 = 2\ \Delta l_1$.
Hängen drei Tafeln am Kraftmesser, wird die Feder um 3 Δl_1 gedehnt. Diese gleichmäßige, d. h. lineare Ausdehnung ist gerade das Kennzeichen einer Schraubenfeder zur Kraftmessung.
Solange man die Feder unterhalb ihrer sogenannten Elastizitätsgrenze belastet (Messbereich), dehnt sie sich bei Erhöhung um ein weiteres Grundgewicht, hier die Tafel Schokolade, auch um die gleiche Länge Δl_1 aus. Auch zieht sich die Feder, wenn alle Gewichte abgenommen werden, wieder auf ihre ursprüngliche Länge l_0 zurück. Diese Abhängigkeit der Dehnung einer Feder von der Zugkraft heißt das *Hookesche Gesetz.*

Federkonstante
Das lineare Verhalten eines Kraftmessers soll anhand eines Beispiels verdeutlicht werden. Die Zugkraft soll in 1 Newton-Schritten erhöht werden, was in

etwa der Gewichtskraft einer Tafel Schokolade entspricht. Die Definition der Krafteinheit Newton N erfolgt weiter unten. Für eine bestimmte Feder ergeben sich beispielsweise diese Wertepaare aus Zugkraft F und Dehnung Δl.

Messwerte		Federkonstante D
Zugkraft F	**Dehnung Δl**	als Quotient $F/\Delta l$.
1,0 N	10,0 mm	0,100 N/mm
2,0 N	19,2 mm	0,105 N/mm
3,0 N	30,9 mm	0,097 N/mm
4,0 N	39,6 mm	0,101 N/mm
5,0 N	50,2 mm	0,098 N/mm
	Mittelwert	**0,100 N/mm**

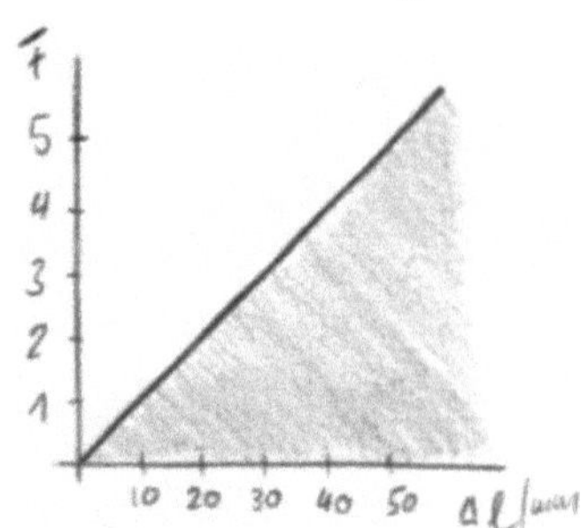

Im obigen Diagramm ergeben diese Werte eine linear ansteigende Kurve. Der Quotient F/Δl ist die für jede Feder charakteristische **Federkonstante *D*** und definiert im:

Hookesches Gesetz: $D = \dfrac{F}{\Delta l} = konst.$

Charakterköpfe

Mitte des 17. Jahrhunderts lief die wissenschaftliche Revolution bereits auf Hochtouren und England war eines ihrer Zentren. Im Jahr 1660 wurde die erste (natur-) wissenschaftliche Vereinigung, die Royal Society gegründet, es folgten die Abteilung „sciences“ der Academie francaise, später die Preußische Akademie der Wissenschaften und weitere.

Es tat sich was in Europa, die neuen *Natur*wissenschaften waren im Kommen. Und so energisch waren auch ihre Protagonisten. Einer war der Engländer Robert Hooke, Physiker, Universalgelehrter, Astronom, der hauptsächlich durch das nach ihm benannte Hooke'sche Gesetz bekannt ist (siehe Frage oben).

Hooke befasste sich mit mikroskopischen Beobachtungen, entdeckte den großen Fleck auf der Jupiter-Oberfläche und stellte eine (allerdings falsche) Theorie über Mondkrater auf. Außerdem war er Geologe und Stadtvermesser Londons.

Die *Royal Society* ernannte 1662 Hooke zu ihrem Kurator für Experimente, offiziell aufgenommen wurde er ein Jahr später. Seine Aufgabe als Kurator bestand darin, für die wöchentlichen Treffen der Gesellschaft „drei bis vier beachtliche Experimente" vorzubereiten und durchzuführen. Bei diesem Leistungsdruck nimmt es kaum Wunder, dass Hooke zeitgenössischen Berichten zufolge äußerst reizbar war. [3] S. 14
Als Platzhirsch wurde er in der mittlerweile europaweiten Forschergemeinde stark wahrgenommen und war nicht müde, seine unbestrittenen Erfolge zu verteidigen. Darunter auch der Streit mit dem holländischen Mathematiker und Physiker Christiaan Huygens um die erste federgetriebene Uhr. Dies erscheint nebensächlich, ja fast kleinkariert. Die zu dieser Zeit immer weiter verbesserte Zeitmessung hatte jedoch für die Entwicklung der Wissenschaften und insbesondere für die Navigation auf hoher See große Bedeutung.
Handfest, ja feindlich ging es da schon mit Isaac Newton zu, Abbildung links. Newton war ca. 10 Jahre jünger und stieg zum größten und einflussreichsten Physiker aller Zeiten auf. Hooke sah sich notgedrungen in der Defensive und um wichtige, eigene Beiträge gebracht. So soll es Hooke gewesen sein, der erstmals die reziprok-quadratische Abnahme der Schwerkraft mit der Entfernung von der Erde formulierte. Aber ausschließlich Newton erntete hierfür die Lorbeeren.

Newton wäre auch nicht bereit gewesen etwas von seinem unermesslichen Ruhm mit anderen zu teilen! Er litt nach dem frühen Tod seines Vaters sehr unter der Trennung von seiner Mutter. Er war in sich gekehrt, spielte kaum mit andern Kindern. Verlustängste oder die Suche nach Anerkennung waren es wohl, die ihn als *Forscher überehrgeizig* werden ließen. Er reagierte äußerst empfindlich auf jede Kritik. Als Hooke seine Ideen zur Optik kritisierte, war Newton so empört, dass er sich sogar aus der öffentlichen Diskussion zurückzog. Die beiden blieben bis zu Hookes Tod erbitterte Kontrahenten [11].
Als Münzwart im Londoner Tower konnte Newton im Alter seine Rachegelüste an Leuten, die in seinen Augen weniger Wert waren, ausleben. Er brachte dabei einige an den Galgen.

Kraft als Vektor

Die Gewichtskraft oder Schwerkraft ist immer zum Erdmittelpunkt gerichtet. Auch bei allen anderen Kräften ist die Richtung, in die sie wirken, zu beachten.
Die eigentliche Aufgabe eines Fahrzeugmotors ist es, eine vorwärts gerichtete Kraft zu erzeugen. Geht man vom Gaspedal, hat der gleiche Motor nun eine nach rückwärts gerichtete bremsende Wirkung.
Auch ist es entscheidend, wo eine Kraft an einem Körper ansetzt.

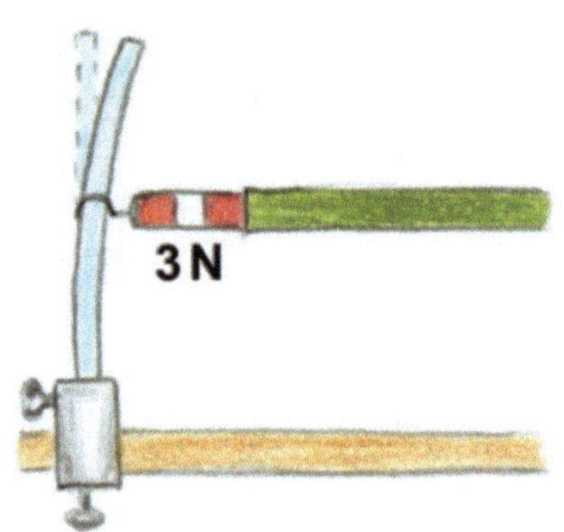

In der Abbildung wirkt eine Kraft von 3 N auf die Mitte eines elastischen Stabes horizontal nach rechts. Der Stab, der an seinem unteren Ende befestigt ist, wird dabei wie gezeigt von der Senkrechten ausgelenkt.
Greift nun die gleiche horizontal nach rechts gerichtete Kraft am oberen Ende des Stabes an, wird diese ausgelenkt und zwar:

a) geringer,

b) genauso,

c) weiter als zuvor

Antwort

Die Antwort lautet c) weiter als zuvor, d. h. größere Auslenkung.
Die in der Mitte bzw. am oberen Ende ansetzenden Kräfte sind gleich groß. Man sagt, sie haben den gleichen *Betrag*. Ihre Wirkungen sind dennoch verschieden. Es genügt also nicht, nur den Betrag einer Kraft anzugeben.

Eine Kraft ist durch drei Bestimmungsstücke festgelegt:

Angriffspunkt, Richtung und Betrag.

Durch den Angriffspunkt und die Richtung ist die sogenannte Wirkungslinie der Kraft festgelegt.
In der Physik nennt man Größen, die nicht nur durch einen Betrag oder ihren Wert, sondern auch durch eine Richtung bestimmt sind, **Vektoren**.

Der Begriff stammt aus der Mathematik und ist weit über die Physik hinaus von Bedeutung.
Der Anfangspunkt des Vektors markiert den Angriffspunkt, die Pfeillänge den Betrag und die Spitze zeigt in Richtung der Kraft.

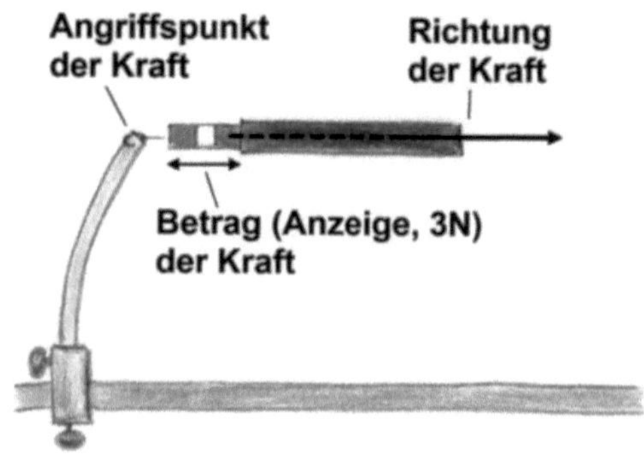

Kurioser Kraftbegriff

Wir haben den modernen Kraftbegriff kennengelernt. Wir können originäre, „echte" physikalische Kräfte von abgeleiteten unterscheiden. Mit der Definition des Kraftvektors haben wir ein Werkzeug zur Hand, mit dem sich die meisten praktischen Situationen gut darstellen lassen.
Lange Zeit herrschte aber eine unklare, nach heutigem Verständnis falsche Verwendung des Kraftbegriffs, die auf Aristoteles zurückgeht. Abstrahierende Experimente waren gar nicht denkbar, so hielt man sich an das, was sich beobachten ließ. So ist offensichtlich viel Kraft erforderlich, um einen beladenen Karren des Weges entlang zu ziehen, wie man den Ochsen unschwer ansehen kann. Lassen diese nach, bleibt der Karren sofort stehen. Demnach sollte jeder Bewegung ein sogenannter Motor (=Beweger), nach heutigem Sprachgebrauch eine Kraft zugrunde liegen. Diese Kraft wirkt nur durch den unmittelbaren Kontakt und wird mit der erzielten Geschwindigkeit in Bezug gebracht – für mehr Schnelligkeit ist eine größere Kraft erforderlich. Im Alltag stimmt das ja auch.
Wie konnte dann aber ein Pfeil oder – später im Mittelalter – eine Kanonenkugel fliegen?

In der Antike behalf man sich mit der Idee, dass sich dieses „Vermögen zur Bewegung" aus dem ursprünglichen Kraftstoß auf die „Umgebung", also meist die Luft, überträgt. Diese nimmt den Pfeil dann quasi mit, bis ihr Mitnahmeeffekt nachlässt. Die Kopplung an einen „Motor" erlaubt nur begrenzt schlüssige Erklärungen für Bewegungen. Physikalisch waren sie dennoch alle falsch.

Im Mittelalter entstand daraus die *Impetus*theorie. Der ursächliche „Motor" gibt, während er einen Körper in Bewegung versetzt, diesem seine „eingeprägte Kraft", den Impetus mit. Der Beweger überträgt im Unterschied zur antiken Vorstellung nun die Kraft auf den Körper, so dass sich dieser nach dem Kraftstoß von alleine bewegen kann. Hier hat man es mit der Vorform der heute über die Masse klar definierten *Trägheit* aller Körper zu tun. Der im Körper vorhandene Impetus erschlafft mit der Zeit, ein höherer Luftwiderstand verstärkt diese Abnahme. Ist aller Schwung aufgebraucht, hört die Bewegung auf. [9]

Kurioser Kanonenkugelflug

Nach dieser Vorstellung schießt eine Kanonenkugel schräg und geradlinig aus der Kanone. Ist ihr Impetus aufgezehrt, stoppt die ursächliche Bewegung und die Kugel fällt senkrecht nach unten (zu ihrem natürlichen Ort). Rechts dazu eine Darstellung aus dem 14. Jahrhundert.

Dieser und zahlreiche weitere Irrtümer und falsche „Alltags"-Annahmen mussten auf dem Weg zur modernen Naturwissenschaft ausgeräumt werden. Mit Galileo Galilei kam nämlich die genau gegenteilige und korrekte Sichtweise: Eine Kraft dient nicht etwa der Aufrechterhaltung der Bewegung. Was die Bewegung bremst ist nicht die nachlassende Kraft, sondern z. B. die Reibungskraft (siehe auch Fragen dazu weiter unten).

Der „natürliche" Zustand ist die Bewegung mit konstanter Geschwindigkeit, der Ruhezustand $v = 0$ ist ein Spezialfall. Eine Kraft ist nur zur Änderung der Bewegung erforderlich.

Mehr dazu weiter unten zum Thema *Trägheit.*

Zwei Kraftmesser

Ein Kraftmesser hat ohne angehängtes Massestück die Ausgangslänge l_0. Wird er mit einer bestimmten Zugkraft F belastet, wird dessen Spiralfeder um Δl gedehnt. Es sind verschiedene Messungen zu machen, es sind jedoch nur Kraftmesser dieses einen Typs verfügbar.

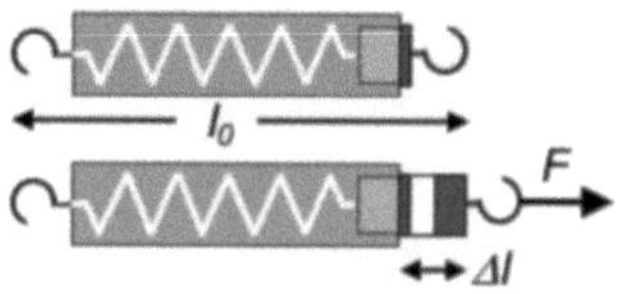

Um den Messbereich bzw. die Messgenauigkeit zu verändern, werden je zwei dieser Kraftmesser kombiniert.

Nun werden beide Messgeräte hintereinander, in Reihe verknüpft.
Wie groß ist nun die Dehnung Δl_{Reihe} bei Belastung mit der gleichen Kraft?

a) ½ Δl
b) Δl
c) 2 Δl

Nun werden beide Messgeräte wie in der Abbildung gezeigt, nebeneinander, parallel verknüpft. Wie groß ist jetzt die Dehnung $\Delta l_{parallel}$ bei Belastung mit der gleichen Kraft?

a) ½ Δl
b) Δl
c) 2 Δl

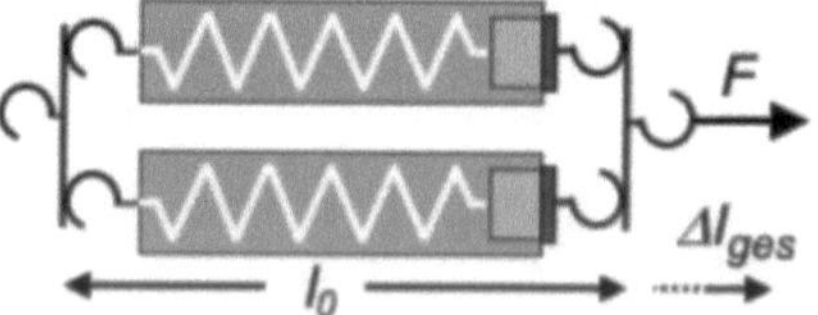

Welche „Schaltung" erweitert den Messbereich, welche erhöht die Messgenauigkeit?

Antwort

Die Antwort auf die erste Frage lautet: c) Die Auslenkung ist bei gleicher Kraft nun 2 Δl.
Die Zugkraft F setzt beim zweiten Kraftmesser an. Sie dehnt diesen um die Auslenkung Δl *und* wird von diesem auf den ersten Kraftmesser übertragen. Auf ihn wirkt also ebenfalls die Zugkraft F und dehnt ihn wie zuvor um Δl.
Die Gesamtauslenkung ist demnach 2 Δl.

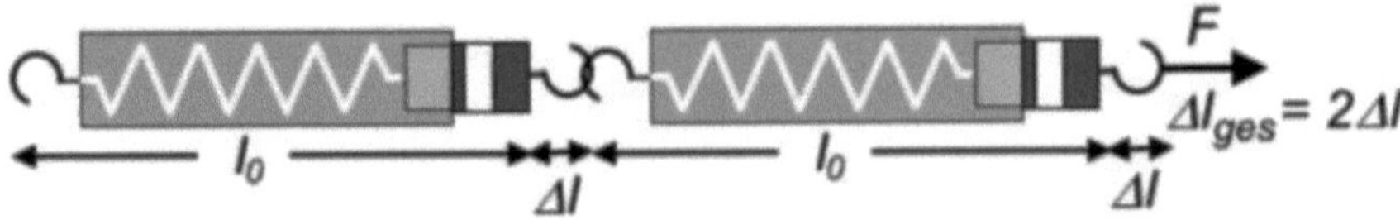

Die Antwort auf die zweite Frage lautet: a) Die Auslenkung ist bei gleicher Kraft nur halb so groß, nämlich ½ Δl.
Die Zugkraft *F* greift nun an beiden Kraftmessern gleichzeitig an. Dabei teilt sie sich auf, so dass an jedem Kraftmesser nur noch die halbe Kraft ½ *F* zieht. Diese halbe Kraft dehnt jede Messfeder nur noch um die halbe Auslenkung ½ Δl. Die gesamte Auslenkung zweier parallel verknüpfter Kraftmesser ist demnach ½ Δl.
Dies lässt sich einfach, wie dargestellt, mit drei Kraftmessern nachprüfen.

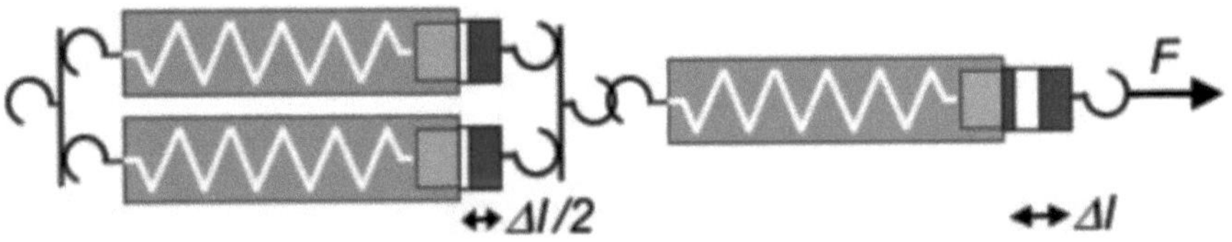

Wie verändern sich dabei die Messbereiche und die Messgenauigkeiten?
Ein einzelner Kraftmesser wird bei der maximal möglichen Zugkraft F_{max} um Δl_{max} gedehnt.

„Reihe":
Die beiden nacheinander gehängten Kraftmesser werden bei dieser Zugkraft F_{max} um 2 Δl_{max} gedehnt. Mehr Zugkraft ist aber nicht möglich, der Messbereich bleibt also derselbe.
Die Kraftskala hat aber die doppelte Länge (als Addition von zweimal der ursprünglichen Ausdehnung) und somit kann genauer abgelesen werden.

„parallel":
Die beiden nebeneinander (parallel) verknüpften Kraftmesser werden bei der Zugkraft F_{max} um ½ Δl_{max} gedehnt. Somit ist die doppelte Zugkraft 2 F_{max} möglich, bis beide Kraftmesser an ihre Dehnungsgrenze kommen. Der Messbereich wird somit auf 2 *F* verdoppelt.
Die Kraftskala hat aber die ursprüngliche Länge Δl_{max}. Somit kann nur noch halb so genau abgelesen werden.

Kraftvoll zusammen

Sobald zwei oder mehr Kräfte auf einen Körper wirken, kann man diese zu einer resultierenden Gesamtkraft zusammensetzen. Nichts anderes tut man, wenn man zur Bestimmung der Federkonstanten ein, zwei und weitere Einheitsgewichte an eine Federwaage hängt. Im Fall angehängter Massetücke ist die Richtung aller Einzelkräfte dieselbe und die Gesamtkraft ist einfach die Summe der einzelnen.

Wie soll man Kräfte addieren, die am gleichen Punkt angreifen, jedoch unterschiedliche Richtungen haben?

Zwei Schlepper sollen einen Frachter in der vorgegebenen Richtung aus dem Hafen ziehen. Schlepper 1 kann eine Zugkraft von 40 kN aufbringen und zieht am Bug des Schiffes mit der Richtung im Winkel φ_1 zur Schlepprichtung. Schlepper 2 schafft nur maximal 30 kN. Unter welchem Winkel φ_2 zur Schlepprichtung muss er ziehen, damit der Frachter genau den vorgeschriebenen Weg nimmt?

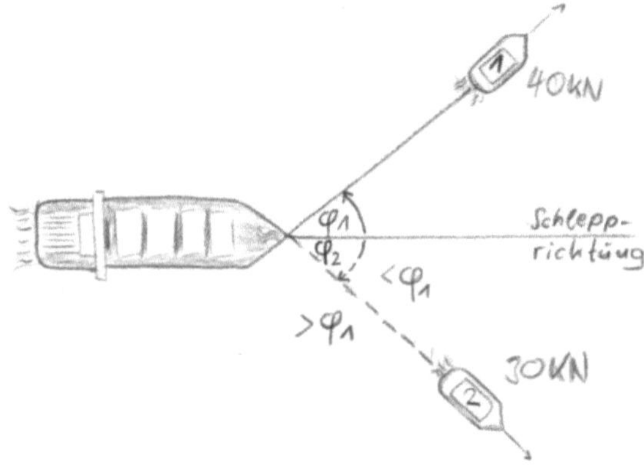

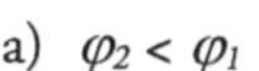

a) $\varphi_2 < \varphi_1$

b) $\varphi_2 = \varphi_1$

c) $\varphi_2 > \varphi_1$

Antwort

Die Antwort lautet: c) $\varphi_2 > \varphi_1$.

Angenommen Schlepper 2 würde auch unter dem Winkel $\varphi_2 = \varphi_1$ zur Fahrtrichtung am Bug ziehen. Dies hieße, dass zwei unterschiedliche Kräfte, nämlich 40 bzw. 30 kN, gleichermaßen nach links wie nach rechts am Schiff ziehen würden. Dadurch würde sich das Schiff immer in Richtung zum stärkeren Schlepper bewegen.

Soll es sich aber geradeaus auf den vorgegebenen Weg machen, muss der schwächere Schlepper 2 unter einem größeren Winkel als φ_1 am Bug ziehen.

Vektoren addieren

Kräfte sind sogenannte vektorielle Größen, so wie Strecken oder Geschwindigkeiten. Die Masse hingegen ist bereits durch einen Zahlenwert eindeutig gegeben. Solche Größen heißen Skalare.

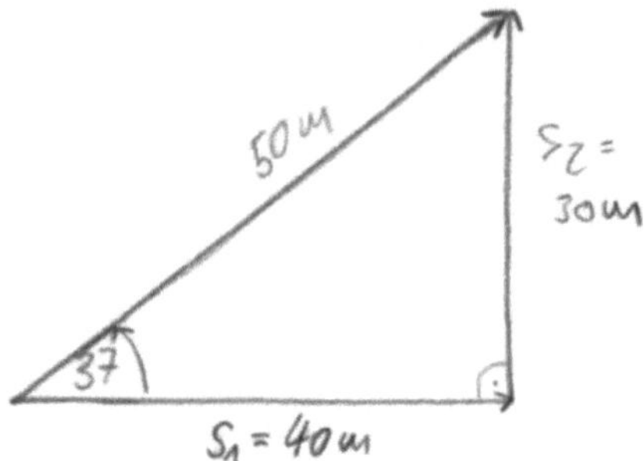

Wie Vektoren addiert werden, kann man unmittelbar aus dem Hintereinanderlegen zweier Strecken erkennen, vgl. dazu die Abbildung.

Geht man z. B. zunächst 40 m nach vorne, hier die 0°-Richtung, dann 30 m nach links, biegt also unter 90° links ab, kommt man zu einer Stelle, die man auch direkt erreicht hätte, indem man gleich 50 m unter 37° links gegangen wäre.

Zu den beiden Angaben gehört genau genommen noch der Angriffspunkt hinzu. Hier ist es der Startpunkt, beim Schiff der Bug.

Im Fall der Wegstrecke werden beide Vektoren automatisch korrekt addiert: Der Anfangspunkt des 2. Vektors setzt am Endpunkt des 1. Vektors an. Der resultierende Gesamtvektor hat seinen Anfangspunkt bei dem des 1. Vektors und sein Endpunkt fällt mit dem Ende des 2. Vektors zusammen. Länge und Richtung der Gesamtstrecke sind damit gegeben.

Parallelogramm-Regel

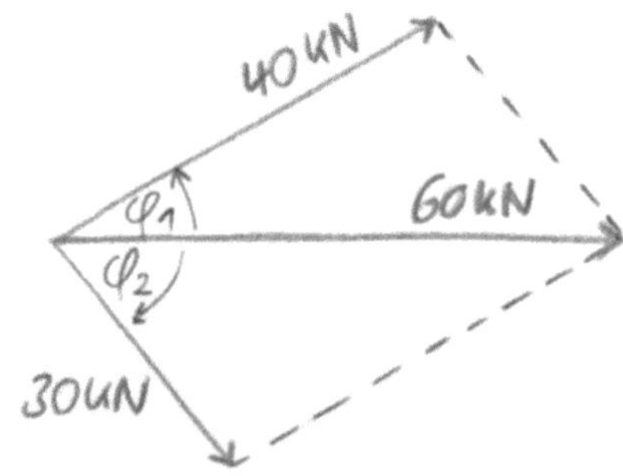

Oft setzen beide Vektoren wie im Fall der Schlepper am gleichen Angriffspunkt an. Dann muss für die Addition einer der Vektoren an die Spitze des anderen parallel verschoben werden. Dadurch entsteht ein sogenanntes ***Kräfteparallelogramm***. In der Abbildung rechts ist dies für die Abschleppsituation skizziert.

Es resultiert eine 60 kN-Kraft in gewollter Fahrtrichtung.

Auf diese Weise werden Vektoren ganz allgemein (graphisch) addiert. Ähnlich geschieht die Zerlegung eines Vektors in seine Komponenten, wie weiter unten gezeigt wird.

Kräfte zerlegen

Bisher wurden als Vektoren aufgefasste Kräfte zu einer Gesamtkraft zusammengesetzt. Oft stellt sich gerade die gegenteilige Frage: Wie verteilt eine einzige Kraft ihre Wirkung auf verschiedene Richtungen? Diese Aufspaltung einer Kraft *F* in zwei oder mehr Teilkräfte, die Komponenten, heißt **Kräftezerlegung.**

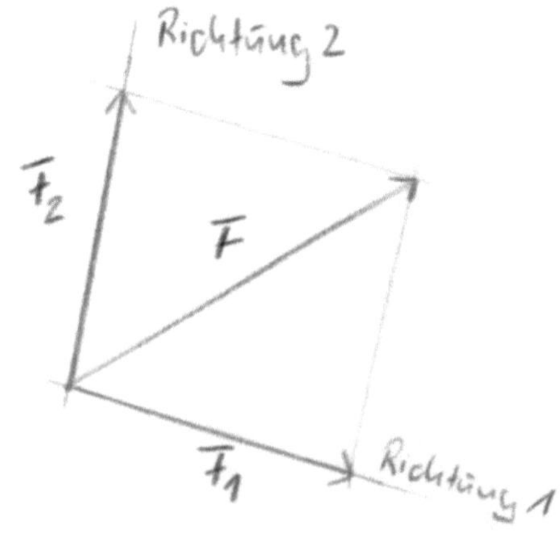

Die Richtungen der Teilkräfte F_1 und F_2 ergeben sich aus der zugrunde liegenden physikalischen Situation.

Die Komponenten erhält man wie in der Abbildung zu sehen ist über die Konstruktion eines Parallelogramms.

Die ursprüngliche Kraft *F* bildet die Diagonale. Die beiden Teilkräfte entlang der vorgegebenen Richtungen F_1 und F_2 bilden die Seiten.

Kräfteparallelogramm

Kräfteparallelogramm? Klar, braucht man für die Vektoraddition. Aber dahinter steckt immer eine konkrete Situation wie folgende:

Die Abbildung zeigt eine einfache Anordnung aus zwei Rollen und drei Gewichten (Massestücken) mit der sich die Verhältnisse von Kräften untersuchen lassen, die an einem gemeinsamen Punkt angreifen. Starten wir mit einem Gewicht G_1 = 3 kg.

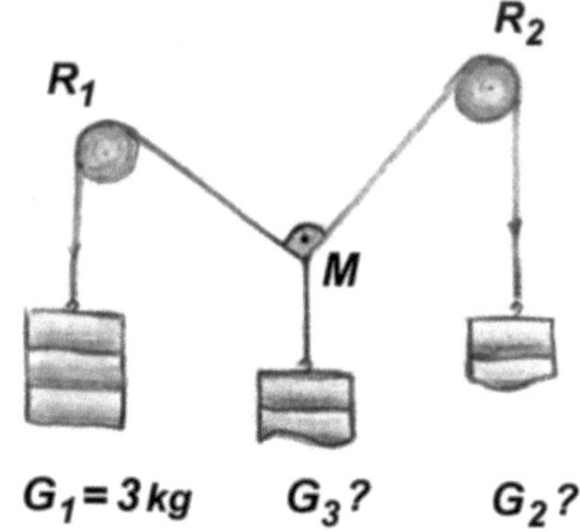

Welche Gewichte hängen am Punkt M (G_3) und über Rolle R_2 (G_2) wenn der Winkel im Parallelogramm (s. Abb. in Antwort) 90° beträgt?

Ausgehend vom eingezeichneten Kraftvektor und seiner Richtung (vertikal, $-F_3$) kommt man auf die Lösung.

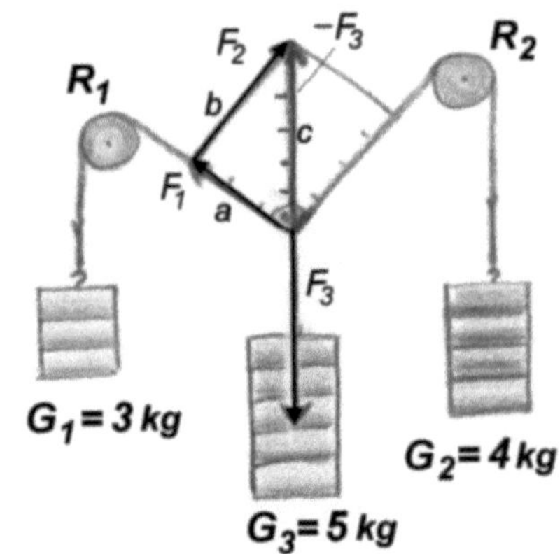

Antwort

Das Kräfteparallelogramm mit 90°-Winkel ist eigentlich ein Kräfte-„Rechteck".

Die Kräfte am Angriffspunkt bilden bei entsprechendem Verschieben der Vektoren ein rechtwinkliges Dreieck, in der Abbildung mit Pfeilen markiert. Die eine Kathete *a* entspricht der Gewichtskraft der Masse G_1 von $F_1 = 30$ N. Nach dem Satz von Pythagoras (siehe dazu im Anschluss)

$$a^2 + b^2 = c^2$$

$$\text{gilt: } (F_1^2 =)\ 9 + F_2^2 = F_3^2$$

mit der aufgrund der vorgegebenen>Anordnung der Rollen eindeutigen Lösung:

Kathete *b* $\quad b = F_2 = 40$ N

Hypotenuse $\quad c = F_3 = 50$ N

Für die Massen gilt entsprechend:

$G_1 = 3$ kg, $G_2 = 4$ kg und $G_3 = 5$ kg

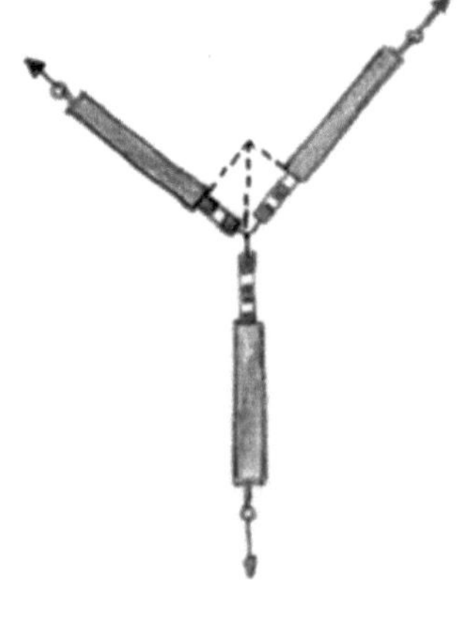

Die hier herrschenden (vektoriellen) Kräfteverhältnisse *lassen sich auch mit einem etwas einfacheren Aufbau* (ohne Rollen und Gewichte) veranschaulichen.

Drei Federwaagen „ziehen" an einem gemeinsamen Punkt wie in der Abbildung zu sehen. Zeigen die drei Skalen exakt 3, 4 bzw. 5 Krafteinheiten, z. B. 1 N, an, so liegt oben beschriebenes Kräfte-Rechteck vor. Die Orientierung dieses „Dreizacks" muss dabei natürlich nicht wie abgebildet sein: So wird die Situation aber am einfachsten deutlich.

Satz von Pythagoras

Ein Winkel von 90 Grad ist schon etwas Besonderes. Weniger in der Natur, aber praktisch alles in Handwerk und Technik fußt auf dieser, auch **rechter Winkel** genannten Konstruktion.

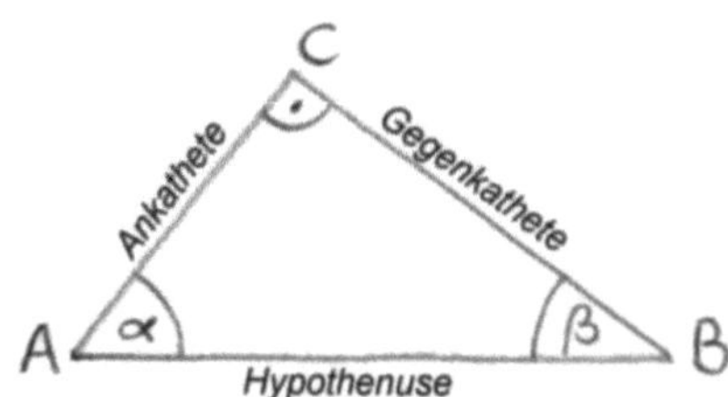

Die Physik als Grundlagenwissenschaft bedient sich ausgiebig des rechten Winkels. Beispiele seien die Normalkraft senkrecht zu einer Unterlage, die Ablenkung eines geladenen Teilchens senkrecht zu einem Magnetfeld oder die rechtwinklig aufeinander stehenden Spiegel eines Rückstrahlers.
Meist wird der 90-Grad-Winkel zum rechtwinkligen Dreieck ergänzt. Dann ergeben sich Strecken- und Winkelverhältnisse und entsprechende Formel, mit denen man besonders leicht Berechnungen durchführen kann.
Die Eckpunkte werden mit A, B und C bezeichnet, die den Ecken gegenüberliegenden Seiten mit den jeweiligen Kleinbuchstaben a, b und c.
Die Winkel tragen die griechischen Kleinbuchstaben der jeweiligen Ecken, also α, β und γ. Der 90°-Winkel wird durch einen Punkt im Viertelkreis angegeben.
Bezieht man sich auf eine bestimmte Seite oder Winkel, z. B. auf α bei Ecke A, unterscheidet man zwischen der anliegenden Ankathete **a** und der gegenüberliegenden Gegenkathete ***b***. Die dritte Seite, hier **c** gegenüber dem rechten Winkel, ist die sogenannte Hypotenuse.

Satz von Pythagoras

Über den Seiten des Dreiecks kann man Quadrate aufspannen, wie in der Abbildung rechts gezeigt. Der griechische Gelehrte Pythagoras formulierte um 500 v .Chr. als erster diese wichtige Beziehung zwischen ihren Flächeninhalten:

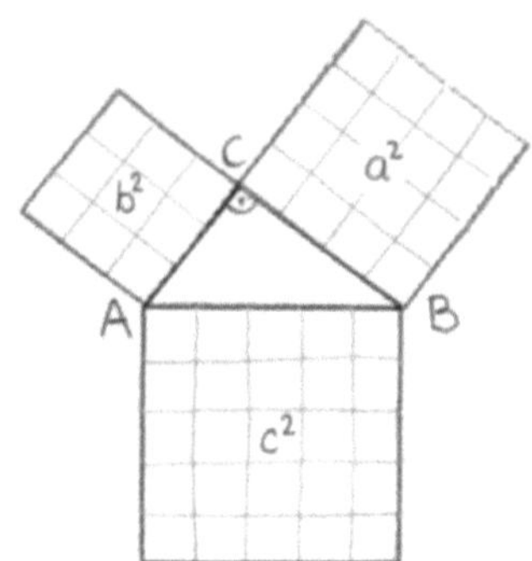

Im rechtwinkligen Dreieck ist die Summe der Flächeninhalte der beiden Kathetenquadrate gleich dem Inhalt des Hypotenusenquadrates.

Mit den üblichen Seitenbezeichnungen, erhält man die berühmte Formel:

$$\boldsymbol{a^2 + b^2 = c^2}$$

Zum Satz des Pythagoras gibt es sehr viele mathematische Beweise. Der Zusammenhang zwischen den Seitenquadraten lässt sich auch ganz anschaulich nachvollziehen:

Gegeben sind 4 rechtwinkelige Dreiecke

So zusammengesetzt ergeben sich zwei Quadrate, a^2 und b^2

Anders angeordnet wird aus beiden Quadraten nun c^2.

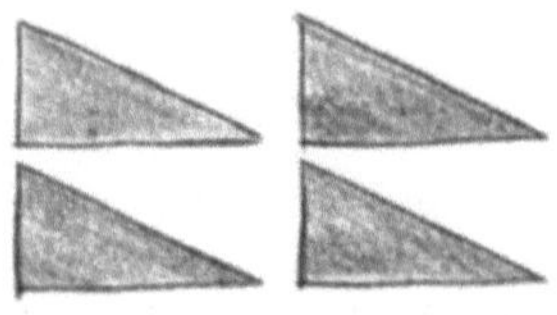

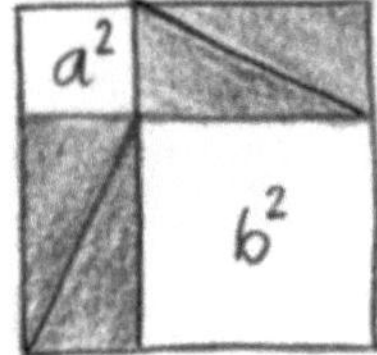

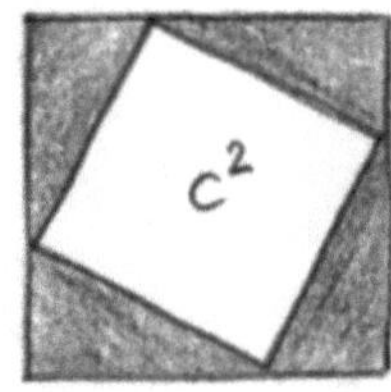

Warum ist diese Formel so wichtig? Ganz einfach: Liegt zwischen Größen oder Messwerten ein rechtwinkliges Verhältnis vor, kann man über den Satz von Pythagoras mit ihnen rechnen.
So gilt am rechts skizzierten Einheitskreis: $sin^2\alpha + cos^2\alpha = 1$. Da die Winkelfunktionen Sinus und Kosinus in allen technischen Bereichen von großer Bedeutung sind, findet allein diese Formel unzählige Anwendungen.
Die auch im Alltag geläufige Praxis, mittels $a^2 + b^2 = c^2$ konstruktiv einen rechten Winkel zu erhalten, fußt auf dem Satz von Pythagoras.

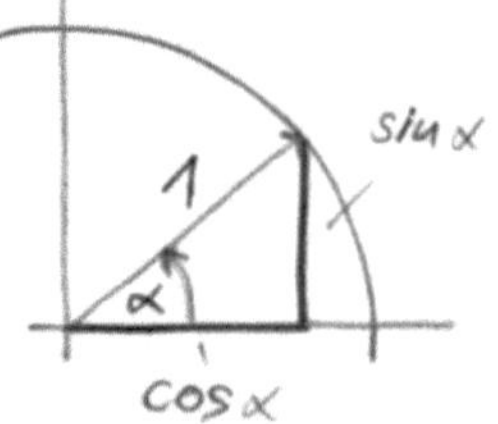

Rund um das rechtwinkelige Dreieck gibt es noch weitere Sätze, die Seiten und Winkel in Beziehung setzen. Einige davon stammen von Euklid, dem Urvater der Geometrie. Der Satz von Pythagoras ist jedoch der bei Weitem wichtigste.

Kleine Kraft, große Wirkung

In Häuserschluchten sind die Straßenbeleuchtungen oft zwischen den Hauswänden aufgespannt. Wieso kommt es immer wieder vor, dass Verschraubungen aus dem Mauerwerk gerissen werden, wo doch die Lampe selbst nur wenige Kilogramm wiegt?

a) Das Gewicht von Straßenlampen wird unterschätzt
b) Das Aufhänge-Seil ist zu stark gespannt
c) Schon relativ kleine seitlich gerichtete Zugkräfte in der Seilmitte können zu gewaltigen Kräften längs des Seils, also auch in den Befestigungen führen

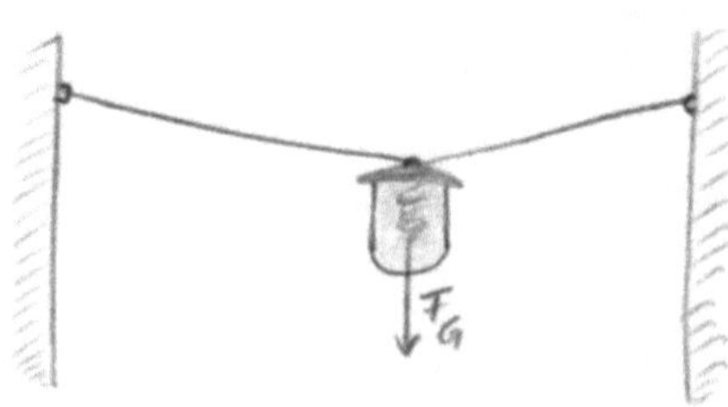

Antwort

Die Antwort lautet: c) Seitlich, hier nach unten gerichtete Zugkräfte in der Seilmitte können zu gewaltigen Kräften längs des Seils führen.
Sicher kann auch das langsam bröselige Mauerwerk vorwiegend von Altbauten dafür verantwortlich sein, dass ein Haken ausreißt.
Wird das Seil vielleicht aufgrund von Gegebenheiten vor Ort sehr flach gespannt, steigen die Teilkräfte überproportional an. Einzelne Teilkräfte können also sehr viel größer sein als die ursprüngliche Kraft, wie im eingezeichneten Kräfteparallelogramm zu sehen ist.

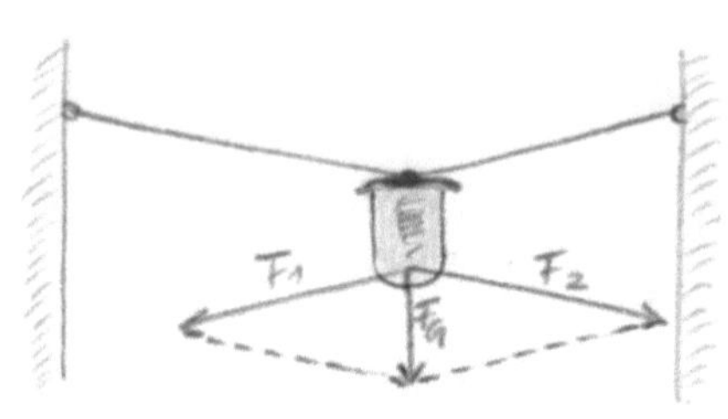

Im Extremfall eines exakt gerade und horizontal gespannten Seils wären diese Teilkräfte sogar unendlich groß, was natürlich unmöglich ist.
Genau genommen kann man auch das kleinste Massestück an einer Schnur die man zwischen seinen Händen hält, nie ganz waagrecht aufspannen.

Schräge Kräfte

Schiefe Ebenen begegnen uns im Alltag ständig: Rampe, Auffahrt, Keil, Rollband, Wasserrutsche... Und sie eignen sich als hervorragende Experimentiervorrichtung oder zur Veranschaulichung z. B. von Bewegungen und Kräften in der Physik.

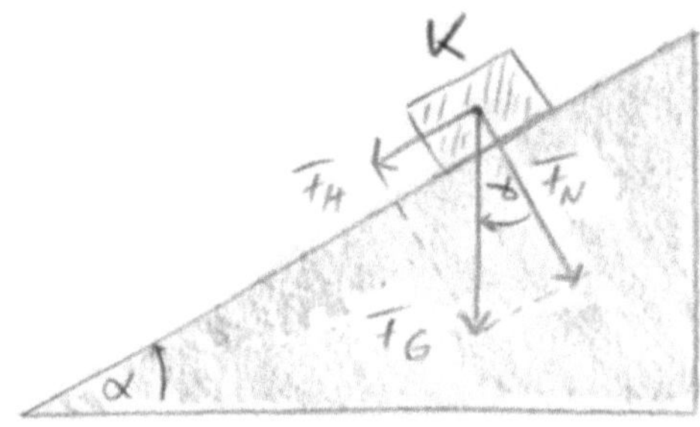

Schiefe Ebenen bringen Dinge in Bewegung. Eine schiefe Ebene zerlegt die Gewichtskraft F_G eines darauf liegenden (oder gleitenden) Körpers in zwei Komponenten:
Einmal in die senkrecht zur Unterlage gerichtete **Normalkraft** F_N. Normalkräfte sind allgemein Kräfte, die zwischen einem Körper und der Unterlage auf der er sich befindet, wirken.
Die andere Teilkomponente ist tangential zur Ebene gerichtet und heißt meist **Hangabtriebskraft** F_H, da sie den Körper in Bewegung versetzen kann. Beide Kraftanteile konstruiert man nach der Parallelogramm-Methode, wobei sich an der Schiefen Ebene immer ein Rechteck ergibt. Ab welcher Neigung wird die Hangabtriebskraft F_H größer als die Gewichtskraft F_G?

a) ab 30°

b) ab 45°

c) ab 90°

d) nie

Antwort

Die Antwort lautet: d) nie!
Bei der Aufteilung der Gewichtskraft *an der schiefen Ebene* kann keine der Teilkomponenten größer als die eigentliche Kraft werden. Sonst kann das sehr wohl der Fall sein, wie anschließend gezeigt wird.
Im Fall eines Körpers auf eine Unterlage (Ebene) beträgt die Normalkraft F_N gleich der Gewichtskraft F_G, wenn die Ebene exakt horizontal ist. Die tangentiale Hangabtriebskraft F_H erreicht die Stärke der Gewichtskraft, wenn die Ebene 90° senkrecht steht.

Wer b) gewählt hat, wollte vielleicht angeben, dass F_N und F_H gleich groß sind. Dies ist bei Neigung um 45° der Fall. Das Parallelogramm ist dann vollends zum Quadrat geworden.
Schiefe Ebenen sind auch deshalb in Physik und Technik so beliebt, weil sich aus dem Neigungswinkel und aus der Breite und Höhe der Ebene sehr einfache Beziehungen zwischen der Gewichtskraft und den Normal- bzw. Hangabtriebskraft herleiten lassen.
Und Physiker lieben Formeln – insbesondere einfache!
Kräftezerlegungen finden sich überall in der Physik. Skizzieren Sie ein einfaches Pendel, lassen es hin und her schwingen und zeichnen Sie sinnvolle Kräftezerlegungen für verschiedene Positionen ein…

Wirtshausschild

Wirtshausschilder sollen von weitem erkannt werden. Gefertigt aus entsprechendem Material kann so ein Kunstwerk dann ein ordentliches Gewicht auf die Waage bringen, genauer gesagt eine entsprechende Gewichtskraft F_G ausüben.

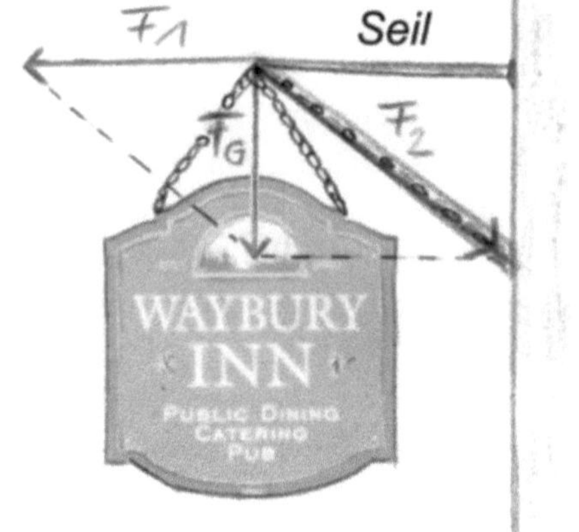

Es solches Aushängeschild will auch gut befestigt sein. Üblicherweise geschieht das an zwei Punkten mit einer Strebe und einem Seil.
Wie muss der Haken für das Seil gesetzt werden, damit die Zugkraft F_1 immer parallel zur Seilrichtung wirkt?

a) So wie skizziert, das Seil verläuft horizontal
b) Das Seil muss immer zur Hauswand hin ansteigen
c) Egal, wie der Haken gesetzt wird, F_1 wirkt stets parallel zu Spannrichtung des Seils

Antwort

Die Antwort lautet: c) Die Richtung des gespannten Seils gibt die Richtung der zugehörigen Teilkraft vor. F_1 wird daher immer parallel zum Seil sein, egal wo sich der Haken befindet. Das Seil wie oben abgebildet horizontal zu spannen, ist wohl die klassische Art, ein Wirtshausschild aufzuhängen – und vielleicht auch die ästhetischste. Wer nur einen kleinen Haken hat oder der Festigkeit der Hauswand misstraut, sollte den Haken weiter oben setzen. Dann wird das Parallelgramm zunehmend rechteckig und F_1 immer kleiner. Vgl. die Abbildung.

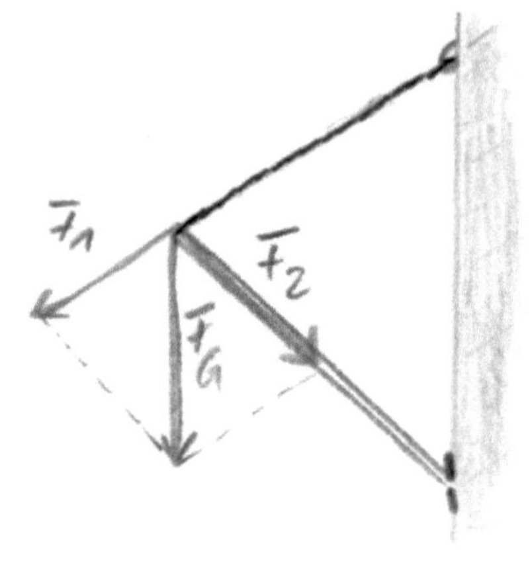

Die zwei Seiten eines Hebels

Mit Hebeln hat man schon zu tun, ohne dass man weiß, wie sie überhaupt funktionieren. Man wendet sie einfach in der richtigen Weise an. Als Kind sitzt man gerne darauf, nämlich auf einer Wippe. Und wenn man seiner Seite mehr Gewicht verleihen will, setzt man sich an das Ende und hat ganz ohne Physik die Hebelwirkung ausgenutzt.

Hebel sind Werkzeuge oder einfache Maschinen. In Physik und Technik werden sie unter den *Kraftwandlern* eingereiht: Sie wandeln in der Regel eine große Kraft in eine kleinere, so dass z. B. ein schwächerer Motor ausreicht oder etwa wir selber eine sonst nicht stemmbare Kraft aufbringen können. Rechts wird eine Stange als Hebel benutzt, um einen Schrank anzuheben (Hebel kommt von „heben").

Sie ist der Länge nach in fünf gleiche Teile eingeteilt. Bei welcher Anwendung ist die aufzuwendende Kraft F_2 kleiner?

a) obere Abb., die Stange wird am Boden unter dem Schrank aufgesetzt

b) in beiden Fällen gleich, da die Stange beide Male als gleicher Hebel eingesetzt wird

c) untere Abb., untergelegter Klotz

Antwort

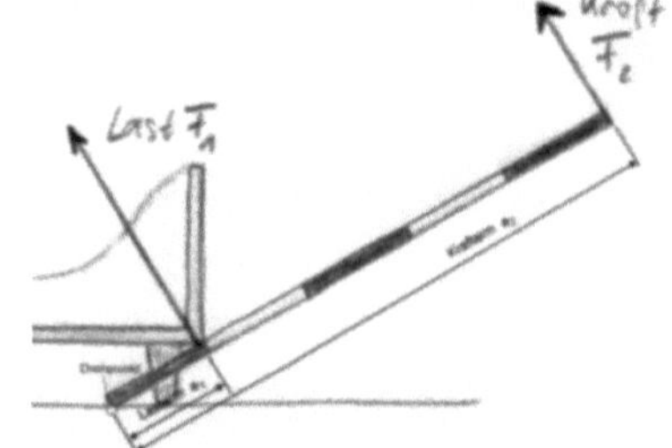

Die Antwort lautet: a) Wenn die Stange wie im oberen Fall als *einseitiger* Hebel angewendet wird, ist die aufzuwendende Kraft F_2 an kleinsten.

Ein Hebel ist im einfachsten Fall ein Balken, der im Punkt D drehend gelagert ist. Die Längen zwischen dem Drehpunkt und den beiden Angriffspunkten für die aufzubringende (F_2) bzw. genutzte Kraft (F_1) heißen die Hebelarme oder Lastarm a_1 und Kraftarm a_2. Vergleiche dazu die Abbildungen rechts. Liegen wie im oberen Fall die beiden Hebelarme auf der von Drehpunkt aus gesehen gleichen Seite, spricht man von einem *einseitigen* Hebel. Befinden sich beide Hebelarme auf verschiedenen Seiten des Drehpunktes, handelt es sich um einen *zweiseitigen* Hebel. Beim *einseitigen* Hebel wäre der Kraftarm a_2 um 5 Einheiten länger, die Wirkung daher größer. Dennoch ist das Drücken die gängigste Art, einen Hebel zum Anheben einzusetzen.

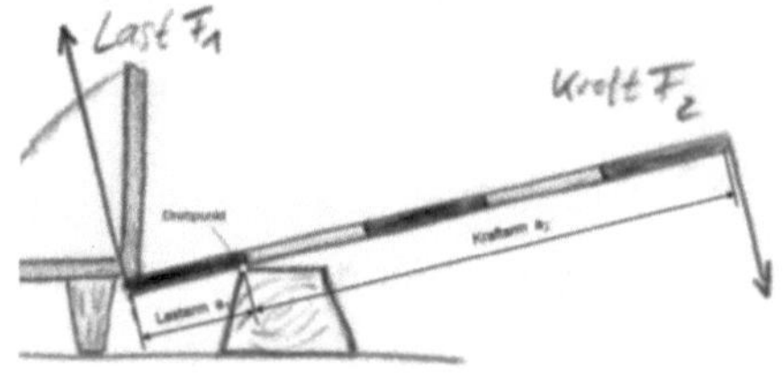

Hebel „übersetzen" Kräfte

Ohne Hilfsmittel kann eine Last von z. B. F_1 = 400 N nur mit einer Kraft von eben 400 N angehoben werden. Mit einem zweiseitigen Hebel aber, bei dem sich Lastarm a_1 und Kraftarm a_2 wie 1 : 4 verhalten, kann man die Last mit einer Kraft von nur F_2 = 100 N anheben. Die Kraft wird im umgekehrten Verhältnis der Hebelarmlängen „übersetzt", d.h.

$$\frac{F_1}{F_2} = \frac{a_2}{a_1} = 4 \text{ oder} : F_2 = F_1 \frac{1}{4} = 1/4 \cdot F_1$$

Drehmoment und Hebelgesetz

Greift an einem drehbaren starren Körper eine Kraft an, so bewirkt diese eine Drehung des Körpers um die Drehachse. Ein Beispiel ist ein Schraubenschlüssel, mit dem eine Schraube hinein- oder herausgedreht werden soll.

Das Drehmoment ist ein Maß für die Drehwirkung.
Das Drehmoment gibt an, wie stark eine Kraft auf einen drehbar gelagerten Körper wirkt.
Es ist gleich dem Produkt aus dem Betrag der angreifenden Kraft und dem Abstand d ihrer Wirkungslinie von der Drehachse.

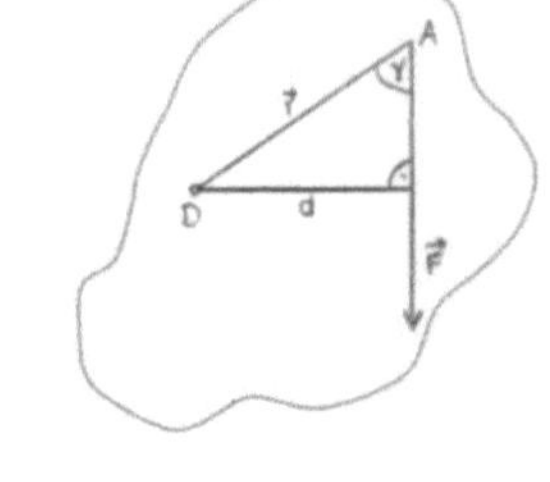

Die Abbildung zeigt die Drehung um den Drehpunkt D wenn eine Kraft in A angreift. Zu beachten ist der wirksame senkrechte Abstand d der Wirkungslinie der Kraft von der Drehachse.
Definition des Drehmoments: $M = F \cdot d$, die Einheit ist Nm.
Die Drehwirkung ist umso größer, je größer der Betrag der Kraft ist und je weiter ihr Angriffspunkt von der Drehachse entfernt ist.

Hebelgesetz

Auf einen drehbar gelagerten Körper können gleichzeitig mehrere Drehmomente einwirken.
Greift an einem Hebel beiderseits des Drehpunktes eine Kraft an, so wirken zwei Drehmomente, allerdings in entgegengesetzten Richtungen. Die Momente berechnen sich als die Produkte aus Kraft F senkrecht zum Hebel und Hebelarm a. Im Fall des Gleichgewichts sind beide Drehmomente gleich groß:

$$F_1 \cdot a_1 = F_2 \cdot a_2$$

Im diesem *Hebelgesetz* werden zwei Drehmomente verglichen: Das um den Drehpunkt linksdrehende und das entsprechende gleich große rechtsdrehende. Es können beliebig viele Kräfte an einem Hebel angreifen – und sie können auch im Gleichgewicht stehen. Zu beiden Seiten der auch *Drehmomentsatz* genannten Gleichung, gibt es dann weitere Summanden:

$$F_{L1} \cdot a_{L1} + F_{L2} \cdot a_{L2} + F_{L3} \cdot a_{L3} + \cdots = F_{R1} \cdot a_{R1} + F_{R2} \cdot a_{R2} + \cdots$$

Setzt man wie in der vorangehenden Frage einen Hebel an und übt eine Kraft aus, befindet er sich übrigens im Gleichgewicht.

Archimedes am Hebel

„Gib mir einen festen Punkt und ich werde die Erde bewegen."
Das Hebelgesetz wurde von Archimedes schon lange vor unserer Zeitrechnung entdeckt. Von ihm stammt der obige kühne Satz. Auch war er sich über die „Goldene Regel der Mechanik" im Klaren, siehe Frage dazu weiter unten. Die Hebelwirkung selbst war schon den alten Ägyptern geläufig.
Archimedes lebte im 3. Jh. v.Chr. in Syrakus auf Sizilien. Er war einer der größten Mathematiker. Die berühmte „Quadratur des Kreises" beschäftigte ihn offenbar so sehr, dass man Kreis und Quadrat für seines Grabsteins würdig hielt. Mit den damals üblichen mathematischen Werkzeugen Lineal und Zirkel konnte er dieses Kunststück nie vollbringen. Um einen Kreis in ein flächengleiches Quadrat zu verwandeln, bedarf es der sogenannten irrationalen Zahlen, insbesondere Pi und den Quadratwurzeln.
Er betätigte sich auch als Physiker und Ingenieur – aber wohl eher um der Mathematik willen. Archimedes war so der Vorreiter der modernen Naturwissenschaften. Er gewann viele seiner Ergebnisse auf experimentellem Wege. Laut der bekanntesten Anekdote soll er das Gesetz vom Auftrieb, das es ermöglichte, eine echte von einer gefälschten Goldkrone zu unterscheiden, in der Badewanne gefunden haben. Nackt und "Heureka!" rufend soll er durch die Stadt zum Königspalast gelaufen sein, um die Neuigkeit zu überbringen. (s. dazu unten zum Thema Auftrieb.)
Archimedes machte auch bedeutende Erfindungen, darunter ganz praktische:

- Wurfmaschinen zur Verteidigung von Syrakus
- Archimedisches Schraube (Schnecke) zur Förderung von z. B. Wasser oder Getreide
- Brennspiegel zur Blendung feindlicher Schiffe
- Flaschenzug als Einheit. Die Kombination aus fester und loser Rolle war bereits den Assyrern bekannt, ca. 970 v. Chr.

Ob dieser Vielzahl an Entdeckungen und Konstruktionen, hielt er es meist nicht für nötig, die Einzelheiten für die Nachwelt festzuhalten. Es gibt leider keinerlei Notizen von Archimedes selbst.
Archimedes war ein wahrer Eigenbrötler, der sich nur mit seinen eigenen „Forschungen" beschäftige und sich nicht groß für seine Mitmenschen interessierte. Legte er vielleicht deshalb keinen Wert auf Körperhygiene, um sich diese auf Abstand zu halten? Solche Gedanken waren ihm wahrscheinlich

völlig fremd, er war einfach ein klassischer Nerd, hielt sich für etwas Besonderes und hatte Wichtigeres zu tun, als auf sein Äußeres zu achten.
Und so starb er auch: Seine Verteidigungsmaschinen halfen viele Male Syrakus zu schützen. Schließlich kam Rom aber mit einer solchen Übermacht, dass seine Heimatstadt eingenommen wurde. Vielleicht schon zu alt zum Kämpfen, interessierte sich Archimedes mehr für ein mathematisches Problem. Als er sinnierend dazu mit einem Stock Figuren in den Sand zeichnete, kam ein römischer Soldat hinzu und er bemerkte nur lapidar: *„Störe meine Kreise nicht"*. Wohl ohne jede Ahnung davon, wen er da vor sich hatte, erschlug der Söldner Archimedes einfach. [12]

Gleichgewicht am Hebel

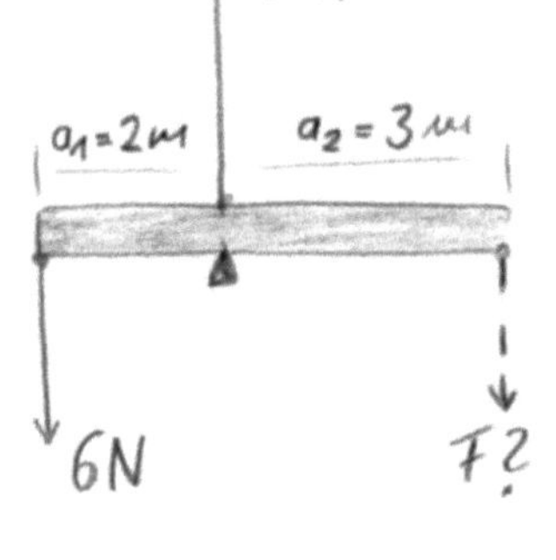

Der rechts abgebildete lange Balken ist drehbar gelagert, so dass ein Hebelarm die Länge $a_1 = 2$ m hat lang, der andere die Länge $a_2 = 3$ m.
Das Eigengewicht wird vernachlässigt.
Es greifen zwei Kräfte von 6 N und 10 N wie eingezeichnet an. Welche Kraft muss am Ende von a_2 angreifen, damit der Hebel im Gleichgewicht ist?

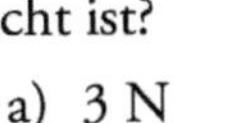

a) 3 N
b) 4 N
c) 5 N

Antwort

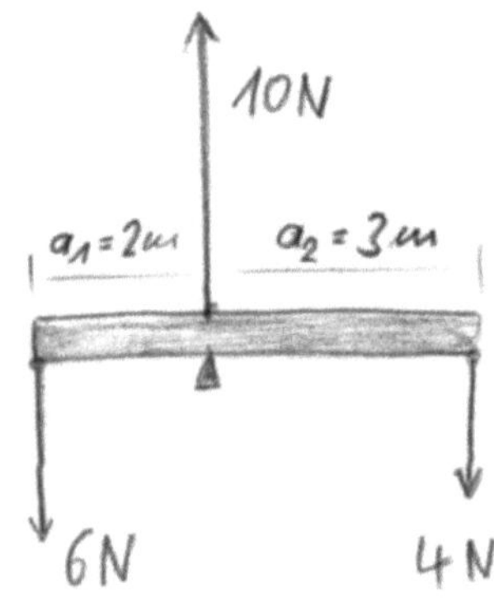

Die Antwort lautet: b) 4 N.
Nach dem oben beschriebenen Hebelgesetz ist ein Hebel dann im Gleichgewicht, wenn – bei zwei angreifenden Kräften – das linksseitige und das rechtsseitige Drehmoment gleich sind.

Es gilt also: $F_1 \cdot a_1 = F_2 \cdot a_2$

Eingesetzt: $6\ \text{N} \cdot 2\ \text{m} = F_2 \cdot 3\ \text{m}$

Gleichung umgestellt ergibt: $F_2 = 6\ \text{N} \cdot \frac{2\ \text{m}}{3\ \text{m}} = 4\ \text{N}$

Gleichgewichtsbedingung

Warum sind auch die 10 N am Drehpunkt nach oben wirkend eingezeichnet?

Ein Körper befindet sich im Gleichgewicht, wenn nicht nur alle wirkenden Drehmomente zu Null resultieren, sondern auch die Summe aller angreifenden Kräfte gleich Null ist. Andernfalls würde sich z. B. der Hebel insgesamt bewegen.

Wie rechts skizziert, ergeben die beiden nach unten gerichteten Kräfte ebenfalls 10 N und heben die Stützkraft im Drehpunkt genau auf.

Das Kräftegleichgewicht bzw. die Kräftefreiheit eines Körpers wird in den Fragen weiter unten zur Trägheit und den Newtonschen Gesetzen eine wichtige Rolle spielen.

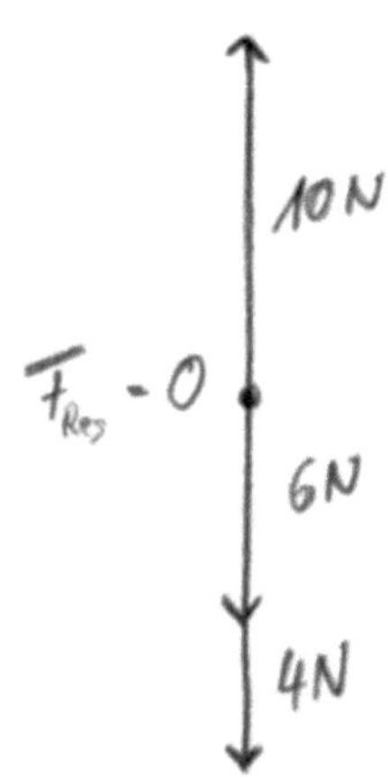

Kräfte im Gleichgewicht

Ein 5 Meter langer Bohlen dient, auf zwei Fundamenten aufliegend, als Brücke. Wie abgebildet steht ein Junge von 50 kg genau in der Mitte der Brücke. Er übt somit eine Gewichtskraft von 500 N auf den Bohlen aus.

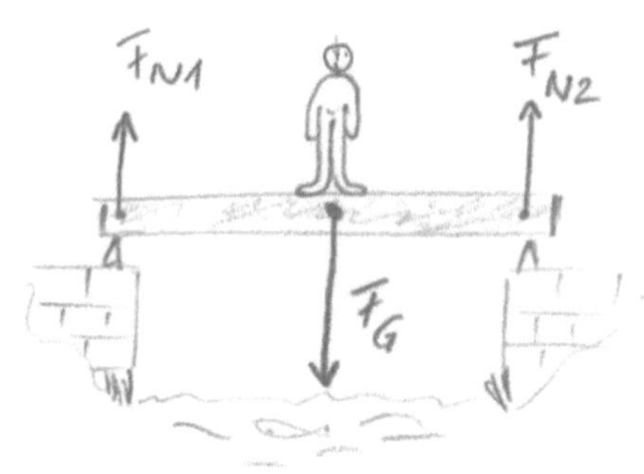

Es ist offensichtlich so, dass sich seine Gewichtskraft je zur Hälfte auf die beiden Seiten verteilt. Die Stützen an den beiden Ufern erzeugen eine entgegengesetzt nach oben gerichtete Kraft von 250 N. Das Gewicht des Bohlens soll vernachlässigt werden.

Nun stellt sich der Junge etwas zur Seite, so dass er 2 Meter vom linken (1) und 3 Meter vom anderen Ufer (1) entfernt ist.

Gefragt sind nun die Kräfte, die die Stützen aufbringen müssen:

Welche Methode wird zur Lösung angewendet?

a) Hebelgesetz
b) Gleichgewichtsbedingung
c) Kräfteaddition

II) Wie verteilt sich die Gewichtskraft F_G auf die beiden Stützen?

a) F_{N1} = 200 N / F_{N2} = 300 N
b) F_{N1} = 250 N / F_{N2} = 250 N
c) F_{N1} = 300 N / F_{N2} = 200 N

Antwort

Die Antwort I) lautet: Alle drei.
Der Bohlen über den Bach ruht, es muss demnach Kräftegleichgewicht herrschen. Nach der letzten Frage heißt das: Alle wirkenden Drehmomente heben sich gegenseitig auf und die Summe aller angreifenden Kräfte ist Null.
Betrachtung als Hebel, Drehpunkte sei die linke Auflage:
Der 2 Meter entfernt stehende Junge bewirkt ein rechtsdrehendes Moment. Diese muss durch ein entgegengesetzt gleiches linksdrehendes kompensiert werden. Dazu unten eine kurze Berechnung.
Schließlich Addition der Kraftvektoren: Alle Kräfte summieren sich zu Null, d. h. $F_G + F_{N1} + F_{N2} = 0$.

Die Gewichtskraft verteilt sich nach II-c) F_{N1} = 300 N / F_{N2} = 200 N
Hier kann man das sofort sehen: Die Gewichtskraft von 500 N verteilt sich im umgekehrten Verhältnis zu den Längen zwischen dem Standpunkt und den beiden Enden. Im Allgemeinen sind die Momenten- und Kräfteverhältnisse aber nicht so offensichtlich. Dann muss man systematisch vorgehen.
Wir gehen, wie schon angesprochen, von einem einseitigen Hebel aus, der seinen Drehpunkt auf dem linken Lager hat und berechnen die wirkenden Drehmomente:
Rechtsdrehendes (im Uhrzeigesinn): $500\ \text{N} \cdot 2\ \text{m} = 1000\ \text{Nm}$
Linksdrehendes (entgegen Uhrzeigesinn): $F_{N2} \cdot 5\ \text{m}$
Die Gleichgewichtsbedingung erfordert: $F_{N2} \cdot 5\ \text{m} = 1000\ \text{Nm}$
Somit ergibt sich: $F_{N2} = 200\ \text{N}$
Über Kräftebedingung $F_{N1} + F_{N2} = F_G$ erhält man nun die linke Stützkraft:

$$F_{N1} = F_G - F_{N2} = 300\ \text{N}$$

Rollender Hebel

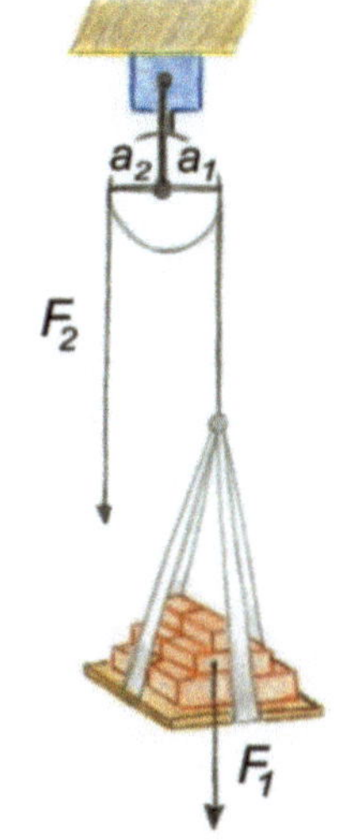

Eines der ältesten Werkzeuge, um Lasten zu heben, ist ein Seil, das über einen höher gelegenen Querbalken verläuft. An der Last befestigt kann man das Seil bequem vom Boden aus ziehen. Mit der Erfindung des Rades wurde dieses Werkzeug zu sogenannten **festen Rolle.** Die Abbildung zeigt die dabei auftretenden Kräfte, F_1, die Gewichtskraft der Last und F_2, die Zugkraft.
In die Rolle sind die gleich langen Hebelarme eingezeichnet, Lastarm a_1 und Kraftarm a_2. Eine fest montiere Rolle kann also als Hebel angesehen werden.
In der Praxis zieht man am schräg abgehenden Seil, wie in der Abbildung unten zu sehen. Was ändert sich?

a) Betrag der aufzubringenden Kraft
b) Angriffspunkt der Kraft
c) Die Rolle ist nun kein Hebel mehr
d) Die Kraftrichtung
e) Die zu ziehende Seillänge

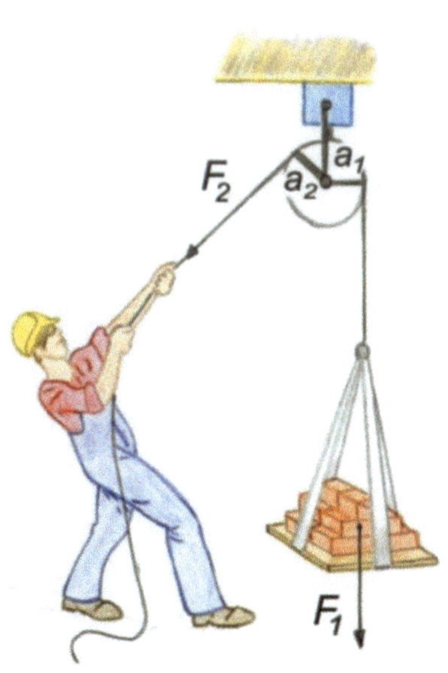

Antwort

Der Vorteil einer festen Rolle liegt darin, dass Richtung und Angriffspunkt der aufzubringenden Kraft so verändert werden, dass das Ziehen am Seil bequem wird.
Zu den einzelnen Antworten:

zu a) Die aufzubringende Kraft bleibt die gleiche. Die lose Rolle vermindert die Kraft an sich nicht.

zu b) Der Angriffspunkt der Zugkraft F_2 verändert sich flexibel mit der Zugrichtung am Seil

zu d) Der entscheidende Vorteil ist, dass die Richtung in die die Zugkraft F_2 wirken muss, an die Art der Kraftaufwendung angepasst werden kann. So kann ein Arbeiter bequem ziehen oder ein Motor kann fest am Boden stehend die Kraft leisten.

Noch zwei besondere Punkte:

zu c) Die feste Rolle wirkt weiterhin als sogenannter *Winkel*-Hebel. Die beiden in diesem Fall gleich langen Hebelarme bilden über den Drehpunkt einen Winkel.
Am Hebelgesetz ändert dies nichts:

$$F_1 \cdot a_1 = F_2 \cdot a_2$$

Da $a_1 = a_2$ gilt $F_1 = F_2$.

zu e) Die Länge an Seil, die man ziehen muss, um die Last eine Höhe h zu heben ändert sich nicht, nur eben die Zugrichtung ist eine andere. Bei den folgenden Fragen wird dies anders sein.

Kraftwandler

Hebel, Rollen oder Flaschenzüge ermöglichen es, den Betrag der aufzubringenden Kraft zu verringern, ihre Richtung zu ändern und den Angriffspunkt einer Kraft zu verschieben.
Daher nennt diese Werkzeuge oder Maschinen auch Kraftwandler.

Klettern mit Tau und Rolle

Am Tau hochklettern ist für die meisten der Schrecken des Sportunterrichts. Heute geht es mal locker zu und zwei Jungs, nennen wir sie Uno und Due, experimentieren mit einer an der Hallendecke fest montierten Rolle. Sie wollen herausfinden, ob sich damit leichter hochziehen lässt. Das Tau wird durch die Rolle geschlungen. Uno befestigt das eine Ende am Boden und zieht sich am anderen Seilstück hoch. Due befestigt an einem Ende ein passendes Brett als Sitzgelegenheit, und zieht sich, auf dem Brett sitzend, ebenfalls am anderen Ende hoch. Kann einer der beiden mit seiner Vorrichtung die erforderliche Kraft reduzieren?

a) Ja, Due verteilt seine Gewichtskraft auf zwei Seilstücke und muss daher am anderen Ende nur mit der halben Kraft ziehen

b) Nein, in beiden Fälle handelt es sich um eine feste Rolle, die nur Angriffspunkt und Richtung, nicht aber den Betrag einer Kraft ändern kann

c) Ja, Uno nutzt aus, dass seine Gewichtskraft durch die Rolle zur Hälfte vom Haken am Boden getragen wird. Auch er muss nur mit der halben Kraft ziehen

Antwort

Die Antwort lautet: a) Ja, auch wenn Due selbst mit seinem ganzen Gewicht die Zugkraft Ende mit dem Sitz bewirkt, verteilt sich dieses auf zwei Seilstücke und er muss daher nur mit der halben Kraft ziehen.
Uno könnte genauso gut das Tau direkt an der Hallendecke befestigen. Die Umlenkung über die Rolle bringt im rein gar nichts. Er muss sein volles Gewicht am Seil hochziehen.
Dues Gewicht (von Brett mal abgesehen) verteilt sich auf zwei Seilstücke und jedes davon trägt die Hälfte. Es ist kräftemäßig gesehen egal, ob die Seile einzeln an Haken gefestigt sind oder über eine Rolle geführt werden. Ein Kraftmesser in jedes Teilstück eingebunden würde nur $F_G/2$ anzeigen. Also muss Due auch nur mit $F_G/2$ nach unten ziehen.
Wie steht es um die zu ziehenden Längen? Bei Uno bewegt sich das Tau überhaupt nicht, er muss mit der Kraft seines Gewichtes F_G einfach die erforderlichen Höhe h ziehen.
Due muss die doppelte Seillänge, d.h. 2 h ziehen: Er zieht quasi sein halbes Gewicht auf dem Sitz nach oben und die andere Hälfte direkt am Seil nach oben – macht zusammen: 2 h.

Die Überlegungen zu den gezogenen Seillängen führt auf einen weiteren, eleganten „Beweis“: Beide, Uno und Due, haben am Ende die gleiche Hubarbeit von $W_{Hub} = F_G \cdot h$. geleistet. Uno zieht dabei genau seine Hubhöhe h, Due jedoch die doppelte Seillänge 2 h. Dues Zugkraft errechnet sich aus: $W_{Hub} = F_{Due} \cdot 2\,h. = F_G \cdot h$. Somit gilt: $F_{Due} = F_G/2$.

Mit etwas Knoff-hoff lässt sich dem Tauhochziehen doch ein Schnippchen schlagen.

Lose Rolle

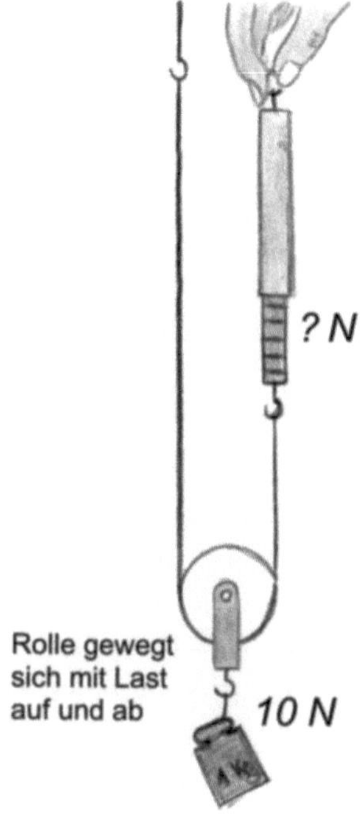

Zweck eines Kraftwandlers ist es meistens, eine Last zu bewegen.
Kann man die Last an die Seilrolle selbst anhängen, wird sie zu einer sogenannten **losen Rolle**. Die Abbildung rechts zeigt das Prinzip. Es entsteht eine weitere Variante eines Hebezeugs unter Verwendung eines Seils.

I) Was ist bei der losen Rolle anders?

a) Die aufzubringende Kraft

b) Der Angriffspunkt der Kraft

c) Die Zugrichtung der Kraft

d) Die erforderliche Seillänge, um eine Last eine bestimmte Höhe zu heben

e) Die zu verrichtende Arbeit

II) Wie groß ist die Zugkraft?

a) genauso groß wie die Gewichtskraft der Last

b) halb so groß wie die Gewichtskraft

c) ein Viertel so groß wie die Gewichtskraft

Antwort

Die Lose Rolle ist ein echter Kraft*wandler* im Sinne von Verringerung des Kraftaufwands. Zu den einzelnen Antworten:

zu I-a) Die aufzubringende Zugkraft wird nun aufgeteilt. Die lose Rolle an der die Last befestigt ist, hängt an *zwei* Seilstücken. Jedes davon trägt die halbe Gewichtskraft der Last.
Die feste Seilhälfte stützt diese Kraft über die Befestigung oben ab. Am offenen Seilstück wirkt die Zugkraft, die bei einer Rolle genau die Hälfte der Gewichtskraft der Last ist (die Rolle selbst dabei als gewichtslos angesehen).
Die zweite Antwort lautet daher: II-b)

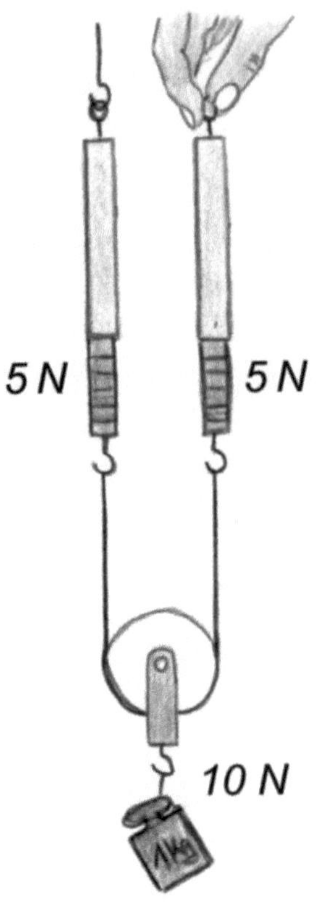

zu I-b und I-c) Angriffspunkt und Richtung der Zugkraft verändern sich eher zum Ungünstigen, nach oben zu ziehen ist in der Regel schwieriger. Das offene Seilende wird daher meist über eine weitere feste Rolle, die ebenfalls über der gewünschten Sollhöhe befestigt ist, wieder nach unten geführt. So kann die Zugkraft bequem ansetzen.

zu I-d) Kein Vorteil ohne Nachteile auf anderer Seite. So ist es auch hier. Die Zugkraft wird halbiert, dafür muss man am Seil die doppelte Länge ziehen, um eine Last eine bestimmte Höhe zu heben. Die *Goldene Regel der Mechanik* sagt dazu: Was man an Kraft einspart, muss man an Weg mehr aufwenden. Siehe dazu auch den Kasten *Nicht ganz so golden*.

zu I-e) Mit dem letzten Punkt wird eigentlich ein ganz neues Kapitel aufgemacht, das uns mal zu einem späteren Zeitpunkt beschäftigen sollte. Nur soviel: *Kraftwandler ersparen keine Arbeit*. Mehr dazu auch im Anschluss.

Bisher wird der Last der Index "1" und der aufzuwenden Kraftseite die "2" zugeordnet. Wo wären hier die Gewichtskraft F_1 sowie die halb so große Zugkraft F_2 einzuzeichnen?

Nicht ganz so golden

Vielleicht haben Sie schon mal von der „Goldenen Regel der Mechanik" gehört. An der losen Rolle kann man direkt sehen, was sie ganz praktisch bedeutet:

Aus der letzten Frage ist bekannt, dass eine lose Rolle die Kraft zum Anheben einer Last genau *halbiert.* Das Gewicht der Rolle selbst wird vernachlässigt.

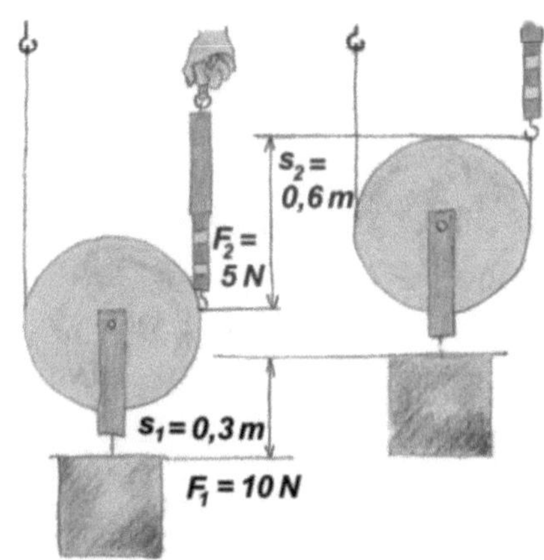

In der nebenstehenden Abbildung ist links die Ausgangssituation, z. B. bei Höhe $h = 0$, und rechts nach Anheben der Last um die Strecke $s_1 = 0{,}3$ m dargestellt.

Die Grafik verdeutlicht insbesondere die dafür erforderliche Strecke s_2, die das Seil gezogen werden muss, nämlich: $s_2 = 0{,}6$ m.

Man muss demnach doppelt so weit ziehen wie man die Last letztlich anheben will. Dafür allerdings nur mit der halben Kraft.

Für alle Kraftumformer wie Hebel, Rollen, Flaschenzüge oder schiefe Ebenen gilt die **Goldene Regel der Mechanik**. Sie wurde von ca. 400 Jahren von dem italienischen Physiker Galileo Galilei folgendermaßen formuliert

Was man an Kraft spart, muss man an Weg zusetzen

Oder anders ausgedrückt: Der Weg, über den die Kraft (Ziehen, Heben) wirken muss, wird im gleichen Verhältnis größer wie die Kraft kleiner wird.

Eine wichtige Folge ist, dass ein Kraftwandler zwar den Kraftaufwand reduzieren kann, aber keine Arbeit erspart. Die für z. B. das Anheben einer Last erforderliche Hubarbeit bleibt immer die gleiche, egal welche Art Kraftwandler man nutzt.

Ganz so golden ist die Regel also doch nicht. Die Fragen *Flaschenzug* und *Jobberin* kommen nochmal auf diese Goldene Regel der Mechanik zurück.

Anders ausgedrückt beschreibt dieser physikalische Satz die **Energieerhaltung** für die mechanischen Werkzeuge, Maschinen u. ä. auf die er angewendet wird.

Galilei und die Handwerker

Archimedes, der das Hebelgesetz formulierte und somit auch das Prinzip der Goldenen Regel verstand, hatte wohl zu wenig Interesse an seinen Mitmenschen, als dass er mit Handwerkern über das „Arbeit sparen" streiten wollte. Galilei dagegen konnte sich furchtbar darüber aufregen, dass die Handwerker seiner Zeit eisern daran glaubten, dass ihre Werkzeuge Arbeit ersparten und ihnen das Leben leichter machen würden. Vielleicht lag ihm aus diesem Grund viel daran die „Goldene Regel der Mechanik" exakt zu formulieren.

Feierabend am Meer

Der Fischer Paolo war gegen Abend nochmal draußen auf dem Meer um die Stellnetze aufzuspannen. Wieder an Strand ist er doch recht müde und kann das Boot nicht mehr allein ins Trockene ziehen. Zum Glück liegen Seil und Rolle mit Haken gleich neben einem Poller.

Wie müssen Seile und Rolle eingesetzt werden, damit Paolo sein Boot an Land ziehen kann?

a) Rolle am Poller befestigen, an Boot befestigtes Seil durch Rolle führen und ziehen

b) Seil am Poller und Rolle am Boot befestigen, Seil durch Rolle führen und ziehen

c) Seil durch die Rolle führen, Seil am Poller und am Boot befestigen, Rolle am Haken fassen und ziehen

Antwort

Die Antwort lautet: b)

Benutzt Paolo die Rolle als lose Rolle, halbiert er die Kraft, die erforderlich ist, um das Boot an Land zu ziehen. Die andere Hälfte wird vom Poller abgestützt, s. Abb. auf der nächsten Seite. Nach der Goldenen Regel der Mechanik muss der Fischer dafür allerdings doppelt so weit laufen. Arbeit im physikalischen Sinn wird ihm nicht erspart.

Und die anderen Alternativen?

zu a) Dies wäre der Fall *feste* Rolle. Die erforderliche Kraft wird nicht reduziert. Allenfalls könnte die Zugrichtung geeigneter sein

zu c) Im diesem Fall der losen Rolle wird Zugkraft gewandelt, allerdings ins Gegenteil, nämlich bis zur doppelten. Paolo würde dabei an der Lastseite ziehen und das Boot wäre an der Kraftseite befestigt. Auch ohne Physikkenntnisse würde dieser Anwendungsfall wohl schnell ad acta gelegt.

Rollen-Spiel

Zum Abschluss ein kleines Spiel mit Seil und Rolle. Die Abbildung zeigt vier verschiedene Kombinationen mit festen und losen Rollen oder als Flaschenzug zum Heben eines 1-kg-Gewichtes. Das Gewicht der Last beträgt 10 N.

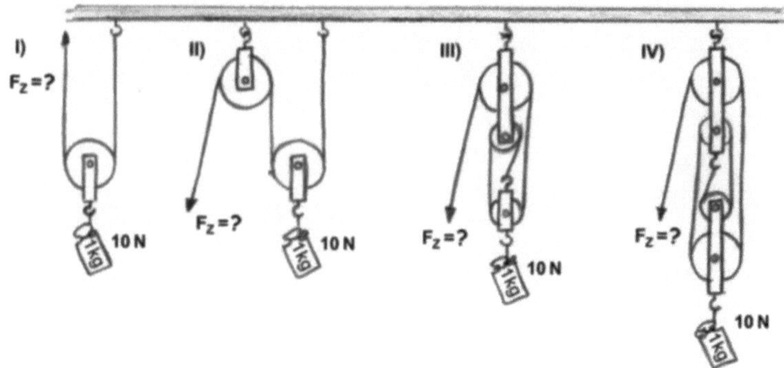

Wie groß sind die einzelnen Zugkräfte in der Reihenfolge wie abgebildet?

a) I: 10 N / II: 5 N / III: 2,5 N / IV: 2 N

b) 5 N / 5 N / 3,33 N /, 2,5 N

c) 5 N / 10 N / 3,33 N /, 2,5 N

d) 5 N / 3,33 N / 2,5 N /, 2 N

Antwort

Die Antwort lautet: b) Im Einzelnen

I) Eine lose Rolle, die Kraft wird auf zwei Seilstücke verteilt. Die Zugkraft wird halbiert
II) Eine lose Rolle und eine feste Umlenkrolle. Kräftemäßig wie Fall I: Zugkraft wird halbiert. Die feste Umlenkrolle ermöglicht nur ein bequemeres Ziehen.
III) Flaschenzug mit drei Rollen, die Kraft wird auf drei Seilstücke verteilt. Die Zugkraft wird gedrittelt ($F_G/3$)
IV) Flaschenzug mit vier Rollen, die Kraft verteilt sich auf vier Seilstücke. Die Zugkraft beträgt nur noch ein Viertel ($F_G/4$)

Zu Variante III: Beim 3-Rollen-Flaschenzug verteilt sich die Last auf drei Seilstücke. Die Zugkraft beträgt nur noch ein Drittel. Zeichnet man die 3-Rollen-Variante wie in der Frage *Flaschenzug* explosiv, ergibt sich diese Darstellung:
Wie verläuft das Seil durch die Rollen und wo ist es befestigt?
Wie lauten hier die Teilgewichtskräfte?

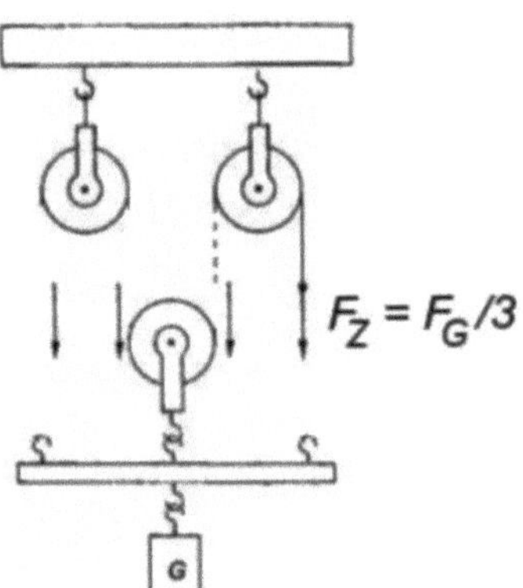

Regel: Die Zugkräfte verteilen sich auf die drei Seilstücke gleichmäßig (Endstück F_Z bleibt unberücksichtigt) und sie müssen sich nach unten hin zur gesamten Gewichtskraft F_G summieren.

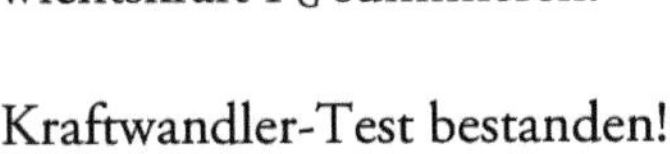

Kraftwandler-Test bestanden!

Flaschenzug

So könnte man den Flaschenzug erklären.

Am Flaschenzug hänge das Massestück **G** mit der Gewichtskraft F_G, das Gewicht des Flaschenzuges selbst sei Null. Dann ergeben sich die Kräfte von innen nach außen wie folgt:

1. Das innerste Seilstück (1) ist der einfachste Flaschenzug: Kombination aus fester und loser Rolle. Am Seilende ist die Kraft $F_1 = F_G/2$ erforderlich.
2. Diese Kraft F_1 wird nochmal über das zweite Paar aus loser und fester Rolle umgelenkt. Am Seilende ist die Kraft $F_2 = F_G/4$ erforderlich.
3. F_2 wird ein letztes Mal über die äußere lose und feste Rolle umgelenkt. Am Seilende des Flaschenzuges muss man somit mit der Kraft $F = F_3 = F_G/8$ ziehen.

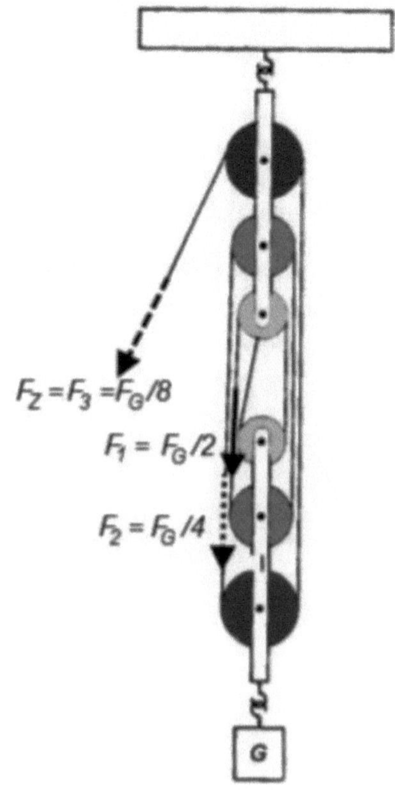

„Gesetz" des Flaschenzuges:

Mit ***n*** als Anzahl der Paare aus fester und loses Rolle gilt für die Kraft mit der an dem Flaschenzug gezogen werden muss:

$$\boldsymbol{F_Z = \frac{F_G}{2^n}}$$

Wo liegt hier der Haken?

Wie groß ist im vorliegenden Fall die Kraft *F* tatsächlich?

Kann man eine Gesetzmäßigkeit angeben?

Antwort

Der Haken ist der, dass man die einzelnen Rollenpaare eines Flaschenzuges nicht als separat und unabhängig voneinander betrachten kann. Somit kann man die Kraft auch nicht bei jedem solchen „Teilflaschenzug" einfach noch mal halbieren. Welches Gewicht hängt denn an den einzelnen losen Rollen? $F_G/2$, $F_G/4$ und $F_G/8$?
Die Rollenpaare beeinflussen sich: Sie verteilen die Kraft F_G des Gewicht G **zu gleichen Teilen** auf die Seile!

Der richtige Flaschen-„Dreh":

Der Flaschenzug wird als Ganzes betrachtet, insbesondere was die Aufteilung des zu hebenden Gewichtes anbelangt. „Aufgedröselt" sieht ein 6-Rollen-Flachenzug so aus:

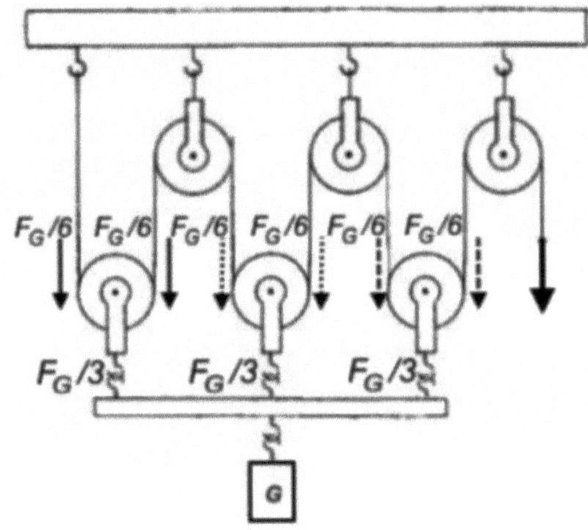

Man sieht:
Das Massestück G hängt an **6 Seilen**. Jedes Seil hat als $F_G/6$ zu tragen. Über die letzte Rolle wird somit eine Gewichtskraft $F_G/6$ umgelenkt.
Man zieht bei einem 6 Rollen-Zug also nur mit der Kraft $F_Z = F_G/6$

Allerdings muss man, um das Gewicht bspw. die Höhe *h* zu heben, das Seil 6-Mal so weit um die Strecke $s = 6\ h$ ziehen.

Die Goldene Regel der Mechanik:

Was an Kraft gewonnen wird, geht an Weg verloren

gilt genauso für den Flaschenzug.

Jobberin

Die junge Frau jobbt in ihren Ferien im Lagerhaus und hat 100 l-Fässer auf eine 1 Meter hohe Ladeplattform für LKWs zu hieven. Die Fässer sind aus leichtem Holz, so dass zum Gesamtgewicht nur der Inhalt von 100 kg zählt. Damit sie das überhaupt schafft, nutzt sie eine 2 Meter lange Rampe.

Mit etwa welcher Kraft muss sie die Fässer die Rampe hinauf rollen?

a) 100 N
b) 500 N
c) 1000 N
d) 2000 N
e) geht aus Angaben nicht hervor

Antwort

Die Antwort lautet: b) ca. 500 N. Aus den Maßen der Rampe kann man Folgendes ableiten:

Die Rampe bildet ein rechtwinkeliges Dreieck mit den Seiten *A*, *B* und *C*. Die Gewichtskraft F_G wird in solchen Fällen in die normal zur Rampe wirkende Kraft F_N und die sog. Hangabtriebskraft F_H vektoriell aufgespaltet. Dies ergibt wieder ein rechtwinkeliges Dreieck mit den Seiten F_N, F_H sowie F_G. Es sind mathematisch ähnliche Dreiecke, so dass z. B. gilt:

$$\frac{B}{C} = \frac{F_H}{F_G} \quad \text{eingesetzt:} \quad \frac{1\,\text{m}}{2\,\text{m}} = \frac{F_H}{1000\,\text{N}}$$

Somit ergibt sich eine Hangabtriebskraft F_H, die die Jobberin aufbringen muss:

$$F_H = \frac{1}{2} \cdot 1000\ \mathrm{N} = \mathbf{500\ N}$$

Die reine Gewichtskraft, mit der man ein Fass auf die 1 Meter hohe Plattform heben müsste, wird durch die 2 Meter lange Rampe somit *halbiert.*

Ein anderer Ansatz über die zu leistende Arbeit liefert das gleiche Resultat: Zum Heben der 100 kg-Fässer auf die 1 Meter höhere Ladeplattform ist die Hubarbeit von ca. 1000 N · 1 m = 1000 Nm erforderlich.
Durch beliebige Hebemaschinen wie der Rampe oder auch Hebel und Flaschenzug wird der Betrag der Hubarbeit nicht geändert. Solche Maschinen erleichtern es jedoch, die Arbeit zu verrichten, indem sie die aufzuwendende Kraft verringern. Diese wird nämlich im gleichen Verhältnis kleiner wie die Strecke entlang der die Kraft wirkt größer wird.
Dies ist wieder die Aussage der *Goldenen Regel der Mechanik.*
Der Weg über die Rampe ist 2-Mal so weit wie beim direkten Hochheben auf die 1 Meter hohe Plattform. Dafür ist aber nur die halbe Kraft erforderlich: 500 Nm. Insgesamt wird auch so die notwendige Hubarbeit geleistet: 500 N · 2 m = 1000 Nm.

Ohne Schwerpunkt

Der rechts abgebildete Ring oder dreidimensional gesehen Torus besteht aus einem homogenen Material, d.h. er soll eine einheitliche, gleichverteilte Dichte haben.
Wo hat dieser Körper seinen Schwerpunkt?

a) Auf einem beliebigen Punkt mittig auf dem Ring
b) In der geometrischen Mitte, im Mittelpunkt des Kreises
c) Dieser Körper hat keinen Schwerpunkt

Antwort

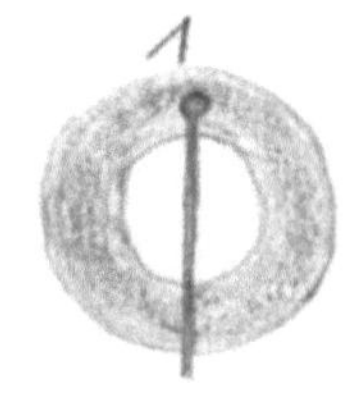

Die Antwort lautet: b) Ein Ring aus einheitlichem Material hat in seiner Mitte, also im Kreismittelpunkt auch seinen Schwerpunkt. Jeder feste, oder besser: starre Körper hat einen Schwerpunkt.
Eignet sich ein Körper, wie dieser Ring oder ein zweidimensionales, flaches Objekt dafür, ermittelt man den Schwerpunkt am einfachsten auf diese Weise:

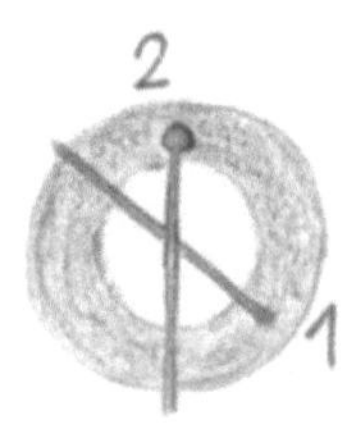

Man hängt den Körper in einem beliebigen Punkt auf, so dass er frei pendeln kann. Ruht er am Aufhängepunkt, markiert man, z. B. entlang eines am gleichen Punkt hängenden Lotes, die senkrechte sogenannte Schwerlinie über den Körper.
Dann hängt man den Körper noch an mindestens einem zweiten Punkt auf und markiert ebenfalls die Schwerlinie über den Körper. Ggf. muss man wie beim hier betrachteten Ring, am Ort des Schwerpunkts eine Markiermöglichkeit schaffen. Die Abbildungen rechts zeigen das Verfahren.

Im Schnittpunkt beider Linie befindet sich der Schwerpunkt SP. Der Schwerpunkt SP kann wie hier der Fall auch außerhalb eines Körpers liegen. Bei nicht-massiven etwas gerüstartigen oder hohlen Körpern ist dies auch die Regel.

Dazu gibt es auch ein schönes Beispiel aus dem Sport:
Beim Hochsprung oder besonders deutlich sichtbar beim Stabhochsprung ist eine Technik üblich, bei der der Schwerpunkt der Sportlers gar nicht die erforderliche Sprunghöhe erreicht.
Der Körper bildet einen Bogen (Hochsprung) bzw. bewegt sich gebeugt über die Stange (Stabhochsprung) und sein Schwerpunkt bleibt sogar darunter.
Er oder sie muss also nur die Absprungkraft aufbringen, die für diese niedrigere Höhe erforderlich ist. Der Schwerpunkt des Sportlers „reißt" sozusagen jedesmal die Latte.

Balancieren nicht notwendig

Der rechts abgebildete eher zweidimensionale Körper balanciert in seinem Schwerpunkt quasi auf der Bleistiftspitze.
In welcher Position bleibt der so gelagerte Körper in Ruhe?

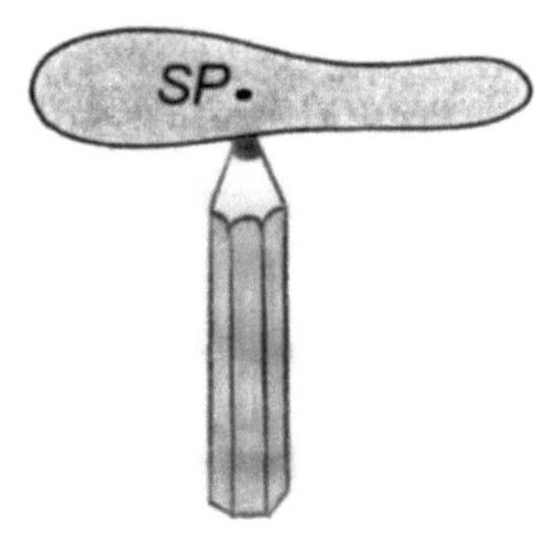

a) Nur in der einen gezeigten Lage
b) Für jede der drei Raumachsen in einer bestimmten Position
c) Ein im Schwerpunkt gelagerter Körper bleibt in jeder beliebigen Position in Ruhe

Antwort

Die Antwort lautet: c) Wird ein Körper im Schwerpunkt gelagert, bleibt in jeder beliebigen Position in Ruhe.
Der Schwerpunkt ist sozusagen der Symmetriepunkt hinsichtlich der am Körper bzw. den einzelnen Teilen des Körpers angreifenden Gewichtskräfte.
Durch den Schwerpunkt gehen alle Schwerlinien. Jede teilt einen Körper in zwei kräftemäßig ausbalancierte Hälften. So ist ein Körper, der im Schwerpunkt gestützt wird in jeder Lage im Gleichgewicht.
Eine im Schwerpunkt angreifende, nach oben gerichtete Kraft F_G verhindert nicht nur das Fallen, sondern auch, dass sich der Körper von selbst dreht.
Nun wird klar, warum ein Körper kippt, wenn die Stützkraft nicht in seinem Schwerpunkt ansetzt. Wird er in einem Punkt A im Abstand r vom Schwer-

punkt SP gestützt, entsteht ein **Drehmoment *M***, z. B. das in der Abbildung gezeigte maximale: $M = F_G \cdot r$.

Warum balanciert man dann einen Körper? Weil man ihn nicht in seinem Schwerpunkt stützt.
Die berühmten Teller auf einen dünnen Stab oder das Schwert auf seiner Spitze haben ihre Schwerpunkte nicht dort, wo der Artist „angreift". Sobald der Körper etwas zur Seite ausweicht, entsteht ein Drehmoment, der Körper will kippen.

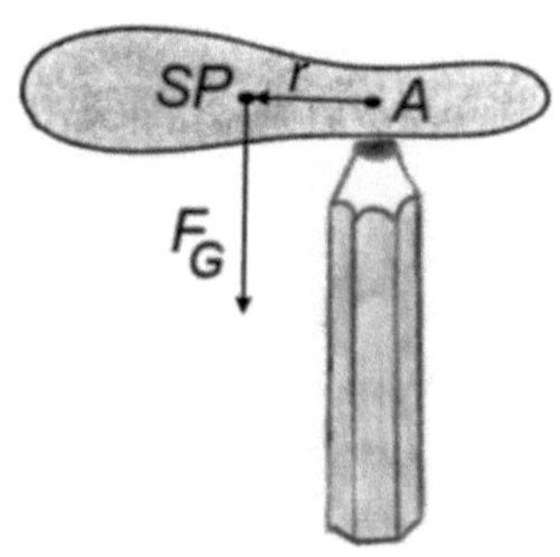

Angriffspunkt der Gewichtskraft (Schwerkraft)
In starrer Körper verhält sich so, als ob seine gesamte Masse in seinem Schwerpunkt vereinigt wäre. Der Schwerpunkt ist daher der Angriffspunkt der Gewichtskraft F_G der Körpers. Auch alle anderen Kräfte wie die zur schiefen Ebene betrachteten Hangabtriebskraft und Normalkraft setzen am Schwerpunkt an.
Die Wirkung einer Kraft auf ein starres Objekt kann daher durch die Kraftwirkung auf dessen Schwerpunkt ersetzt werden.
Dies bedeutet z. B., dass die Flugbahn eines beliebig geformten, durch die Luft geschossenen Körpers die seines Schwerpunktes ist.

Kettenfliegen

Mit dieser Frage machen wir einen kleinen Ausblick auf Themen, die später mal näher beleuchtet werden sollten: Wurfbahnen, Teilchensysteme und Impuls bzw. Impulserhaltung.
Wird ein kompakter Körper wie ein Tennisball von Hand geworfen, so ist seine Flugbahn durch die konstant wirkende Schwerkraft bestimmt. Er wird auf einer Parabel zu Boden fallen. Wirft man z. B. eine Hantel, die sich auch um sich selbst drehen kann, ist die Flugbahn nach Verlassen der Hand trotzdem eine gleichmäßige Wurfparabel entlang welcher der Schwerpunkt der Hantel fliegt.

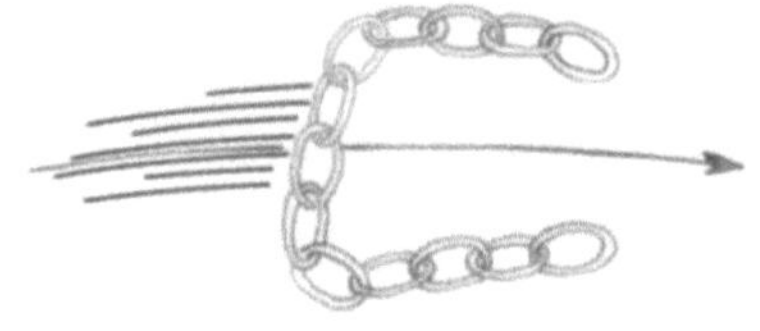

Die Eigendrehung der Hantel hat auf die grundlegende Bewegung offenbar keinen Einfluss. Nun wird wie in der Abbildung rechts skizziert eine Kette durch die Luft geworfen. Dies ist kein starrer Körper, die Kettenglieder können zwischen sich die unterschiedlichsten Kräfte ausüben und Bewegungen ausführen. Wie bewegt sich eine abgeworfene Kette?

a) auf einer völlig chaotischen Bahn, da die Bewegungen im Einzelnen gar nicht vorhersehbar sind

b) der Schwerpunkt der Kette bewegt sich auf einer Parabel, die identisch ist mit der eines punktförmigen und in gleicher Weise abgeworfenen Körpers von der Masse der Kette

c) der Schwerpunkt der Kette macht aufgrund der freien Beweglichkeit der Kette eine regelmäßige Schlingerbewegung um die Wurfparabel

Antwort

Die Antwort lautet: b) Der Schwerpunkt der Kette bewegt sich, als ob er ein kompakter Körper von der Masse der Kette ist und einer Kraft unterliegt, die gleich der Gewichtskraft der Kette ist. Der Schwerpunkt beschreibt deshalb eine Parabel. Warum haben die Eigenbewegung der Kette, die Kräfte zwischen den einzelnen Gliedern keine Auswirkung auf die Flugbahn?

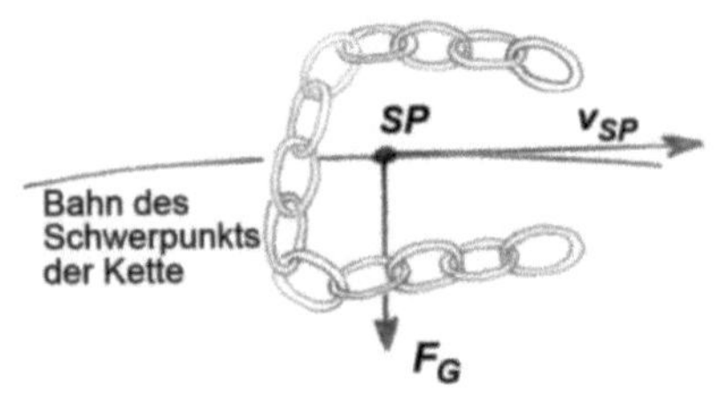

Die Kette ist ein System von Teilchen, das für sich abgeschlossen ist und als Ganzes äußeren Kräften unterliegt. Die äußere Kraft ist hier die Schwerkraft auf jedes Kettenglied, ja auf jedes Teilchen der Kette. Wir haben gesehen, dass man alle äußeren Kräfte durch die Kraft auf den Schwerpunkt der Kette ersetzen kann, was die Sache enorm vereinfacht. Dieser Schwerpunkt bewegt sich nun wie ein einzelner kompakter Körper, der abgeworfen wird.

Die inneren Kräfte der Kette, das offensichtliche Hin und Her zwischen den Kettengliedern, hat keinen Einfluss auf die Flugbahn. In der Sprache der Physik: Diese inneren Kräfte ändern den Gesamtimpuls des Teilchensystems *Kette* nicht. Er ist durch den Abwurf und die wirkende Schwerkraft gegeben und bleibt erhalten. Mit dem Impuls und seiner Erhaltung sind nicht nur zum Schwerpunkt interessante Fragestellungen verbunden. Dies allein wären kapitelfüllende Themen.

Auf der Kippe

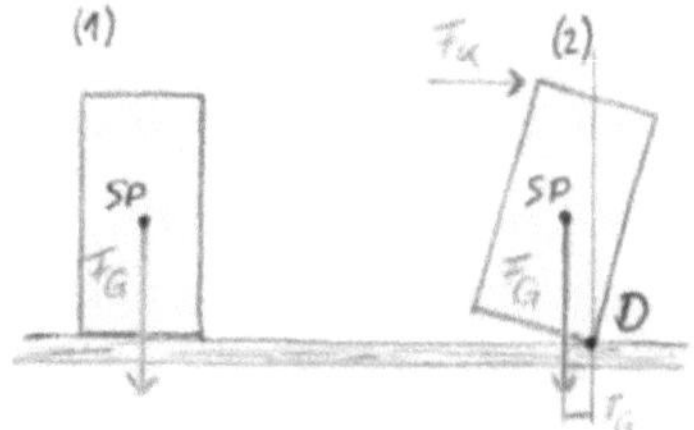

Ein Klotz steht hochkant und ist in Ruhe (1). Schon eine relativ kleine, seitliche Kraft F_K bringt ihn aus dem Gleich-gewicht (2). Er beginnt um den Drehpunkt D zu kippen.

I) Was bringt ihn letztlich zum Umkippen?

a) Eine noch größere Kraft F_K

b) Die Massenträgheit

c) Ein durch die Gewichtskraft F_G erzeugtes Drehmoment im Uhrzeigersinn um D

Eine oft geteilte Ansicht ist die, dass ein Körper mit größerem Gewicht auch entsprechend standfester ist.

II) Wie sollte sich die größere Masse über den Körper verteilen, damit er möglichst standfest wird?

a) Möglichst weit oben

b) Am besten gleichmäßig über den Körper verteilt

c) Möglichst weit unten

Antwort

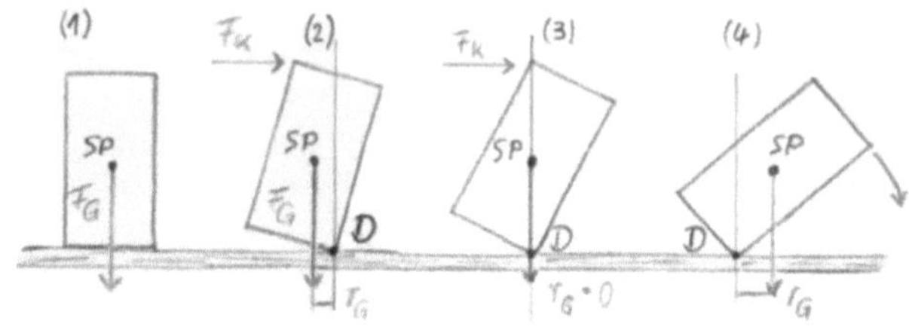

Die Antworten lauten I-c) und weil die Ursache auch I-a)
Ist die seitliche Kraft F_K groß genug, um den Klotz in die Position (3) zu bringen, genügt eine minimale zusätzlich Kraft um in gänzlich umfallen zu lassen (4). Dieses Umkippen bewirkt am Ende ein von der Gewichtskraft F_G erzeugtes Drehmoment $F_G \cdot r_G$ im Uhrzeigersinn um D.
Der Klotz landet in seiner neuen, deutlich stabileren Gleichgewichtslage.
II-c) Damit ein Körper standfest wird, sollte seine Masse möglichst weit unten in Bodennähe konzentriert sein. In der Abbildung auf der nächsten Seite wird ein Gewicht einmal oben auf einen Kasten und einmal innen auf dessen

Boden gestellt. Steht das Gewicht unten, ist eine deutlich größere Kraft erforderlich (2), um den Kasten umzukippen.
Die Standfestigkeit von Stehlampen wird z. B. mit einem schweren Stahlblech im Sockel erhöht.
Die klassische Methode, einen Körper, z. B. wieder die Stehlampe, standfester zu machen, ist eine über die eigentlichen Endmaße des Körpers hinausragende Verbreiterung des Standfußes. Befestigt man den Kasten bspw. auf eine Bodenplatte, die seitlich über den Kasten hinausragt, wird er dadurch deutlich schwieriger umkippen – nimmt aber auch viel Platz ein.

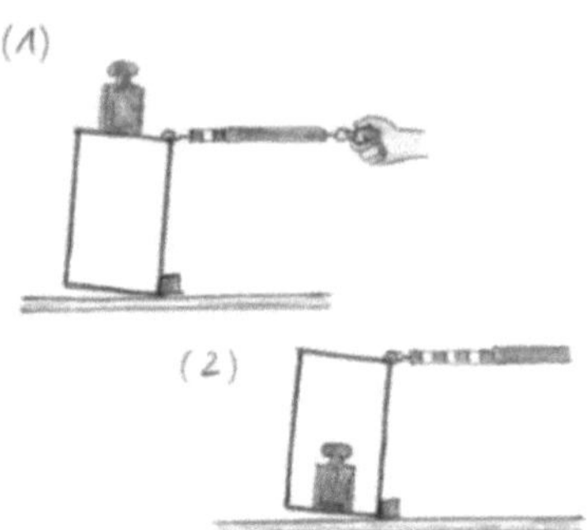

Stabilität

Ein Körper befindet sich im Kräftegleichgewicht. Damit er stabil ruht, muss die an seinem Schwerpunkt angreifende, senkrecht nach unten wirkende Gewichtskraft durch die Grundfläche des Körpers verlaufen.
Die rechts abgebildeten Körper und ihre Positionen gehören zu je einer der drei Stabilitäten: Stabil – instabil (oder labil) – indifferent (oder unbestimmt)
Wie lautet die Zuordnung in der Reihenfolge der Abbildung?

a) stabil – indifferent - labil
b) indifferent – labil - stabil
c) stabil – labil – indifferent

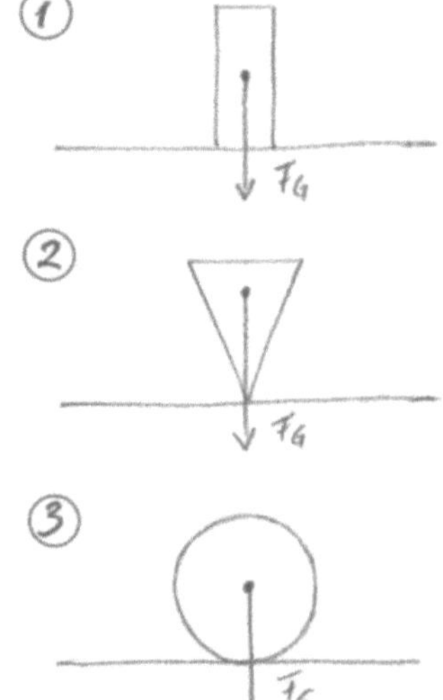

Antwort

Die Antwort lautet: c) Zu den Stabilitäten im Einzelnen:

Stabil (1) - der Schwerpunkt liegt über der Grundlinie des Körpers
- bei geringer Auslenkung, verläuft die Gewichtskraft weiter durch Grundfläche
- der Körper fällt danach von selbst in die stabile Ausgangslage

Labil (2) - der Kegel ist auf seiner Spitze im sehr vagen Gleichgewicht
- bereits bei geringer Auslenkung befindet sich der Schwerpunkt nicht über der punktförmigen Grundfläche (Spitze)
- der Kegel fällt sofort um

Indifferent (3) - ohne äußere Kraft bleibt die Kugel auf der waagrechten Fläche in Ruhe
- wird sie bewegt, bleibt sie einfach an der neuen Position
- wo immer sich die Kugel auf der Ebene befindet, ist der Schwerpunkt über der punktförmigen Grundfläche und sie ruht oder bewegt sich mit konstanter Geschwindigkeit

Oft werden die drei Gleichgewichtsarten auch durch eine Kugel veranschaulicht, die sich einmal in einer Schale befindet, dann auf einer anderen Kugelfläche ruht oder, wie hier, auf einer Ebene liegt.

Auto-Cola

Viele Autos bieten heute Abstellmöglichkeiten für Getränkedosen. Für die Plätze im Fond gibt es oft kleine Klapptische mit leichten, runden Vertiefungen für z. B. eine Cola-Dose.

Nichtsdestoweniger ist Autofahren auch heutzutage noch eine wackelige Angelegenheit und Sie überlegen sich, beim Öffnen der Dose, wann die Cola wohl am sichersten auf der Ablage steht:

a) Wenn sie voll ist
b) Wenn sie halb leer getrunken ist
c) Wenn sie ganz leer ist
d) Bei einer ganz bestimmten Menge (Füllhöhe) Cola

Antwort

Die Antwort lautet: d) Die Cola-Dose steht bei einer ganz bestimmten Füllhöhe h am stabilsten, wenn nämlich ihr Schwerpunkt so tief wie möglich liegt. Die Höhe hängt vom Gewicht der Flüssigkeit (Cola) und der Dose ab.
Man kann dazu eine nicht ganz so einfache Rechnung anstellen, bei der eine Formel für den Schwerpunkt SP in Abhängigkeit der Füllhöhe h aufgestellt wird. Dann sucht man mit etwas Mathematik das Minimum dieser Funktion, das beim gesuchten Wert h für den Füllstand liegt.

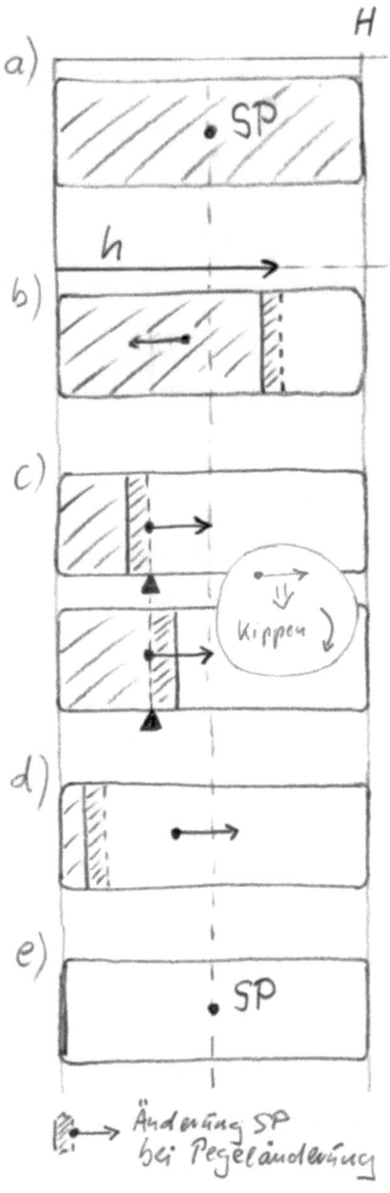

Das Ganze lässt sich aber auch sehr anschaulich aufzeigen und verstehen. Die Dosen sind zu diesem Zweck liegend und untereinander dargestellt:
Die randvolle Dose hat ihren Schwerpunkt in der Mitte bei $h = \frac{H}{2}$, s. Abb. a). Trinkt man davon, so sinkt der Cola-Pegel und mit ihm der Schwerpunkt. Die Dose steht so etwas sicherer auf dem Klapptisch, siehe b).
Nimmt man noch etwas Flüssigkeit weg, gestrichelt angedeutet, sinkt der Schwerpunkt weiter, bis er bei c) sein Minimum erreicht. Jede Veränderung des Pegels lässt den Schwerpunkt daher wieder ansteigen.
Wird die Dose also weiter gelehrt, steigt der Schwerpunkt an, d). Ist sie ganz leer, befindet sich der Schwerpunktwiederin der Mitte, siehe unten e)

Bei einer bestimmten Füllhöhe muss der Gesamt-Schwerpunkt von Flüssigkeit und Dose also am tiefsten liegen.

Dies ist genau dann der Fall, wenn der **Schwerpunkt im Flüssigkeitsspiegel** liegt. Anhand der beiden Abbildungen c) wird das klar:
Wir denken uns die Cola als festes Cola-Eis. Liegt der Schwerpunkt also im Flüssigkeitsspiegel bzw. in der Eisfläche, so kann man die Dose auf dieser Linie unterstützen und sie bliebe in der Waage. Nimmt man noch mehr Flüssigkeit weg, so wird die Seite links vom Drehpunkt leichter und die Cola würde nach rechts kippen, siehe c) oben. D. h., der Schwerpunkt wandert nach rechts bzw. er steigt wieder.
Gibt man dagegen „eine Scheibe Flüssigkeit" dazu, wird nun die Seite rechts vom Drehpunkt schwerer und die Cola würde ebenfalls nach rechts kippen, siehe c) unten. Der Schwerpunkt steigt in beiden Fällen wieder an. Somit hat der Schwerpunkt sein Minimum, wenn er mit dem Flüssigkeitsspiegel zusammenfällt.

Die wissenschaftliche Revolution

Ab den 16. Jahrhundert veränderte sich das geistig-kulturelle Klima in Europa grundlegend. Die Welt erscheint nicht als „gottgegeben", sondern hatte ihre eignen Gesetze, die es zu erkennen galt.

Statt eines verklärten Blicks zurück, blickten die „Wissenschaftler" jetzt in Mikroskope und bis in Innere der Materie. Und Sie peilten mit Teleskopen zunächst die Planeten, dann weiter entfernte Sterne und Galaxien an. Die Welt war nicht länger ein wunderbares Ganzes, sie wurde nun vom Allerkleinsten bis zu den unendlichen Weiten des Weltalls erforscht.

Der neue Weg lautete, dass man die Gesetze der Natur kennen lernen und ihre Kräfte nutzen und für sich arbeiten lassen kann. Die menschliche Vernunft war fortan die alleinige Grundlage wissenschaftlicher Naturforschung.

Die Leitlinien dieser im 16. und 17. Jahrhundert einsetzenden **wissenschaftlichen Revolution** waren nunmehr genaue Beobachtung (Empirie), mathematische Berechnung sowie abstrahierendes Weiterdenken (Theorie) über die Welt. Hinzu kam die kritische Überprüfung des Wissens. D.h. beobachten und messen, wobei ein einzelner Widerspruch eine bestehende Auffassung zu Fall bringen konnte.

Die neue *wissenschaftliche Methode* mit ihrer grundsätzlichen Wandlung im Vorgehen der Naturwissenschaften ermöglichte die Entscheidung über die *Richtigkeit* der einen oder anderen Auffassung. Die Orientierung am Glau-

ben, das rein spekulative Herangehen in Altertum und Mittelalter wurde von einer Methode abgelöst, die vor allem Erfahrungstatsachen heranzog.
Der italienische Mathematiker und Physiker Galileo Galilei, geboren 1564, gilt als zentrale Figur bei der Entwicklung und präzisen Formulierung dieser revolutionären Methode. Galilei konfrontierte seine skeptischen Gegner mit einer neuen Form von Wissenschaft: Er führte geplante Experimente durch [13] S. 48. Er erkannte, dass die Naturgesetze gerade dadurch offensichtlich werden, indem man alle störenden Einflüsse möglichst ausschaltet. Bei den damals hauptsächlich erforschten Bewegungsabläufen, bedeutet dies, die Reibung zu minimieren. Vgl. dazu unten *Galilei und die Trägheit.*
Solche experimentellen „Eingriffe" in die natürlichen Abläufe stand der bis dahin herrschenden Auffassung des Aristoteles, wie die Natur zu ergründen sei, konträr entgegen. [2], [5]
Vergleiche hierzu auch das Schlusskapitel *Wie Wissenschaft entstand.*

Trägheit

In früheren Fragen wurde immer wieder betont, dass zur Beschleunigung eines Körpers eine Krafteinwirkung erforderlich ist. Andererseits kommt ein sich bewegendes Objekt aufgrund von unvermeidlicher Reibung schließlich zu Ruhe, wenn die Kraft in Bewegungsrichtung nicht mehr weiter wirkt.
Aus dem Weltraum weiß man:

- Losgelassene Dinge, wie die Orangen im Bild, bleiben, wo sie sind
- Einmal kurz angestoßen, bewegt sich ein Körper mit konstanter Geschwindigkeit geradlinig weiter (bis er auf ein Hindernis stößt)

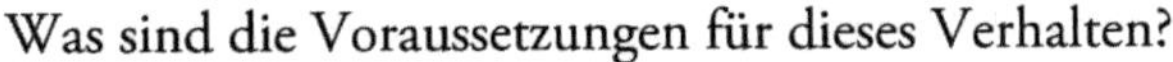

Was sind die Voraussetzungen für dieses Verhalten?

a) Keine Reibung (die die Bewegung hemmt)

b) keine Gravitation

c) keine (resultierende) äußere Kraft

d) es herrscht Kräftegleichgewicht.

Antwort

Befindet sich ein Körper in Ruhe, ist eine (beschleunigende) Kraft nötig, um ihn in Bewegung zu versetzen.
Bewegt sich ein Objekt bereits, ist ein entsprechende Kraft nötig, um es schneller oder langsamer zu machen bzw. seine Richtung zu ändern.
Alle Körper besitzen eine Masse und widersetzen sich einer Änderung ihres Bewegungszustandes – selbst wenn sie sich in Ruhe befinden.
Dieses Beharrungsvermögen aller Körper wird **Trägheit** genannt. Je mehr Masse ein Körper hat, desto träger reagiert er auf Krafteinwirkungen. Die Masse eines Körpers ist daher ein Maß für seine Trägheit.
Dies ist der Inhalt des 1. Newtonschen Gesetzes, des sogenannten

Trägheitsgesetz:

> Ein Körper bleibt in Ruhe oder in gleichförmiger geradliniger Bewegung, wenn sich alle von außen einwirkenden Kräfte gegenseitig aufheben (bzw. es keine äußeren Kräfte gibt).

Zu den Antworten: Alle Antworten treffen zu.

- Dass es keine äußeren Kräfte geben darf, ist Inhalt des Trägheitssatzes
- Reibung ist eine von außen wirkende, die Bewegung hemmende Kraft
- Die Gravitationskraft im Schwerefeld eine Masse ändert ebenfalls den Bewegungszustand, ein Körper fällt zum Massenmittelpunkt hin. Wird die Schwerkraft z. B. in einer Raumstation durch eine gleichgroße entgegengesetzte Fliehkraft kompensiert, sind die im Trägheitssatz formulierten Bedingungen erfüllt.

Zur Gravitation sowie zum Kräftegleichgewicht (letzte Auswahlantwort) siehe auch Fragen weiter unten.

Galilei und die Trägheit

Für die an den Namen Galilei und Newton festzumachende Wende im physikalischen Denken („wissenschaftliche Revolution") war das Experiment als geplante Beobachtung von entscheidender Bedeutung. Erst im Experiment können möglichst ideale Versuchsbedingungen geschaffen werden, die in der Alltags- und Anfassrealität so nicht unmittelbar vorhanden sind. So kann der Einfluss einer Größe auf eine andere gezielt untersucht werden. Durch Variation des Versuchsaufbaus und entsprechenden Messungen erhält man weitere Resultate, die miteinander in Zusammenhang gebracht, oft in einem physikalischen Gesetz münden. Durch solch modellhafte Überlegungen und ihre Umsetzung im Versuch zeigt sich die ***Trägheit*** in ihrer ganzen Einfachheit.
Galileis Ansatz war aus heutiger Sicht naheliegend: Soll die Trägheit mittels des Rollens einer Kugel auf einer Ebene untersucht werden, so muss die Ebene exakt horizontal und völlig eben und glatt sein. Genauso muss die rollende Masse von perfekter Kugelgestalt sein. Kurz: Alle Störungen und die unvermeidliche Reibung müssen eliminiert oder möglichst minimiert werden.
Galileis zwei Experimente lassen sich einfach illustrieren:
In der Wirklichkeit rollt eine Kugel auf üblichen Unterlagen unterschiedlich weit und bleibt irgendwann stehen. Auf Sand eher, auf Glas oder Stahl später.

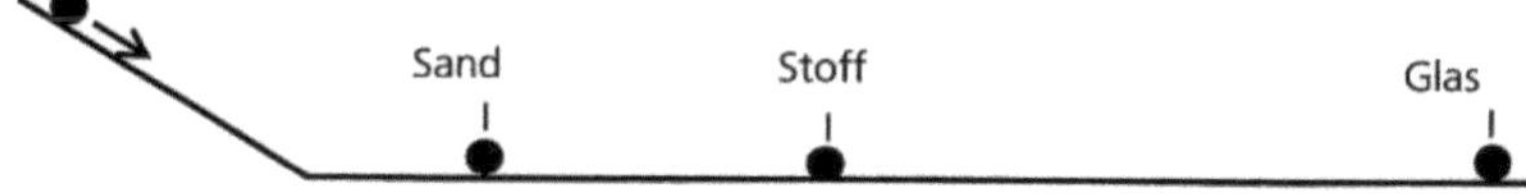

Galilei stellte nun das Gedankenexperiment an, dass die Rollbedingungen für die Kugel so ideal sind, dass diese von einer „Kraft, geringer als jegliche gegebene Kraft“ in Bewegung versetzt werden kann und in Bewegung bleibt. Sicher hat er dazu Versuche angestellt ähnlich dem von ihm skizzierten Gedankenexperiment:

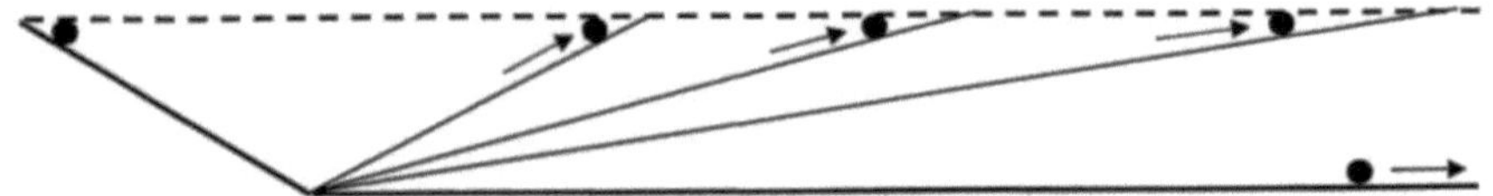

Diese Feststellung, dass ein Körper eben keine äußere Kraft benötigt, um sich zu bewegen, räumte mit der Vorstellung des immer erforderlichen Bewegers („Motor“) endgültig auf. Wenn es einen „natürlichen“ Zustand geben soll, wäre diese die geradlinige Bewegung mit konstanter Geschwindigkeit, die Ruhe, also v = 0, nur ein Sonderfall davon. Damit gelang Galilei eine Erkenntnis, die die ***Vorstufe des Trägheitssatzes*** darstellt.
Was Galilei so prinzipiell erkannte, wurde noch im selben Jahrhundert von Isaac Newton glasklar axiomatisch definiert. Oben in der Frage *Trägheit* wird der Trägheitssatz als das 1. Newtonsche Gesetz in einer modernen Formulierung angegeben. [9]

Galileo Galilei

Der 1564 in Pisa geborene Galilei war Mathematiker, Physiker und Astronom. Er wurde zum Begründer der modernen auf Experimenten beruhenden Physik und brachte durch Beobachtung des Himmels mit einem Fernrohr das überkommene geozentrische Weltbild schließlich zu Fall. Rechts ein zeitgenössisches Portrait von Galilei.

Foto: Wikimedia Commons

Zu seinen großen Errungenschaften gehört auch die erstmals präzise Formulierung der Prinzipien wissenschaftlichen Arbeitens. Eine wichtige Funktion hatte dabei die Mathematik. Nach seinen eigenen Worten war das Buch der Natur in ihrer Sprache geschrieben. Damit reiht er sich ein in die seinerzeit nicht nur für die Naturwissenschaften aufkommende Wertschätzung der Mathematik.
Seinen Lebensunterhalt bestritt er auch als Professor für Mathematik, zunächst in Pisa, später in Padua. Er war als engagierter Lehrer beliebt, die große Karriere blieb aber aus. Das änderte sich, als er um 1610 eines der in Holland erfundenen neuartigen Fernrohre mit zwei Linsen in die Hände

bekam. Er baute gleich sein eigenes, verbessertes Exemplar, worin sich der ausgezeichnete Experimental-Physiker zeigt. Er erkannte sogleich das wissenschaftliche Potenzial aber auch die Sprengkraft, die in solchen Teleskopen steckten. Innerhalb kaum eines Jahres erkannte (und benannte) er die vier Jupitermonde, skizzierte seine Beobachtungen und publizierte die Resultate unverzüglich im dem weit beachteten Heft „Sternenbote“ (lat. Nunctius siderius). Mit einem Schlag wurde er weltberühmt.

Seine Aussagen widersprachen dem zwei Jahrtausende geltenden geozentrischen Weltbild, also mit der Erde als ruhenden Mittelpunkt des Universums. Und er fühlte sich offenbar auch stark genug, diese Botschaft hinaus zu tragen, was zu einem jahrzehntelangen Konflikt mit der Kirche führte. Als er 1633, um als Forscher weiter arbeiten zu können, schließlich abschwor soll er gemurmelt haben: „Eppure si mueve“, zu deutsch „Und sie bewegt sich doch“.

Dieser Ausspruch ist wohl ebenso Legende wie die berühmten Experimente vom Schiefen Turm in Pisa. Als er sich ein paar Jahre dort aufhielt, waren seine Studien zur Fallbewegung noch gar nicht so weit gediehen. Fallversuche führte er aber ganz sicher durch und formulierte schließlich die entscheidenden Erkenntnis im universellen Fallgesetz: Im Vakuum fallen alle Körper gleichermaßen mit der konstanten Fallbeschleunigung **g**. Bis dahin ging man von einer unendlichen Fallgeschwindigkeit im Vakuum aus.

Er erkannte die tägliche Drehung der Erde um sich selbst und dass alle Körper, auch wenn sie keinen direkten Kontakt mit dem Boden haben, daran teilnehmen. Eine wichtige Folgerung daraus war, dass z. B. ein von einem Schiffsmast fallen gelassener Stein nicht etwa am Heck auftrifft, sondern direkt neben dem Mast.

Für seine Experimente benötigte Galilei erst Mal die entsprechenden Mess- und Versuchsgeräte. Weil es sie einfach nicht gab, entwarf und baute er diese selbst. Wer Bewegung untersuchen will, braucht vor allem eine genaue Uhr. Also hat er diverse Wasser- Sand- und Pendeluhren konstruiert. Zu letzteren gab er auch gleich das noch heute gültige Pendelgesetz an.

Sein Lebenswerk krönt er mit den „Discorsi e dimostrazioni matematiche“, eine als Unterhaltung präsentierte „Beweisführung über zwei neue Wissenszweige: Mechanik und die Lehre von den örtlichen Bewegungen“, 1638 veröffentlicht in Leiden.

Wenn man die unterschiedlichen verwendeten Kalender außer Acht lässt, wird im Todesjahr Galileis 1642 Isaac Newton geboren. Er nennt u. a. den „Riesen“ Galilei als Grund dafür, warum er weiter blicken konnte als seine Vorgänger. [12], [13] Kapitel 2

Nicht zu träge

Mit der rechts abgebildeten Anordnung lässt sich das Vorhandensein von Trägheit unmittelbar erfahren. Eine schwere Kugel ist an einem Faden aufgehängt. An ihrem unteren Ende ist mit dem gleichen Faden ein Griff befestigt. Wie sollte man am Griff ziehen, damit die Kugel uns nicht auf den Kopf fällt?

a) möglichst ruckartig

b) möglichst vorsichtig

c) es ist egal, denn der Faden, an dem die Kugel selbst aufgehängt ist, reißt immer

Antwort

Die Antwort lautet: a)

Man sollte mit einem kurzen kräftigen Ruck am Griff ziehen. Dadurch wirkt die Kraft nur so kurz, dass die Trägheit der schweren Kugel nicht überwunden wird und der gesamte Zug auf den unteren Faden wirkt, so dass dieser reißt.

Zieht man jedoch vorsichtig am Griff, setzt sich die Trägheit der Kugel nicht so vehement der Zugkraft entgegen. Im Gegenteil: Ihr Gewicht zieht zusätzlich am oberen Faden, so dass nun dieser reißt. Ist man also „zu träge" oder zaudert zu sehr, kann das böse enden.

Die Trägheit macht man sich im Alltag zu Nutze – oft völlig unbewusst:

- Man gibt mit einem Ruck am Schneidbrett die Zutaten in den Topf
- Mittels Trägheit werden am Grill mit einer kleinen Schaufel Holzkohlen nachgefüllt
- Die Näherin reißt den Zwirn ruckartig ab und nutzt dabei die Trägheit ihrer anderen Hand
- Der Hammerkopf, wird mit einem Schlag auf den Stiel wieder fest
- Der Holzgriff einer Feile ist nur aufgesteckt und festgeklopft. Beim Daraufschlagen mit einem Hammer, um ihn zu lösen, nutzt man die Trägheit aus
- Rugbyspieler nutzen ihre Trägheit aus, um sich mit eine Bodycheck gegen den abwehrenden Spieler durchzusetzen
- Wenn Barkeeper die Getränke schütteln, nutzen Sie die Trägheit von Flüssigkeiten aus.

Innere Balance

Auf einen Körper können verschiedene Kräfte gleichzeitig wirken. Von besonderem Interesse sind solche Situationen, in denen sich alle Kräfte gegenseitig aufheben. Dann herrscht nämlich das sogenannte **Kräftegleichgewicht**.
Der Körper verhält sich dann so, als ob überhaupt keine Kraft auf ihn einwirkt: Er bleibt nach dem Trägheitssatz in Ruhe oder gleichförmiger Bewegung.
Welche ist in den folgenden Beispielen jeweils die gleich starke Gegenkraft?
In den ersten vier Fällen wirkt in der einen Richtung die Schwer- oder Gewichtskraft.

1. Eine Turnerin steht auf dem Schwebebalken. Hilfreich sind einfache Skizzen wie die rechts
2. Ein Eisläufer gleitet auf einem Schlittschuh von Kunststück zu Kunststück
3. Eine Ware hängt zur Gewichtsbestimmung an einer Federwaage
4. Ein Schiff liegt im Hafen

In den beiden nächsten Fällen dient die ursächliche Kraft zur Aufrechterhaltung der Bewegung.

5. Ein Düsenjet donnert mit konstanter Geschwindigkeit (Schubkraft).
6. Ein Arbeiter zieht eine Kiste gleichmäßig über den Boden einer Lagerhalle (Zugkraft).

Antwort

zu 1) Die Gewichtskraft der Turnerin wird durch die senkrecht nach oben gerichtete **Spannkraft** im leicht durchgebogenen Schwebebalken aufgehoben.
Die Turnerin ruht auf dem Balken

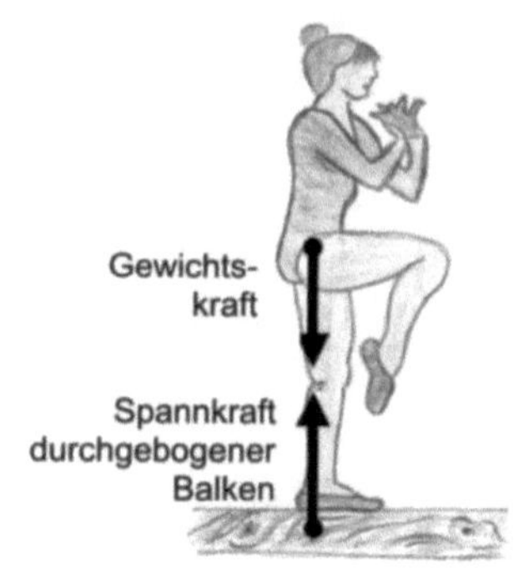

zu 2) Die Gewichtskraft des Eiskunstläufers wird ebenfalls durch die nach oben gerichtete Spannkraft des zusammengedrückten Eises kompensiert. Der Eisläufer „ruht“ im Hinblick auf seine vertikale Bewegung

zu 3) Die Gewichtskraft der Ware dehnt im Schwerefeld die Schraubenfeder so lange, bis die **Rückstellkraft** der Feder genauso groß ist. Die Ware hängt dann ruhig und ihre Gewicht (aus praktischen Gründen in Gramm/Kilogramm statt in Krafteinheiten) kann abgelesen werden.

zu 4) Ein Schiff sinkt so tief ins Wasser ein, bis die **Auftriebskraft** aus dem Wasserdruck genauso groß ist wie die Gewichtskraft des Schiffes

zu 5) Die Schubkraft des Triebwerks beschleunigt den Jet so lange, bis die sich aufbauende **Kraft des Luftwiderstands** genauso stark geworden ist. Dann hat er seine maximale und gleichbleibende Geschwindigkeit erreicht.

Beim Fliegen spielt noch eine weiteres Kräftepaar eine Rolle: Die abwärts gerichtete Gewichtskraft des Flugzeugs und die aufwärts zeigenden Kräfte des Auftriebs und des Luftwiderstands heben sich gegenseitig auf (sind im Kräftegleichgewicht).

zu 6) Ein Arbeiter zieht eine Kiste über den Fußboden. Seiner Zugkraft wirkt die gleich starke, aber die Bewegung hemmende Reibungskraft zwischen Kiste und Fußboden entgegen. Ein weiteres Kräftepaar ist die Gewichtskraft der Kiste und die ihr entgegen zeigende Spannkraft des Fußbodens.

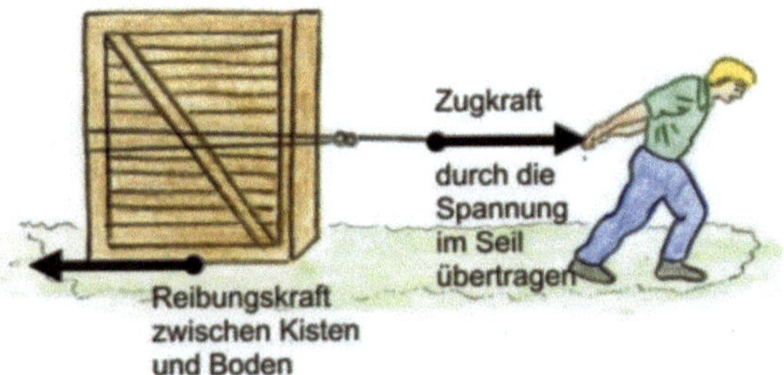

Näheres zur Reibung in den Fragen weiter unten.

Kraft, Masse und Beschleunigung

Jeder Körper hat eine Masse und somit eine gewisse Trägheit mit der er sich einer Änderung seines Bewegungszustands widersetzt. Siehe dazu auch die Frage „Trägheit", 1. Newtonsches Gesetz.
Soll ein Körper die Ruhelage verlassen oder seine momentane Bewegung geändert werden, soll er also beschleunigt werden, ist eine von außen einwirkende Kraft erforderlich.
An einem Körper greifen immer mehrere Kräfte an. Oft sind sie im Gleichgewicht wie die Beispiele eine früheren Frage zeigen.
Sind sie im Ungleichgewicht, so kann die **resultierende** Kraft den Körper beschleunigen.
Wie stark der Körper dadurch beschleunigt wird, hängt davon ab,

a) wie groß die resultierende einwirkende Kraft ist
b) wie lange die Einwirkung anhält
c) wie groß die Masse des Körpers ist
d) wie groß der Körper selbst ist

Antwort

Die richtigen Antworten lauten a) und c)
Einfache Messungen (vgl. unten „Messwerte zum dynamischen Grundgesetz") zu den Abhängigkeiten der beschleunigenden Kraft **F**, der Masse **m** und der erzielten Beschleunigung **a** ergeben:

- Je größer bei konstanter Masse die auf eine Körper wirkende (äußere) Kraft ist, desto stärker wird er beschleunigt
  Kurz: $a \propto F$ bei m = konst.
  Von zwei gleich schweren Sprintern kommt derjenige schneller aus den Startblöcken, der über die größere Beinmuskulatur verfügt, also die größere Kraft aufbringen kann.
- Je größer bei konstanter Kraft die Masse des Körpers ist, desto weniger wird er beschleunigt
  Kurz: $a \propto 1/m$ bei F = konst.
  Ein Kugelstoßer kann eine leichtere Kugel viel stärker beschleunigen als eine schwere und erreicht mit dieser eine größere Weite.

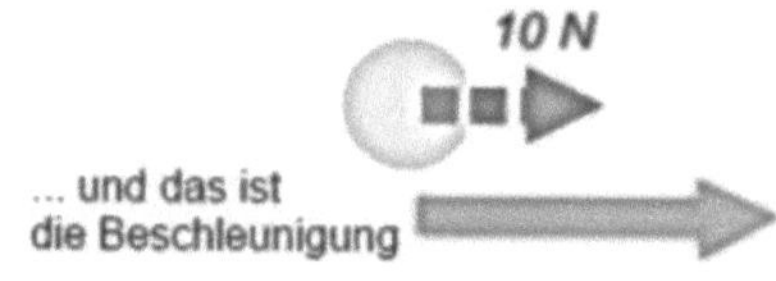

Newton fasste beide Resultate im zweiten nach ihm benannten Gesetz zusammen. Es ist bekannt als

Dynamisches Grundgesetz (2. Newtonsches Gesetz)

$$F = m \cdot a$$

Wirkt auf einen Körper der Masse ***m*** die Kraft ***F***, so wird ihm die Beschleunigung ***a*** erteilt.

Zwei Anmerkungen:

- Die Bewegungsänderung geschieht immer in Richtung der angreifenden resultierenden Kraft. Die Beschleunigung ist wie die Geschwindigkeit eine vektorielle Größe.
- Kraft in Bewegungsrichtung bedeutet Vergrößerung der Geschwindigkeit, entgegen der Bewegungsrichtung dann entsprechend Verringerung der Geschwindigkeit.

Zu den übrigen Antwortalternativen:

zu b) Die Dauer der Krafteinwirkung hat, sofern die Kraft konstant bleibt, keinen Einfluss auf die Beschleunigung. Die erreichte Endgeschwindigkeit ist aber höher, wenn die Kraft länger anhält.

zu d) Die Größe des Körpers spielt ebenfalls keine Rolle, wenn man von äußeren Reibungskräften wie etwa dem Luftwiderstand absieht. In der Praxis hängt die Windschnittigkeit eines Körpers, ausgedrückt im c_w-Wert, ganz entschieden von seiner Form ab, weniger von dessen Größe selbst. Werden die Reibungskräfte mit einbezogen, hängt die für eine bestimmte Beschleunigung erforderliche Kraft daher auch von der Form des Körpers ab.

***Ableitung* des Trägheitsgesetzes**

Betrachtet man das dynamische Grundgesetz genauer, erkennt man, dass sich der oben betrachtete Trägheitssatz unmittelbar daraus folgern lässt. Denn wenn keine äußere Kraft angreift, als gilt: $F = 0$, dann ist auch $a = 0$ und somit die Geschwindigkeit $v =$ konstant, was den Spezialfall $v = 0$ beinhaltet. Nichts andere besagt der Trägheitssatz.

Messreihe zum dynamischen Grundgesetz

Folgender prinzipieller Versuchsaufbau eignet sich zur Nachprüfung des dynamischen Grundgesetzes $F = m \cdot a$.

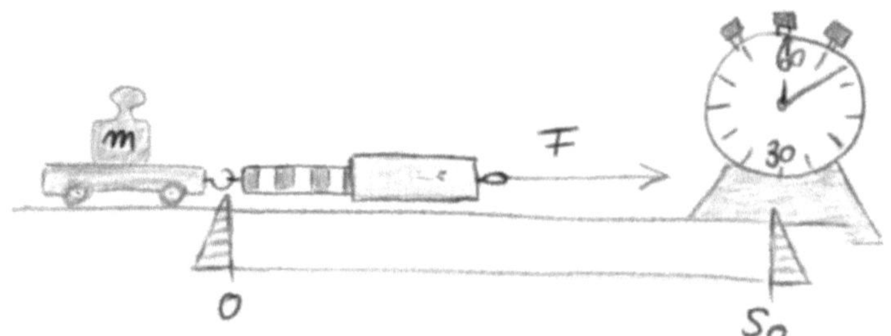

- Die Masse m ist die des Wagens plus des Auflagegewichtes
- Die Kraft F wird mittels Kraftmesser ermittelt
- Die Beschleunigung a errechnet sich aus der Zeit für die Strecke s_0 nach: $a = \frac{1}{2} s_0 t^2$
- Die Bewegung erfolgt dabei aus dem Stand, also bei Geschwindigkeit $v = 0$

Eine Messreihe mit einfachen Größen könnte so aussehen:

Kraft F	Masse m	Beschleunigung a
1 N	1 kg	1 m/s²
1) 2 N	1 kg	2 m/s²
1 N	2 kg 2)	0,5 m/s²
3) 2 N	2 kg	1 m/s²
…	…	…

Es zeigt sich

1) Doppelte Kraft bei gleicher Masse heißt auch doppelte Beschleunigung
2) Doppelte Masse bei gleichbleibender Kraft verringert die Beschleunigung auf die Hälfte.
3) Verdoppelt man Kraft *und* Masse, bleibt die resultierende Beschleunigung gleich.

Newtonsche Mechanik

Isaac Newton hat auf vielen Gebieten einschlägige Erkenntnisse gewonnen, vor allem aber war er der Begründer einer umfassenden Dynamik. Diese *Newtonsche Mechanik* beherrschte über 200 Jahre lang die Naturwissenschaften und wurde erst durch Einsteins Relativitätstheorie ergänzt und abgelöst.
Der 1642 in Mittelengland (Midlands) geborene Issac Newton war Mathematiker und einer der bedeutendsten Physiker aller Zeiten. Ab 1661 studierte er am berühmten Trinity College in Cambridge. Nicht etwa Physik, damals bestand ein Studium noch aus dem klassischen Kanon philosophischer Fächer, Rhetorik und Sprachen. Begeistern kann er sich jedoch mehr für die mechanistische Naturphilosophie der Franzosen Rene Descartes. Wegen der Pestepedemie der zehntausende im ganzen Land zum Opfer fielen, ging er 1665 in seinen abgelegene Heimatort zurück. Die beinahe zwei Jahre dort sollten die fruchtbarsten in seinem Leben werden. Endlich konnte er sich ausschließlich mit Mathematik, Optik und Mechanik beschäftigen. Für die Formulierung seiner physikalischen Entdeckungen entwickelte er eigens die Infinitesimalrechnung. Schließlich legte er dort, während er der Legende nach im Garten einen Apfel vom Baum hat fallen sah, den Grundstein für das universelle Gravitationsgesetz. Zurück in Cambridge übernahm er 1669 als Professor für Mathematik den durch ihn berühmten Lucassischen Lehrstuhl. Einer der letzten, der diesen inne hatte, war der 2018 verstorbene Kosmologe Stephen Hawking. 1672 wurde Newton Mitglied der Royal Society und später ihr Präsident. Newton starb 1727 in Kensington bei London.

Seine erste großartige Entdeckung waren die nach ihm benannten Newtonsche Gesetze:

1. *Trägheitssatz*, er wird in der Frage *Trägheit* beschrieben,
2. *Dynamisches Grundgesetz*: Kraft ist Ursache von Beschleunigung. Siehe dazu die letzten Fragen,
3. *Wechselwirkungsgesetz*: Zu jeder Kraft gibt es eine gleich große Gegenkraft, Damit befasst sich ab Frage *Kraft und Gegenkraft* ein ganzer Abschnitt weiter unten.

Seine wohl genialste Leistung war die Entdeckung der universellen Gravitation. Alle massiven Körper, auch die noch bei Galilei als „göttlich“ geltenden

Himmelskörper, ziehen sich mit einer Kraft an, die mit ihren Massen zunimmt und mit dem Quadrat ihrer Entfernung voneinander abfällt. In *Gravitation, Masse und Gewicht* und folgenden Fragen wird die Schwerkraft näher betrachtet. Konnte Galilei aus seiner Vorform des Trägheitssatzes und dem von ihm gefunden Fallgesetz nur ableiten, dass sich ein geworfener Körper auf einer parabelförmigen Bahn bewegt, gelang es Newton, diese Wurfparabel mathematisch exakt zu reproduzieren.
Nicht fehlen darf in der Aufzählung von Newtons Leistungen die Entwicklung der Differential- und Integralrechnung, zusammen als Infinitesimalrechnung bezeichnet. Dies geschah parallel zu Gottfried Wilhelm Leibniz, der daraus resultierende Prioritätenstreit wurde oben bereits erwähnt.
Nun standen Newton neben den experimentellen (Fernrohr, Mikroskop oder Vakuumpumpe und entsprechende Messgeräte) auch die geeigneten mathematischen Werkzeuge zur Verfügung. In seinem 1687 erschienen Hauptwerk „Principia Mathematica“ vereinigte Newton mit scharfer Logik Jahrhunderte des Nachdenkens über das Universum und die Bewegung von Körpern. Er ging dabei analytisch und elementar vor: Die Trägheit betrachtete er zunächst an nur für einen Massenpunkt, der sich in einem „absoluten Raum“ und zu einer „absoluten Zeit“ bewegt. Raum und Zeit wurden sozusagen zu Behältnissen, in denen sich jegliche Bewegung abspielt. Der absolute Raum und die absolute Zeit bildeten fortan ein festes Bezugssystem für die Beschreibung physikalischer Prozesse.
Die „Principia“ wird als eines der wichtigsten wissenschaftlichen Werke überhaupt eingestuft. Die Keplerschen Gesetze werden aus Newtons neuem Gravitationsgesetz hergeleitet und somit die Himmelsmechanik vollständig formuliert. Mit Hilfe der Differentialrechnung, damals noch Fluxionsrechnung genannt, und den drei Newtonschen Bewegungsgesetzen, den Axiomen, legte er das Fundament der klassischen theoretischen Physik.
Auch auf dem Gebiet der Optik leistete Newton Bahnbrechendes. Mit der Konstruktion eine Spiegelteleskops, dem *Newton Refraktor*, das weniger Abbildungsfehler aufwies, gab er den Astronomen den bis heute vorherrschenden Fernrohrtyp in die Hand. Er beschrieb die Zerlegung des Lichts in Spektralfarben und erkannte das spektrale Schimmern z. B. auf Ölpfützen, die sogenannten Newton-Ringe.
Sein für die theoretische Behandlung von Licht wichtigstes Resultat war die Korpuskulartheorie: Licht besteht aus winzigen Teilchen (Korpuskeln), die emittiert bzw. absorbiert werden. Mehr als 100 Jahre dauerte es, bis Physiker

wie Thomas Young der Wellentheorie des Lichts zum Durchbruch verhalfen. Heute wissen wir, dass beide Beschreibungen zutreffen, die moderne Quantenphysik spricht auch vom Welle-Teilchen-Dualismus.
Newton hinterließ noch viele neuartige Erkenntnisse, wie die Erklärung von Ebbe und Flut. Eine Expedition nach Lappland beweist seine Annahme von der Abplattung der Erde durch ihre Eigendrehung. Mit der Alchemie, wie die Wissenschaft von den Substanzen damals noch hieß, pflegte er auch ein lebenslanges Hobby. Er betrieb immer ein kleines Chemielabor und befasste sich ernsthaft etwa mit der Umwandlung von Quecksilber zu Gold.
Nicht zuletzt weil er in seinen späten Jahren erfolgreich den Falschmünzern das Handwerk legte, wurde Newton bereits zu Lebzeiten und über den Tod hinaus beinahe grenzenlos verehrt. [11], [12]
Die Kehrseite solcher Genialität: Newton tat sich zeitlebens schwer im Umgang insbesondere mit seinen Berufskollegen. Auch Siehe dazu oben unter *Charakterköpfe*.

Das Newton

Eine resultierende Kraft von 1 Newton, 1 N, erteilt einem Körper der Masse 1 kg exakt die Beschleunigung von 1 m/s^2.

Dieses einfache Ergebnis ist kein Zufall, sondern folgt daraus, wie die Krafteinheit Newton definiert ist:
1 Newton, 1 N, ist die Kraft, die erforderlich ist, um einer Masse von 1 kg die Beschleunigung von 1 m/s^2 zu erteilen.

Nichts anderes steht im Dynamischen Grundgesetz:

$$F = m \cdot a$$

F in N (Newton)
m in kg
a in m/s^2

Mit einer horizontalen Roll- oder Gleitbahn oder mit einer Atwood-Maschine lassen sich die oben gegebenen Parameter: beschleunigte Masse 1 kg, beschleunigende Kraft1 N leicht realisieren und nachmessen.
Siehe dazu unter der Frage *Atwood-Maschine*.

Spielzeug-Dragster

Der rechts abgebildete Spielzeug-Dragster hat die Masse 2 kg und die auftretenden Gesamtreibungskräfte (Reifen, Luftwiderstand) summieren sich zu 8 N.

Bei Vollgas per Fernsteuerung beträgt die maximale Motorkraft 18 N.

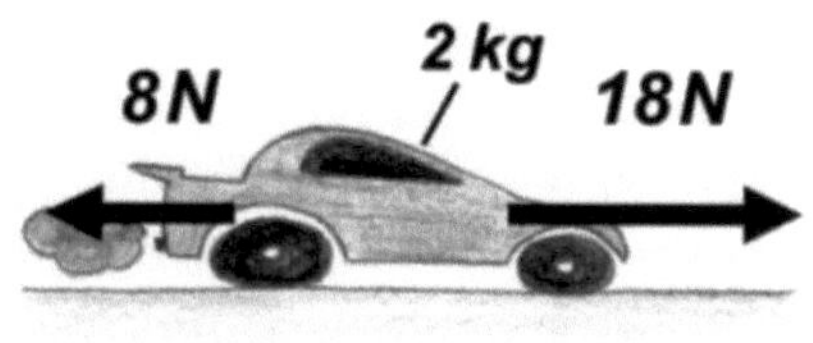

Wie groß ist die Beschleunigung des Modellautos?

a) $4\ m/s^2$

b) $5\ m/s^2$

c) $9\ m/s^2$

Antwort

Die Antwort lautet: b) $5\ m/s^2$.

Zuerst wird die resultierende Kraft ermittelt. 18 N Antriebskraft steht 8 N Reibungskraft gegenüber. Das macht eine nach vorne gerichtete beschleunigende Kraft von10 N, die auf die Fahrzeugmasse von 2 kg wirkt. Eingesetzt:

$10\ N = 2\ kg \cdot a$, Beschleunigung a in m/s^2

Somit ist die Beschleunigung: $a = 10\ N / 2\ kg = 5\ m/s^2$

Ganz schön zackig!

Nach wenigen Sekunden ist die doch geringe Endgeschwindigkeit aber schon erreicht.

Losbrechen

Reibung ist die Widerstandkraft, die sich der Verschiebung eines Körpers auf seiner Unterlage entgegensetzt. Die Reibungskraft will verhindern, dass Materialien aneinander gleiten. Ganz unmittelbar erfahren wir Reibung, wenn wir uns die Hände (warm) reiben.

In Maschinen reiben viele bewegliche Teile aneinander. Dort ist die entstehende Erwärmung unerwünscht und man reduziert sie durch Schmiermittel bzw. Einsatz von Gleit- oder Rollenlager.

Reibung hat aber nicht nur Nachteile: Ohne Reibung könnten wir nicht sicher auf dem Boden laufen. Die Reibung der Gummibremsbacken auf der Felge bringt das Fahrrad zum Stehen. Reibung ermöglicht überhaupt erst alle alltäglichen Bewegungen.

Reibung hängt ab von der Beschaffenheit der Körperoberflächen, die sich berühren. Mit steigender Rauigkeit und Härte der Flächen nimmt die Reibung zu.

Haftreibung

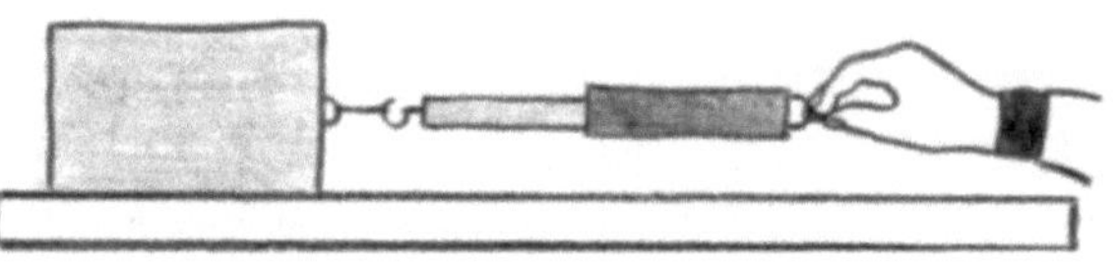

Ein Holzklotz oder ein anderer Körper mit ebener Unterseite liegt auf einer Unterlage, etwa einem Tisch. Zieht man, wie in der Abbildung gezeigt, am Kraftmesser, bewegt sich der Klotz nicht sofort. Erst ab einer bestimmten maximalen Kraft beginnt er über die Unterlage zu gleiten.

Die Haftreibungskraft, auch Haftreibungswiderstand genannt, ist

a) nur abhängig von der Rauigkeit der berührenden Oberflächen, jedoch unabhängig von den Materialien selbst.

b) unabhängig von der Größe der Berührungsfläche

c) abhängig vom Gewicht des bewegten Körpers

Antwort

Die Antworten b) und c) sind korrekt, Antwort a) stimmt zum Teil.

Die Haftreibungskraft ist zunächst abhängig von der Gewichtskraft mit der der Körper auf die Unterlage drückt. Genauer muss man von der Normalkraft F_N sprechen, dem senkrecht zur Unterlage wirkenden Anteil des Gewichts

Siehe dazu auch den Einschub *Reibung auf schiefer Ebene* unten.
Die Abhängigkeit von der Rauigkeit ist einleuchtend. Die Stärke der Reibung hängt aber auch von den gegeneinander schleifenden Materialien ab. Diese sind zum einen unterschiedlich rau und haben zum anderen meist verschiedene Härten. Dies wird mit dem sogenannten Haftreibungs-Koeffizienten μ_h beschrieben. Die Tabelle zeigt rechts auch die Werte für den unten aufgeführten Gleitreibungs-Koeffizienten μ_{gl}:

Stoffpaar	**Reibungskoeffizienten**	
Stahl – Stahl	$\mu_h = 0{,}15$	$\mu_{gl} = 0{,}12$
Stahl – Eis	0,027	0,014
Stahl – Holz	0,56	0,05
Holz-Holz	0,4 – 0,6	0,2 – 0,4

Die Haftreibungskraft F_h ergibt sich dann zu:

$$F_h = \mu_h \cdot F_N$$

Die Unabhängigkeit von der Berührungsfläche ist nicht offensichtlich, im Experiment aber leicht zu zeigen. Mehr dazu in der Antwort der Frage *Schleppen*.

Reibung auf schiefer Ebene

Bei den Fragen zur Kräftezerlegung wird auch die Aufteilung der Gewichtskraft eines Körpers auf einer geneigten Ebene in Normalkraft F_N und Hangabtriebskraft F_H gezeigt. Daraus ergibt sich ein einfaches Verfahren zur Bestimmung des Haftreibungs-Koeffizienten μ_h . Ein Probekörper K ruht auf der unter dem Winkel α geneigten schiefen Ebene. 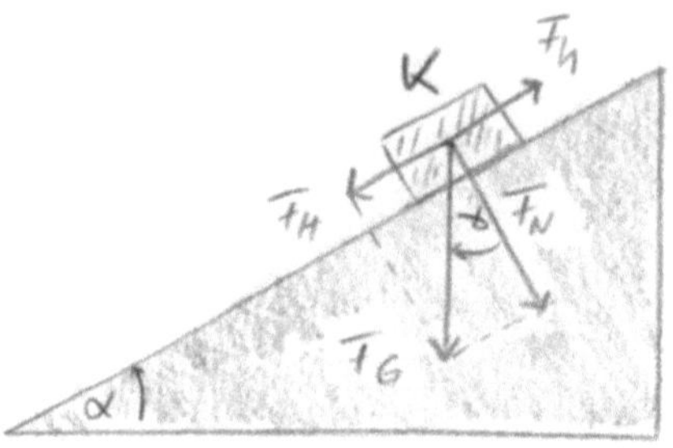
Für die Normalkraft F_N gilt:

$$F_N = F_G \cdot \cos(\alpha)$$

Über $F_h = \mu_h \cdot F_N$ folgt:

$$F_h = \mu_h \cdot F_G \cdot \cos(\alpha)$$

Die Handabtriebskraft F_H ergibt sich dann zu:

$$\mathbf{F_H = F_G \cdot \sin(\alpha)}$$

Neigt man nun die Ebene, vergrößert also den Winkel α so weit bis eine Bewegung eintritt, ist die F_H gerade so groß wie F_h.
Durch Gleichsetzen von F_H und F_h sowie Auflösen nach dem Haftreibungs-Koeffizienten μ_h erhält man:

$$\mu_h = \sin(\alpha)/\cos(\alpha) = \tan(\alpha)$$

Schleppen

Hat man die Haftung eines auf einer Unterlage ruhenden Körpers überwunden, bewegt er sich und beginnt, wenn eine Kraft weiter zieht, zu gleiten. Der Bewegung wirkt die Gleitreibungskraft F_{gl} entgegen. Sie ist

a) stets kleiner als die Haftreibungskraft F_h

b) abhängig von der Geschwindigkeit mit der der Körper über die Unterlage gezogen wird

c) unabhängig von der Berührungsfläche

d) proportional zur F_N, also zur Auflagekraft

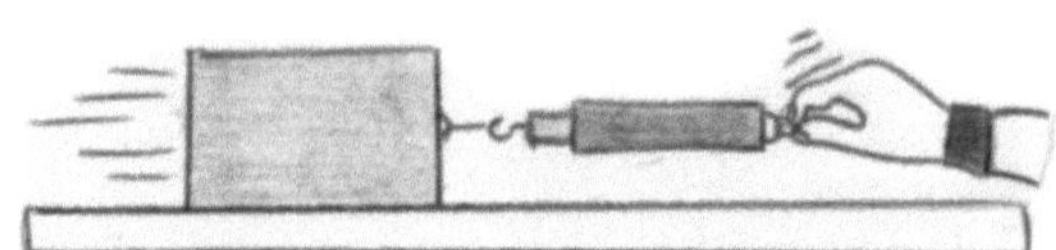

Antwort

Alle Aussagen bis auf b) sind korrekt.

zu a) Haftet der Körper auf der Unterlage, sind die mikroskopisch kleinen Unebenheiten der sich berührenden Flächen regelrecht ineinander verhakt. Daher nimmt auch mit größerer Rauigkeit und Härte die Haftreibungskraft zu.

Beginnt z. B. der Holzklotz zu gleiten, lösen sich die Verzahnungen größtenteils und die Unebenheiten werden verformt oder gar abgerissen (wie beim Schleifen). Die hemmende Gleitreibungskraft ist daher geringer.

Daher versucht man bei Autos mit ABS-Systemen den Übergang vom Rollen des Reifens in die Blockade zu vermeiden. Dies ist nämlich genau der beschriebene Übergang von der Haft- in die Gleitreibung.

zu b) Die Gleitreibung ist prinzipiell unabhängig von der Geschwindigkeit mit der die reibenden Flächen gegeneinander bewegt werden. Sie nimmt mit zunehmender Relativgeschwindigkeit etwas ab.

zu c) Auch die Gleitreibung ist unabhängig von der Größe der Berührungsfläche. Dieses überraschende Verhalten hat aber eine recht einfache Erklärung:

Auch noch so gut bearbeitete Flächen sind nie wirklich eben. Sie berühren sich im Allgemeinen nur in drei Punkten, wie groß die Kontaktflächen auch sind. Die für die Reibung verantwortliche tatsächliche

Berührungsfläche ist daher unabhängig von der praktischen Auflagefläche.

zu d) Auch die Gleitreibungskraft Fgl ist proportional zu Normalkraft FN. Es gibt daher eine ähnliche Formel: $F_{gl} = \mu_{gl} \cdot F_N$.

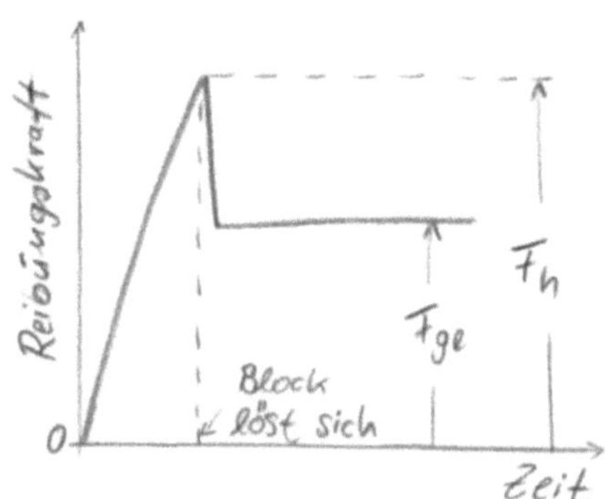

In der Frage *Losbrechen* finden sich einige Werte für μ_{gl}.

Das Diagramm zeigt die beteiligten Reibungskräfte zu Beginn einer Bewegung.
Beim Übergang vom Haften ins Gleiten geht die Reibungskraft schlagartig auf den niedrigeren Wert F_{gl} zurück

Messen der Gleitreibung
Auch die Gleitreibung kann man wie die Haftreibung mit der schiefen Ebene bestimmen.
Eine ganz einfache Methode ist das Ziehen des Probekörpers mit einem Kraftmesser über die Unterlage.

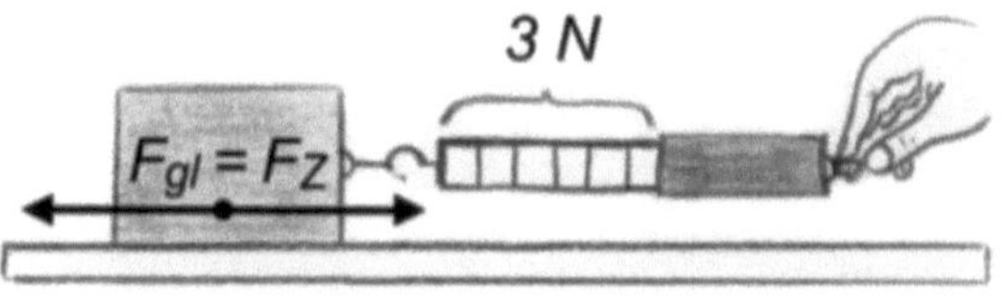

Die angezeigte Zugkraft entspricht direkt der Gleitreibungskraft F_{gl}.

Mehr oder weniger Reibung?

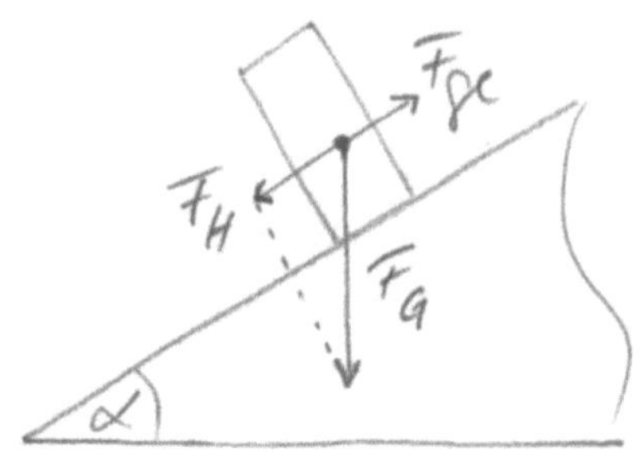

Ein Klotz mit gleichen Oberflächeneigenschaften auf allen Seiten wird wie abgebildet hochkant auf eine schiefe Ebene gestellt. Die Ebene wird dabei so weit geneigt, dass der Klotz gerade ins Rutschen gerät. Dann ist die entlang der Ebene abwärts wirkende Hangabtriebskraft F_H gerade genauso groß wie die Reibungskraft durch das Gleiten F_{gl} des Klotzes auf der schiefen Unterlage.
Wird nun der Klotz der Länge nach auf die gleiche Ebene gelegt, wird er dann ebenfalls rutschen?

a) Ja

b) Nein

Antwort

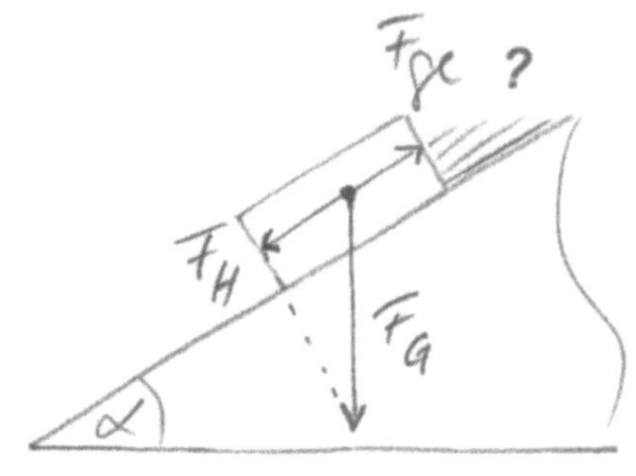

Die Antwort lautet: a) Ja.
Das liegt daran, dass sowohl die Haft- als auch die hier gemeinte Gleitreibung nicht von der Kontaktfläche abhängen. Sie ist, wenn die sich berührenden Materialien die gleichen sind, ausschließlich abhängig von der Kraft, mit der ein Körper auf seine Unterlage gedrückt wird.
Ob der Klotz nun steht oder liegt, die Gleitreibungskraft ist immer:

$$F_{gl} = \mu_{gl} \cdot F_N.$$

Die Normalkraft berechnet sich aus:

$F_N = F_G \cdot \cos(\alpha)$, die Auflagefläche kommt also nicht vor.

Somit ist Gleitreibungskraft F_{gl} unabhängig von der Berührungsfläche. Wenn die Hangabtriebskraft F_H des Körpers aufgrund der Schräge zuvor ausreichte, dass dieser ins Rutschen geriet, so tut er das auch, wenn er der Länge nach aufgesetzt wird.
Nicht mehr oder weniger Reibung, sondern gleich viel Reibung.

Schieben

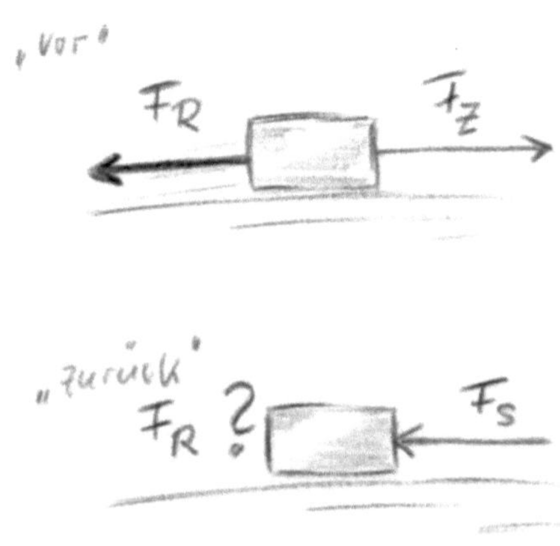

Viele alltägliche Abläufe geschehen zuerst in die eine Richtung, anschließend in die entgegengesetzte Richtung, also wieder zum Ausgangspunkt zurück.
Eine Schublade etwa zieht man erst heraus, um sie anschließend wieder hineinzuschieben.
Aus der hinteren Ecke eines Regals holt man erst die Box heraus, um sie dann wieder zurück zu schieben
Bei „vor", also bei ziehen, ist die Reibungskraft der Zugkraft entgegengesetzt.
Wie ist die Reibungskraft bei Zurückschieben gerichtet?

a) In die gleiche Richtung wie F_R bei "vor"
b) Nun ebenfalls der F_{Schub} entgegengesetzt

Antwort

Die Antwort lautet: b).
Reibungskräfte wirken immer der Richtung der Kraft entgegen mit der Körper gezogen bzw. geschoben werden.
Reibungskräfte hemmen immer die Bewegung.

Energie in der Mechanik

Energie als physikalische Größe ist wie folgt definiert:

Mit Energie können Körper bewegt, verformt, erwärmt oder zur Aussendung von Licht gebracht werden.

Einheitliches Formelzeichen ist das *E*, gemessen wird Energie in der Einheit ***Joule*** (1*J*)

Energie kann in verschiedenen Energieformen auftreten. Eine gespannte Feder hat Energie, ebenso der volle Benzintank. In der Alltagssprache wird Energie oft „gespeichert“. Energie ist aber nichts, was man anfassen könnte. In einer Verallgemeinerung der obigen Definition ist Energie einfach ein Maß dafür, wie viel Arbeit verrichtet werden kann. Die gespannte Feder kann etwa eine Kugel in die Höhe schießen.

Es gibt diverse Formen mechanischer Energie, aber nur zwei grundsätzliche Arten sind zu unterscheiden:

Kinetische Energie E_{kin} hat ein Körper aufgrund seiner Bewegung.

Potenzielle Energie E_{pot} hat ein Körper aufgrund

- seiner (gegenüber einem Bezugsort) geänderten Position (Ort).
- einer Verformung, elastischen Änderung der Form (z. B. Federspannung).
- seines Zustandes, in Bezug auf eine mögliche Änderung dieses Zustandes (z.B. potenzielle chemische Energie einer Substanz).

Für diesen Band von Bedeutung ist auch die besondere Energieform der **Wärme oder thermischen Energie.** Sie wird gebraucht, um zu beschreiben, wenn Energie von einem Ort zu einem anderen oder von Körper zu Körper übertragen wird.

Im Abschnitt *Wärme* wird im Detail auf diese Energieform eingegangen.

Energieerhaltung

Um Arbeit zu verrichten oder ein Glühlampe leuchten zu lassen, muss man Energie verbrauchen. Aber wie Geld, das man ausgibt, verschwindet Energie nicht einfach, sondern wechselt nur den Besitzer bzw. seine Erscheinungsform. Die Energie in den Muskeln geht beim Ziehen eines Wagens in Bewegungsenergie und Wärme über. Elektrische Energie wird in der Glühlampe in Licht und ebenfalls Wärme umgewandelt.

Energie liegt also in verschiedenen Energieformen vor und kann von einer Energieform in andere Energieformen umgewandelt werden.

Während all dieser Umwandlungen bleibt der Gesamtbetrag an Energie in einem *abgeschlossenen System* gleich: $E_{ges} = E_1 + E_2 + E_2 + = $ **konst.**
Es gilt der **Energieerhaltungssatz**, z. B. in einer Formulierung der deutschen Physikers Herrmann von Helmholtz (1821 – 1894):

Energie kann weder erzeugt, noch vernichtet werden. Sie kann nur von einer Form in andere Formen umgewandelt werden.

Im idealisierten der völlig reibungs- und somit verlustfreien Bewegung lautet die Formulierung für die Erhaltung der **mechanischen Energie**:

$$E_{ges} = E_{kin} + E_{pot} = \textbf{konst.}$$

Die verschiedenen Energieformen oder der Energie-/Arbeit-Begriff sind so grundlegend für nahezu alle Bereiche der Physik und müssen über die hier gebrachten einführenden Informationen hinaus separat behandelt werden.

Bremsweg

Eine sehr wichtige Anwendung der Reibung ist das Bremsen. Mit dem Tritt aufs Bremspedal erfährt das mit der konstanten Geschwindigkeit v fahrende Auto die Bremskraft F_{Bremse}, die der Bewegung entgegen wirkt.

Diese wirkt entlang des Bremswegs s und verrichtet dabei Bremsarbeit, die die ursprüngliche Bewegungsenergie „vernichtet".

Wie lang ist bei gleicher Bremskraft F_{Bremse} der Bremsweg, wenn sich das Fahrzeug mit **doppelter Geschwindigkeit 2** $\boldsymbol{v}$ bewegt?

a) 1,41-Mal (=√2, denn 1,41 · 1,41 = 2)

b) 2-Mal

c) 4-Mal

d) 8-Mal

Antwort

Die Antwort lautet: c) 4-Mal so lang.

Dazu betrachten wir die in dem Vorgang enthaltene bzw. umgesetzte Energie. Ein Fahrzeug oder jeder andere Körper der Masse m hat bei der bei der Geschwindigkeit v die kinetische oder Bewegungsenergie $E_{kin} = m/2 \cdot v^2$.

Verdoppelt man nun dessen Geschwindigkeit, so steigt seine Bewegungsenergie um das 4-fache. Einfaches Einsetzen zeigt, dass dann gilt:

$E_{kin}(2v) = 4\ E_{kin}(v)$.

So wie über Beschleunigungsarbeit die gesamte Bewegungsenergie aufgebaut wurde, wird diese nun beim Bremsen bis zum Stand ($v = 0$) „vernichtet", d.h. umgewandelt in Wärme in den Bremsen und Reifen.

„Arbeit = Kraft x Weg"

Da die Bremskraft gleich bleibt (maximal, kurz vor dem blockieren) ist die 4-fache Strecke erforderlich, um das doppelt so schnelle und 4-Mal so „energiereiche" Fahrzeug zum Stillstand zu bringen.

Das Diagramm zeigt den Sachverhalt mit realistischen Werten.

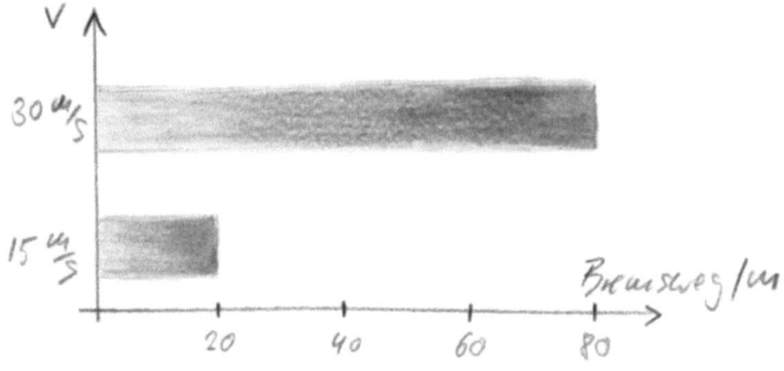

Der Bremsweg verlängert sich noch durch die Reaktionszeit von ca.1 bis 2 Sekunden. Multipliziert mit der Geschwindigkeit ergibt sich die Strecke bis das Bremsen einsetzt. Im Beispiel wären dies knapp 10 bzw. ca. 16 Meter.

Gravitation, Masse und Gewicht

Hängt man einen Körper an eine Federwaage, misst man dessen Gewicht. Präziser wäre: Gewichtskraft F_G.
Auch die Gewichtskraft kann nicht aus einem Massepunkt selbst (hier der angehängte Körper) stammen. Sie entsteht immer durch die Beziehung zu anderen Massen in der Umgebung.
Im Fall der Gewichtskraft F_G ist dies die Erde.
Es ist eine Erfahrungstatsache, dass alle Körper zum Erdmittelpunkt hin angezogen werden. Man nennt diese Erdanziehungskraft auch „Schwerkraft".
Körper sind im Anziehungsbereich einer Masse wie der Erde „schwer". Diese Eigenschaft rührt von ihrer eigenen Masse her.

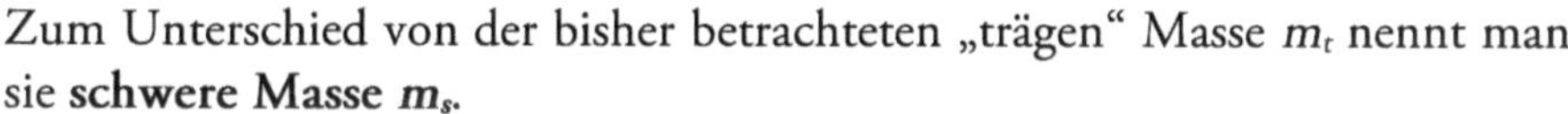

Zum Unterschied von der bisher betrachteten „trägen" Masse m_t nennt man sie **schwere Masse m_s**.
Welche Aussagen über zwei Massen treffen zu?

a) Vorhandensein von Materie ist Voraussetzung für Gravitation
b) Massen können sich anziehen oder auch abstoßen
c) Die Kraft zwischen Massen nimmt mit zunehmendem Abstand der Massen voneinander ab.
d) Die Kraft zwischen Massen nimmt zu, wenn eine oder beide Massen zunehmen.
e) Ab einem gewissen Abstand zwischen zwei Massen verschwindet die Kraft. Diese maximale Reichweite wird von der größeren der beiden Massen bestimmt.

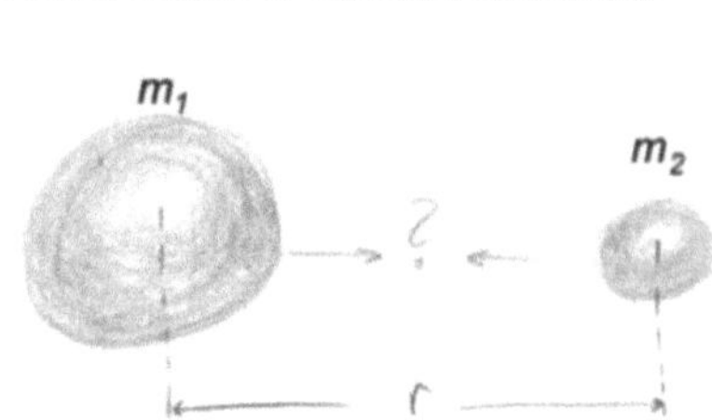

Antwort

Die Aussagen a), c) und d) treffen zu.

Im Einzelnen.

zu a) Die Gravitation als eine der Elementarkräfte wirkt zwischen allen Objekten, die eine Masse haben. Ohne Masse, ohne Materie keine Schwerkraft!

zu b) Zwischen Massen gibt es nur anziehende Kräfte. Elektrische Kräfte oder die Kernkräfte können auch abstoßend sein. Massen jedoch ziehen sich ausschließlich an.

zu c) Die Regel lautet: Doppelter Abstand gleich ein Viertel der Kraft.
Kurz: $F \propto \frac{1}{r^2}$. Die Kraftwirkung nimmt mit dem Quadrat des Abstandes zweier Massen ab.

zu d) Die Gewichtskraft ist direkt proportional zu den beteiligten Massen. Wird eine der beiden verdoppelt, verdoppelt sich auch die Gewichtskraft. Kurz: $F \propto m_1 \cdot m_2$.
Wieviel stärker ist die Anziehung, wenn beide Massen verdoppelt werden?

Zusammen ergibt sich die

Gravitationskraft: $F = G\dfrac{m_1 \cdot m_2}{r^2}$.

Die Gravitationskonstante G ist eine Naturkonstante.
Sie hat den Wert: $6{,}7 \cdot 10^{-11}\ m^3/kg \cdot s^2$.

Die Gravitation ist, wie man am sehr kleinen Wert von G sehen kann, eine sehr schwache Kraft, sogar die schwächste aller Kräfte.
Die Kraft zwischen Ihnen und diesem Buch beträgt weniger als ein Zehnmilliardstel ihrer eigenen Gewichtskraft. Sie ist nur dann von Bedeutung, wenn die Massen, die sich gegenseitig anziehen, sehr groß sind.

zu e) Nein! Die Reichweite der Gravitationskraft ist unendlich.
Da sie mit dem Quadrat des Abstandes abnimmt, wird ihre Wirkung auf weit entfernte Massen schließlich vernachlässigbar gering. So kann man bei der Berechnung der Planetenbewegungen um die Sonne die Gravitationswirkung weiter entfernter Himmelskörper (Sterne, Galaxien) meist unberücksichtigt lassen.

Wen Formeln nicht abschrecken: Naturkonstanten haben oft „kryptische" Einheiten. Die $m^3/kg \cdot s^2$ der Gravitationskonstante bewirken, dass die obige Formel als Einheit $kg \cdot m/s^2$ ergibt. Das ist gleichbedeutend mit $1\ N$, das natürlich auch die Einheit der Gravitationskraft ist.

Cavendish „wiegt" die Erde

Newton konnte das Gewicht F_G eines Körpers der Masse *m* auf der Erde mit einer Federwaage einfach messen. Nach dem Gravitationsgesetz berechnet sich: $F_G = G \cdot \frac{m \cdot M_E}{R_E^2}$, M_E Masse, R_E Radius der Erde.
Hätte er neben dem bekannten Erdradius R_E auch die Masse M_E der Erde gekannt, hätte er die Gravitationskonstante G bestimmen können und umgekehrt. Newton berechnete also all die Bewegungen der Himmelskörper ohne die eigentlich wirkenden Kräfte zu kennen. Für deren Berechnung hätte er die Gravitationskonstante benötigt.
Der britische Naturwissenschaftler und Chemiker Henry Cavendish führte um 1800 als Erster das Experiment durch, mit dem die **Gravitationskonstante *G*** bestimmt werden konnte. Bei seiner *Gravitationswaage* sind zwei jeweils knapp 100 kg schwere Bleikugeln M fest montiert. Zwei weitere über ein feines Gestänge verbundene kleine Kugeln m von weniger als einem Kilogramm sind an einer empfindlichen Drehwaage (wie in der Abbildung zu sehen) zwischen die schwere Massen positioniert. Im Prinzip über das Hookesche Gesetz (siehe die Frage *Feder, konstante*) ließ sich die Anziehungskraft zwischen großen und kleinen Kugeln messen. Dazu wurden alle denkbaren Störeinflüsse ausgeschlossen. Cavendish bediente das Experiment sogar von einem Nebenraum aus und las die Skala mit einem Fernrohr ab.

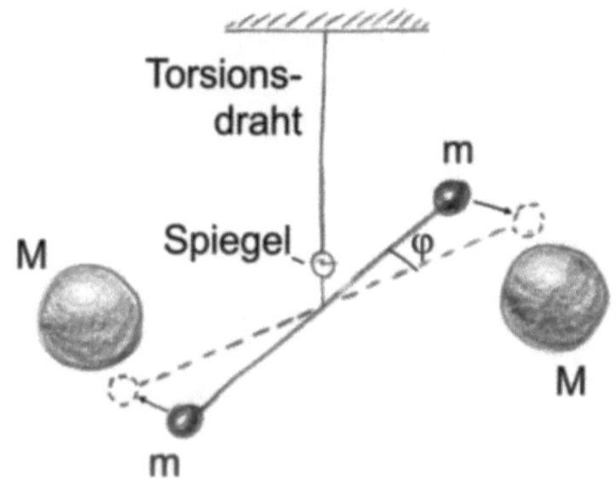

Aus diesem klassischen Experiment resultierte die Gravitationskonstante *G* und die Masse der Erde. Die Bestimmung von M_E war übrigens der eigentliche Zweck des Versuchs von Cavendish. Er kam mit der Erdmasse auf 1 Prozent an den heutigen Wert heran – doch sehr erstaunlich für die damalige Zeit.
Cavendish ist vielen eher als Chemiker bekannt. 1766 bereits fand er das Element Wasserstoff. Mit der Entdeckung des Sauerstoffs wenig später konnten dann auch die Verbrennungsvorgänge als Oxidation, d.h. Bindung von Sauerstoff, erklärt werden. Dies führte schließlich zur endgültigen

Verwerfung der Phlogistontheorie (vgl. dazu die Frage *Arbeit gleich Wärme*). Cavendishs Karriere verlief wechselhaft. Ohne eigentlichen Universitätsabschluss erlaubte ihm ein beträchtliches Erbe seine wissenschaftlichen Studien zu finanzieren. Er mied zeitlebens gesellschaftliche Ereignisse und legte manch exzentrisches Verhalten an den Tag. So bestellte er sein tägliches Abendessen, indem er eine Notiz auf den Flurtisch hinterlegte. Auch war sein weibliches Personal angewiesen worden, außer Sichtweite zu bleiben. Großgewachsen, mit abgetragenem violettem Samtanzug und Dreispitz erschien er den meisten wohl wie auf der Zeit gefallen. [12]

Foto: Wikimedia Commons

Gravitationsfeld

Das Gravitationsfeld ist der Raum in der Umgebung eines (massebehafteten) Körpers, in dem eine andere Masse eine Anziehungskraft erfährt. Die Erde ist von einem Gravitationsfeld umgeben. Nahe der Erdoberfläche übt dieses Feld auf einen Körper der Masse 1 kg die Anziehungskraft von ca. 10 N aus. Das ist die bekannte Gewichtskraft oder einfach das Gewicht.

Feldbegriff

Felder treten in allen Bereichen der Physik auf. Etwa als elektrisches, magnetisches oder eben als Schwerefeld, das Massen in seinem Einflussbereich ein Gewicht verleiht.

Die Gravitationskraft zwischen Massen wirkt nur anziehend (bei anderen Feldern gibt es auch abstoßende Kräfte). Die Erd*anziehungskraft* ist stets zum Erdmittelpunkt gerichtet, das Gravitationsfeld der Erde deshalb ein **Vektorfeld**: Der Betrag dieser **Gravitationsfeldstärke *g*** genannten Vektoren gibt die Stärke der Kraftwirkung am jeweiligen Ort an. Dies nennt man allgemein die **Feldstärke**. Ihre **Richtung** zeigt die Richtung der Kraft auf eine Probemasse an.

Feldlinienbild

Vektorfelder werden durch Feldlinien veranschaulicht. Sie zeigen die Richtung der Kraft an, haben also wie Vektoren eine Pfeilrichtung. Im bekannten Feldlinienbild um einen Stabmagneten beispielsweise zeigen die Feldlinien vom Süd- zum Nordpol und geben so die Kraft auf einen magnetischen Nordpol an. Der meist rot gefärbte Nordpol einer Kompassnadel würde sich nach diesen Feldlinien ausrichten.

Die Dichte der Feldlinien ist proportional zur Feldstärke in diesem Bereich. Auf den, im 2 D-Diagramm gestrichelten konzentrischen Kreisen um die Masse ist die Feldstärke konstant. Eigentlich sind es Kugelschalen um den Massenmittelpunkt. Da man ein Feld anstatt mit der Feldstärke auch über das sogenannte Potenzial beschreiben kann, heißen diese Schalen Äquipotenzialflächen.

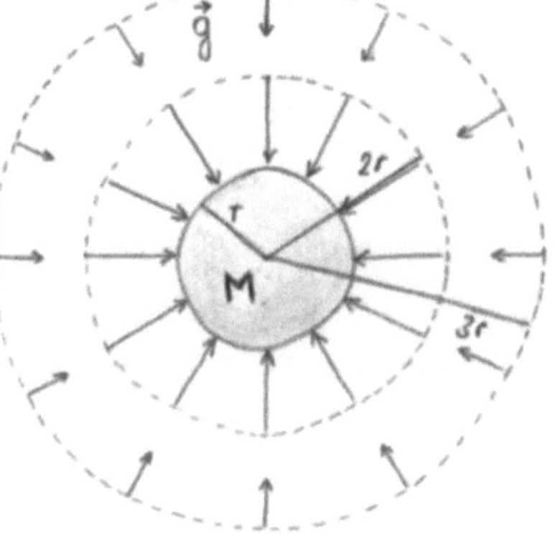

Die Kraftwirkung F_G auf eine Probemasse m im Schwerefeld der Erde, also deren Gewicht, kann man mit der am jeweiligen Ort herrschenden Gravitationsfeldstärke g nach dem Grundgesetz der Dynamik berechnen: $F_G = m \cdot g$.

<u>Masse ja, aber Gewicht?</u>

Ein Astronaut hat mit Anzug etwa 100 kg Masse. Auf der Erde stehend wird er von dieser mit 1000 N Gewichtskraft **angezogen**. Oder einfach gesprochen: Sein Gewicht beträgt 1000 N.

Auf dem Mond beträgt das Gewicht nur ein Sechstel von dem auf der Erde, hier also nur 160 N.

Befindet sich der Raumfahrer in den Weiten des Alls, wo keine oder kaum noch Schwerkraft herrscht, würde eine Waage nichts mehr anzeigen, sein Gewicht wäre 0 N.

Die zwei Bedeutungen von *g*

Die oben genannte Formel $F_G = m \cdot g$ legt es schon nahe, den Proportionalitätsfaktor g auch als Fallbeschleunigung aufzufassen, und zwar mit dem (praxistauglichen) Wert $g = 10\ \ m/s^2$. Wie sich zeigt (siehe auch Kasten *Träge und schwere Masse*) gilt dieser Wert für alle je gemachten Messungen. *g* hat demnach zwei Interpretationen (Werte auf der Erdoberfläche):

- *g* als *Gravitationsfeldstärke*, 10 N/kg
- *g* als *Fallbeschleunigung*, 10 m/s^2

Erde und Merkur

Die Kraft F_G, die auf eine Probemasse im Schwerefeld eines Planeten wirkt, ist proportional zur Masse des Planeten und umgekehrt proportional zum Quadrat der Entfernung. Auf der Oberfläche gilt (vgl. die Abb.):

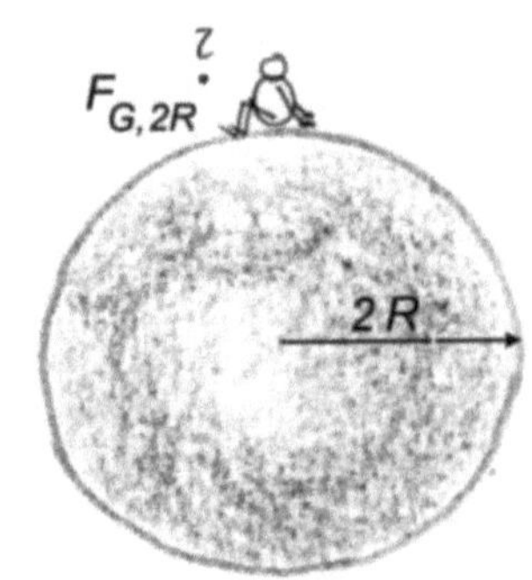

$$F_G \sim \frac{M}{R^2}$$

Wie ändert sich die Gravitation auf dem Planeten, wenn dessen Durchmesser z. B. doppelt so groß ist, der Radius R' entsprechend $2 \cdot R$ beträgt?
Das Volumen der Planeten-*Kugel* wächst mit der dritten Potenz ihres Durchmessers. Da sich dieser verdoppelt, nimmt der Planet dann den $2^3 = 8$-fachen Raum ein. Die Masse ist proportional zum Volumen, der Planet ist daher auch 8-Mal so schwer, d.h. $M' = 8 \cdot M$.
Die Frage ist: Wie hoch ist die Schwerkraft F_G' auf dem doppelt so großen Planten?
Auch 8-Mal so groß?

a) Ja, 8-Mal so groß
b) Nein, nur 2-Mal so groß
c) Nein, sogar nur genauso groß, da ja der Durchmesser entsprechend größer ist

Antwort

Die Antwort lautet: b) Die Gravitationskraft F_G' auf der Oberfläche eines doppelt so großen Planeten ist doppelt so groß.
Daher kann man annehmen: Klar, dreimal so groß, dreifache Gravitationskraft, viermal so groß, die vierfache usw. Eine kurze Rechnung soll das „beweisen“:
Setzen wir $M' = 8 \cdot M$ und $R' = 2 \cdot R$ in die Proportionalität ein, dann ist:

$$F_G' \sim \frac{M'}{R'^2} = \frac{8 \cdot M}{(2 \cdot R)^2} = \frac{8 \cdot M}{4 \cdot R^2} = 2 \cdot \frac{M}{R^2}$$

Auf dem größeren Planeten ist die Schwerkraft also doppelt so groß:
$F_G' = 2 \cdot F_G$.
Bei $R'' = 3 \cdot R$, ergibt sich $M'' = 27 \cdot M$ und eingesetzt wieder: $F_G'' = 3 \cdot F_G$.

Warum ist das so?
Nun, die Masse *steigt* in dem Planeten mit der 3. Potenz des Radius. Die Gravitationswirkung, die immer vom Massezentrum aus zu nehmen ist, sinkt mit der 2. Potenz des Radius. In der Formel für die Gravitationskraft F_G kürzt sich R zweimal raus und es verbleibt einmal R im Zähler. R ist quasi der Faktor für die Zunahme der Schwerkraft. Verdoppelt sich R, verdoppelt sich F_G usw.
Bei diesen Überlegungen wird angenommen, dass die beiden Planeten aus dem gleichen, homogenen Material bestehen. Tatsächlich kommen zwei Himmelskörper unseres Sonnensystems dem sehr nahe, nämlich unsere Erde und der Merkur. Beide haben in etwa die gleiche durchschnittliche Dichte von 5,52 kg/dm³ bzw. 5,43 kg/dm³. Weitere Werte sind:

Durchmesser:	$R_E = 6370$ km	$R_M = 2440$ km
Masse:	$M_E = 5{,}97 \cdot 10^{24}$ kg	$M_M = 0{,}33 \cdot 10^{24}$ kg

Der Durchmesser der Erde ist demnach *2,61-Mal* so groß wie der des Merkurs. Setzt man die Größen ähnlich der oben gemachten Rechnung ins Verhältnis, so ergibt sich:
Die Schwerkraft auf der Oberfläche des Merkurs errechnet sich zum *2,65-fachen* der Gravitation auf der Erdoberfläche. Aus exakten astronomischen Berechnungen kennt man die Schwerkraft auf dem Merkur: sie ist *2,64-Mal* so groß wie auf der Erde.
Eine sehr gute Übereinstimmung. Für alle anderen Planeten kann man unsere Erde allerdings nicht so einfach zur Berechnung der dort herrschenden Schwerkraft heranziehen. Auch nicht für den immer als sehr erdähnlich angesehenen Mars.

Hohl oder massiv

Es gibt sonderbare Dinge im Universum. Warum soll es nicht auch hohle Planeten geben?
Kann man durch ein Schwerkraft-Experiment feststellen, ob man sich auf einem massiven oder einem hohlen Planeten befindet?

a) Ja
b) Nein

Antwort

Die Antwort lautet: b) Nein.
Hier geht es im Prinzip um eine Variante der letzten Frage. Auf der Oberfläche eines meist kugelrunden Planeten herrscht überall die gleiche Anziehungskraft. Die Oberfläche ist eine Äquipotenzialfläche. Wie in der letzten Frage gezeigt wurde, hängt die Anziehungskraft oder Gravitationsfeldstärke auf einer solchen Fläche nicht von der Massenverteilung im Innern ab, solange der Schwerpunkt unverändert bleibt. Außerhalb der umschließenden (Äquipotenzial-) Oberfläche dürfen sich keine Teile der Masse befinden. Diese Voraussetzungen erfüllen sowohl ein Massiv- als auch ein Hohlplanet.

Maximal schwer

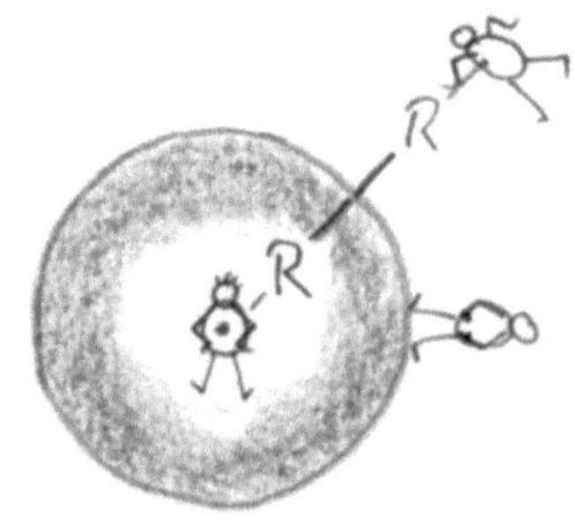

Die Erde ist unser Zuhause. Die nächste Umgebung unseres Planeten einschließlich des Mondes haben Menschen auch schon erobert. Nehmen wir jetzt an, dass es noch Reisen zum Mittelpunkt der Erde gibt.
Wo würde man die größte Gewichtskraft verspüren? Wo wäre man also am schwersten?

a) im Abstand eines Erdradius von der Erde
b) direkt auf der Erde
c) im Mittelpunkt der Erde

Antwort

Die Antwort lautet: b) Die größte Schwerkraft herrscht direkt auf der Erdoberfläche.

Entfernen wir uns von einer Masse wie sie die Erde darstellt, nimmt deren Anziehungskraft ziemlich schnell ab. Und zwar quadratisch, d.h. befindet man sich im Abstand von einem Erdradius von der Erde, also zwei Radien vom Mittelpunkt, wiegt man nur noch ein Viertel dessen direkt auf der Erdoberfläche.

Bewegt man sich in die Erde hinein, ist nun ein wachsender Teil der Erdmasse *über* einem, zieht also vom Mittelpunkt weg. Man wird leichter. Exakt in der Mitte schließlich wird man von allen Seiten gleich stark angezogen, die resultierende Kraft wird Null. Dort herrscht also Schwerelosigkeit.

Das Maximum der Schwerkraft liegt daher auf der Erdoberfläche selbst.

Welcher Kurve folgt die Schwerkraft von ihrem Maximum auf der Erde bis zu ihrem Verschwinden im Zentrum?

Hätte die Erde überall die gleiche Dichte, würde die Schwerkraft auf einer Geraden bis zu Null abnehmen, wie in der Abbildung skizziert.

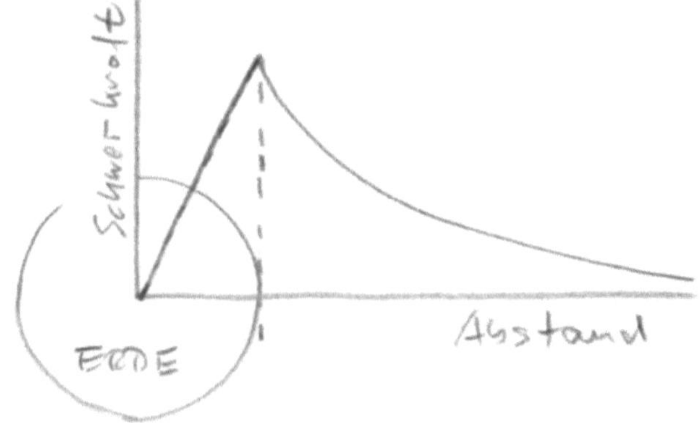

Die Erde hat aber einen sehr schweren Kern aus flüssigem Eisen. In welche Richtung wird dies die Gerade verbiegen: Zu einer Wölbung oder zum Durchhängen?

Träge und schwere Masse

Die folgende Betrachtung ist etwas abstrakt. Für das Verstehen physikalischer Fragestellungen rund um Kräfte kann sie übersprungen werden.

Es gibt zwei Arten zur Definition und Messung von Massen:

1. Über die Beschleunigung a, die ein Körper, also eine Masse m_t, erfährt, wenn eine Kraft F auf ihn einwirkt. Ein Körper widersetzt sich mit einer von seiner Masse abhängigen Trägheit jeder Änderung seines Bewegungszustandes durch eine von außen einwirkende Kraft.
   Die so definierte Masse nennt man **träge Masse m_t.**
2: Über die Gewichtskraft F_G, die ein Körper mit seiner Masse m_s im Schwerefeld der Erde hat. Der Proportionalitätsfaktor heißt Gravitationsfeldstärke oder Erdbeschleunigung g und es gilt: $F_G = m_s \cdot g$.
   Da man jeden Körper auf der Erde als „schwer" wahrnimmt, heißt die so definierte Masse **schwere Masse m_s.**

Es ist von vorneherein nicht gesagt, dass beide Masse m_t und m_s identisch sind, stammen sie doch aus verschiedenen physikalischen Erfahrungen.

Freier Fall – Verknüpfung von m_t und m_s im physikalischen Experiment
Im dynamischen Grundgesetz wird die träge Masse m_t mit der angreifenden Beschleunigungskraft verknüpft. Setzt man für diese Kraft die im freien Fall wirkende Gewichtskraft $F_G=m_s \cdot g$ ein, so erhält man:

$$(F_G=)\ m_s \cdot g = m_t \cdot a$$

Umgestellt nach der messbaren Fallbeschleunigung: $a = \frac{m_s}{m_t} \cdot g$.
Experimente, die schon Galilei anstellte und die seitdem mit immer höherer Genauigkeit wiederholt wurden, zeigen, dass die gemessene Fallbeschleunigung für alle Körper, d. h. Massen den gleichen Wert hat.
Auch der zunächst als Gravitationsfeldstärke aufgefasste Proportionalitätsfaktor *g*, der in der Formel $F_G = m_s \cdot g$ die schwere Masse mit deren Gewichtskraft verknüpft, ist stets konstant. Vorausgesetzt man misst immer am gleichen Ort.
Daraus folgt: Auch der Quotient $\frac{m_s}{m_t}$ ist eine Konstante.
Deshalb kann man diesen gleich „1" setzen und

- den Proportionalitätsfaktor *g* als die gemessen Fallbeschleunigung auffassen
- die schwere und träge Masse als **identisch** betrachten: $\boldsymbol{m_s \equiv m_t}$.

„Gravity"

Außeneinsatz an der ISS-Raumstation in dem Kinofilm „Gravity". George Clooney düst lässig und offensichtlich ohne Beschäftigung mal hierhin, mal dorthin. Angenehme Schwerelosigkeit.
Sandra Bullock versucht sich derweil an einer Reparatur als auch ihr Teamkollege dazu schwebt. Dieses kleine Tête-à-Tête wird abrupt beendet als Trümmer eines explodierten Satelliten wie Geschosse die Raumstation treffen. Als auf dem Weg dorthin auch die Rettungskapsel getroffen wird und sich der Fallschirm öffnet, wird selbst Routinier Clooney nervös.
Nachdem der Beschuss vorbei ist, finden sich beide in den Fallschirmseilen verheddert: Bullock hängt mit einem Stück an der demolierten Raumstation und Clooney schon weit abgedriftet mit einen andern Stück Leine an ihr. Beide Seile sind gespannt und die Leine, die Bullock direkt an die Station bindet, will jeden Moment reißen, da opfert sich der Held, indem er seine Leine kappt und so den doppelten Zug vom anderen Seil, an dem seine Kollegin hängt, nimmt. Clooney schießt in die Weiten des Raums.

Was ist daran physikalisch unsinnig?

a) Das Seil hätte eine ganze Rettungskapsel abbremsen sollen, es hätte also leicht die beiden Astronauten halten können.

b) Raumstation, Astronaut und alle anderen Teile befinden sich in Schwerelosigkeit: Im Gleichgewicht von Erdanziehung und Fliehkraft auf der Orbitbahn um die Erde. Sobald sich beide mit den Seilen verbunden in Ruhe befinden, wirken keinerlei Kräfte mehr auf sie, somit auch keine Zugkraft auf das Seil

c) Clooney hätte sich durch Rückstoßbewegungen einfach von selbst zur Raumstation retten können

Antwort

Die Antwort lautet b)
Die Szene war einfach zu packend, die Situation schrie geradezu nach einer heldenhaften Selbstaufgabe, als dass Regisseur Cuaron den Dreh physikalisch korrekt hätte weiterlaufen lassen können.
So wie geschildert, war das Ganze vielleicht von Absturzszenarien zweier Bergsteiger inspiriert. Beide hängen untereinander an einem Seil, das darüber gerade noch an einem Haken befestigt ist. Dieser kann die Gewichtskräfte beider nicht mehr lange halten. Nur indem sich der untere Kletterer selbst abschneidet (und in den Tod stürzt), bleibt der Haken im Fels und wenigstens einer kann sich retten.
Am Berg herrscht, wohlgemerkt, Schwerkraft. Schaltet man diese im Gedanken ab, sind beide nun alles andere als in Gefahr. Genauso wie im Weltraum, nur mit einem kurzen Zug am Seil können sich beide „retten".
Physikalisch liegt hier gewissermaßen die Umkehr des Trägheitssatzes vor:

> *Befindet sich ein Körper in Ruhe (hier relativ zur Raumstation) oder in gleichförmiger geradliniger Bewegung, so greifen an ihm keine äußeren Kräfte an.*

Ein einmaliger Stoß aus der tumultartigen Situation hat beide in diese Positionen geschleudert. Und wären sie nicht in die Fallschirmseile verheddert, wären sie – ebenfalls nach dem Trägheitsgesetz – geradewegs ins All geflogen. Einmal durch die Seile gestoppt, befinden sich beide im kräftefreien Zustand.

Zu c) Von alleine kann sich ein Astronaut nicht in eine Richtung in Bewegung setzen. Mehr dazu weiter unten, wenn es um das Wechselwirkungsprinzip Kraft=Gegenkraft geht.

! Physik im Kino – die größten Schnitzer

Kino soll unterhalten. Im Vordergrund stehen neben einer guten Story brillant in Szene gesetzte Bilder, ob eher besinnlich oder voll auf Action und Spannung getrimmt. Das Publikum verlangt schließlich ist eine Top-Video- und Soundqualität. Da fällt es meist gar nicht auf, dass viele Dinge, die auf der Leinwand passieren, so in Wirklichkeit nie ablaufen könnten. Zum Teil wird haarsträubend gegen die Prinzipien der Physik verstoßen. In der Phantasie werden nicht nur andere Welten erschaffen, sondern die passenden neuen physikalischen Gesetze gleich dazu. Hier einige der größten Schnitzer.

Am Seil hängen im All

Den filmischen Hintergrund für diesen Verstoß gegen Gesetze der Physik liefert der Streifen „Gravity“, siehe dazu die gleichnamige Frage. Wenn Clooney also weit von der Raumstation abgedriftet an einer Leine hängt und diese ist gespannt, kann eigentlich keine Schwerelosigkeit vorliegen. Wenn keine sonstigen Kräfte vorliegen, z. B., dass an Clooney selbst gezogen wird, kann die Leine im All nicht gespannt sein. Sobald das Wegschleudern des Astronauten durch die Leine abrupt gebremst wurde und er sich in Ruhe befindet, wirken keinerlei Kräfte mehr. Das Seil sollte mehr oder weniger geschlängelt zur Station verlaufen.

Künstliche Schwerkraft auf der Enterprise

Seit Einstein wissen wir, dass man nicht unterscheiden kann, ob man sich im Anziehungsbereich einer Masse, z. B. eines Planeten, befindet, oder ob man, etwa in einem Aufzug, nach oben beschleunigt wird. Alle angestellten Experimente verlaufen in beiden Fällen identisch ab. Auch das subjektive Gefühl von Schwere ist beide Male dasselbe. Es ist also möglich, irgendwo im All, fernab größerer Massen Schwerkraft zu simulieren. Statt eines sehr, sehr hohen und immer stärker beschleunigten Aufzuges würde man einen um seinen Mittelpunkt rotierenden symmetrischen Körper nehmen. Ein Raumschiff von der Form einer Hantel oder eines ringförmigen Torus wäre geeignet. Durch die Fliehkraft würde man radial nach außen geschleudert und würde dies, auf der Außenseite stehend, als Schwerkraft empfinden. In einem fahrradschlauchförmigen Raumschiff könnte man sich tatsächlich auf einem Fußboden wähnen. Würde man sich allerdings Richtung Drehachse im Mittelpunkt des Raumschiffes bewegen, würde die künstliche Schwerkraft nachlassen und dann ganz verschwinden.

So einfach in einem ebenen Raumschiff wie der Enterprise in alle Richtungen herumspazieren, geht aber gar nicht.

Lautstarke Explosion im All

Was die völlige Lautlosigkeit im All angeht, gibt sich der oben genannte Film „Gravity" vorbildlich. Meist jedoch sind Explosionen, bei denen ganze Planeten in die Luft fliegen, von ohrenbetäubendem Lärm begleitet. Lärm, also Schall ist jedoch eine Schwingung von Luftteilchen oder vielleicht auch noch von Molekülen fremder Planetenhüllen. Als solche ist Schall ganz allgemein an das Vorhandensein einer Atmosphäre gebunden. In den luftleeren Weiten des Weltalls ist es dagegen absolut still.
Gerne wird die Kommandozentrale eines Raumschiffs, von der aus eine Explosion beobachtet wird, nach einer gewissen Zeitverzögerung heftig durchgeschüttelt. Auch dies kann es im All nicht geben, da auch eine Druckwelle an Teilchen gebunden ist, die diese vom Ort der Explosion weiterleiten.

Abheben eines Raumschiffes

Soll ein tonnenschweres Raumschiff von der Erde abheben, muss es einen enormen Rückstoß Richtung Erdboden erzeugen. Es muss, physikalisch gesprochen, durch den schnellen Ausstoß großer Abgasmengen sehr viel Impuls nach hinten erzeugen, um selbst nach vorne bewegt zu werden. So verlangt es jedenfalls das dritte Newtonsche Gesetz. Tatsächlich hat eine Raumfähre beim Abheben sogar sehr viel mehr Treibstoff als Nutzlast an Bord, um diese gewaltigen Mengen Energie zu liefern.
Das Abheben eines Raumschiffes vom Erdboden wäre mit heute verfügbaren Antriebstechniken eher ein Inferno, das dem x-fachen Start eines Space-Shuttles gleichen würde. Das sanfte Entgleiten der Hollywoodraumschiffe mit etwas Wind am Erdboden ist physikalisch (noch) blanker Unsinn.
Vielleicht gibt es ja in der Zukunft Methoden der Energieerzeugung, die den erforderlichen Schub auf weniger spektakuläre Weise zur Verfügung stellen.

Auto geht in Flammen auf

In Actionfilmen genügen ein paar kleinkalibrige Kugeln und schon geht ein Auto in Flammen auf. Auch das geht weit an der Realität vorbei. Durchschlägt eine Kugel den Tank, kommt es kaum zur Funkenbildung. Zum einen sind modernen Tanks aus Kunststoff und sollten er sie noch aus Metall sein, würde ein gängiges Projektil aus Kupfer und Blei ebenfalls keine Funken erzeugen. Womit übrigens noch ein weiterer Filmgag entlarvt wäre: Feuergefechte, bei denen die Funken nur so sprühen, könnte es bestenfalls geben, wenn mit Stahlmantelmunition auf ebenfalls Stahl oder Eisen geballert würde. Würde ein solches Geschoss einen Metalltank durchschlagen, käme vielleicht ein Funke zustande. Ein Tank wäre aber viel zu wenig Luft, als dass es zu einer explosiven Verbrennung kommen könnte. Das Benzin-Luft-Gemisch ist viel zu „fett“. Das Benzin im Tank wird erst dann gefährlich, wenn es durch einen weiteren Brand erhitzt wird und aus dem Durchschussloch heraussprüht. Dann ist Luftsauerstoff vorhanden und es kommt zum Brand. Eine Explosion wird es aber dennoch nicht geben, da der Sauerstoff der Luft nicht für eine schlagartige Verbrennung ausreicht.

Mysteriöse Anziehungskraft von Glasscheiben

Ein von einer Kugel getroffener Mensch fliegt meterweit nach hinten. Physikalisch gesehen gilt hier die Erhaltung des Impulses. Das Produkt aus den wenigen Gramm der Kugel und ihrer schon hohen Geschwindigkeit ist demnach gleich dem Produkt aus der Gesamtmasse von Kugel und Opfer mal der Rückstoßgeschwindigkeit. Da die Gesamtmasse ein mehrere Tausendfaches der reinen Masse des Projektils beträgt, bewegt sich der Angeschossene nur ganz langsam nach hinten. Umfallen wird er schon gar nicht. Wenn also das Filmopfer einer Pistolenkugel geradewegs durch die Fensterscheiben fliegt, muss eine andere, mysteriöse Anziehungskraft des Glases dahinter stecken.

Freier Fall im Zeichentrick

Eine Zeichentrickfigur gerät über die Dachkante eines Hochhauses oder über eine Felsenklippe und fällt aber nicht sofort nach unten. Vielmehr geht es zunächst weiter geradeaus über dem Abgrund, es folgt dann meist ein kurzes Innehalten frei in der Luft bevor dann der Fall abrupt und sehr rasant einsetzt. Falsch ist hier zunächst, dass die Figur nicht sofort nach Verlassen des Daches bzw. der Felsenklippe fällt. Jeder Körper, sicher auch eine Zeichentrickfigur, ist der Schwerkraft unterworfen. Im freien Fall macht der Körper eine geradlinig beschleunigte Bewegung. Kombiniert mit der konstanten Geschwindigkeit der horizontalen Bewegung ergibt sich die bekannte Flugparabel. Außerdem setzt der freie Fall nicht so abrupt ein, als ob die Comicfigur noch mit einem heftigen Tritt nach unten befördert wird. Das Fallen beginnt bei Geschwindigkeit Null und steigert sich, wenn auch sehr schnell, kontinuierlich. Aber selbst diese offensichtliche Nicht-Physik findet sich bereits im „realen“ Kino.

Atwoods Maschine

Etwa 100 Jahre nach Newton erfand der englische Physiker George Atwood eine pfiffige Vorrichtung, um Messungen zum dynamischen Grundgesetz (2. Newtonsches Gesetz) zu machen. Damit ist eine extreme Verlangsamung der Fall-Bewegung möglich, um diese leichter beobachten zu können.

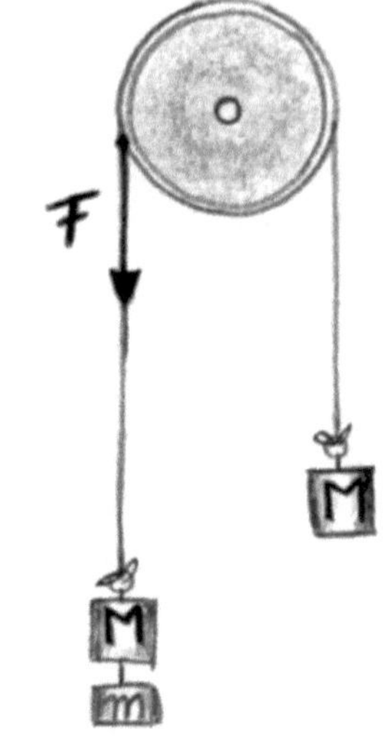

Dazu hängen zwei mit einem Faden verbundene und relativ schwere Basis-Gewichte der Masse M über eine gut gelagerte, leichtgängige feste Rolle.
Ein kleines Zusatzgewicht, auch Fallgewicht der Masse m, wird auf einer Seite hinzugefügt (darauf gelegt oder eingehängt).
Dieses Fallgewicht bewirkt, dass sich die nun drei Gewichte auf dieser Seite beschleunigt nach unten bewegen.
Da die vom Fallgewicht ausgeübte kleine Kraft F die Gesamtmasse $2\,M + m$ beschleunigen muss, ist die Bewegung entsprechend langsam.

Zur Anwendung kommt das bekannte Gesetz $F = m' \cdot a$
Die Masse $\mathbf{m'}$ hat einen Index, um sie von der Masse m des Fallgewichts zu unterscheiden.

Übertragen auf die Atwood-Maschine heißt das:
Beschleunigend wirkt die **Kraft** des Fallgewichts der Masse m: $F = m \cdot g$,
g: Erdbeschleunigung, 9,81 m/s^2
Beschleunigte **Masse**: $2\,M + m$, M: Masse eines Basisgewichts (z. B. 100 g)
Eingesetzt in $F = m' \cdot a$ erhält man einen Ausdruck für die resultierende Beschleunigung **a**.
Wie lautet er?

a) $a = \frac{m}{(2\,M + m) \cdot g}$

b) $a = \frac{m}{2\,M + m} \cdot \mathrm{g}$

c) $a = \frac{2\,M + m}{m} \cdot \mathrm{g}$

Antwort

Die Antwort lautet b)

Eingesetzt in die Grundgleichung der Mechanik $F = m' \cdot a$ ergibt: $m \cdot g = (2 \cdot M + m) \cdot a$

Aufgelöst nach a erhält man die **Atwood-Beschleunigung**

$$a = \frac{m}{2M + m} \cdot g$$

Bei M = 100g und Fallgewichten im Grammbereich resultieren „Atwood-Beschleunigung" von 1/100 der Erdbeschleunigung (9,81 m/s²) oder noch langsamer. Mit der Atwood-Maschine lässt sich das Grundgesetz der Dynamik sehr einfach überprüfen.

Auch der **Trägheitssatz** (oder Trägheitsgesetz), Newtons 1. Gesetz, kann man damit nachvollziehen. Durch die besonders sorgfältig gelagerte Rolle bewegen sich die Grundgewichte nahezu reibungsfrei. Stößt man nun z. B. das oben ruhende Basis-Gewicht kurz an, so bewegen sich beide gegenläufigen Gewichte geradlinig und gleichförmig mit konstanter Geschwindigkeit. So wie es der Trägheitssatz vorhersagt.

Aus der umgekehrt angewandten Formel wird die Fallbeschleunigung *g* bestimmt. Aus der langsamen, leicht beobachtbaren Bewegung erhält man sehr gute Werte für die Beschleunigung *a*. Mit den bekannten Massen ergibt sich *g*.

Versuch: Definition der Krafteinheit Newton

Wählt man die Gewichte so, dass sie

1. insgesamt (2 Grundgewichte + 1 Fallgewicht) genau 1 kg ergeben
2. und wählt die Masse des Fallgewichts dabei so, dass eine Beschleunigung der drei Massen von exakt 1 m/s resultiert

dann hat dieses Fallgewicht *genau die Gewichtskraft 1 N.*

So kann man die Definition der Krafteinheit Newton, 1 N, unmittelbar nachvollziehen.

Welche Massen müssen beide Basisgewichte sowie das Fallgewicht haben? Dazu eine Hilfestellung: Mit der Fallbeschleunigung *g = 9,81 m/s* kann man das Fallgewicht, das exakt 1 N wiegt, berechnen.

Eine Atwood-Maschine ist ganz schön vielseitig. Zudem viel platzsparender als etwa eine Schiefe Ebene, die ähnliche Versuche erlaubt. Und viel preiswerter als eine Luftkissenbahn, der Wunsch-High-End-Variante zur Untersuchung von Bewegungen.

Kraft und Gegenkraft

Eine Kraft kann nicht aus einem einzigen Körper selbst stammen. Eine Kraft tritt immer als Kräftepaar zwischen zwei Körpern auf und wirkt stets gleichzeitig und in entgegengesetzten Richtungen. Damit ist gemeint, dass von einem Angriffspunkt der Kraft diese in die eine Richtung wirkt. Vom anderen Angriffspunkt wirkt dann die gleiche Kraft in entgegengesetzte Richtung. Skateboards im Dienste der Physik sollen hier für Aufklärung sorgen. Zwei Skaterinnen von etwa gleicher Statur setzen sich diesmal in einer gewissen Entfernung voneinander auf ihre Sportgeräte. Zwischen sich halten sie ein Seil.

Diese Versuche werden angestellt:

I) Zuerst ziehen beide gleichzeitig mit etwa der gleichen Kraft am Seil.
Wo treffen sie sich?
   a) auf der Seite, wo doch etwas stärker gezogen wird
   b) in der Mitte
   c) irgendwo dazwischen, mal da mal dort

II) Nun zieht allein die linke Skaterin, ihr Gegenüber hält das Seil nur fest
Wo treffen sie sich?
   a) links, sie zieht ja die rechte Skaterin zu sich heran
   b) in der Mitte
   c) rechts. Wo das Seil festgehalten wird, ist ein Fixpunkt der Bewegung

III) Nun zieht allein die rechte Skaterin, jedoch mit aller Kraft
Wo treffen sie sich?
   a) rechts, sie zieht ja die anderen Skaterin mit noch mehr Kraft zu sich heran
   b) in der Mitte
   c) irgendwo dazwischen, mal da mal dort

Antwort

In allen Fällen treffen sich die Skaterinnen in der Mitte. Warum ist das so? Eine Erklärung gibt das **Wechselwirkungsgesetz** oder **3. Newtonsches Gesetz:**

> Körper können nur wechselseitig Kräfte aufeinander ausüben. Die Kräfte sind stets gleich groß und entgegengesetzt gerichtet.

In Newtons Fassung heißt es: „actio = reactio", heute:

Kraft = Gegenkraft.

Man spricht auch vom Wechselwirkungsprinzip.

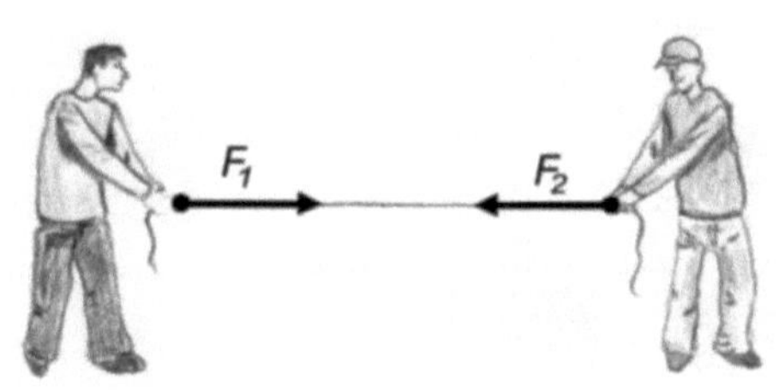

Wie immer die beiden Skaterinnen auch ziehen, es liegt jedes Mal die rechts skizzierte Wechselseitigkeit zweier gleich großer Kräfte zugrunde: $\boldsymbol{F_1} = -\boldsymbol{F_2}$.
Dabei ist es egal, ob beide gleichzeitig ziehen, oder allein die linke, oder allein die rechte Skaterin. Zieht mal nur eine Seite, ist durch das bloße Festhalten des Seils auf der anderen Seite schon Kraft = Gegenkraft gegeben. Da beide von etwa gleicher Statur sind, also etwa auch das gleiche Gewicht haben, treffen sie sich immer in der Mitte.
Selbst wenn ein Partner dieses Tauziehens viel stärker ziehen kann als der andere, gilt weiterhin, dass auf beide die gleiche Kraft wirkt. Die Abbildung rechts soll das durch die unterschiedlich großen Kraftmesser bei gleicher Auslenkung verdeutlichen.

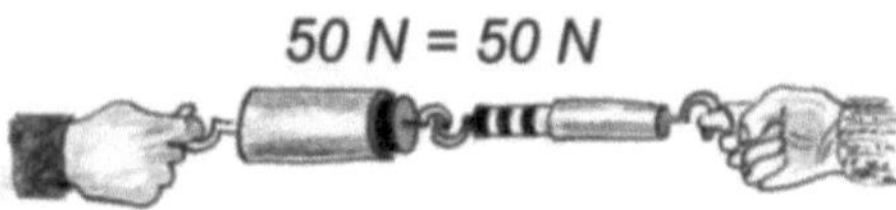

Mehr mit Skateboards

Die beiden Skateboarderinnen packt die Experimentierlust. Sie laden ihre beiden voll bepackten Rucksäcke mit auf das linke Skateboard.
Nun ziehen beide wieder mit etwa der gleichen Kraft am Seil.

Wo treffen sie sich diesmal?

a) Links, da sich dort nun die größere Masse befindet, bewegt sich nur das rechte Board

b) in der Mitte

c) etwas links von der Mitte, da sich das leichtere rechte Skateboard schneller bewegt als das linke

d) irgendwo dazwischen, mal da mal dort

Antwort

Die Antwort lautet: c) etwas links von der Mitte.
An den Kräfteverhältnissen ändert die zusätzliche Beladung nichts. Beide ziehen mit etwa der gleichen Kraft und es wirkt wieder eine nach rechts gerichtete Kraft F auf die linke Skaterin und die gleiche Kraft $-F$ entgegengesetzt auf die rechte.
Nur führen jetzt die Kräfte aufgrund der unterschiedlichen Massen zu verschieden starken Beschleunigungen. Die linke Seite mit Skaterin und Rucksäcken wird sich langsamer in Bewegung setzen als die andere. Oder kurz:

$$\text{da } M > m \text{ gilt: } a_{links} = F/M \text{ ist kleiner als } a_{rechts} = F/m$$

Somit treffen beide etwas links der Mitte aufeinander.

Astronautenalltag

Astronauten spazieren selten nur so im Weltraum herum. Astronauten haben eine Mission. Und dafür benötigen sie Werkzeug. Dieses ist an Sicherungsleinen z. B. mit dem Astronauten selbst verbunden. Wenn sich z. B. ein Schraubenschlüssel selbstständig macht, kann ihn der Weltraummechaniker mit dieser Leine wieder zu sich herholen. Muss er sich dabei unbedingt Halt an der Raumstation suchen oder gleich seinen Steuerdüsen einsetzen, um nicht gemäß Kraft = Gegenkraft selbst abzudriften?

Bei einem Schraubenschlüssel sicher nein. Dessen Masse ist so gering, dass bereits ein kleiner Ruck genügt und er kommt schon geflogen. Die Gegenkraft wird den Astronauten nur wenige Millimeter wegbewegen. Bei schwereren Werkzeugen muss die Eigenbewegung des Astronauten schon berücksichtigt werden.

Angreifen – aber wo?

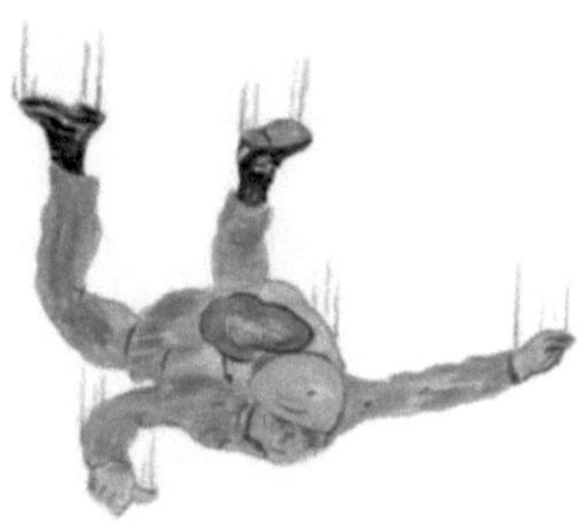

Kräfte treten zunächst immer nur paarweise auf, als Kraft und Gegenkraft. Diese Wechselseitigkeit gilt generell. Eine der beiden Kräfte kann nun mit einer Kraft einer anderen Kraft-Gegenkraft-Einheit ebenfalls eine Art Paar bilden, nämlich dann, wenn sie im sogenannten Kräftegleichgewicht stehen. Diese Kräfte sind ebenfalls gleich stark und entgegengesetzt (s. dazu Frage *Innere Balance*). Diese zwei zu unterscheidenden Sachverhalte sollen jetzt gegenüber gestellt werden.

I) Wenn gleiche und entgegengesetzte Kräfte am gleichen Körper angreifen, spricht man von
   a) Wechselwirkung
   b) Kräftegleichgewicht
   c) Scheinkräften

II) Wenn gleiche und entgegengesetzte Kräfte an verschiedenen Körpern angreifen, spricht man von
   a) Wechselwirkung
   b) Kräftegleichgewicht
   c) Scheinkräften

Antwort

Die Abbildungen stellen jeweils eine typische Situation dar.
Das Anbringen der Kraftvektoren an passender Stelle führt direkt zur Lösung.

Die Antwort auf Frage I lautet: b) *Kräftegleichgewicht.*

Die Situation, dass zwei gleiche aber entgegengesetzte Kräfte am gleichen Körper angreifen, liegt z. B. bei einem Fallschirmspringer vor, wenn er – mit oder ohne geöffneten Fallschirm – eine gleichmäßige Sinkgeschwindigkeit erreicht hat.

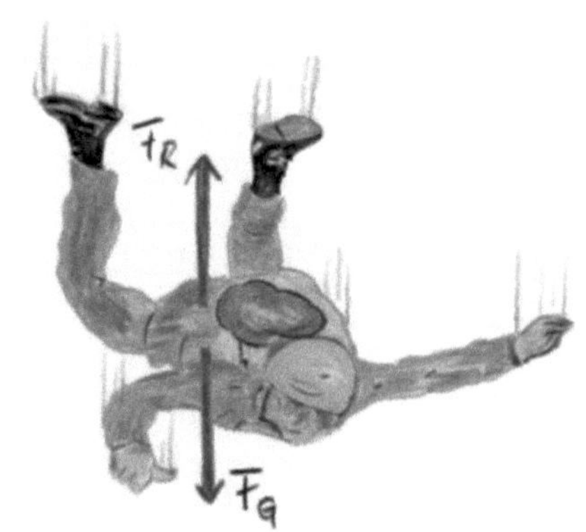

Dann ist die nach oben gerichtete Reibungskraft F_R gleich der Gewichtskraft (Springer + Ausrüstung). Es liegt das *Kräftegleichgewicht* vor. Auf den Fallschirmspringer wirkt dann keine resultierende Kraft.

Die Antwort auf Frage II lautet: a) *Wechselwirkung.*

Eine sehr anschauliches Bild dafür, dass gleiche und entgegengesetzte Kräfte an verschiedenen Körpern angreifen, liefert ein Eispaarlauf.
Der Läufer 1 übt auf seine Partnerin 2 eine Kraft F_{12} aus, und gleichzeitig übt umgekehrt Läuferin 2 eine entgegengesetzt gleiche Kraft F_{21} auf ihren Partner 1 aus.
Dies ist die Aussage des dritten Newtonschen Gesetzes:

„actio = reactio"

(Kraft = Gegenkraft)

oder: $\boldsymbol{F}_{12} = \boldsymbol{F}_{21}$.

Crash-Test

Neulinge im Business von Dekra, TÜV und Co wollen einen Crash-Test anbieten. Sie haben die Idee, dass es am sinnvollsten und aussagekräftigsten ist, immer zwei identische Fahrzeuge aufeinander stoßen zu lassen.

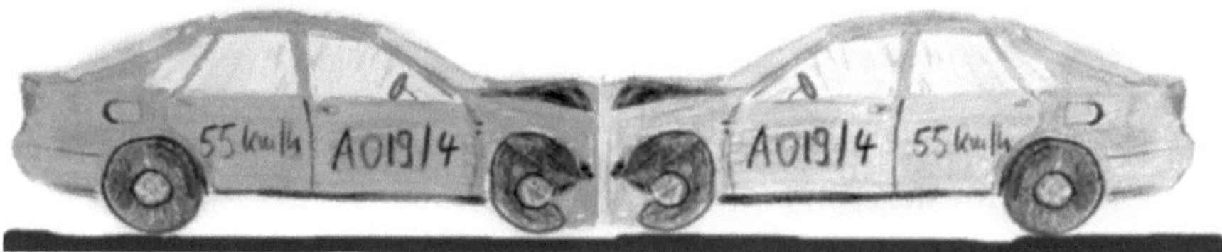

Dumm nur: Dabei geht immer ein zweites Auto zu Schrott und ohne zusätzlichen Erkenntnisgewinn. Wie kommen sie zum gleichen Testergebnis mit weniger Verlust?

a) Kleinere, billigere Autos als Crash-Partner. Dafür mit entsprechend höherer Geschwindigkeit, damit die Wucht identisch ist.

b) Massive, fest verankerte Betonwand

c) Wenn man die wirkenden Kräfte 100%ig wissen will, gibt es zum Frontalzusammenstoß zweier identischer PKW keine Alternative

Antwort

Die Antwort lautet b) Die einfachste Alternative und gängige Praxis ist eine massive, fest verankerte Betonwand als Stoßpartner. Das entgegen rasende, baugleiche Auto setzt beim Zusammenstoß der Kraft des eigentlichen Testfahrzeugs eine gleich große Kraft entgegen. Ihre Stärke lässt sich auch angeben. Nach dem Grundgesetz der Dynamik gilt: $F = m \cdot a$. Beschleunigung a ist die Änderung der Geschwindigkeit pro Zeit. Der PKW wird von 50 km/h oder 14 m/s auf Null abgebremst, somit: $a = \frac{14\ \mathrm{m/s}}{\Delta t}$.

Damit ist die Kraft auf den PKW: $F = m \cdot \frac{14\ \mathrm{m/s}}{\Delta t}$.

Wie groß die zerstörerische Kraft auf den PKW ist, hängt also von der Zeit Δt ab, in der er abgebremst wird. Aus diesem Grund besitzen PKW eine Knautschzone. Das Fahrzeug ist dann zwar stärker verbeult, auf die Insassen wirkt jedoch eine deutlich geringere Kraft.

Auch die Stoßgeometrie beider Fahrzeuge passt zueinander. Wäre der Stoßpartner ein kleineres oder größeres Fahrzeug, hätte man andere, nicht so planbare Stoßverhältnisse.
Insofern ist die Idee (Alternative c) stets zwei identische und gleich schnelle Fahrzeuge zusammenstoßen zu lassen grundsätzlich richtig.
Eine 100-prozentige „Spiegelung“ der Stoßkraft des Testwagens liefert aber nur die unverrückbare Betonwand. Für das Fahrzeug ändert sich nichts im Vergleich zum Zusammenstoß mit einem baugleichen, gleich schnellen Modell. Es wird in derselben Zeit abgebremst und wird praktisch identisch beschädigt. Sie bleibt daher das Mittel der Wahl bei Crash-Tests.

Oft hört man diese irrtümlich Annahme über die Geschwindigkeiten: Beide Fahrzeuge fahren z. B. mit 50 km/h, bewegen sich also mit 100 km/h relativ zueinander. Muss dann der vergleichbare Test mit einem Fahrzeug gegen die starre Betonwand nicht bei 100 km/h ausgeführt werden? Nein, die 50 km/h des Stoßpartners erzeugen ja genau die gleiche Gegenkraft, die auch die Betonwand liefert. Was die Wand einfach durch Elastizität schafft, muss das Fahrzeug mit Geschwindigkeit bzw. Impuls bewirken.

Rückstoßwand

Die beiden Skaterinnen befinden sich nun auf Inlinern stehend gegenüber. Sie berühren sich mit den Handflächen und stoßen sich voneinander weg.
Jede rollt ein Stück rückwärts bis Reibungskräfte die Bewegung stoppen.
Nun stellt sich eine der beiden so vor eine Hauswand, dass sie mit den Handflächen anschlägt.

Wenn sie sich jetzt mit der gleichen Kraft wie zuvor von ihrer Skate-Partnerin von der Wand abstößt, wie weit rollt sie dann zurück?

a) nur halb so weit
b) genauso weit
c) viel weiter, da die Abstoßung an der starren Wand viel besser wirkt

Antwort

Die Antwort lautet: b) genauso weit.
Auch bei der gegenseitigen Abstoßung herrscht die gleiche Wechselseitigkeit der Kräfte vor wie beim beidseitigen Ziehen am Seil, Abbildung rechts.

Die eine Stoßpartnerin kann anstatt selbst zu drücken auch nur mit angespannter Haltung stehen. Auch dann drückt sich die andere mit der gleichen Kraft F zurück und gibt der Stillstehenden einen gleichen Stoß in die entgegengesetzte Richtung.
Ersetzt man die zweite Skaterin durch eine massive Wand, ändert sich auch dann nicht für die andere. Sie stößt sich mit der gleichen Kraft rückwärts ab und gibt den identischen Kraftstoß an die Wand ab. Diese bewegt sich natürlich nicht, sondern nimmt die Kraft als Verformung auf und verwandelt die darin steckende Energie letztlich in Wärme.

Allein im All

In der Frage *Gravity* ging es um die Fortbewegungsmöglichkeiten bzw. um die damit in Verbindung stehenden Kräfte im Weltraum.
Ein Vorankommen durch einen quasi mit sich selbst ausgeführten Rückstoß wurde schon als sinnloses Unterfangen entlarvt.
Aber warum kann sich ein Astronaut im Weltall nicht durch einen kräftigen Stoß mit seinen Beinen in Bewegung setzen?

a) Der Astronaut stellt einen einzigen Körper dar und kann nichts von sich wegstoßen
b) Durch schnelles Strecken der Beine wird tatsächlich der Oberkörper in die entgegengesetzte Richtung gestoßen. Nur wird dessen Bewegung sofort wieder von der entgegenwirkenden Bewegung der Beine und Füße gestoppt.
c) Die Bewegungen müssen extrem langsam ausgeführt werden. Nur so kann man eine resultierende Bewegung erreichen.

Antwort

Die Antwort lautet: b)
Könnte nicht Alternative c) eine Möglichkeit der Fortbewegung eröffnen? Vielleicht ist mit „kraftvoll" hier wirklich nicht viel zu machen und man müsste die Beine mit möglichst geringem Schwung nach hinten stoßen? Es würde so nur entsprechend langsam vorangehen. Nein! Wird die Rückstoßbewegung fast unendlich langsam ausgeführt, geht auch die erzeugte Rückstoßkraft gegen Null. Und ohne Kraft auch keine Bewegung.

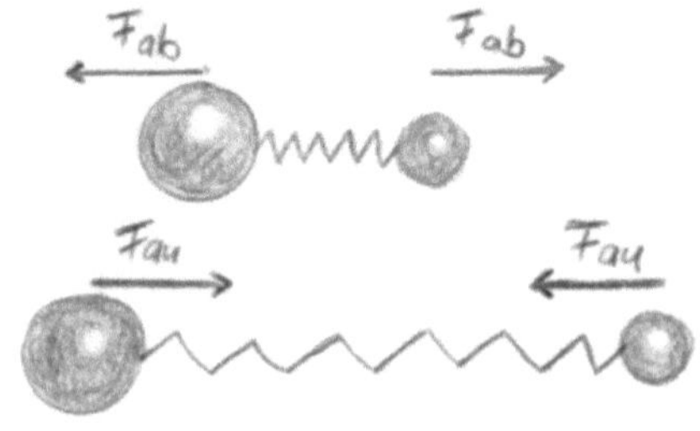

Ohne dass eine Masse wie z. B. ein Ausrüstungsgegenstand des Astronauten wirklich abgestoßen werden kann, gibt es keine Bewegung in die andere Richtung.
So unteilbar der menschliche Körper ist, kann er doch z. B. Oberkörper und Beine voneinander abstoßen. Alternative a) ist somit nicht ganz korrekt.

Die tatsächliche Situation, vielmehr das Dilemma, in dem sich der Astronaut befindet, ist in der Abbildung mit zwei über eine Feder verbundenen Körpern veranschaulicht.
Entlässt man die zwischen den Massen gespannte Feder (Beine strecken sich schnell), so stößt sie die beiden Kugeln voneinander weg. Sie bleiben jedoch über die Feder (entspricht dem elastischen Körper) miteinander verbunden. Wird diese durch die auseinander treibenden Massen gedehnt, baut sich ein gleich große Rückstellkraft auf, die die Kugeln wieder aufeinander zu bewegt. Dies geht nun so lange weiter bis Reibungskräfte die entstehende Schwingung zum Stillstand bringen. Es lässt sich also auch mit noch so geschickter Beinarbeit keine Fortbewegung erzeugen.

Und er bewegt sich doch

Nun kommt eine dieser Fragen, wie sie Physiker lieben.
Eine offensichtliche Tatsache wird einfach infrage gestellt. Wenn doch immer gilt: Kraft = Gegenkraft, wieso kann dann überhaupt etwas bewegt werden?
Ohne Frage ist es möglich eine Kiste über den Boden zu schleppen oder einen Wagen zu ziehen. Wir wollen sicher sein, also: Wieso geht das überhaupt?

a) Dies geht nur, wenn der Wagen leichter ist. Deshalb werden Wagen auch meist von Lastwagen oder schweren Pferden gezogen

b) Zieht eine Person an einem Wagen, übt sie Zugkraft auf diesen aus. Nach dem Wechselwirkungsprinzip übt der Wagen die gleiche, entgegen gerichtete Kraft auf die Person aus. Mit „actio = reactio“ gibt es daher kein Vor und kein Zurück. Da Bewegung aber offensichtlich möglich ist, kann dieses Gesetz der Physik hier nicht gelten.

c) Es läuft auf ein Unendlichkeitsproblem hinaus. Kraft und Gegenkraft reagieren bei Betrachtung unendlich kleiner (Reaktions-) Zeiten doch unterschiedlich und so ist schließlich eine Bewegung hin zur ursächlichen Kraft, also der Zugkraft, möglich.

d) Kraft = Gegenkraft gilt. Welche Seite sich wie bewegt, hängt aber von der jeweiligen Masse ab. Kleine Massen lassen sich leichter beschleunigen und so zur größeren Masse hinbewegen. Hier ist der Wagen stets die kleinere Masse, so groß er auch sein mag. Die andere Masse, hier die Person, die den Wagen zieht, ist mit ihren Schuhen nämlich mit der ganzen Erde darunter verbunden, während der Wagen rollt und daher keine Unterstützung durch diese zusätzliche riesige Masse erfährt.

Antwort

Die Antwort lautet: d)
Die Kraft, die den Wagen als Reaktion auf die Zugkraft der Person auf diese wiederum ausübt, ist tatsächlich entgegen gesetzt gleich groß. Eben wie bei jeder anderen Situation, in der das Wechselwirkungsgesetz zur Anwendung kommt. Nur dass die Person ihre relativ geringe Masse um die der ganzen Erde erweitern kann, weil sie auf festem Boden steht. Auf glattem Terrain kann man einen Wagen nicht ziehen!
Diese so ungleich größere Masse Person + Erde entscheidet dieses Tauziehen natürlich zu ihren Gunsten und bewegt sich selbst keinen Milliardstel Millimeter in Richtung Wagen.
So zieht man also den Wagen zu sich (und der Erde) hin.
Wer die Frage mit dem Astro-Monteur, der sich den Schraubenschlüssel mit der Sicherungsleine herholt und sich dabei so gut wie nicht vom Fleck bewegt, schon gelesen hat, ist hier bestimmt gleich auf den Trichter gekommen.
Das macht die Faszination Physik aus: Scheinbar profane, ganz alltägliche Dinge stehen oft im einem erstaunlichem Zusammenhang.

Mit dieser Frage, die Galileis berühmtes Wort „Und sie bewegt sich doch“ aufgreift, endet der Mechanik-Teil. Eine Fortsetzung würde als nächstes Begriffe wie Arbeit und Energie behandeln, ebenfalls Gebiete, sich das Rüstzeug für ein grundlegendes naturwissenschaftliches Verständnis zu verschaffen.

FLÜSSIGKEITEN UND GASE

Das große Gebiet der Flüssigkeiten und Gase bietet ein reiches Reservoir an anschaulichen Beispielen. Zahlreiche natürliche Erscheinungen sowie technische und alltägliche Abläufe gehören in diesen Bereich.

Flüssigkeiten unterscheiden sich von festen Körpern durch die relativ freie gegenseitige Verschiebbarkeit ihrer einzelnen Moleküle. Flüssigkeiten besitzen daher keine eigene Gestalt, sondern nehmen die Form des Gefäßes an. In festen Körpern schwingen die Moleküle aufgrund der Wärmebewegung um feste Ruhelagen. In Flüssigkeiten sind die zusammenhaltenden Kräfte zwischen den Molekülen sehr viel geringer und diese führen eine fortschreitende (oder auch Dreh-) Bewegung aus. Die Moleküle haben jedoch einen bestimmten Abstand voneinander und Flüssigkeiten können auch unter größten Kräften nur unwesentlich zusammengepresst werden.

Bei den Gasen verschwinden die anziehenden Kräfte zwischen den einzelnen Molekülen praktisch völlig. Sie haben daher weder eine feste Gestalt, noch ein bestimmtes Volumen, sondern nehmen beides vom jeweiligen Gefäß an. Infolge der verschwindenden Anziehungskräfte sind die Abstände zwischen den Gasmolekülen sehr viel größer als bei Flüssigkeiten. Die Dichte von Gasen beträgt daher nur etwa 1/1000 der von Flüssigkeiten. Sie füllen jeden gebotenen Raum vollkommen aus.

Jedes Gas steht unter einem bestimmten Druck, der sich auch ändern kann. Dieser breitet sich nach allen Seiten gleichmäßig aus.

Auch Gase führen eine Wärmebewegung ähnlich der bei Flüssigkeiten aus. Da die Kräfte zwischen den Gasmolekülen jedoch weitestgehend verschwinden, bewegen sie sich zwischen den Zusammenstößen mit anderen Molekülen frei und unabhängig von den übrigen.

Wegen der zahlreichen ähnlichen Eigenschaften von Flüssigkeiten und Gasen fasst man beide zu den *Fluiden* zusammen.

Den Anfang macht die Definition von (Kolben-) **Druck** und die Untersuchung der gleichmäßigen Druckausbreitung.

Viele Phänomene zum **Schweredruck und Luftdruck** kennt man aus dem Alltag. Für physikalisch korrekte Betrachtungen jedoch musste die seit der Antike angenommene Abscheu der Natur vor dem Vakuum, der „horror vacui", widerlegt werden.

Mit dem **Auftrieb** schließlich verbindet sich eine bekannte Anekdote aus dem alten Griechenland.

Druck machen

Ein Gewicht, ein Massestück, übt eine bestimmte Gewichtskraft F_G aus. Auf eine Oberfläche wird diese Kraft einmal über einen Stab, in Abb. links, und einmal über eine Scheibe, rechts, übertragen. Die betreffende Fläche A_1 des Stabes ist kleiner als die entsprechende A_2 der Scheibe. Stab und Scheibe seien masselos, üben also keine zusätzliche Gewichtskraft aus.

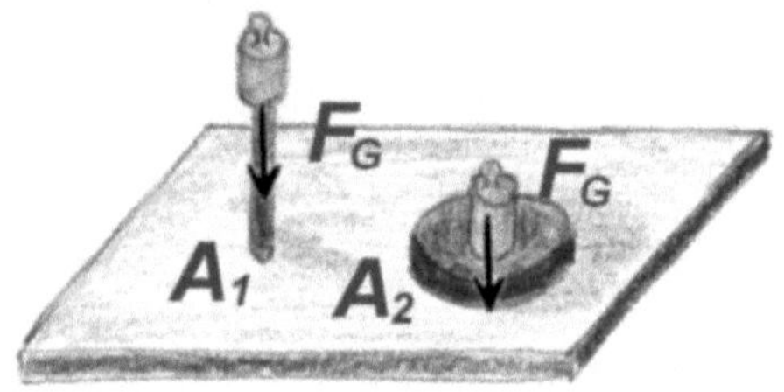

Wie groß ist jeweils der auf die Oberfläche ausgeübte Druck?

a) Druck p_1 ist größer, da die Fläche A_1, auf die die Kraft wirkt (Druck ausgeübt wird) kleiner ist

b) Druck p_2 ist größer, da die Fläche A_2, auf die die Kraft wirkt größer ist

c) p_1 und p_2 sind gleich, da in beiden Fälle die gleichen Gewichtskraft F_G wirkt.

Antwort

Die Antwort lautet: a) Druck p_1 ist größer als p_2.
Beide Massestücke üben dieselbe Kraft F_G auf die Oberfläche aus. Trotzdem ist zwischen beiden Fällen ein Unterschied. Der Zylinder mit der kleineren Fläche A_1 drückt die oberen Atomlagen der Unterlage tiefer ein als der Zylinder mit der größeren Scheibenfläche A_2.
Dazu definiert man die neue Größe ***Druck p***, die angibt mit welcher *Kraft F* ein Körper senkrecht auf eine *Fläche A* wirkt.

Druck $p = \frac{F}{A}$

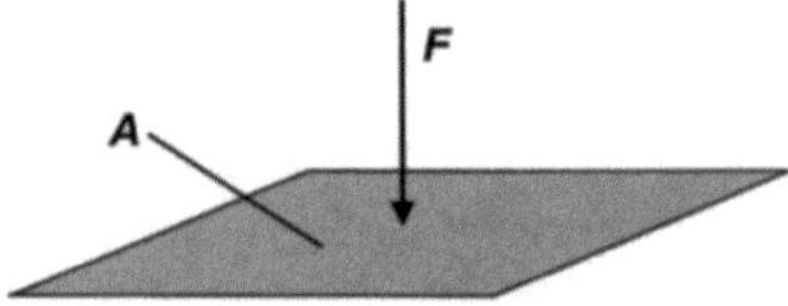

Einheit des Drucks

Die physikalische_Einheit des Drucks ergibt sich direkt aus obiger Definition: Wenn eine Kraft von 1 N auf 1 m² wirkt, beträgt der Druck

$$1\,Pa\,(Pascal) = 1\,\frac{\mathrm{N}}{\mathrm{m}^2}$$

Die Druckeinheit ist nach dem Franzosen Blaise Pascal benannt, der sich u. a. mit hydrostatischen Fragen befasste. Siehe dazu auch *Blaise Pascal, Wunderkind* weiter unten.

Damit ergibt sich die Antwort auch rechnerisch:

$p_1 = \frac{F}{A_1}$ und $p_2 = \frac{F}{A_2}$

und es resultiert: $\mathbf{p_1 > p_2}$.

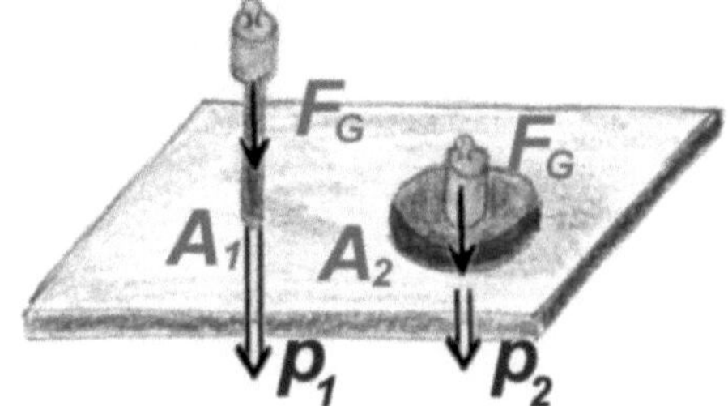

Wirkt umgekehrt ein Druck auf eine Fläche, entsteht eine **Druckkraft**, wie wir z. B. bei der hydraulischen Hebebühne sehen werden.

Typische Anwendungen bzw. Auswirkungen des Drucks sind:

Hoher Druck durch kleine Fläche:

- Reißnagel – Über die winzige Fläche der Spitze wird bereits bei leichtem Drücken ein hoher Druck erreicht und die Reißzwecke dringt in die Unterlage ein
- Pfennigabsätze (High Heels) üben schon bei leichteren Trägerinnen einen sehr großen Druck auf den Boden aus. Gelegentlich gibt es Hinweise, dass das Betreten eines Bodenbelages mit solchen Schuhen nicht erlaubt ist.
- Körner, das sind Werkzeuge zum punktförmigen Markieren von z. B. Bohrlöchern auf Metall

Geringer Druck durch große Fläche:

- Skier – verteilen das Körpergewicht, um besser gleiten zu können
- Raupenketten bei geländegängigen Fahrzeugen
- Großflächige Auflageplatten an den seitlichen ausgefahrenen Stützen eines Autokrans

Mit der gleichen Kraft kann man also wesentlich mehr oder auch weniger Druck „ausüben“ – wenn die Fläche geeignet gewählt wird.

Druck in Flüssigkeiten

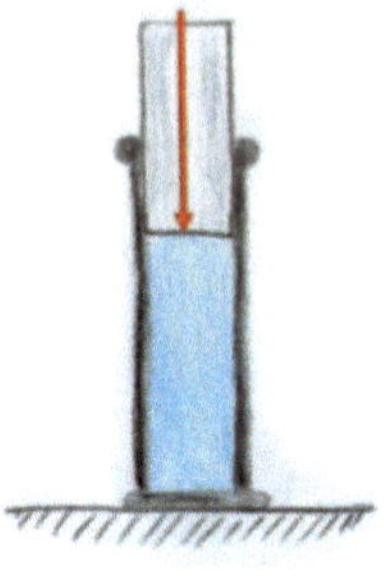

Flüssigkeiten haben keine feste Gestalt, jedoch ein bestimmtes Volumen.
Übt man mit einem Stempel wie rechts gezeigt auf eine Flüssigkeit eine Kraft aus, baut sich in ihr ein Druck auf. Genau genommen zusätzlich zum Schweredruck (s. unten), der hier jedoch vernachlässigt werden soll.
Mit einem Rundkolben sollen die Druckverhältnisse untersucht werden.
Wie genau ist die durch die Höhe der Fontänen angezeigte Verteilung des Drucks in der Flüssigkeit?

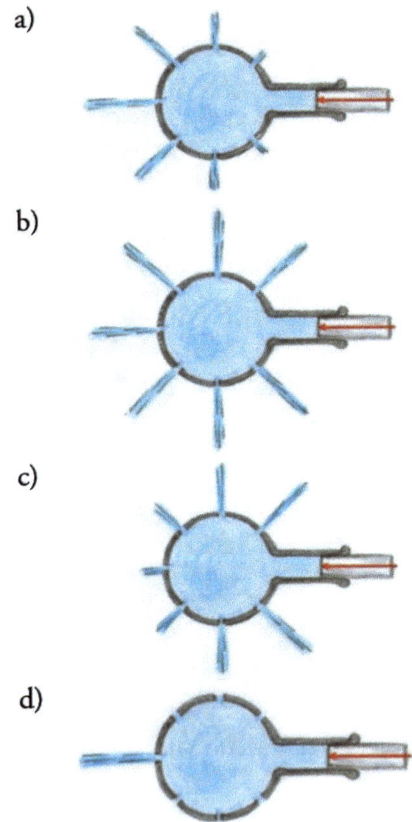

Antwort

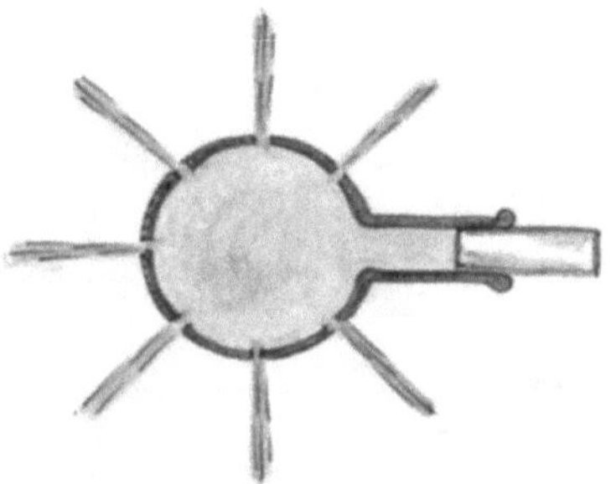

Die Antwort lautet b) Der Druck breitet sich nach allen Richtungen und gleichmäßig durch die ganze Flüssigkeit aus. Die „Fontänen" sind daher nach allen Seiten gleich hoch.
Wird mit einem Stempel auf eine Flüssigkeit eine Kraft ausgeübt, so breitet sich der an der Stempelfläche entstehende Druck durch die ganze Flüssigkeit aus.

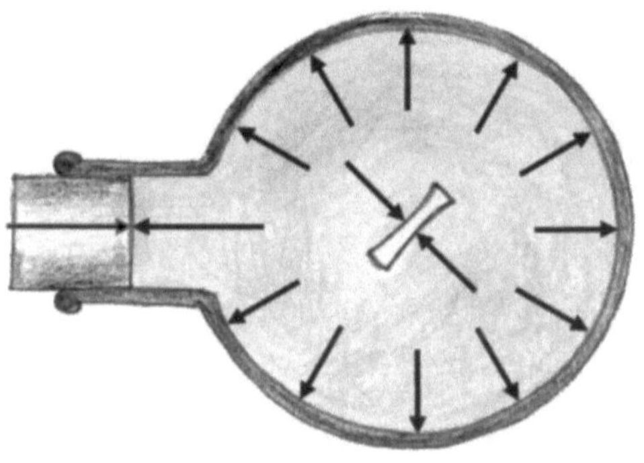

Dadurch entstehen überall Kräfte auf die Gefäßwand. Sie sind senkrecht zur Wand gerichtet.
Dasselbe gilt für irgendeine feste Fläche (Wand) im Innern der Flüssigkeit. Auch hier kommt es zu einer senkrecht zur Fläche wirkenden Kraft. Der so entstehende Druck ist über die gesamte Flüssigkeit gleich, s. Abb. links.
Druck ist somit durch einen Zahlenwert eindeutig definiert. Die Größe Druck ist wie die Masse ein *Skalar*.

Der Druck in ruhenden Flüssigkeiten heißt **hydrostatischer** Druck.

Die allseitige Druckausbreitung in Flüssigkeiten nutzt man zur Konstruktion von Werkzeugen und Geräten, die kleine aufgewendete Kräfte in viel größere Kräfte umwandeln. Beispiele: Hydraulischer Wagenheber und Hebebühne. Vgl. dazu die Frage *Druck als Kraftwandler*.

Mehr oder weniger Kraft

In Flüssigkeiten breitet sich Druck gleichmäßig aus. Unabhängig von der Gefäßform herrscht überall der gleiche Druck.

In den drei verbundenen Kolben der Abbildung rechts presst also der gleiche Druck p_0 von unten gegen die Flächen A_1, A_2 und A_3. A_3 sei dabei größer als A_2 und A_3 größer als A_1.
Die nach oben gerichtete Kraft wird mit der Gewichtskraft F_1 durch die Masse m_1 kompensiert.

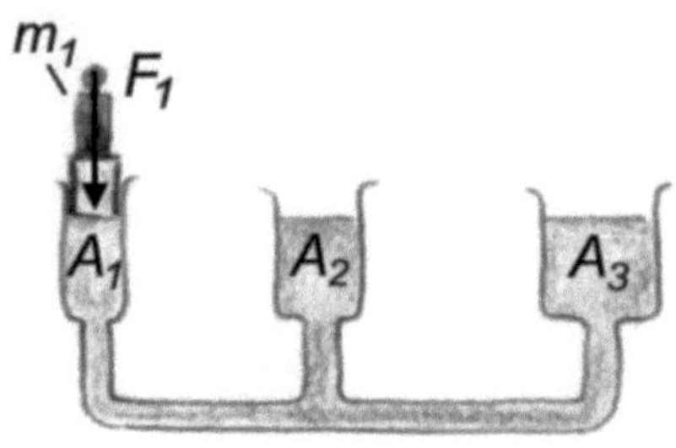

Um ebenfalls dem Druck p_0 entgegen zu wirken, müssen die beiden Massen m_2 und m_3

a) genauso groß wie m_1

b) größer als m_1

c) kleiner als m_1 sein.

Kann man die Massenverhältnisse auch genau angeben?

Antwort

Die Antwort lautet: b) größer als m_1.
Der Druck ist definiert als die Kraft, die senkrecht auf eine Fläche wirkt, siehe auch die Frage *Druck machen*.
Ausgedrückt als Quotient: $p = \frac{F}{A}$

Hier gilt: $p_0 = \frac{F_1}{A_1} = \frac{F_2}{A_2} = \frac{A_3}{A_3}$

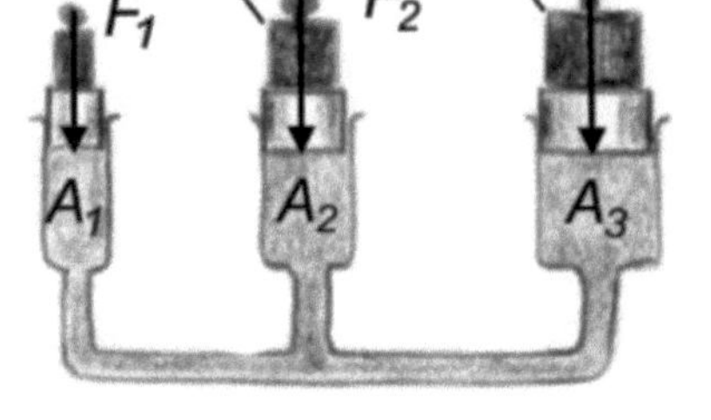

Da A_2 und A_3 größer sind als A_1, müssen auch die Gewichtskräfte F_1 und F_2 entsprechend größer sein.
Damit der Stempeldruck in allen drei Kolben gleich ist, muss demnach gelten:

$$p_0 = \frac{F_1}{A_1} \rightarrow F_2 = F_1 \frac{A_2}{A_1} \text{ sowie } F_3 = F_1 \frac{A_3}{A_1}$$

Für die Massen gilt dann: $m_2 = \frac{F_2}{g}$, $m_3 = \frac{F_3}{g}$.

Druck als Kraftwandler

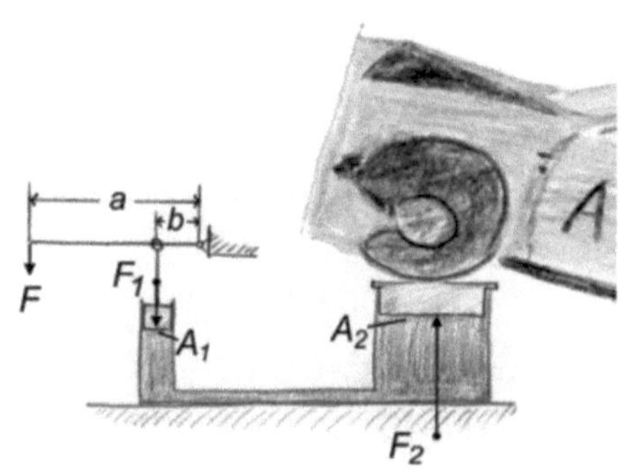

Hydraulische Maschinen kennt man insbesondere aus der Kfz-Werkstatt: Fahrzeugbühnen, hydraulische Heber u. ä.

Zweck solcher Hebevorrichtungen ist immer, mit geringem Kraftaufwand ein viel schwereres Gewicht anheben zu können. Trotz Maschine kommt es auch auf den Menschen an, z. B.:

Ein schmächtiger Lehrling von 60 kg Körpergewicht soll mit einem Heber ein demoliertes Fahrzeug an der Vorderseite anheben. Die Kraft, die die vordere Hälfte des schweren PKW auf A_2 ausübt, ist 900 kg · 10 N/kg = 9000 N.

Die hydraulische Hebevorrichtung hat ausgangseitig einen Kolbenquerschnitt A_2 von 150 cm².

Der Lehrling drückt mit der Kraft *F* mittels eines Hebels mit dem Längenverhältnis *a:b* von *1:5* auf den Eingangskolben. Welchen Querschnitt A_1 darf der Eingangskolben maximal haben, damit er den PKW gerade noch anheben kann?

a) 10 cm²

b) 15 cm²

c) 50 cm²

Antwort

Die Antwort lautet: c) 50 cm².

Der Lehrling kann sich maximal mit seinem ganzen Gewicht auf den Arm des Wagenhebers legen. Er kann somit die maximale Kraft $F = 60\ kg \cdot 10\ N/kg = 600\ N$ aufbringen.

Über den Hebel verstärkt sich diese um das 5-fache auf 3000 N. 3000 N drücken also auf den Eingangsstempel der Fläche A_1 und sollen über den Ausgangsstempel von A_2 = 150 cm² die Hebekraft von 9000 N erzeugen.

Mit $\frac{F_1}{A_1} = \frac{F_2}{A_2}$ folgt: $A_1 = \frac{F_1}{F_2} A_2 = \frac{3000\ \text{N}}{9000\ \text{N}} \cdot 150\ \text{cm}^2 = 50\ \text{cm}^2$

Der Querschnitt des Kolbens auf der Eingangsseite des Hebers darf maximal 50 cm^2 betragen, damit der Lehrling diesen PKW noch alleine anheben kann.

Spart sich der Lehrling da nicht auf geschickte Weise Arbeit?
Nein, denn was er an Kraft einspart, muss er mehr an Weg leisten. Dies besagt die „Goldene Regel der Mechanik". Angenommen, der PKW soll um 50 cm angehoben werden. Dann beträgt die zu leistende Arbeit:

$$W_{aus} = 9000\text{ N} \cdot 0{,}5\text{ m} = 4500\text{ Nm}.$$

Um den Ausgangs-Kolben um 0,5 m anzuheben, muss der Lehrling

1. wegen der 1:5-Übersetzung schon am Bedienhebel den 5-fachen Weg drücken
2. wegen der 1:3-Übersetzung (= A_2:A_1) der Presse nochmal den 3-fachen Weg drücken

Insgesamt muss er also das 15-Fache des Kolbenhubs bei A_2 am Bedienhebel zurücklegen. Die Arbeit, die er leisten muss beträgt:

$$W_{ein} = 600\,N \cdot 7{,}5\,m = 4500\,Nm.$$

Die Arbeit bleibt dieselbe. Nur der Kraftaufwand kann reduziert werden.

Beulen und Marotten

Gase haben weder eine feste Gestalt noch ein bestimmtes Volumen. Sie nehmen vielmehr jeden ihnen zur Verfügung stehenden Raum ein. Ist dieser etwa durch einen Behälter beschränkt, so üben Gase einen allseitigen und gleichmäßigen Druck auf die Gefäßwände aus.
Zur Volumenverkleinerung genügt bei Gasen ein verhältnismäßig geringer Überdruck. Gase sind im Gegensatz zu Flüssigkeiten *kompressibel.* Nimmt man den Überdruck wieder weg, expandiert das Gas wieder auf sein ursprüngliches Volumen.
Die Abbildung zeigt einen Kolben in dem ein Stempel das darin befindliche Gas, z. B. Luft, zusammenpresst. Dabei entsteht Druck, der mit einem Manometer gemessen wird:

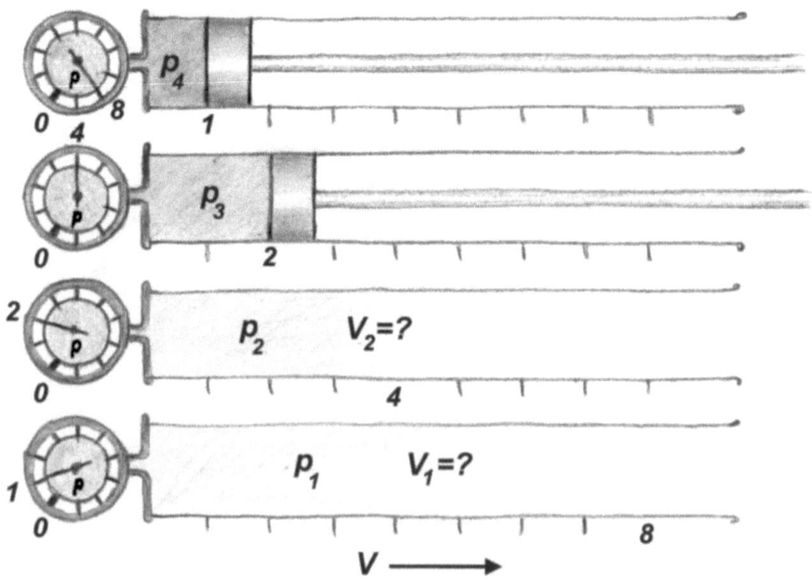

Beim Druck von z. B. p_4 = 8 kPa beträgt das Volumen V_4 = 1 m³.
Bei p_3 = 4 kPa ist V_3 = 2 m³. (1 Pa = 1 N/m² ist eine sehr kleine Größe!)
Wie sind die beiden nächsten Volumina, V_2 und V_1, wenn der Druck wie in den Manometern angezeigt auf p_2 = 2 kPa bzw. p_1 = 1 kPa sinkt?

Antwort

Die Antworten lauten: V_2 = 4 m³ und V_1= 8 m³.

Druck und Volumen eines Gases sind bei gleicher Temperatur einander umgekehrt proportional. Es gilt daher folgende Beziehung: $p \cdot V = konst.$

Die Abbildung unten veranschaulicht das.

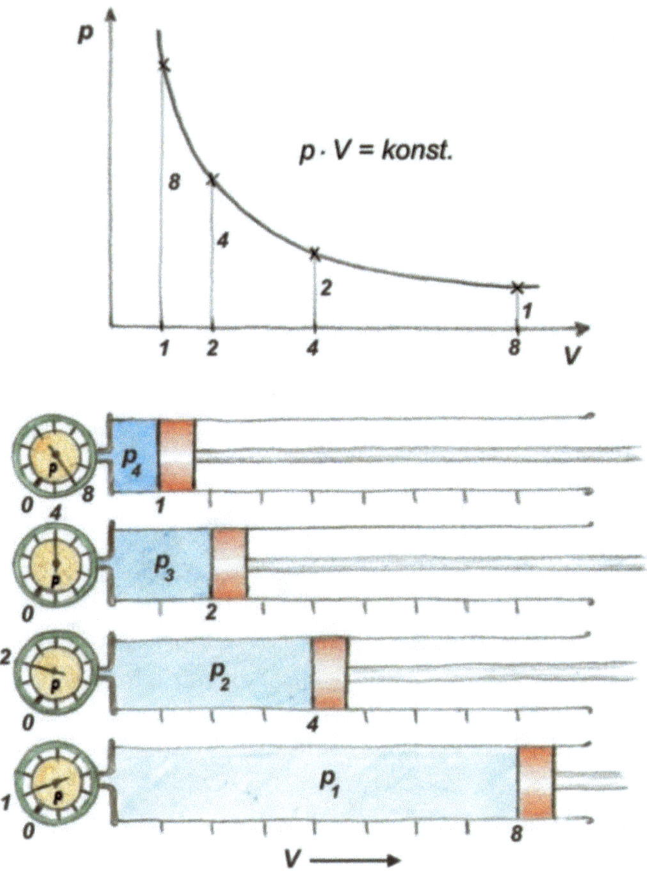

Es handelt sich also um das Boyle-Mariotte*-Gesetz, entdeckt schon um 1670. In dieser Schreibweise sieht man direkt die umgekehrte Proportionalität von Druck und Volumen:

$$\frac{p_1}{p_2} = \frac{V_2}{V_1}, \text{ für } T = konst.$$

Streng genommen gilt die Formel nur für die *idealen* Gase, mehr dazu bei den *Gasgesetzen* weiter unten. Viele reale Gase (Luft, Wasserstoff, Helium) gehorchen dem Gesetz unter normalen Bedingungen. Weniger gut passt es auf Kohlendioxid; und Dämpfe verhalten sich gänzlich anders.

* für alle, die sich gefragt haben, was „Beulen und Marotten" hiermit zu tun haben

Robert Boyle, Privatgelehrter

Robert Boyle wurde 1627 als Sohn eines irischen Großgrundbesitzers geboren. Als vierzehntes Kind musste er sich seine Sporen zunächst selbst verdienen. Er durchlief die damals übliche Ausbildung in Sprachen und Theologie und verbrachte etliche Studienjahre auf dem „Kontinent“, u. a. in der Schweiz.

Im Jahr 1644 kehrte er nach London zurück, erwarb noch den Doktorgrad als Mediziner, führte dann aber das Leben eines Privatgelehrten. Dabei befasste er sich intensiv mit den Phänomenen des Drucks.

Angeregt durch Experimente anderer Forscher zum Luftdruck und Vakuum, insbesondere die Erfindungen und teils spektakulären Vorführungen des Magdeburgers Otto von Guericke (siehe unten), baute auch Boyle 1660 eine erste funktionsfähige Luftpumpe in England.

Seine wichtigste physikalische Entdeckung war das oben behandelte Boyle-Mariotte-Gesetz, das den Zusammenhang zwischen Druck und Volumen eines Gases beschreibt.

Für Boyle diente die Naturwissenschaft nicht einem Selbstzweck, sondern der Erkenntnis Gottes. Dies war wohl auch der Grund für die Ablehnung des Präsidentenamtes der Royal Society, da damit jegliche Beschäftigung mit religiösen Dingen untersagt gewesen wäre.

Als dennoch aufgeklärter Forscher legte Boyle das Hauptgewicht stets auf das *Experiment* und die *genaue Beobachtung*, was dem Geiste der allumfassenden wissenschaftlichen Revolution entsprach. Mehr dazu oben, Seite 112.

Robert Boyles berühmtestes und einflussreichstes Werk ist jedoch „The Sceptical Chymist“ von 1661. Darin dokumentierte er insbesondere einschlägige Vorarbeiten zum Begriff des chemischen Elements. [6] S. 95

! Grafik-Trick - Linearisierung

Der Druck verhält sich umgekehrt zum Volumen. Es liegt eine sogenannte indirekte Proportionalität vor: $p \sim \frac{1}{V}$. Trägt man nun die Messwerte als Punkte ins *V*-*p*-Koordinatensystem ein, erhält man das links dargestellte Diagramm. Die anfänglich sehr hohen Druckwerte laufen mit zunehmendem Volumen gegen Null aus. Solche in der Physik sehr oft anzutreffende Kurven heißen Hyperbeln.

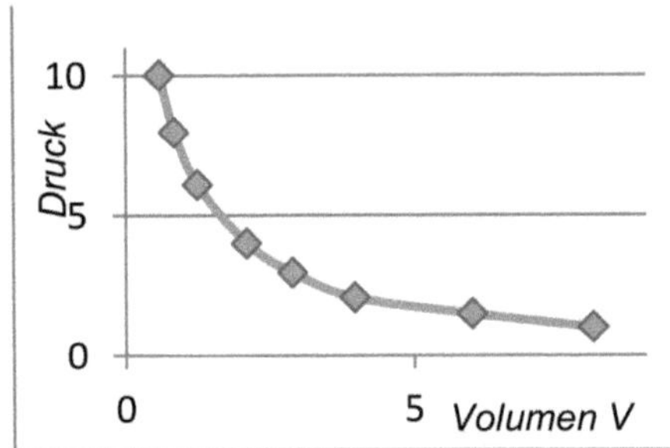

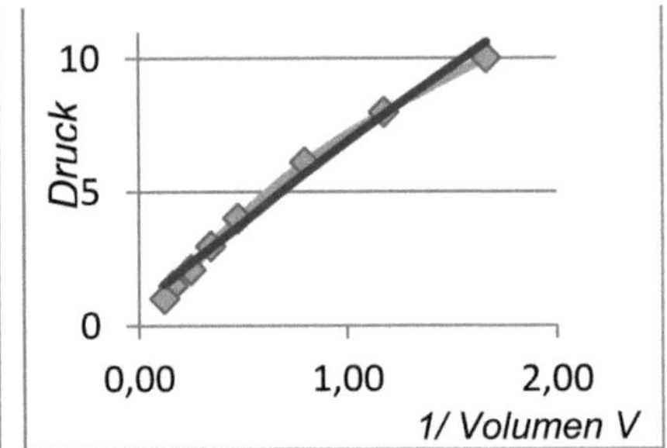

Die Frage ist: Liegt hier eine Proportionalität $p \sim \frac{1}{V}$ vor? Mit einem PC und etwas Mathematik lässt sich das schnell nachprüfen. Unmittelbar ansehen kann man das der Kurve jedoch nicht.
Man kann aber gut erkennen, ob Messpunkte entlang einer Geraden liegen. Die nächste Frage lautet daher:

Lässt sich der V-p-Graph **linearisieren**? Ja, mit einem einfachen Trick.
Der Druck *p* ist umgekehrt proportional zum Volumen *V*, d. h. *p* ist direkt proportional zu 1/*V*. Die *V*-Skala wird daher in eine 1/*V*-Skala abgebildet, der die ursprüngliche Hyperbel wird so zu einer Geraden, rechts im Diagramm.
Wenn der gemessene Zusammenhang, hier zwischen Druck *p* und Volumen *V* eine indirekte Proportionalität der Größen ergibt, liegen die Messpunkte bei dieser Darstellung auf einer Geraden. Und das kann man ohne weitere Hilfsmittel mit Lineal und Bleistift einfach prüfen.
Hier ist in der rechten Grafik zum Vergleich noch passend zu den vorliegenden Beispielwerten die Gerade für eine exakte $p \sim \frac{1}{V}$ –Proportionalität eingezeichnet.

Approximation: Punkte aus realen Messungen liegen nie exakt auf z. B. einer Geraden. Nach rechnerischen Methoden, die u. a. auf den deutschen Mathematiker C. F. Gauß zurückgehen, lässt sich eine „optimale" Gerade durch die Messpunkte legen, wie es im rechten Diagramm dargestellt ist. Sie vermittelt in gewisser Weise zwischen allen Messpunkten. Das nennt man Approximation und ist ein Standardverfahren bei der Auswertung. Mehr noch: Die einfach zu bestimmende Steigung dieser Geraden entspricht dem konstanten Proportionalitäts-Faktor wie er beispielsweise im Gesetz von Boyle-Mariotte auftritt. Man kann sich leicht vorstellen, wie sehr eine messende Zunft wie die Physik insbesondere Vor-Computer-Zeitalter auf diese Methode angewiesen war. Aber noch heute ist ein Graph durch Messpunkte ein wichtiges Hilfsmittel.

Zu unterscheiden davon ist die *Interpolation*, bei der eine ebenso den Verlauf der Messpunkte wiederspiegelnde Funktion ermittelt wird, deren Graph jedoch durch alle Punkte verläuft.

"Linearisierungen" gibt es bei zahlreichen Abhängigkeiten. Die bekannteste ist wohl die bei exponentiell wachsenden Größen. Statt der Werte selbst trägt man ihren Exponenten zu einer passenden Basis ein, mathematisch ist dies der Logarithmus der Ursprungswerte. Beispiel:

Aus den Werten Basis^1, $\text{Basis}^{1{,}0815}$, Basis^2... werden einfach: 1, 1,0815, 2 usw. Damit erhält man ebenfalls eine Gerade auf der diese abgeleiteten neuen Messpunkte liegen.

Druckeinheiten

Druck wohin man schaut: Oft steht man unter Druck, die Zeitung geht in Druck und manchmal hat man sogar einen Alp-Druck (alte Bezeichnung für Alptraum). Und dann kommt noch der Reifendruck hinzu, womit wir in der Technik angelangt wären. Dort gibt es verschiedene Einheiten für den Druck. Es triff jeweils eine Antwort zu, welche?

Torr

1 Torr ist gleich

a) 1m Wassersäule*

b) 1mm Hg-Säule*

c) 1 Pfund auf der Torr-Waage

* dazu unten Fragen, z.B. *Eintauchen in Metall*

atm
1 "physikalische Atmosphäre" atm ist gleich

a) 10,335 Torr
b) 760 Torr
c) 22,4 l Luft

at
1 "technische Atmosphäre" at ist gleich

a) 1 kp/cm²
b) 1 kg/cm²
c) exakt 10 m Wassersäule

bar/Pa
bar (mbar) war vor der heute genormten Einheit Pa (Pascal) die gesetzliche Druckeinheit.
1 Pa ist gleich

a) 1 kp/m²
b) 1 N/m²
c) 9,81 N/m²

psi
Im Angelsächsischen sind Pfund (lb) statt Kilo(k) und Inch (in) statt Meter (m) üblich. 1 „pound per square inch" psi ist gleich

a) 1 p/in²
b) 1 lb/in²
c) 1 lb_f/in²

Antwort

Druck ist definiert als Kraft pro Fläche, vgl. dazu die Frage *Druck machen.* Da sowohl verschiedene Kraft- als auch mehrere Längenmaße üblich sind, gibt es unterschiedliche Druckeinheiten. Hinzu kommen die aus der technischen Anwendung stammenden Sonder-Einheiten:

Torr - die Antwort lautet: b)
Def.: 1 Torr = 1mm Hg-Säule.
1mm Hg-Säule = 13,6 mm Wassersäule.
Der Standardluftdruck 760 Torr = 10,33 m Wassersäule.

atm - die Antwort ist ebenfalls: b)
1 "physikalische Atmosphäre" atm = 760 Torr.
Folglich gilt: 1 atm = 10,335 m Wassersäule = 1,013 bar.
(Für den Druck der Wassersäule gilt: $p = 10{,}335\ kg/100cm^2 \cdot 9{,}81 N/kg = 1{,}013 N/cm^2$)

at - die Antwort lautet: a)
1 "technische Atmosphäre" at = 1 kp/cm^2.
1 at ist auch gleich 10,0 m Wassersäule. Anders gesagt:
In 10 m Wassertiefe herrscht ein (Über-)Druck von 1 at.

Weiter gilt: 1 atm = 1,0335 at.

1 kg/cm^2 [=Masse/Fläche] ist übrigens keine Druckeinheit.

bar/Pa - die Antwort lautet: b)
1 Pa $=N/m^2$
Die Druckeinheit Pascal (Pa) ist sehr klein. In der gängigen Einheit "bar" ausgedrückt gilt:
1 bar = 10^5 Pa
Somit gilt auch: 1 bar = 10 N/cm^2, was einer Wassersäule von ca. 10 Metern entspricht. In dieser Wassertiefe herrscht also, zusätzlich zum Luftdruck, ein Druck von 1 bar.
In der Praxis ist vor allem bei Wetterangaben noch die Einheit *mbar* gebräuchlich. Es gilt: 1 mbar = 10^2 Pa = hPa.
In Hektopascal (hPa) geben heute auch TV-Wetterfrösche den Luftdruck an.

psi - die Antwort lautet: c)
1 „pound per square inch" psi = 1 lb_f/in^2 (lb_{force}).

„p" ist kein Einheitenzeichen und lb ist eine Masse, kein Gewicht.

Umrechnung: 1 psi = 1 lb_f/in^2 = 6,8948 10^3 Pa.

Im Selbstdruck

Im Abschnitt „Druck“ geht es um den hydrostatischen Druck, der von außen (Stempel) auf eine Flüssigkeit bzw. ein Gas ausgeübt wird. Aber auch die Gewichtskraft der Flüssigkeit oder des Gases selbst erzeugt einen solchen Druck. Da Flüssigkeiten wegen ihrer Inkompressibilität in allen Tiefen die gleiche Dichte haben, berechnen wir zunächst diesen einfacheren Fall. In einem zylindrischen Gefäß wirkt auf die Fläche *A* in der Tiefe *h* die Gewichts- (Schwer-) Kraft der Flüssigkeitsmenge darüber.

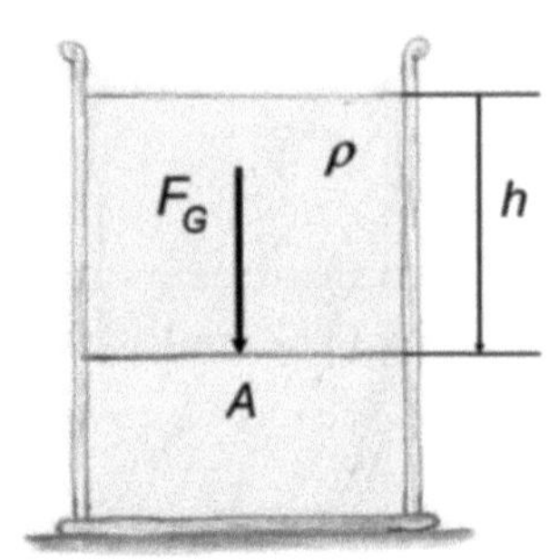

$F_G = m_{Flüssigkeitsmenge} \cdot g$, mit Dichte $\rho_{Flü}$, Volumen $V = A \cdot h$ gilt wegen $m = \rho \cdot V$

$$F_G = \rho_{Flü} \cdot g \cdot A \cdot h$$

Der hydrostatische Druck in der Tiefe *h* ergibt sich dann zu $p = \frac{F_G}{A} = \rho \cdot g \cdot h$

Hängt dieser Druck von der Gefäßform ab? Wie hoch ist der Druck am Boden des rechts abgebildeten Gefäßes mit wechselnden Querschnitten?

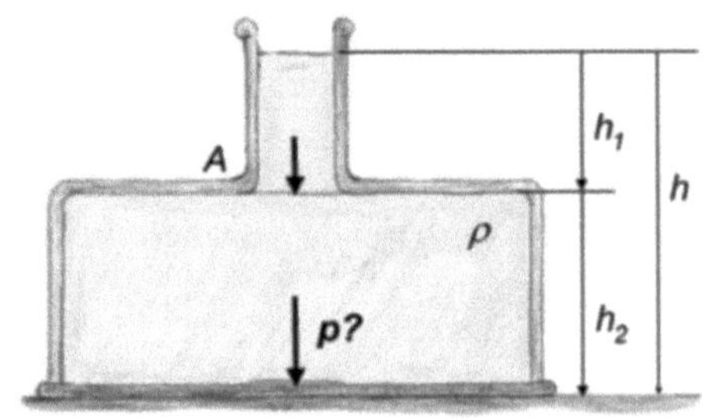

a) Summe aus kleinerem Druck oben und höherem Druck (größere Wassermenge) unten
b) Summe aus größerem Druck oben, da die Flüssigkeit dort auf höherem Niveau liegt und kleinerem Druck unten, da im Vergleich dazu tiefer gelegen
c) Der Druck aus der oberen Gefäßhälfte wirkt nur am Übergangquerschnitt. Der Druck am Boden resultiert somit nur aus Höhe der Flüssigkeit im unteren Gefäß
d) Summe des nur von der Höhe h_1 abhängigen Drucks p_1 im oberen Gefäß und des nur von der Höhe h_2 abhängigen Drucks p_2 im unteren Gefäß

Antwort

Die Antwort lautet d)

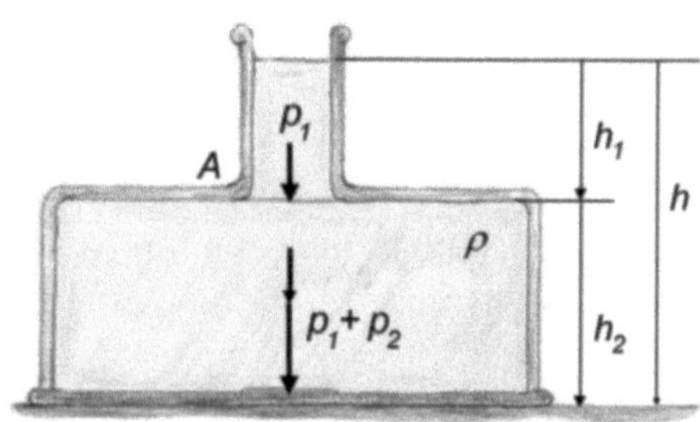

Der Gesamtdruck p_{ges} ist die Summe aus dem Druck p_1 im oberen Teil und dem Druck p_2, der nur aus dem unteren Teil resultiert: $p_{ges} = p_1 + p_2$

Der Druck erweist sich als unabhängig von der Form des Gefäßes. Einzig die Tiefe h unter der Flüssigkeitsoberfläche bestimmt den Druck. Die einfache wie schlüssige Argumentation dazu lautet:

Man denkt sich an der Übergansstelle eine Trennfläche *A*. Auf diese drückt die Gewichtskraft der Flüssigkeitssäule h_1 mit dem Druck $p_1 = \rho\, g\, h_1$. Dieser Druck breitet sich in das untere Gefäß allseitig aus. Bis zum Boden kommt dann noch hinzu der Druck $p_2 = \rho\, g\, h_2$ der unteren Flüssigkeitssäule h_2. Der hydrostatische Druck am Boden des Gefäßes ist dann also

$$p_{ges} = p_1 + p_2 = \rho \cdot g \cdot h_1 + \rho \cdot g \cdot h_2 = \rho \cdot g \cdot (h_1 + h_2) = \rho \cdot g \cdot h$$

Zu dieser doch erstaunlichen Tatsache siehe auch die Frage *Hydrostatisches Paradoxon.* Wie hoch ist der Druck am Boden, wenn auf den Flüssigkeitsspiegel im oberen Gefäß noch der gewöhnliche Luftdruck p_0 wirkt?

Mord in der Tiefsee

Die folgende Situation ist zugegeben etwas realitätsfremd. Die einzelnen Aspekte und Berechnungen haben jedoch durchaus Bezug zur Praxis.

Tief im Meer, sagen wir um die 10.000 Meter unter der Meeresoberfläche, ist es in mancher Hinsicht äußerst gefährlich. Der dort herrschende Druck von 1000 bar und mehr würde einen Taucher zerquetschen, unbekannte Meeresungeheuer ihn gar auffressen. Könnte man in dieser Untiefe aber von einer Pistolenkugel erschossen werden?

a) Ja

b) Nein

Für die Beantwortung dieser Frage müssen einige Überlegungen zum Abschuss einer Pistolenkugel angestellt werden: Kaliber 8 mm, Masse einer Kugel 9,5 g und Abschussgeschwindigkeit 600 m/s, Länge des Laufes (gleich Strecke der Beschleunigung) 0,5 m.
Über die ermittelte Beschleunigung erhält man die Abschusskraft und kann den Druck errechnen, mit dem die Kugel aus dem Lauf kommt.
Mit diesem Druck muss sie nun gegen den Wasserdruck in 10.000 Metern Tiefe ankämpfen.

Antwort

Die Antwort lautet: b) Nein, selbst ein größeres Kaliber mit hoher Mündungsgeschwindigkeit kommt nicht gegen den extremen Wasserdruck an. Hier die Rechnung:

Beschleunigung:

Beschleunigung a, Wegstrecke s und Geschwindigkeit v hängen zusammen: $v = \sqrt{2as}$

Somit: $a = \frac{v^2}{2s} = \frac{(600\ m/s)^2}{2\ 0{,}5m} = 3{,}6\ 10^5\ \frac{m}{s^2}$

Kraft am Ende des Laufes:

Mit dem Grundgesetz der Dynamik erhält man die Kraft, die auf die Kugel am Ende des Laufes wirkt: $F = m \cdot a = 9{,}5 \cdot 10^{-3} kg \cdot 3{,}610^5\ \frac{m}{s^2} =$

$= 3426\ N \approx 3400\ N$

Druck des Pulvergases am Laufende:

Nach der Definition des Drucks gilt: $p_{Gas} = \frac{F}{A} = \frac{3400\ N}{\pi(4 \cdot 10^{-3} m)^2} =$ $6{,}8 \cdot 10^7 Pa$

Vergleich mit Druck in 10000 Meter Tiefe:

$p_{10000\ m} = 1000 \cdot (Druck\ 10\ Wassersäule) = 1000\ bar = \ 10^8\ Pa$

⇨ Der Wasserdruck in 10000 Meter Tiefe ist größer als der Druck des Pulvergases am Laufende

⇨ Somit kann in der Tiefsee keine Pistolenkugel abgefeuert werden

Dies ist wohl auch der Grund, warum man im Meer meist mit Harpunen auf die Jagd geht.

Hydrostatisches Paradoxon

In der Frage *Im Selbstdruck* wird gezeigt, dass in einem zylindrischen Gefäß mit zwei unterschiedlichen Durchmessern der Gewichtsdruck am Gefäßboden nur von der Füllhöhe abhängt. Ist dieser hydrostatische Druck auf den Boden auch für *beliebige* Gefäße nur vom Füllstand abhängig? Mit der teils „paradoxen" Antwort beschäftigte sich schon im 17. Jahrhundert Blaise Pascal und konstruierte den nach ihm benannten *Pascalschen Apparat*:

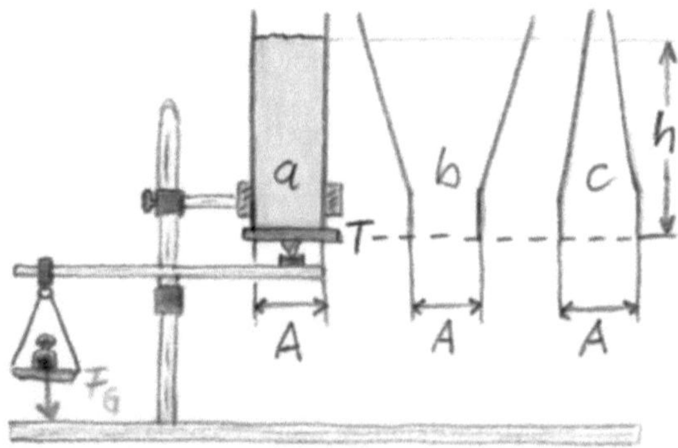

Über einen Hebel wird die Bodenplatte T gegen die untere Gefäßöffnung gedrückt und verschließt sie. Der dabei herrschende Druck wird über das Gegengewichte *G* ermittelt, $p = \frac{F_G}{A}$. Diesen Versuch führt man mit den drei Gefäßen, die alle die *gleiche Grundfläche* haben, durch.

Die auf die gleichen Grundflächen jeweils wirkenden und über die Gewichtskraft F_G gemessenen Kräfte, die dann einem bestimmten Druck entsprechen,

a) sind abhängig von der Flüssigkeitsmenge im Gefäß: Oben weite Gefäße erzeugen höhere, nach oben sich verjüngende Gefäße niedrigere Kräfte.
b) ergeben je nach Luftdruck und Art der Flüssigkeit ergibt sich eine andere Kraft auf die Grundfläche.
c) sind für alle Gefäße (Formen) identisch.

Antwort

Die Antwort lautet c) Die Kraft auf die Bodenfläche, und somit der Druck am Boden ist für alle Gefäße (Formen) identisch. Die Flüssigkeit selbst erzeugt einen Gewichtsdruck auf den Gefäßboden. Mit dem Luftdruck p_0, der bei einem oben offenen Gefäß noch hinzukommt, ergibt sich als Gesamtdruck in der Tiefe h: $p = p_0 + \rho g h$

Der Bodendruck sollte demnach bei konstantem Luftdruck p_0 nur vom Flüssigkeitsstand h abhängen, dagegen **nicht von der Gestalt des Gefäßes.** Wir lassen im Folgenden den Luftdruck daher außen vor. Beim Versuch an den drei Gefäßen zeigt sich, dass in allen Fällen dieselbe Flüssigkeitshöhe (nicht etwa die gleiche Wassermenge!) nötig ist, um F_G das Gleichgewicht zu halten.

Erklärung Die Betrachtung der wirkenden Kräfte statt wie bisher nur des Drucks erlaubt es, den Einfluss der auch schrägen Gefäßwände zu verstehen. Der allseitige Druck in einer bestimmten Wassertiefe äußert sich als gerichtete Kraft auf eine Grenzfläche wie z.B. die Druckdose im Kolben in *Druck in Flüssigkeiten* oder die gedachte Trennfläche an die Unterseite des oberen zylindrischen Gefäßteils bei Tiefe h_1 in der Frage *Im Selbstdruck.* Jetzt relevant sind der Boden bzw. die Wand des Gefäßes.

Flächen sind orientiert, hier angezeigt durch die senkrecht auf sie gerichteten Kraftvektoren. Die breiten gerandeten Pfeile bedeuten in den Grafiken unten die Druckkräfte bezogen auf das Wandflächenstück A_w. Die mit einem fetten Punkte beginnenden Vektoren die gegengleich gerichteten Kräfte F_w der Gefäßwände, ebenfalls auf A_w bezogen. Für den Druck am Boden sind nur die senkrecht *nach unten* wirkenden mit $F_{w\perp}$ bezeichneten Anteile relevant.

Der Einfachheit halber betrachten wir plan begrenzte Gefäße mit rechteckigen Grundflächen.

Im quaderförmigen (entsprechend dem zylindrischen) Gefäß a) haben die Wandkräfte F_W keinen senkrechten Anteil. Sie tragen nicht zur Kraft auf den Boden bei, auf diesen wirkt daher nur die Gewichtskraft F_{Wass} der Wassersäule darüber. Der Druck resultiert wie oben in *Im Selbstdruck* gezeigt zu $p=\rho\, g\, h$. Rechts die vereinfachte Darstellung.

In Fall c) des zuerst betrachteten sich verjüngenden Gefäßes haben die Wandkräfte F_W einen zum Gefäßboden zeigenden Anteil. Die Größe der Fläche A_w ergibt sich aus ihrer Projektion auf das einheitliche Bodenstück A_0. Gemäß der Größe von A_w ergeben sich die Druck-/Wandkräfte bzw. ihre Vektoren.

c-1) c-2) c-3)

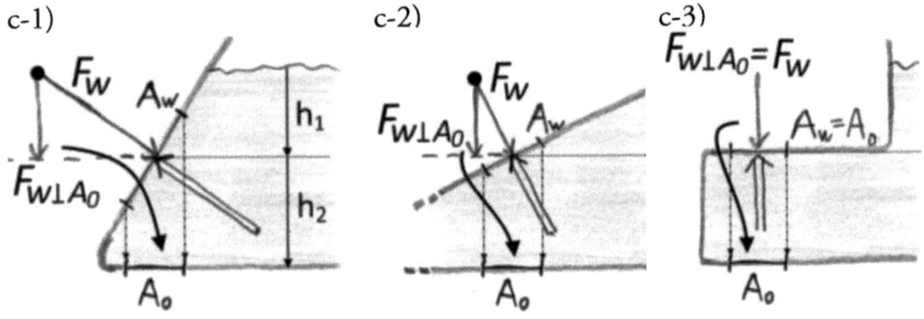

Der entscheidende, senkrecht auf die Einheitsfläche A_0 gerichtete Anteil der Wandkräfte $F_{w\perp,A0}$, ist bei gleicher Wassertiefe, hier h_1, für alle Wandschrägen gleich! Ist die Gefäßwand parallel zum Boden orientiert, c-3), gilt $A_w = A_0$. Mit der Wassersäule der Höhe h_2, die die zusätzliche Kraft F_{Wass} auf das Bodenstück A_0 ausübt, herrscht an jeder Stelle des Gefäßes der gleiche Bodendruck: $p = F_{w\perp,A0} \cdot A_0 + \rho \cdot g \cdot h_2$, das dem $p = p_1 + p_2$ aus der Frage *Im Selbstdruck* entspricht. Die Abb. Rechts zeigt die gestrichelten keilförmigen Wassermengen, die bei dieser Gefäßform eben fehlen, deren scheinbare Wirkung auf den Boden jedoch durch die Gegenkräfte der schrägen Wände erbracht wird.

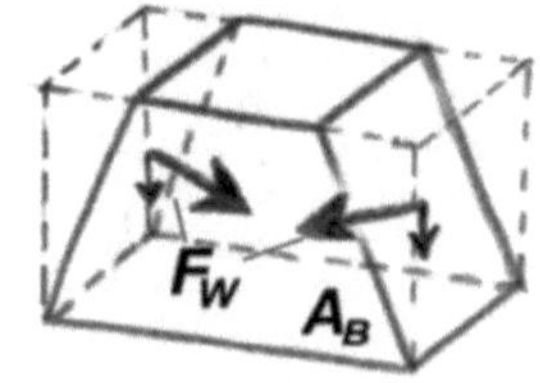

Infinitesimale Annäherung Die sich aus den Begrenzungsflächen ergebende Säule über A_0 ist oben abgeschrägt, Abb. c-1, c-2. Wo liegt nun genau die Höhe h_2? Hier hilft uns eine wichtigste Methode: Die Verkleinerung von A_0 und A_w bis nur noch eine „Strich"-Säule der Grundfläche dA übrig bleibt. Und dieser kann man die eindeutigen Höhe h_2 zuweisen. Dieser Übergang ins unendliche Kleine, Infinitesimale, ermöglicht auch die Betrachtung der Druckverhältnisse für beliebige Gefäßformen. So lässt sich mit dem *Pascalschen Apparat* empirisch gefundene Tatsache des für alle Gefäße (Formen) identischen Drucks auf die Bodenfläche auch exakt nachvollziehen und formelmäßig angeben.

Im Fall b) des trichterförmigen Gefäßes wirkt in den nach außen geneigten Wänden der hydrostatische Druck nach seitlich unten, die Gegenkraft F_w entsprechend nach oben. Von ihr kann also kein Kraftanteil Richtung Boden kommen und unterhalb wäre auch gar keine Bodenfläche A_0 – sie läge außerhalb des Gefäßes.
Die untere Abb. zeigt, wie die schrägen Seitenflächen die Gewichtsanteile der keilförmigen Flüssigkeitsmengen tragen. Diese Wirken daher nicht auf den Boden.

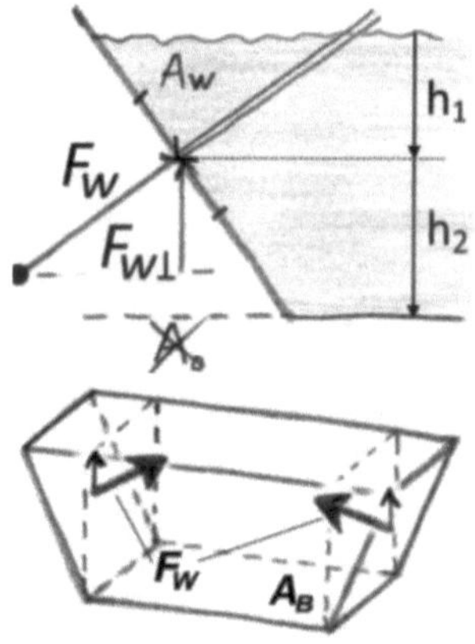

Die ausschließliche Abhängigkeit des Flüssigkeitsdrucks am Gefäßboden vom Füllstand hat zur Konsequenz, dass sich bei allen „verbundenen Gefäßen", auch kommunizierende Röhren genannt, exakt derselbe Pegel einstellt. Vgl. dazu auch die nächsten Fragen.
Wirklich paradox.

Blaise Pascal, Wunderkind

Schon im Kindesalter zeigte sich die hohe mathematische Begabung des 1623 geborenen Franzosen Blaise Pascal. Er entdeckte selbständig Euklids 32 Lehrsätze, ohne dessen berühmtes Werk je gesehen zu haben.

F: Wikimedia Commons

Er wies nach, dass Ellipse, Parabel und Hyperbel als Projektionen ein und desselben Kreises angesehen werden können. Er begründete damit die Theorie der Kegelschnitte. Vom Glückspiel fasziniert entwickelte er u. a. zusammen mit dem französischen Mathematiker Pierre Fermat eine bis heute gültige Theorie der Wahrscheinlichkeit. Mit Hilfe des *Pascalschen Dreiecks*, einer grafischen Darstellung im Bereich der Kombinatorik, lernt noch heute jeder Schüler die Binominalkoeffizienten. Diese treten z. B. in Ausdrücken wie $(a + b)^2$ auf. Er dachte auch an praktische Anwendungen: Um seinem Vater die Rechenarbeit zu erleichtern, baute Pascal eine der ersten Rechenmaschinen der Welt.

Aber er war ebenso an physikalischen Fragestellungen interessiert: Über die Entdeckung der verbundenen Gefäße („kommunizierende Röhren") kam er auf das damals sehr aktuelle und z. B. auch von Otto von Guericke diskutierte Thema Luftdruck. Ein wichtiger Beitrag war die Messung der Abhängigkeit des Luftdrucks von der jeweiligen Höhe. Dazu beobachtete der die „Torricellische Leere" im Barometer an unterschiedlich hoch gelegenen Orten. Mit seinen Resultaten argumentierte er gegen die Jünger des Aristoteles, die weiterhin dessen Auffassung von einem *horror vacui* der Natur verteidigten. Vgl. dazu auch *Die Erforschung des Luftdrucks* weiter unten.

In so mancher Physiksammlung findet sich noch heute seine genial-einfache Vorrichtung, mit der die Unabhängigkeit des Schweredrucks einer Flüssigkeit von der Gefäßform bewiesen wird: der *Pascalsche Apparat* aus der Frage *Hydrostatisches Paradoxon*.

Gegen Ende seines Lebens verarbeitete er die Zeit der „wissenschaftlichen Revolution", die er selbst so prägte, als „christlicher Philosoph". Er bejubelte nicht einfach die Erkenntnisse von Mathematik und Physik wie etwa Descartes. Er sorgte sich auch um die Verlorenheit des Menschen, die seiner Meinung nach mit jeder neuen Errungenschaft zunahm.

Wir werden heute noch täglich an diesen schon 1662 jung verstorbenen vielseitigen Geist erinnert, wenn im Wetterbericht der herrschende Luftdruck in Hekto-Pascal, abgekürzt: hPa, angegeben wird.

Meer vs. Kanal

Dämme halten Wasser von angrenzenden, meist tiefer liegenden, Gebieten zurück. Es gibt Dämme an Flüssen, Kanälen, Seen und am Meer. Letztere werden wegen der Befürchtung steigender Meeresspiegel immer wichtiger. Zwei Dämme sollen eine in beiden Fällen gleich hoch stehende Wassermenge abhalten. Muss der Damm, der vom dahinterliegenden Meer schützen soll, eine breitere Dammsohle haben (und evtl. höher sein) als wenn er nur einen Kanal absperren soll?

a) Ja, der Damm am Meer muss schon aufgrund der viel größeren Wassermenge stärker ausgeführt sein

b) Nein, beide Dämme sind grundsätzlich von gleicher Stärke und Höhe, da beide einen gleich hohen Wasserpegel abhalten müssen

Antwort

Die Antwort lautet b)

Beide Dämme müssen grundsätzlich von gleicher Stärke und Höhe sein.

Die den Damm belastende Kraft rührt, von dynamischen Effekten durch Sturmfluten o.ä. abgesehen, vom hydrostatischen Wasserdruck an dessen Sohle her. Dieser hängt ausschließlich von der Wassertiefe ab. Da diese in beiden Fällen gleich ist, wirkt am Boden des Kanals wie des Meeres die gleiche Kraft auf den Damm. Folglich kann ein und derselbe Damm der Breite *b* einerseits das bisschen Kanalwasser wie andererseits den ganzen Ozean von tieferliegenden Gebieten fern halten.

Es lässt sich auch ein kleiner Beweis führen:
Kanal und Meer sollen, wie in der nebenstehenden Abbildung veranschaulicht, direkt aneinander grenzen. Der sie trennende Damm soll am Boden ein Rohr haben, durch das Wasser in beide Richtungen fließen kann.

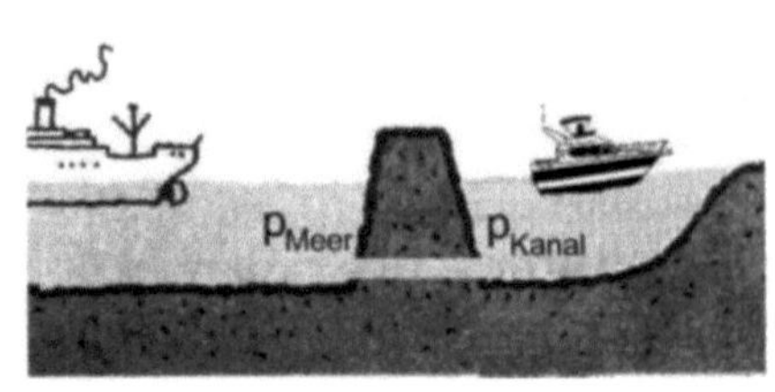

Wäre nun der Druck auf irgendeiner Seite des Damms, p_{Meer} oder p_{Kanal}, größer als auf der anderen, würde das einen Druckunterschied an den beiden Rohrenden bedeuten und ein Wasserfluss von der Seite höheren Drucks zu der niedrigeren Drucks wäre die Folge. Es würde so lange Wasser fließen, bis beide Drücke identisch wären. Vgl. dazu das Gedankenexperiment in der Frage *Füllstand.*
Aus alltäglicher Erfahrung ist das der Fall, wenn die Wasserpegel auf beiden Seiten gleich hoch sind – egal wie groß die miteinander „verbundenen Gefäße" sind.
Somit: Ein gleich hoher Wasserpegel in zwei beliebigen Gefäßen oder zweier beliebig großer Wassermengen bedeutet eine gleich große Kraft am Boden.

Kanne - Kaffee - Tasse

Jeden Morgen gießt man sich einfach eine Tasse Kaffee ein, ohne dabei darauf zu achten, was seitens des Schweredrucks dabei geschieht.
Das Ganze funktioniert aufgrund des oben beschriebenen Phänomens der „verbundenen Gefäße".
In der Abbildung ist der Vorgang des Ausgießens von Kaffee in eine Tasse dargestellt. Was sind hierbei die „verbundenen Gefäße"?

a) Bauch der Kanne und Ausgießer
b) Kanne und Tasse (über Ausfluss aus Kanne)
c) Ausgießer der Kanne und Tasse (über Ausfluss aus Kanne)

Antwort

Die Antwort lautet: a) Der Bauch der Kanne und ihr Ausgießer sind fest miteinander verbundene Gefäße. Es geht hier um den in einem System von Gefäßen und Verbindungsstücken bzw. –leitungen herrschenden hydrostatischen Druck (des Kaffees oder einer anderen Flüssigkeit). Druck entsteht nur, wenn Gefäß- oder Rohrwände eine Gegenkraft bieten, damit sich ein Druck überhaupt aufbauen kann. Der von der Kanne kurzzeitig zur Tasse fließende Kaffeestrahl „verbindet" daher die beiden Gefäße nicht im Sinne von Druckübertragung miteinander. Bei Ausgießer und Bauch der Kanne hingegen wird beim Kippen der Kanne der Pegel im Bauch kurzzeitig höher als im Ausgießer und so fließt Kaffee durch diesen aus der Kanne.

Füllstand

In verbundenen Gefäßen oder U-Rohren und Schläuchen, die mit einer einheitlichen Flüssigkeit wie Wasser gefüllt sind, stellt sich der Flüssigkeitspegel in allen Gefäßen bzw. an den Enden auf dieselbe Höhe ein. Die Weite der einzelnen Gefäße oder Verbindungsstücke spielt dabei keine Rolle. Dies ist auch so im rechts abgebildeten Schauglas für den Füllstand eines Öltanks. Der einheitliche Pegel stellt sich deshalb ein, weil

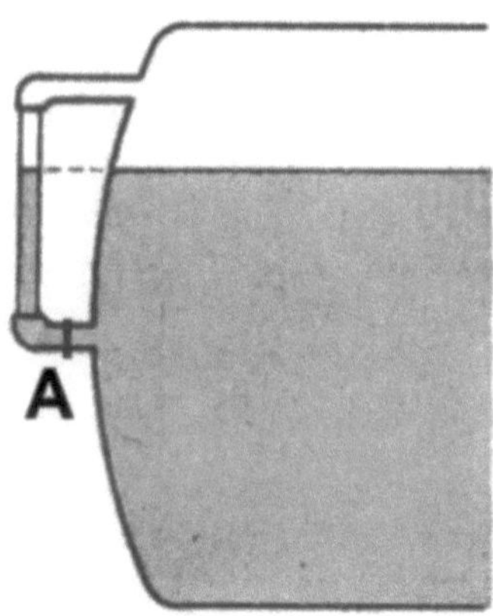

a) der Luftdruck über allen Flüssigkeitsspiegeln konstant ist. Tanks benötigen daher eine Entlüftung.

b) an der tiefsten Stelle des Verbunds, hier bei A, der Druck aller Flüssigkeitssäulen gleich ist. Daher müssen die beiden Ölpegel in den einzelnen Schenkeln auf der gleichen Höhe liegen.

c) das größte Gefäß bzw. der größte Querschnitt den Pegelstand bestimmt und die kleineren Schenkel/Gefäße bis zu dieser Füllhöhe volllaufen.

Antwort

Die Antwort lautet: b) Alle Flüssigkeitssäulen müssen am tiefsten Punkt des Gefäßverbunds, hier die Stelle A, den gleichen Druck ausüben und die Pegel daher von dort aus gemessen gleich hoch sein.
Wäre dies nicht der Fall, würden sich die Flüssigkeitsteilchen verschieben bis das Druckgleichgewicht wieder hergestellt ist, vgl. dazu *Meer vs. Kanal.*
Der Druck an der Querschnittsfläche A am tiefsten Punkt hängt nur von der Höhe der Flüssigkeitssäule und deren Dichte ab. Genau genommen noch von der herrschenden Gravitationsfeldstärke, vgl. *Gravitationsfeld.* Das Paradoxe daran ist, dass eine kleine Flüssigkeitsmenge dieselbe Kraft auf die Fläche A erzeugen kann wie eine große, hier z. B. die Tankfüllung selbst.

Gedankenexperiment

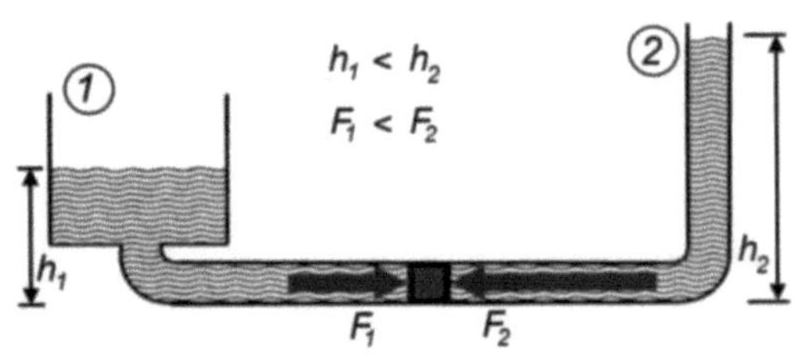

In der Abbildung rechts ist ein weites Gefäß 1 über ein Rohr mit einem schmalen hohen Gefäß 2 verbunden. Von der tiefsten Stelle im Verbindungsrohr aus gemessen steht z. B. Wasser im Gefäß 1 bei Pegelhöhe h_1 und im anderen Gefäß bei Höhe $h_2 > h_1$. Ein leichtgängiger zylindrischer Kolben im quer laufenden Rohr bewegt sich solange, hier nach links Richtung Gefäß 1, bis die Kraft auf beiden Seiten gleich ist. Dies ist dann der Fall, wenn der Druck zu beiden Seiten gleich ist, wenn also auch die Pegelhöhen gleich sind: $h_1 = h_2$.
Genau das passiert beim Befüllen (bzw. Leeren) des Tanks. Die Pegelhöhe im Schauglas stellt sich sofort auf den Pegel im Tank selbst ein.
Es gibt unzählige „verbundene Gefäße“: Gießkanne, Siphon, Schlauchwaage, etc.

Taucherglocke

Eine Taucherglocke von 20 m³ Volumen wird 10 m tief ins Wasser abgelassen. Die in der Glocke eingeschlossene Luft soll ihre Temperatur nicht ändern.

I) Welcher Druck herrscht dann im Inneren der Taucherglocke?

a) 1 bar

b) 2 bar

c) 10 bar

II) Auf wie viele Kubikmeter wird die Luft im Inneren zusammen gedrückt?

a) 1 m³

b) 2 m³

c) 10 m³

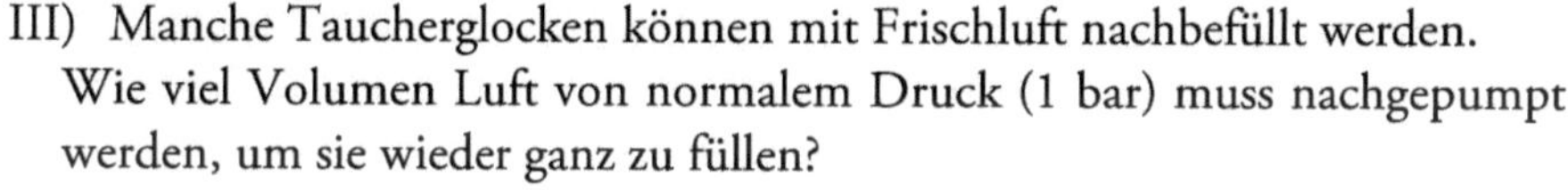

III) Manche Taucherglocken können mit Frischluft nachbefüllt werden. Wie viel Volumen Luft von normalem Druck (1 bar) muss nachgepumpt werden, um sie wieder ganz zu füllen?

a) 10 m³

b) 20 m³

c) unmöglich, da die Luftfüllung immer etwas zusammengerückt wird

Antwort

Die Antworten lauten

I-b) 2 bar

Pro 10 Meter Wassertiefe nimmt der (Über-) Druck um ca. 1 bar zu. Auf die Wasseroberfläche wirkt aber immer auch der normale Luftdruck von etwa 1 bar.
Zusammen steht die Luft also unter dem Druck von 2 bar.

II–c) 10 m³

Hier wird einfach das Boyle-Mariotte-Gesetzt angewendet (siehe Frage *Beulen und Marotten*).

An der Oberfläche herrschen 1 bar, in 10 Meter Tiefe 2 bar. Doppelter Druck bedeutet nach der einfachen Druck-Volumen-Beziehung halbes Volumen, also: 10 m³

III- b) 20 m³

Wer einfach 10 m³ geantwortet hat, hat nicht bedacht, dass die Luft beim Hineinpumpen von 1 bar auf 2 bar verdichtet wird und daher, wie in der vorherigen Antwort zu sehen ist, auf das halbe Volumen zusammengepresst wird. Für 10 m³ „Pressluft" müssen somit 20 m³ Frischluft nachgepumpt werden.

Tauchphysik

Tauchen ist super, vor allem in einem Meer mit einem interessantem Unterwasserleben und tollen Fundstücken am Meeresboden. Hier spricht man eigentlich von „Schnorcheln" in Wassertiefen bis zu 3 Meter.

Tauchphysik umfasst auch die Sichtweite oder die Schallausbreitung unter Wasser. Der entscheidendste Faktor ist aber die Wassertiefe und erst ab 10 Meter und mehr spricht man von Tauchen.

Bei einem durchschnittlichen Lungenvolumen von 6 Litern wird das Volumen in 10 Metern Tiefe bereits auf die Hälfte zusammen gedrückt. Bei 20 Meter beträgt es nur noch zwei Liter.

Wie tief kann ein trainierter Taucher abtauchen, wenn sein Lungenvolumen keinesfalls unter 1 Liter schrumpfen darf?

a) 30 m
b) 40 m
c) 60 m
d) 120 m
e) 160 m

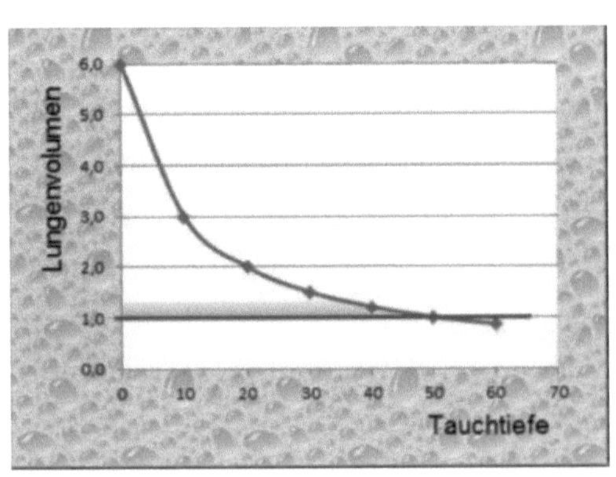

Antwort

Die Antwort lautet: b) 40 m.

Hier ist wieder der einfache Zusammenhang zwischen Druck und Volumen einer Gasmenge nach Boyle-Mariotte anzuwenden.

Alle 10 m weiterer Tauchtiefe nimmt der Druck um 1 bar zu. Bei 40 m unter der Wasseroberlfäche herrscht ein Druck von 5 bar. Nun stehen Druck und Volumen im indirekt proportionalen Verhältnis zueinander, also: Doppelter Druck bedeutet halbes Volumen und eben 5-facher Druck nur noch ein Fünftel des Usprungsvolumen.

1/5 mal 6 l sind gut ein Liter und noch ausreichend, damit die Lunge nicht vollends kollabiert.

40 Meter sind eine generelle Tauchgrenze. Für größere Tiefen, bis etwa 80 bis 90 Meter, sind spezielle Techniken und Training erforderlich.

Aber der Apnoetieftauchrekord liegt doch bei 214 Metern?
Diese Extremtaucher verdanken dies u. a. einem riskanten Körperphänomen, dem Bloodshift. Die Blutmenge in Armen und Beinen reduziert sich und die Lunge saugt sich mit Blut voll, um, nun komplett ausgefüllt, nicht völlig zusammengedrückt zu werden. Nur noch Gehirn, Herz und Rückenmark werden dann mit Blut versorgt. Hinzu kommt eine neuere Technik, der sogenannte Druckausgleich nach Frenzel bei dem die Nasennebenhöhlen „geflutet“ werden. Auf jeden Fall müssen alle beim Auftauchen ganz langsam vorgehen, um den Druckausgleich zu gewährleisten.

Wo pinkelt's am weitesten?

Ein Gefäß, z. B. eine zylindrische Plastikflasche, hat wie in der Abbildung skizziert drei kleine Löcher in einer Reihe übereinander. Wenn die ursprüngliche maximale Wasserhöhe H ist, sind die kleinen Öffnungen bei den Höhen (von unten): *h*, mittig bei *H/2* und *H-h*. Aus welchem Loch ist die Ausflussgeschwindigkeit am größten?

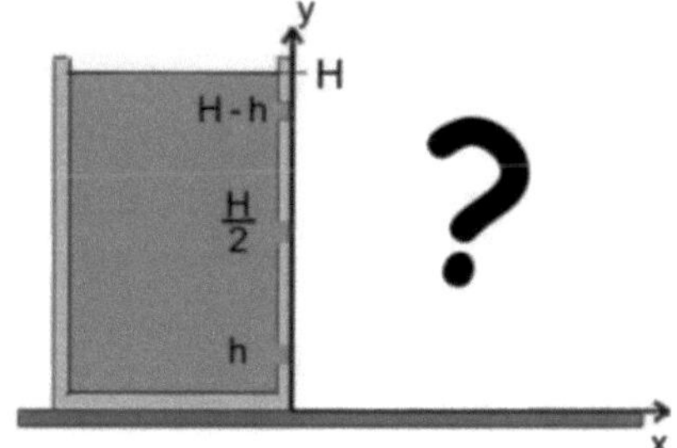

a) dem oberen

b) dem mittleren

c) dem unteren

Antwort

Die Antwort lautet: c) Aus dem unteren Loch ist die Ausflussgeschwindigkeit am größten. Beleuchten wir dieses Experiment von der anschaulichen Seite und mit Hilfe eines Analogons aus der Mechanik:

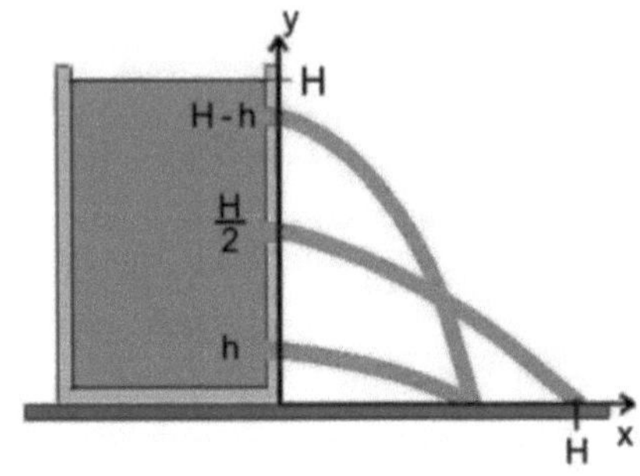

Die kinetische Energie des ausfließenden Wassers ist gleich der potenziellen Energie vom Wasserspiegel H bis zur jeweiligen Ausflussöffnung, bspw. in Höhe $y = h$.

Die Vorstellung einer halbrunden Bahn, auf der eine Kugel hinabrollt dient als Modell: Die potenzielle Energie am Start ist gleich der kinetischen beim waagrechten Austritt am unteren Ende:

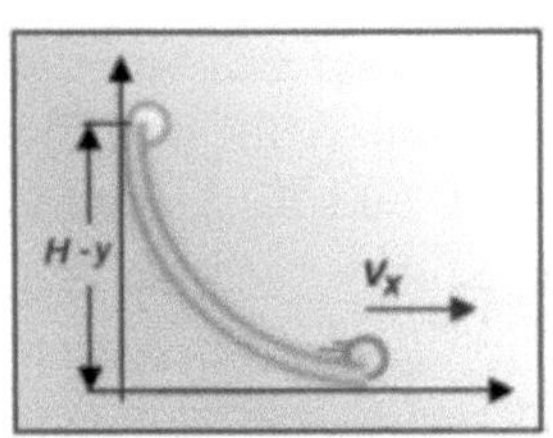

$E_{pot} = E_{kin}$ heißt: $\quad m \cdot g \cdot (H - y) = \frac{m}{2} \cdot v_x^2$

und es folgt: $v_x = \sqrt{2g\,(H - y)}$

Aus dem unteren Bahnende bei $y = h$ schießt die Kugel oder das Wasser demnach mit maximaler $v_{x,max} = \sqrt{2g \cdot (H - h)}$ heraus

Diese Geschwindigkeit v_x entspricht der, die ein Körper (wie Wasser) hätte, wenn er aus der Höhe $(H - y)$ frei fallen würde.

Um noch weiter an Ihre Intuition zu appellieren: Die waagrechte Ausflussgeschwindigkeit des Wassers ist auch nicht von der Größe des Lochs abhängig. Genauso wie die Geschwindigkeit der Kugel nicht von ihrer Größe (Masse) abhängt. Die Grenzfälle einer winzigen, punktförmigen bzw. einer im Verhältnis zum Eimer riesigen Öffnung muss man natürlich ausschließen.

Der Titel lautet aber: Wo pinkelt's am weitesten? Unten ist das Ausströmen aus allen drei Öffnungen bei bis zur Höhe H vollständig gefülltem Behälter gezeigt. Die Ausströmgeschwindigkeit nimmt zwar mit der Höhe der Öffnung ab, dafür dauert das Fallen des Wasserstrahls bis zum Boden länger. Unter Anwendung der schon oben benutzten Fallgesetze und Einsetzen der passenden Höhenwerte lässt sich zeigen, dass der Strahl von Höhe $y = H/2$ am weitesten in der Horizontalen reicht, nämlich bis $\mathbf{x}_{H/2} = H$. Ein beinahe ästhetisches Ergebnis.

Höhen- und Tiefendruck

Flüssigkeiten wie Wasser lassen sich (nahezu) nicht zusammenpressen, sie sind inkompressibel. Ihre Dichte bleibt daher in der gesamten Flüssigkeit konstant. Gase wie Luft hingegen lassen sich zusammendrücken, sie sind kompressibel. Je stärker sie z. B. durch eine Kolben oder ihr eigenes Gewicht komprimiert werden, desto größer ist ihre Dichte.

I) Wie sieht der Verlauf des (Über-) Drucks in Wasser bei zunehmender Wassertiefe aus?

a)

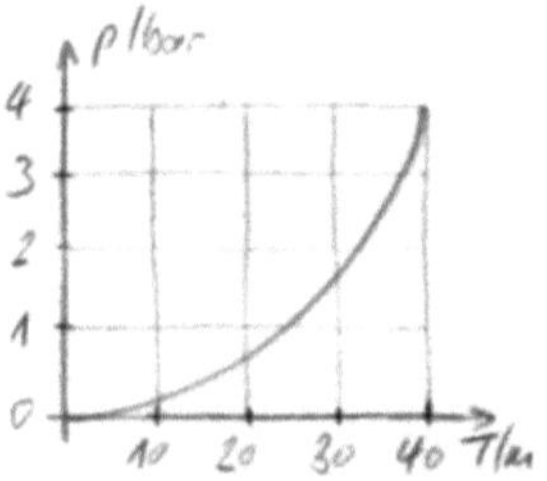

b)

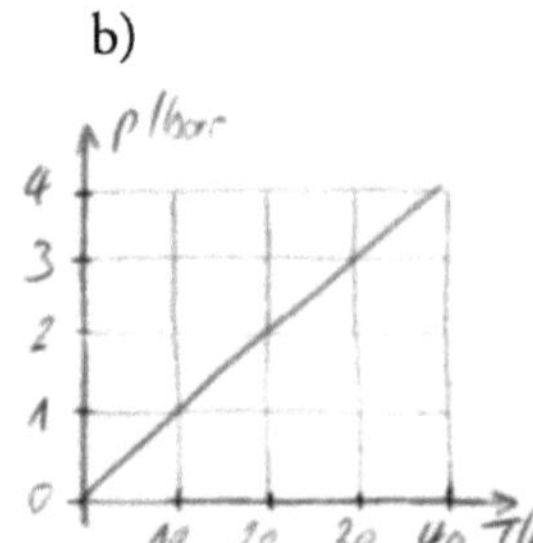

c)

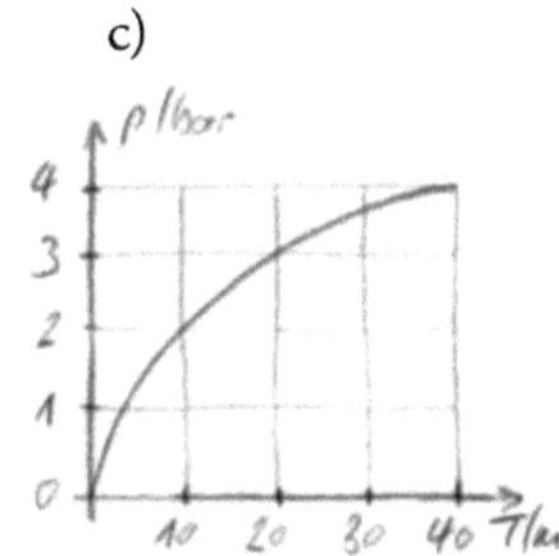

II) Wie sieht der Luftdruckverlauf in der Atmosphäre mit steigender Höhe aus?

a)

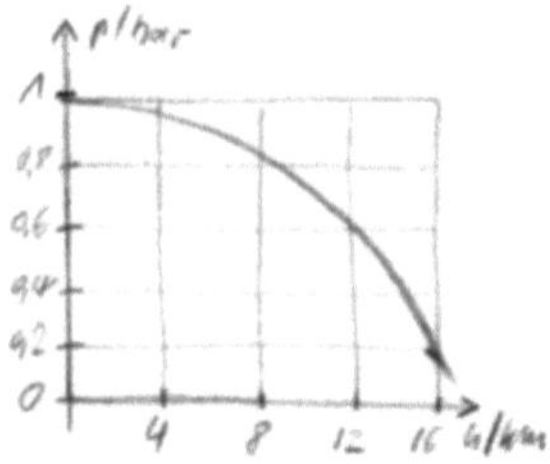

b)

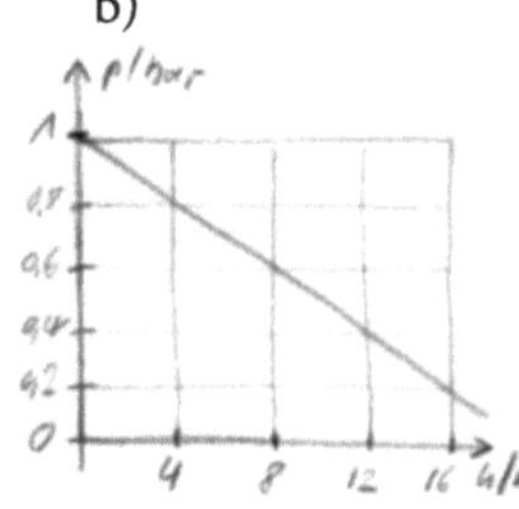

c)

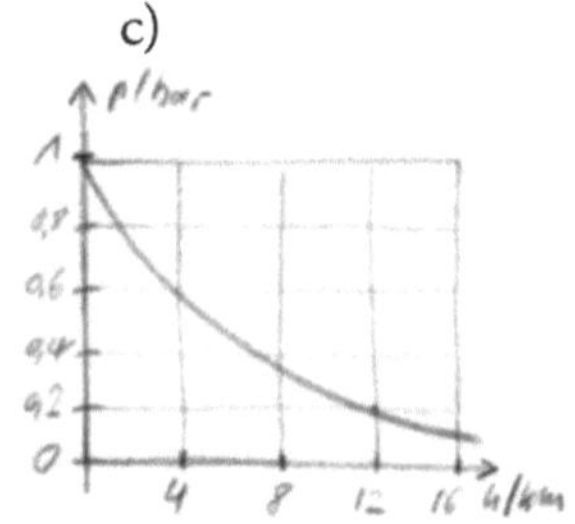

Antwort

Die richtigen Antworten lauten: I-b) und II-c)

zu I-b) Schweredruck von Wasser:
Da die Dichte von Wasser auch in großen Tiefen konstant 1 g/cm³ beträgt, nimmt der Druck durch das darüber liegende Wasser gleichmäßig, genau genommen linear zu: $p \approx T$, T gleich die Wassertiefe.
Alle 10 Meter steigt der Wasserdruck um 1 bar bzw. um 10^5 Pa.

zu II-c) Schweredruck von Luft:
Die Dichte von Luft hingegen hängt davon ab, unter welchem Druck das betrachtete Volumen Luft steht.
Denkt man sich die Atmosphäre in horizontal übereinanderliegenden Luftschichten, so lasten die oberen Schichten durch ihr Gewicht auf allen unteren. Daher erfahren Letztere einen Druck, der umso größer ist, je weiter unten sie liegen. Am Boden ist somit die Luftdichte am größten. Sie beträgt 1,29 10^{-3} g/cm³, also ca. 1/1000 der von Wasser. Der dort herrschende Druck beträgt im Mittel 1013 mbar.
Durch die mit der Höhe abnehmende Luftdichte fällt der Luftdruck nicht linear ab (so wie er mit zunehmender Wassertiefe geradlinig zunimmt). Der Druckabfall ist in der dichtesten Schicht am Boden zunächst sehr stark. Mit zunehmender Höhe wird er jedoch immer geringer. In 20 km Höhe beträgt der Luftdruck bereits nur noch ein Zehntel dessen wie am Boden und läuft in ca. 100 km Höhe gegen Null aus. Ein solches Verhalten kommt in der Natur häufiger vor und man stellt den Verlauf mit Diagrammen ähnlich der h-p-Kurve in II-c) dar.

Eintauchen in Metall

Der Druck in oder durch Flüssigkeiten ist allgegenwärtig und hat viele nützliche Anwendungen. Je schwerer, d.h. dichter die Flüssigkeit ist, desto höher ist der hydrostatische Druck in einer bestimmten Tiefe.
Quecksilber ist das einzige unter Standardbedingungen flüssige Metall und ist 13,6-Mal dichter („schwerer„) als Wasser. Wasser hat die Dichte 1 g/cm³.
Die noch oft gebräuchliche Druckeinheit Technische Atmosphäre, Einheitenzeichen: ***at*** entspricht dem Bodendruck einer genau 10,0 Meter hohen Wassersäule. Hinzu kommt in der Regel der Standardluftdruck von 1 atm, *Atmosphäre*, vgl. dazu die Frage *Druckeinheiten*.
In welcher Tiefe unter der Oberfläche ist der Schweredruck von Quecksilber 1 at?

a) 10,0 m

b) 76 cm

c) 73,5 cm

Antwort

Die Antwort lautet: c) 73,5 cm.

Zu a) Eine 10 Meter hohe Quecksilbersäule erzeugt am Boden den 13,6-fachen Druck einer gleich hohen Wassersäule. Bei Wasser wäre es am Boden 1 at, also würde die Hg-Füllung des 10-Meter-Rohres am Boden 13,6 at erzeugen.

Zu b) 76 cm Quecksilber-Säule ist ein wohl bekannter Wert, da sie dem Normaldruck in unseren Breiten entsprechen. Man schreibt aber in der Regel 760 mm, und 1 mm Hg-Säule entsprechen genau 1 Torr, der nach dem Italiener Evangelista Torricelli benannten Druckeinheit (zu Torricelli vgl. auch die nächsten Abschnitte).

760 mm entsprechen aber einer 10,335 Meter hohen Wassersäule, also etwas mehr als 1 at.

Zu c) Eine Quecksilbersäule, die den gleichen Bodendruck wie eine Wassersäule erzeugen soll, muss als nur $\frac{1}{13{,}6}$stel so hoch sein. Für einen Bodenruck von 1 at heißt das:

10,0 m Wasser oder

$\frac{1}{13{,}6}$ m = 73,5 cm Quecksilber

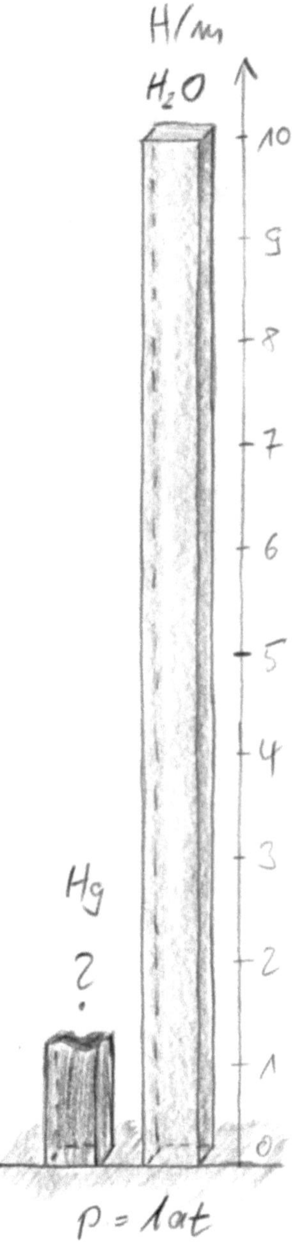

Tiefseetauchen

Die richtig hohen Drücke kommen in der Natur in den großen Wassertiefen vor. Der Marianengraben im westlichen Pazifik (2000 km vor den Philippinen) ist die tiefste Stelle der Weltmeere: 11.034 Meter.

Der Regisseur James Cameron hat in 2012 mit dem Spezial-U-Boot Deepsea Challanger eine Tiefe von 10.898 Metern erreicht und damit die gleiche Tiefe (an fast gleicher Stelle) wie schon Jacques Piccard 1960.

Dort herrscht ein Druck von ca. 1100 at.

Luftdruck messen

Den Normaldruck von Luft bezieht man auf Meereshöhe und nimmt als Wert 1013 mbar bzw. 1013 hPa. Früher war die Einheit 1 at gebräuchlich. Aus der Frage *Eintauchen in Metall* ist bekannt, dass der Schweredruck in ca. 760 mm Tiefe in Quecksilber (Hg) genau dem Normaldruck entspricht.

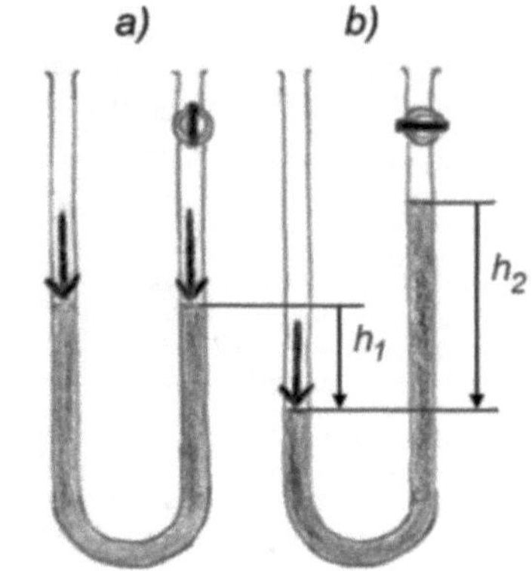

Mit Quecksilber lässt sich also im bequemen Maßstab der Luftdruck messen.
Dazu füllt man ein ca. 1 m langes U-Rohr, wie rechts abgebildet, mit einem Hahn bis zur Hälfte mit dem flüssigen Metall. Auf beide Seiten im U-Rohr wirkt der (gleiche) Luftdruck und es stellt sich ein einheitlicher Pegel ein, a). Nun kippt man das Rohr, so dass das Quecksilber den Hahn ganz ausfüllt und schließt diesen.
Nachdem das U-Rohr wieder senkrecht steht, stellen sich in den beiden Schenkeln zwei unterschiedliche Hg-Pegel ein, wie in der Abbildung b) zu sehen ist. Welche der eingezeichneten Längen h_1 oder h_2 sind nun das Maß für den herrschenden Luftdruck?

Antwort

Die Antwort lautet: Länge h_2.
Nach dem Einfüllen lastet auf jedem Hg-Pegel rechts und links der gleiche Druck, nämlich der Druck der Quecksilbersäule selbst und der Luftdruck (angedeutet mit Pfeilen). In der Anordnung rechts fehlt im Schenkel mit dem geschlossenen Hahn der Luftdruck. Über den Hg-Spiegel ist nur Vakuum. Im der anderen U-Rohr-Hälfte befindet sich weiterhin die Luftsäule und zwar nicht nur bis zum Rohrende, sondern so hoch wie die Atmosphäre reicht.
In der Anordnung b) ist im rechten Schenkel also Quecksilber und darüber Vakuum und im linken Schenkel (mit dem geschlossenen Hahn) Quecksilber und darüber Luft. Folglich entspricht die Höhe h_2 der rechten Hg-Säule relativ zum Hg-Spiegel im linken Schenkel dem Luftdruck.
h_1 gibt indirekt auch den herrschenden Luftdruck an. Es gilt nämlich: $h_1 = h_2/2$. Warum nur?

Bei Normalwerten beträgt h_2 genau 760 mm. 1 mm Hg-Säule wird der Luftdruck 1 Torr zugewiesen. Mit einer einfachen Rchnung kann man das nachprüfen: Aus der Frage *Im Selbstdruck* ist die Formel zur Berechnung des Schweredrucks unter einer Flüssigkeitssäule bekannt:

$p = \rho \cdot g \cdot h$	ρ	Dichte der Flüssigkeit, ρ_{Hg} = 13.600 kg/m³
	h	Höhe der Flüssigkeitssäule (= Tiefe unter Oberfläche)
	g	Gravitationsfeldstärke, genauer: 9,81 N/kg

Eingesetzt: $p_{760\ mm\ HG}$ = 13600 km/m³·9,81 N/kg·0,76 m = 1,013 10^5 Pa
Oder in Hekto-Pa: 1013 hPa, um zahlenmäßig den früheren 1013 mbar zu entsprechen.
Wie in frühern Fragen schon gezeigt spielt der Rohrdurchmesser keine Rolle. Auch könnte der Rohrquerschnitt in beiden Schenkeln unterschiedlich sein.

Die Erforschung des Luftdrucks

Experiment und Beweis – darauf setzten die Wissenschaftler mit dem beginnenden 17. Jahrhundert bei der Erforschung der Natur und ihrer Gesetzmäßigkeiten.

Diesem systematischen Vorgehen verdankten die Forscher auch neue Einsichten über die Bedeutung und Wirkung des Luftdrucks.
Die barometrischen Versuche des Florentiners Evangelista Torricelli (1608-1647) zur Erzeugung eines künstlichen Vakuums („torricellische Leere“) waren angeregt worden durch die bekannte Tatsache, dass eine Saugpumpe Wasser nur bis maximal 10 Meter hochziehen konnte. Im Jahr 1644 entwickelte Torricelli das Quecksilber-Barometer, dessen Quecksilbersäule sich unabhängig von der Neigung der Röhre auf immer die gleiche Höhe einstellt, siehe nächste Frage.
Torricellis Experimente feuerten die im Europa des 17. Jahrhunderts erbittert geführte Debatte über einen *Horror vacui* neu an. Blaise Pascal zeigte, dass sich die Barometersäule an höher gelegenen Orten niedriger einstellt. Warum sollte diese vermeintliche Abscheu der Natur vor dem Vakuum nur

bis zu einem bestimmten Volumen wirken? Schließlich führten alle Resultate zur endgültigen Widerlegung dieser seit Aristoteles vertretenen Lehrmeinung.
Der 1602 in Magdeburg geborene Otto von Guericke war als Forscher und Erfinder ein Spätberufener. Nach einer Karriere als Politiker, so war er u. a. Bürgermeister von Magdeburg, widmete er sich ab 1646 ausschließlich seine naturwissenschaftlichen Studien. Er war fasziniert vom heliozentrischen Weltbild eines Kopernikus und fragte sich, warum der ganze unermessliche Weltraum von einem fiktiven Äther gefüllt sein sollte. Lässt sich Raum nicht einfach als bloßer, völlig leerer Raum denken?
Die systematische Erforschung des Vakuums wurde daher sein Spezialgebiet.
Er verbesserte, beginnend mit einer gewöhnlichen Feuerwehrspritze, Zug um Zug die Saugfähigkeit von Luftpumpen.
Nachdem er mit abgedichteten Bierfässern Behälter hatte, die stabil genug waren, konnte er diese evakuieren ohne dass sie kollabierten. Dabei stellte er fest, „dass in einem Raum ein Vakuum entsteht, wenn wir aus ihm alle Substanz, so z. B. Wasser oder Luft entfernen, und dass auf diesem Vakuum der äußere Luftdruck lastet". [5], S. 235
1654 demonstrierte Guericke seine Luftpumpenversuche auf dem Reichstag zu Regensburg. Bekannt ist er vor allem durch spektakuläre Versuche wie mit den Magdeburger Halbkugeln, siehe dazu unten die Frage *Zweimal acht reicht nicht*.
Guericke starb 1686 im damals hohen Alter von fast 84 Jahren.
Guerickes Luftpumpen-Konstruktionen regten auch den in London wirkenden Robert Boyle zu eigenen Nachbauten an. Im Zuge dieser Forschungen fand er auch das nach ihm benannte Boyle-Mariotte-Gesetz. Weiter oben dazu eine eigene Frage.
Auf Boyle geht übrigens die Bezeichnung *Barometer* zurück. [6] S. 91

Torricelli in Schieflage

Evangelista Torricelli hat vor fast 400 Jahren Grundlegendes über Flüssigkeiten und Gase herausgefunden. Er erforschte den Druck in Flüssigkeiten und Gasen und hat insbesondere den Luftdruck untersucht.
Dabei erfand er das sogenannte Torricelli-Barometer, eine einfache, oben geschlossene Glasröhre, die mit Quecksilber (Hg) gefüllt ist und mit dem unteren offenen Ende in eine Schale ebenfalls voll Quecksilber taucht. Im Prinzip ist dies die in der Frage *Luftdruck messen* vorgestellte Methode. Die Abbildung zeigt die prinzipielle Anordnung für ein Torricelli-Barometer.

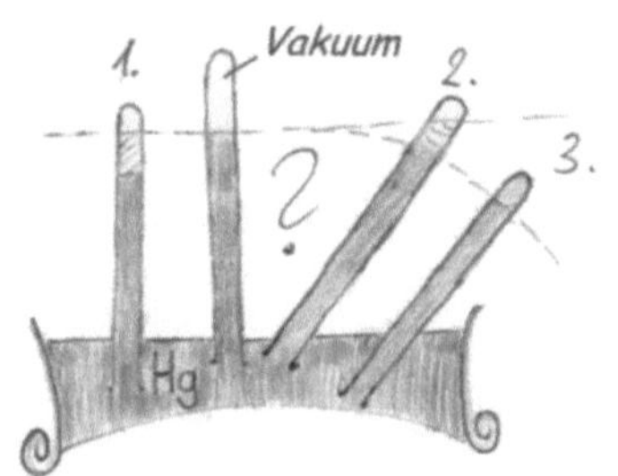

Standardstellung, leicht eingetaucht.

1. tiefer eingetaucht
   weiter senkrecht
2. gekippt, über ursprünglichem Quecksilberpegel
3. gekippt, unter ursprünglichem Quecksilberpegel

I) Wie hoch steht der Hg-Pegel in der Röhre, wenn diese einfach tiefer eingetaucht wird? (Position 1)

a) der Eintauchtiefe entsprechend tiefer (grau in Abbildung)

b) genauso hoch (gestrichelt in Abbildung)

c) bei einem Wert zwischen Ursprungshöhe und der Eintauchtiefe

II) Wie hoch steht der Hg-Pegel in der Röhre, wenn die Röhre leicht geneigt wird, das obere Ende aber über dem ursprünglichen Hg-Pegel bleibt? (2)

a) entsprechend der Neigung tiefer (grau in Abbildung)

b) genauso hoch (gestrichelt in Abbildung)

c) bei einem Wert zwischen Ursprungshöhe und der Neigungstiefe

III) Wie hoch steht der Pegel in der Röhre, wenn die Röhre so weit geneigt wird, bis das obere Ende unter dem ursprünglichen Hg-Pegel steht? (3)

a) entsprechend der stärkeren Neigung noch tiefer (grau in Abbildung)

b) genauso hoch

c) bis zur Oberkante der geschlossenen Röhre, das Hg füllt diese also voll aus (gestrichelt in Abbildung)

Antwort

Die Vorrichtung von Torricelli ist so einfach wie genial.
Oberhalb des Quecksilber-Pegels befindet sich in der Röhre nichts, es herrscht dort ein recht brauchbares Vakuum. Wie hoch das Quecksilber in der Röhre steigt hängt nur vom äußeren Luftdruck ab. Unter Normalbedingungen erreicht die Hg-Säule die bekannten ca. 760mm. Bei Sturm, also Tiefdruck, etwas niedriger, bei schönem Hochdruck-Wetter etwas höher. Auf jeden Fall ist die erreichte Höhe unabhängig von der Form oder Lage der Röhre.

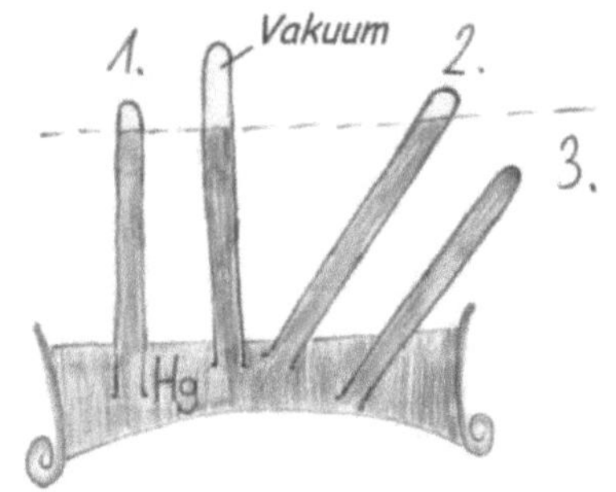

Die Antworten lauten somit:

I-b) Genauso hoch - Bei Position 1 stellt sich der gleiche Pegel ein.
Der Luftdruck reicht aus, die Hg-Säule bis zum Niveau, von dem ausgegangen wird, hochzudrücken. Dieser Wert liegt unter Normalbedingungen bei ca. 760 mm.

II-b) Genauso hoch - Bei Position 2, wenn die Röhre leicht geneigt wird, stellt sich ebenfalls der gleiche Pegel ein.
Ob die Röhre und somit die Hg-Säule senkrecht steht oder geneigt ist, spielt für die senkrecht zum Erdmittelpunkt gerichtete Höhe des Quecksilbers kein Rolle. Solange also eine schräge Röhre lang genug ist, wird der Quecksilberniveau bei den ursprünglichen, senkrecht gemessenen 760 mm liegen.

III-c) Bis zur Oberkante der geschlossenen Röhre, das Hg füllt diese also voll aus. Bei Position 3 befindet sich das Ende der Röhre unter dem 760 mm-Niveau.
Der Luftdruck kann das Quecksilber daher bis ans Röhrenende hoch drücken – aber nicht höher. Diese Anordnung kann nicht als Barometer funktionieren.

Zu Ehren des Entdeckers Torricelli bezeichnet man den Druck einer ein Millimeter hohen Hg-Säule mit der Einheit *1 Torr*. Der Normaldruck von 1013 mbar entspricht genau 760 Torr.

Die Zeiger stehen auf Sturm

Warum zeigt ein von Hamburg nach München gebrachtes Zimmerbarometer auch bei schönem Wetter auf Sturm?

a) Weil es in München auch bei schönem Wetter generell sehr windig ist.
b) Weil München gut 500 Höhenmeter über Hamburg liegt und somit bei jeder Wetterlage ein niedriger Luftdruck herrscht als an der Küste.
c) Weil Barometer sehr empfindliche Messgeräte sind und einen so langen Transport im allgemeinen nicht überstehen.

Antwort

Die Antwort lautet: b) München liegt auf ca. 500 Meter über dem Meeresspiegel und es gilt die generelle Abnahme des Luftdrucks mit zunehmender Höhe zu berücksichtigen.

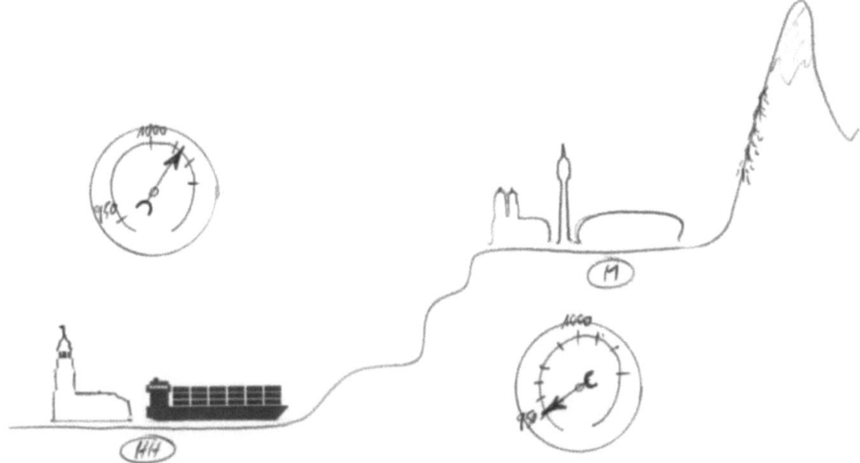

Bei schönem Wetter beträgt der Normaldruck auf Meereshöhe, also auch in Hamburg, 1013 mbar (hPa).
Die Einberechnung der Lage von München auf ca. 500 Meter über dem Meer ergibt einen generell um ca. 60 mbar niedrigeren Druck. Für die etwa 950 mbar ist aber das Hamburger Barometer auf Sturm geeicht. Beim Ablesen nach der Fahrt nach München liest man also auch bei schönstem Wetter „Sturm".
Barometer müssen also auch auf die Höhe über dem Meeresspiegel an ihren Aufstellort einjustiert werden.

Volumen des Vakuums

Ein Kolbenprober ist ein geschlossener Zylinder mit einem genau eingepassten Kolben oder Stempel. Zieht man am Stempel, so muss man umso stärker ziehen, je größer das im Kolben entstehende Vakuum wird.

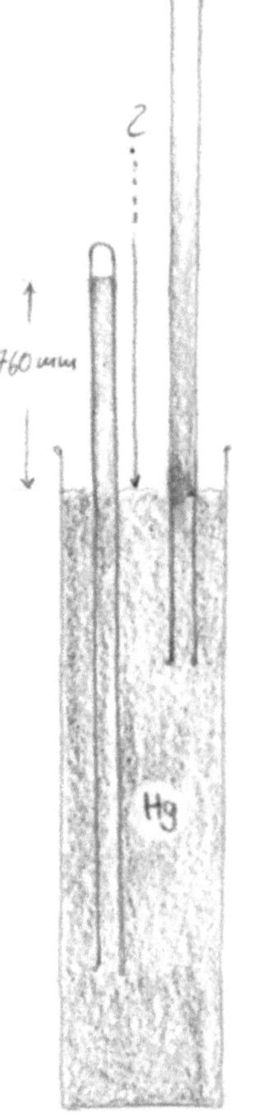

In der Abbildung rechts taucht eine oben geschlossene Glasröhre diesmal in ein tiefes Quecksilberbad. Es ragt etwa einen Meter heraus, der Hg-Pegel stellt sich gemäß dem herrschenden Luftdruck bei ca. 760 mm ein.
Zieht man nun die Glasröhre weiter heraus, wird dann auch der Hg-Pegel angehoben?
Hat das Vakuum ein bestimmtes maximales Volumen und zieht schließlich das Quecksilber mit nach oben?

a) Ja,

b) Nein,

Antwort

Die Antwort lautet: b) Nein. Der Pegel bleibt bei derselben Höhe – egal wie weit die Röhre herausgezogen wird.
Die scheinbar zusammenziehende Kraft eines Vakuums rührt ausschließlich vom Druck der umgebenden Atmosphäre her. Dieser Druck auf die Öffnung des Vakuums, hier die Stempelfläche bzw. das offene untere Ende der Röhre, bewirkt die in Richtung Vakuum gerichtete Kraft.
Zu Zeiten Torricellis herrschte noch die Vorstellung von einem „horror vacui", vgl. dazu oben die *Erforschung des Luftdrucks*. Die Natur verabscheue das Vakuum als die absolute Leere. Im Vakuum, also z. B. in der Röhre oberhalb des Hg-Pegels gäbe es irgendeine noch unbekannte Substanz.
Torricelli zeigte mit einem relativ einfachen Experiment, dass Form und Größe des Vakuums keinen Einfluss auf dessen Wirkung haben.

Es gab nach Torricelli benannte Barometer, ausgeführt als etwa einen Meter lange, oben geschlossene, quecksilbergefüllte Röhre, die mit der Öffnung nach unten in ein Quecksilberbad eintaucht. Der Pegel stellt sich bei einem Luftdruck von etwa 1 bar bei ca. 760 mm ein. Daher sagt man auch, es herrscht ein Luftdruck von 760 Torr.

Sie verglichen diesen bekannten Aufbau mit einer zweiten gleich langen Röhre, die am oberen Ende diesmal mit einer Hohlkugel verschlossen war. Kopfüber eingetaucht in das Hg-Bad stellte sich ebenfalls der Pegel bei ca. 760 mm ein. Das viel größere kugelförmige Vakuum hatte also keinen Einfluss auf die Pegelhöhe.

Sie schlossen daraus völlig korrekt, dass das Vakuum schlicht „leer" ist und keine anziehende Kraft ausübt, sondern dass ausschließlich die äußere Kraft des Luftdrucks wirkt.

Etwa zu gleichen Zeit erforschte der Magdeburger Otto von Guericke ebenfalls das Phänomen und erfand die Vakuumpumpe. Nun waren Experimente möglich, bei denen man den äußeren Luftdruck regulieren konnte. Es zeigte sich jedes Mal, dass das Vakuum selbst kein Einfluss hat.

Warum steigt dann die Kraft an, wenn man am Kolben zieht oder den Stempel einer Haushaltsspritze herauszieht?

Es herrscht eben doch kein hundertprozentiges Vakuum, weil auch bei ganz geschlossenen Kolben noch etwas Luft vorhanden ist. Diese Restluft bewirkt, dass der Kolbenquerschnitt zunächst unter Normaldruck steht und das Herausziehen zu Beginn ganz leicht ist. Müssen sich die wenigen Luftmoleküle über einen immer größeren Raum verteilen, wird dieser mehr und mehr zu einem echten Vakuum und die Zugkraft läuft gegen einen Grenzwert. Damit befasst sich die Frage *Luftdruck wiegen-II.*

Das Vakuum hat also kein wirksames Volumen in diesem Sinne – jedenfalls spielt es oft keine Rolle.

Unterwasserdeckel

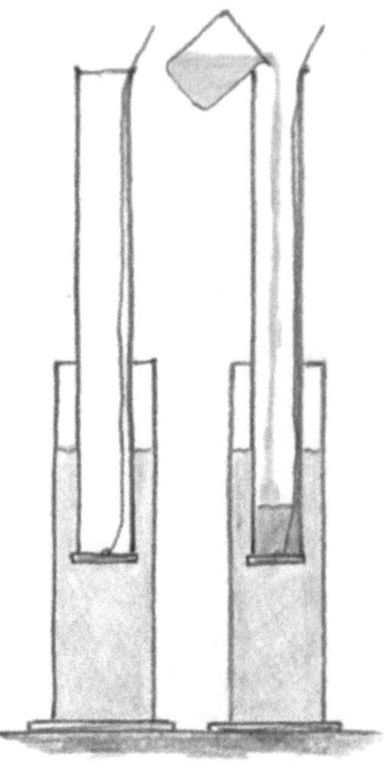

Eine lange zylindrische Glasröhre wird auf einer Seite mit einem leichten Deckglas verschlossen. Ein Faden hält das Deckglas von innen fest, um die so verschlossene Röhre senkrecht in einen Messzylinder mit Wasser eintauchen zu können. Der Faden kann dann losgelassen werden, da das Deckglas vom allseitigen Wasserdruck von unten gegen das Rohrende gedrückt wird.
Wie hoch muss man Wasser einfüllen, damit das Deckglas am unteren Ende abfällt?

a) Etwas weniger als bis zum Wasserpegel
b) Genau bis zum Wasserpegel
c) Etwas mehr als bis zum Wasserpegel
d) ca. 10 Meter

Antwort

Die Antwort lautet: a) Etwas weniger als bis zum Pegel im Messzylinder.
Das Deckglas wird nicht nur von dem Schweredruck gehalten, der in der Eintauchtiefe von wenigen Zentimetern herrscht und eine Kraft nach oben erzeugt. Auf die Wasseroberfläche im Messzylinder drückt auch der Luftdruck und dieser addiert sich zum Wasserdruck. Allerdings drückt der Luftdruck auch von Innen auf den Zylinder, so dass sich dieser Effekt gegenseitig aufhebt. Es genügt also, soviel Wasser einzufüllen, dass es den von unten wirkenden Schweredruck aufhebt. Dies ist der Fall, wenn das Wasser innen genauso hoch steht wie außen. Hinzu kommt allerdings die ebenfalls nach unten wirkende Gewichtskraft des Deckglases, so dass es bereits abfällt, wenn der Wasserpegel innen etwas niedriger ist.
Antwort d) ca. 10 Meter wäre korrekt, wenn die lange Glasröhre evakuiert wäre. Dann nämlich würde nur das Gewicht des eingefüllten Wassers auf das Deckglas drücken. Unten aber wirken der Schweredruck und der Luftdruck zusammen. Und der Luftdruck entspricht etwa dem Druck einer 10 Meter hohen Wassersäule.

Tiefer Brunnen

Saugpumpen kommen in vielen Bereichen zur Anwendung. Der Klassiker ist wohl die nebenstehend skizzierte Ausführung zum Heben von Wasser. Mit solchen Saugpumpen wird Wasser aus den meisten Brunnen nach oben gepumpt. Ein luftdicht schließender Kolben lässt sich mit dem Pumpenhebel in einem Zylinder auf und ab bewegen. Bei der Aufwärtsbewegung entsteht im Zylinder ein Unterdruck und es wird Wasser aus der Tiefe angesaugt. Bis zu welcher Tiefe kann man mit einer Saugpumpe fördern?

a) ca. 5 Meter
b) gut 10 Meter
c) Die Fördertiefe hängt nur von der aufgebrachten Pumpleistung ab

Antwort

Die Antwort lautet: b) Es sind genau 10,33 Meter.
Dahinter steckt nämlich folgende Wirkungsweise: Wird der Kolben, wie in der nebenstehenden Abbildung links gezeigt, nach oben gezogen, so entsteht im Zylinder ein Vakuum oder besser ein Unterdruck. Auf Grund des äußeren Luftdruckes wird Wasser über das Ventil 1 und das in den Brunnen reichende Saugrohr in den Zylinder gedrückt bis dieser voll ist.
Wird der Kolben nach unten gedrückt, schließt sich das Ventil 1. Das Wasser wird über das sich öffnende Ventil 2 nach außen befördert und über den meist höher liegenden Ausguss entnommen, s. rechts.
Bei Schritt 1, dem Füllen des Pumpenzylinders, drückt der Umgebungsluftdruck auf die Wasseroberfläche unten im Brunnen. Dieser Luftdruck von unter Normalbedingungen 1013 hPa (ca. 1 bar) entspricht genau 760 Torr bzw. eben 10,33 m Wassersäule. Vgl. dazu auch frühere Fragen.
Und nur so hoch kann das Wasser im Saugrohr maximal hochsteigen. In der Praxis liegt die max. Fördertiefe niedriger, da man mit einer einfachen Saugpumpe kein wirkliches Vakuum erreicht.

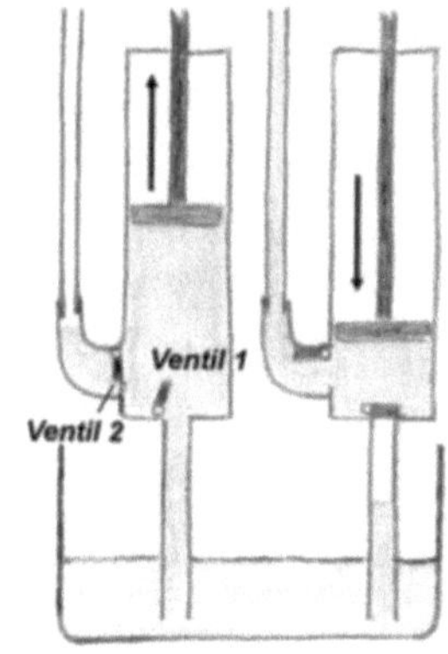

Luftdruck wiegen

Der Luftdruck übt wie jeder Druck auf eine Fläche eine bestimmte Kraft aus. Kennt man also die Fläche, kann man den herrschenden Luftdruck „wiegen".

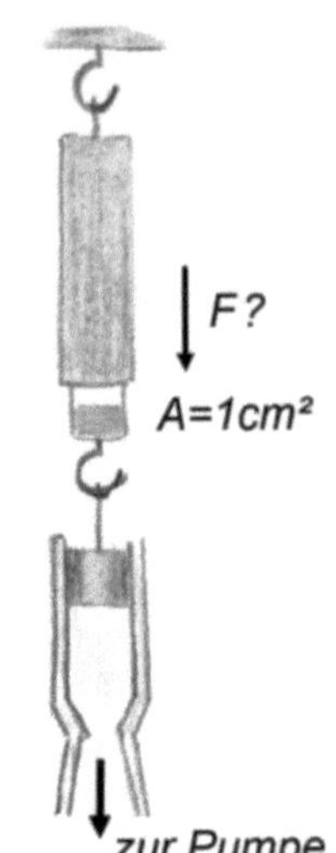

I) Was misst die Vorrichtung in der Abbildung rechts?
   a) die Federkonstante des Kraftmessers
   b) den Luftdruck
   c) das von der Pumpe erzeugte Vakuum

II) Wenn die Fläche des runden Kolbens 1 cm^2 beträgt, welche Kraft ist dann bei normalem Luftdruck auf Meereshöhe zu erwarten?
   a) 1 N
   b) 10 N
   c) 100 N

Antwort

Die Antwort auf die erste Frage lautet: I-b) Die Vorrichtung misst den Luftdruck. Vorausgesetzt, dass die Pumpe ein gutes Vakuum erzeugt.
Zunächst zu den beiden Alternativantworten:
I-a) Die Federkonstante des Kraftmessers muss man natürlich vorher mit einer geeigneten Vorrichtung bestimmt haben. Am einfachsten mit geeichten Newton-Gewichten.

Vakuummeter
I-c) Das Vakuum der Pumpe könnte man schon mit einem solchen Aufbau prinzipiell bestimmen, hängt doch der „gewogene" Luftdruck von der Güte dieses Vakuums ab.
Voraussetzung ist allerdings, dass der Luftdruck exakt bekannt ist, was wiederum selbst eine Druckmessung wäre. Im Grob- und Feinvakuum, d.h. bis zum Bereich von ein millionstel bar (=10^{-1} Pa) kann man noch direkte Messungen mit Druckmessgeräten vornehmen. Für niedrigere Drücke, man spricht dann von Hoch- und Höchstvakuum, sind indirekte Messverfahren erforderlich wie die Bestimmung der Teilchenanzahl pro Volumen.

Technisch erzeugte Vakua liegen übrigens immer noch viele Zehnerpotenzen über den Teilchendichten, wie sie im Weltraum herrschen.
Die Vorrichtung eignet sich also zur Luftdruckmessung Dazu muss die Skala des Federkraftmessers einfach in Druckeinheiten geeicht sein.
Wie dies zu geschehen hat, folgt aus der zweiten Frage. Die richtige Antwort lautet ebenfalls II-b) Die Kraft des normalen Luftdruckes auf eine Fläche von 1 cm^2 ist 10 N.
Über diese Werte ist auch die Druckeinheit *bar* definiert: ***1 bar = 10 N/cm²***.

Luftdruck-wiegen-II

Die letzte Frage zeigt, dass wir den Luftdruck „wiegen“ können.
Im Prinzip erzeugt man ein Vakuum und misst, mit welcher Kraft ein Kolben hinein “geschoben“ wird. Für die Schubkraft ist der Luftdruck verantwortlich.
Ein Vakuum kann man auch anders erzeugen: Man zieht den Stempel eines geschlossenen Kolbens heraus, darüber entsteht das Vakuum.
Der Luftdruck drückt mit der Kraft F auf die Stempelfläche A und diesen ganz in den Kolben hinein. Sobald die Gewichtskraft F_G der aufgelegten Gewichte der Kraft *F* des Luftdrucks entspricht, bewegt sich der Stempel nach unten.

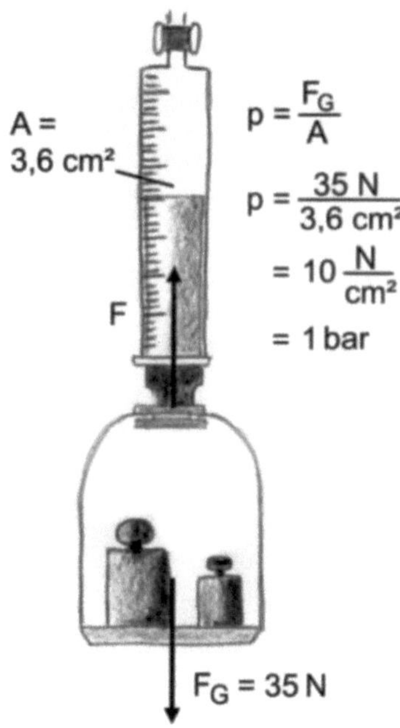

Sobald dies der Fall ist

a) bewegt sich der Stempel im Kolben etwas und bleibt wieder stehen. Nur mit immer wieder neuen, kleinen Gewichten bewegt er sich Stück für Stück weiter

b) bewegt sich der Stempel bis er vollständig aus dem Zylinder herausgezogen ist.

Antwort

Die Antwort lautet: b) Sobald die Kraft des Luftdrucks, die den Stempel vollständig im Kolben eingedrückt hält, durch die Gewichtskraft kompensiert ist, setzt sich der Stempel in Bewegung. Da sich der äußere Luftdruck nicht ändert, wird diese Bewegung auch nicht gestoppt. Der Stempel bewegt sich vollständig aus dem Kolben heraus.

Wie errechnet sich nun hieraus der herrschende Luftdruck?

Das Gewicht bewirkt auf die Stempelfläche A den Druck: $p_{Gew.} = \frac{F_G}{A}$.

Dieser Druck entspricht genau dem äußeren Luftdruck. In der Graphik sind die Zahlenwerte für einen Kolben vom Querschnitt 3,6 cm^2 angegeben. Es resultiert ein Luftdruck von 1 bar.

Zweimal acht reicht nicht

Die bis heute wohl eindrucksvollste Demonstration zum Vakuum war der spektakuläre Versuch Otto von Guerickes 1657 in Magdeburg.

Dazu evakuierte Guericke mit einer von ihm entwickelten Luftpumpe zwei hohle, mit Lederriemen abgedichtete Halbkugeln aus Kupfer. Der äußere Luftdruck presste die Hälften fest zusammen. Um diesen von der Atmosphäre verursachten Druck zu demonstrieren, ließ der Physiker an jeder der *Magdeburger Halbkugeln* acht starke Pferde ziehen. Die Abbildung zeigt eine historische Darstellung des Spektakels.

aus *Technik Curiosa*, Prof. Caspar Schott, 1664

Wie stark kann ein Pferd ziehen? Geht man von 750 kg Gewicht aus, liefert die Faustformeln eine Dauerzugkraft von F_{Dauer} = 1/10 m·g = 750 N. Kurzeitig auch ein Mehrfaches. Die verwendeten Kugeln hatten einem Durchmesser von 42cm, somit etwa einen Querschnitt von 1/7 m^2. Es herrschte der übliche Luftdruck von ca. 1 bar oder 10^5 Pa (=N/m^2).

Können die insgesamt 16 Pferde die beiden Halbkugeln auseinanderziehen?

a) Ja

b) Nein

Antwort

Die Antwort lautet: a) Ja, aber sie müssen mit äußerster Kraft ziehen.
Zu berechnen ist die von Luftdruck herrührende Kraft, mit der die Kugeln zusammen gepresst werden.
Über die Definition von Druck: $p = \frac{Kraft\ F}{Fläche\ A}$ folgt die
Kraft auf die Querschnittsfläche: $F = p \cdot A = 10^5\ \text{Pa} \cdot 1/7\ \text{m}^2$

$$= \frac{10^5}{7} N \approx 14300\ \text{N}.$$

Die Zugkraft der Pferde: 16 · 750 N = 12000 N. Es sollte den Pferden also bei etwas Anstrengung gelingen, die mit 14300 N zusammen gehaltenen Kugeln zu trennen.
Aber: Es gilt das Wechselwirkungsprinzip Kraft gleich Gegenkraft („actio = reactio“) wonach sich die von den 16 Pferden aufgebrachte Kraft eben in die Kraft von 8 Pferden nach links und die entgegengesetzte gleiche Kraft der anderen 8 Pferde nach rechts aufteilt. Die auf die Kugel wirkende Kraft beträgt demnach nur 6000 N, also weniger als die Hälfte, die notwendig wäre, die Kugeln zu trennen. Erst wenn sich die Pferde richtig ins Zeug legen und mehr als das Doppelte der üblichen Zugkraft aufbringen, können sie die Kugeln auseinander reißen.

Guericke selbst schreibt dazu in seinem Hauptwerk „Experimenta nova Magdeburgica De Vacuo Spatio“ (Experimenta Nova (ut vocantur) Magdeburgica de Vacuo Spatio. Bd.II/1/1, Amsterdam 1672; Faksimile , Stekovics, Halle a. d. Saale 2002):
„Mit dem Lederring als Zwischenlage wurden nun diese Halbkugeln aufeinandergepasst und dann die Luft...rasch ausgepumpt. Da sah ich, mit wieviel Gewalt sich die beiden Schalen gegen den Ring pressten! Und diesergestalt hafteten sie unter der Einwirkung des Luftdrucks so fest aneinander, dass 16 Pferde sie gar nicht oder nur mühsam auseinanderzureißen vermochten. Gelingt aber bei größter Kraftanstrengung die Trennung zuweilen doch noch, so gibt es einen Knall wie von einem Büchsenschuss".

Mann-O-Meter

Was misst meistens der *Mann* mit dem Prüfgerät für den Druck von Autoreifen?

a) den absoluten (Luft-) Druck im Reifen
b) den Überdruck im Reifen zur umgebenden Luft
c) die Differenzdruck $p_{innen} - p_{außen}$ zwischen Reifen und umgebender Luft

Antwort

Die Antworten b) und c) sind beide richtig.
Zunächst zu a) Natürlich könnte man auch den absoluten (Luft-) Druck im Reifen messen. Dies wäre jedoch aus zwei unterschiedlichen Gründen unzweckmäßig:
Einmal ist es technisch wesentlich aufwändiger und in der Wartung anfälliger, das für die Messung des Absolutdrucks notwendige Vakuum herzustellen bzw. zu erhalten.
Im Haushaltsbarometer geschieht das. Aber dort handelt es sich um Feinmechanik, die sehr pfleglich behandelt wird.
Zum anderen ist es oft sinnvoll, den Überdruck gegen die umgebende Luft zu kennen, z. B. beim Autoreifen. Dieser ist wie alles dem Umgebungsdruck ausgesetzt, also etwa 1 bar.
Dem Reifenmaterial tut das gar nichts, denn die 1 bar gelten innen wie außen.
Was den Reifen aber beansprucht ist der Überdruck im Innern, in der Regel zwischen 2 und 3 bar. Und nur diesen Wert will man wissen.
Der absolute Druck im Reifen beträgt dann?
Die Alternativen b) und c) besagen beide das Gleiche:
Der Überdruck im Reifen zur umgebenden Luft ist ja genau der Differenzdruck $p_{innen} - p_{außen}$.

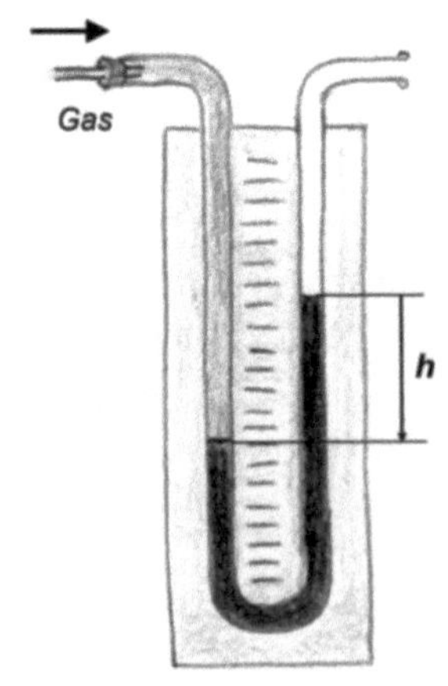

Ein Gerät, das den Überdruck misst, nennt man *Manometer.* Die Abbildung rechts zeigt schematisch das Prinzip:

Ein zum Druckmessen geeignetes Medium, wie hier eine Flüssigkeitssäule in einem U-Rohr, steht beidseitig unter dem herrschenden Luftdruck. Das abgeschlossene Volumen Gas, ein Behälter, ein Rohr oder der Autoreifen, dessen Überdruck bestimmt werden soll, wird mit dem (Mess-) Anschluss des Manometers verbunden. Das Messmedium zeigt den nun einseitig anliegenden Überdruck über eine Skala an.
Nach diesem einfachen Prinzip funktionieren tatsächlich Druckmesser, eben für ganz kleine Drücke von einigen 1/100 bar. h = 10 cm Wassersäule entspricht 0,01 bar. Der Überdruck in manchen Gasleitungen unter Atmosphärendruck kann so bestimmt werden.
Meist sind die Druckverhältnisse aber deutlicher. Unser Blut in den Arterien hat zum Beispiel einen Überdruck von 1/6 bar. Die Maßeinheit in der medizinischen Blutdruckmessung ist „mm Hg-Säule" (oder Torr). Der höhere systolische Wert liegt im Mittel bei 120 Torr, der diastolische etwa bei 80 Torr *Über*druck über den umgebenden Luftdruck von normal 760 Torr oder 1 bar.
Im Blutdruckmessgerät wie im Reifendruckfüllgerät arbeiten Druckdosen an denen Zeiger angebracht sind.

Glühdraht im Vakuum

Ein Glühdraht, der sich unter einer Glocke im Hochvakuum ($p \approx 10^{-3}$ Pa bzw. ein zehnmillionstes bar) befindet, wird elektrisch geheizt bis er zu glühen beginnt und leuchtet.
Lässt man nun Luft einströmen bis Normaldruck herrscht,

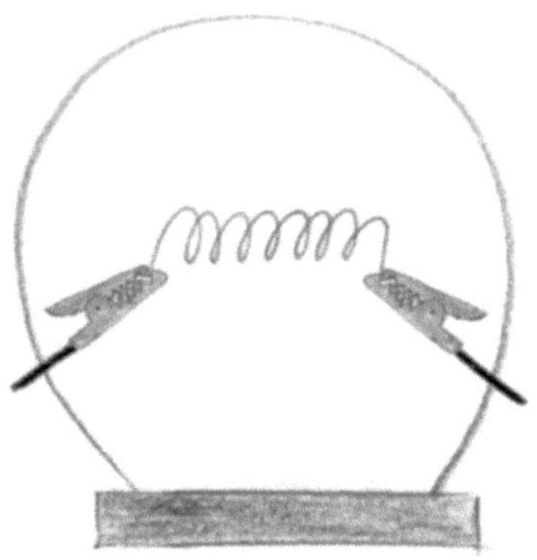

a) hört der Draht auf zu glühen.
b) leuchtet er genauso weiter, da das Glühen ja eine elektrische Ursache hat und nichts mit der Atmosphäre um den Draht zu tun hat.
c) glüht der Draht stärker und leuchtet hell auf.

Antwort

Die Antwort lautet: a) Der Draht wird bei normalem Luftdruck nicht mehr glühen

Was ist die Bedingung dafür, dass etwas glühen kann? Der Glühdraht heizt sich durch den elektrischen Strom auf. Damit es bis zum Glühen kommt, muss die erzeugte Wärme im Draht bleiben und darf nicht durch Wärmeleitung oder –abstrahlung an die Umgebung abgegeben werden. Die Doppelwendelung von Glühlampenfäden soll dieses Aufheizen auf Temperaturen zwischen 1500 und 3000 °C verstärken.

Egal welche Bauform: Wenn die Wärmeabgabe zu stark ist, wird der Draht nicht anfangen zu glühen. Ein Vakuum ist der ideale Isolator, da es keine Wärmeleitung zur „luftleeren" Umgebung gibt (siehe auch unten). Wärmeenergie kann nur durch Abstrahlung verloren gehen.

Strömt nun Luft ein, ist der Draht von zahlreichen Molekülen umgeben mit denen kinetische Energie ausgetauscht wird. So transportieren Luftmoleküle permanent Wärmeenergie vom Glühdraht weg und dieser erreicht nur noch niedrigere Temperaturen und leuchtet nicht mehr.

Beim Einsetzen der Wärmeleitfähigkeit λ mit abnehmendem Vakuum gibt es einen typischen Übergang. Je größer das Vakuum, desto weniger Teilchen gibt es, die miteinander zusammenstoßen können. Die sogenannte freie Weglänge wird immer größer. Ist sie größer als die üblichen Geräteabmessungen d im cm-Bereich, unterbleibt die Wärmeleitung. Man kann diesen Übergang am herrschenden Druck fest machen:

Vakuum	Druck	Freie Weglänge	Gerätemaßstab	Wärmeleitfähigkeit λ
Grob / Fein	> 1 Pa (=10^{-2} mbar)	x10 mm… x10 µm	kleiner als	gut
ab Hoch	< 1 Pa	x10 m…x10 km	größer als	schlecht

Ist die Wärmeleitung in Gasen generell abhängig vom Druck?

Ja, aber nur, wenn Hochvakuum oder mehr herrscht. Je geringer das Vakuum, desto höher der Druck und desto mehr Teilchen können aneinander stoßen. Die Wärmeleitung wird also größer. Bei relativ hohen Gasdichten, bei Drücken ab etwa 1 Pa, sind immer so viel Teilchen in unmittelbarer Umgebung, dass der Wärmetransport maximal ist, da, einfach gesagt, das

Gedränge um den Draht nicht mehr größer werden kann. Dann ist die Wärmeleitfähigkeit unabhängig vom herrschenden Luftdruck.
Sind Glühbirnen nun völlig luftleer? Ein 100%iges Vakuum wäre in der Herstellung teuer und aus anderen Gründen auch nachteilig. Um die Lebensdauer von Glühwendeln möglichst zu erhöhen, ist die Glühbirne mit einem Schutzgas gefüllt. Hier werden vorwiegend die sehr reaktionsträgen Edelgase verwendet, z.B. eine Mischung aus 75 % Argon und 25 % Stickstoff. Brächte man die Glühbirne in Luft zum Glühen, würde sie sofort durchbrennen.

Wasser unter Vakuum

In der Abbildung steht ein vollständig mit Wasser gefülltes Becherglas auf dem Kopf in einer Schale, in der sich auch etwas Wasser befindet.
Das Ganze wird von einer Vakuumglocke umschlossen.
Wird nun der Innenraum evakuiert, dann

a) ergießt sich alles Wasser aus dem Becherglas schlagartig in die Schale, sobald ein nennenswertes Vakuum erreicht wird.
b) fließt umso mehr Wasser aus dem inneren Becherglas in die Schale, je mehr Luft abgepumpt wird und der Luftdruck auf das innere Glas abnimmt.
c) fließt umso mehr Wasser aus dem inneren Becherglas in die Schale, je mehr Luft abgepumpt wird, weil dem Wasser nun der ganze Innenraum zur Verfügung steht.
d) beginnt das Wasser schließlich sogar zu „sieden“.

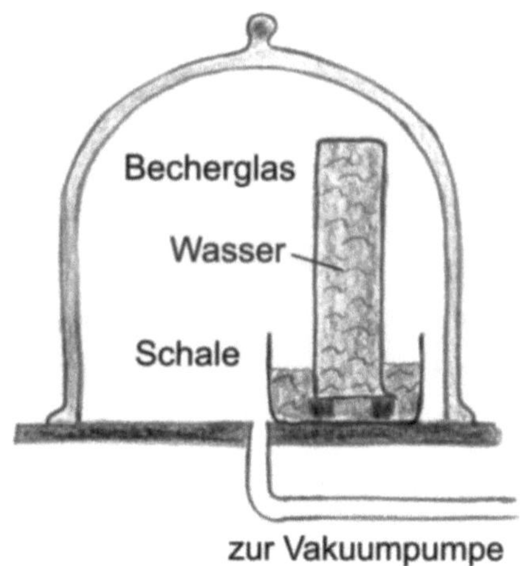

Antwort

Die Antworten b) und d) sind korrekt. Warum bleibt das Wasser überhaupt in dem hohen Becherglas? Der äußere Luftdruck wirkt über die Oberfläche des Wassers in der Schale von unten auf den Querschnitt des Becherglases und hält das Wasser darin fest. Erst wenn das Becherglas 10 Meter und mehr hoch wäre, würde die Wassersäule den Luftdruck übersteigen und das Glas auslaufen. Wird der Druck nun verringert, fängt ab einem bestimmten, schon sehr niedrigen äußeren Druck in der Glocke, das Wasser aus der Becherglas zu fließen. Wird der Druck soweit herabgesetzt, dass der sogenannte Dampfdruck von Wasser unterschritten wird, fängt das Wasser sogar an zu sieden.

Bei Raumtemperatur wäre der Dampfdruck von Wasser etwa 24 hPa, d.h. weniger als 1/40 des Normal-Luftdrucks, also ein eher schwaches Vakuum. Vgl. dazu auch die in der Antwort von *Schlittschuhlaufen* abgebildete Dampfdruckkurve von Wasser. Darin eingezeichnet auch die Situation für 100 °C heißes Wasser: Es geht bei Normalluftdruck von 1013 hPa (oder geringer) in den gasförmigen Zustand über - es siedet einfach.

Zu den anderen Alternativen:

zu a) Der Prozess findet nicht schlagartig statt. Sobald der Innendruck kleiner als „Becherglashöhe Wassersäule“ ist, fließt Wasser aus.

zu c) Was da passiert hat auch nichts mit dem „frei werdendem“ Raum zu tun. Sicher verdrängt Luft auch Wasser. Das Ausfließen aber wäre ja nur eine Verlagerung von Raum an einen anderen Ort. Aber eigentlich hat das Ganze überhaupt nichts mit Verdrängung zu tun.

Druck überlisten

Nachdem sich alle Pegel bei der Höhe *h* über dem tiefsten Punkt eingestellt haben, wird sich ein beim Querschnitt *A* eingepasster zylindrischer Kolben nicht mehr bewegen. Die durch den gleichen Druck an der Stelle von rechts und links wirkenden Kräfte sind folglich gleich groß. Vergleiche dazu das Gedankenexperiment in der Frage „Füllstand“.

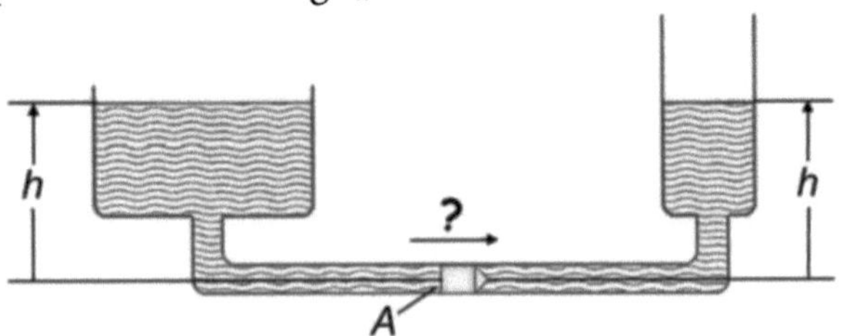

Hätte die rechte Seite des Kolbens aber wie in der Abbildung gezeigt die Form einer Pfeilspitze mit der gleichen kreisrunden Grundfläche *A* (Kegel), würde sich der Kolben

a) nach rechts in Pfeilrichtung bewegen, da die Kraft aufgrund des Drucks von rechts auf die Spitze geringer wäre als von links auf die ebene Kreisfläche.

b) weiterhin nicht bewegen, da der Druck zu beiden Seiten gleich ist und somit die resultierende Kraft senkrecht zur Querschnittsfläche *A* von rechts und links gleich ist

Antwort

Die Antwort lautet: b) Auch ein pfeilspitzenfömriger Kolben bewegt sich nicht. Auf den Kolben wirkt auf die spitze, rechte Seite sogar eine größere Kraft $F_\perp$ ein, da die Oberfläche des Kegels größer ist als der Querschnitt *A*. Vereinfacht als $F_\perp$ für die gesamte umlaufende Kegeloberfläche eingezeichnet. So könnte man auch annehmen, der Kolben bewege sich nach links.
Von der größeren Kraft wirkt aber nur die Komponente F_R senkrecht zur Grundfläche *A*. Diese ist genau so groß wie die von links wirkende Kraft F_L.

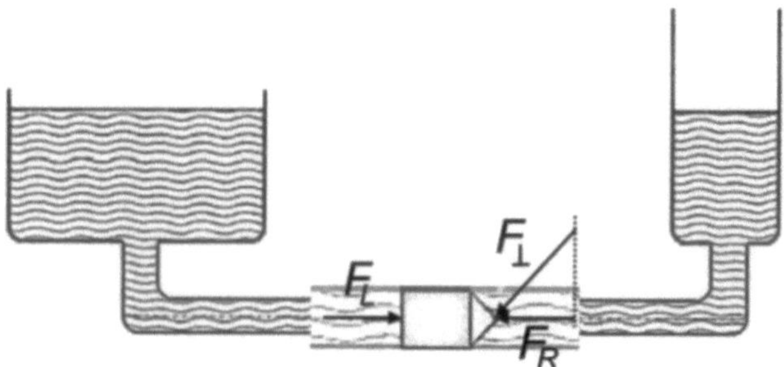

Gedankenspiel

Angenommen, der Kolben würde sich ohne äußeres Zutun in Richtung Pfeilspitze bewegen. Würde man das Rohr zu einem geschlossenen Kreis biegen in dem ein Druck größer Null herrscht, würde sich der Kolben permanent im Kreis drehen. Dies wäre ein Perpetuum mobile und dies ist unmöglich.
Konstrukteure von Motoren sind über diesen Umstand, dass die Kraft auf einen Kolben nicht von dessen Geometrie abhängt, sehr dankbar. Sie brauchen sich über die schon immer oben flachen zylindrischen Kolben keine weiteren Gedanken zu machen – jedenfalls prinzipiell nicht.

Schwingender Saugheber

Im rechts gezeigten Gefäß ist ein sogenannter Heber oder Saugheber integriert. Über den nach unten gekrümmten siphonartigen Auslass kann man den Behälter z. B. in einen tiefer liegenden umfüllen. Über einen Hahn läuft stetig eine relative kleine Wassermenge in das Gefäß ab.

Sobald der Pegel im Behälter über der Oberkante des Auslasses steigt, läuft Wasser das Rohr hinab und die Sogwirkung leert den Behälter.
Dann läuft er über den Zulauf wieder voll und der Vorgang beginnt von neuem.

Welchen zeitlichen Verlauf nimmt der Wasserstand h?

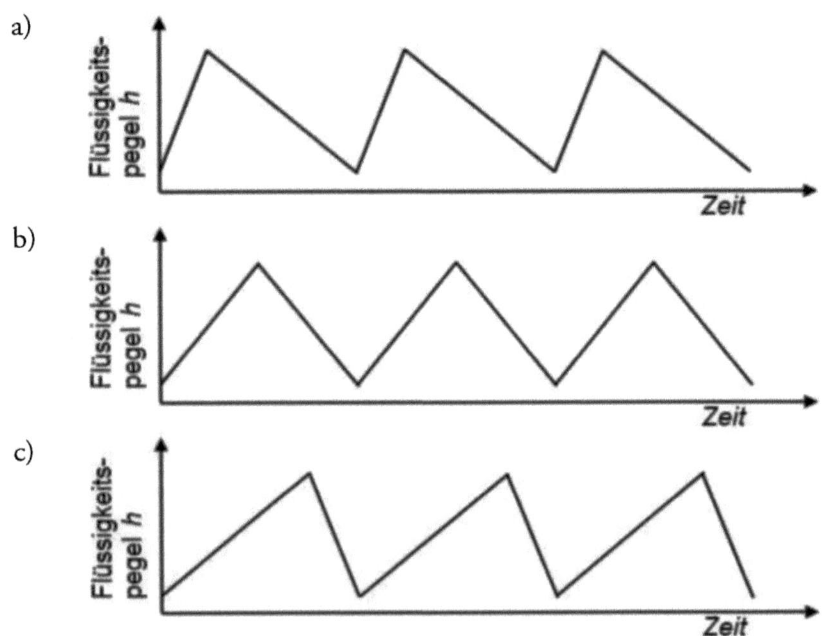

Antwort

Die Antwort lautet: c) Langsames Ansteigen und schnelles Abfallen des Wasserpegels. Beim Saugheber passiert nun Folgendes:
Sobald der Wasserstand die Höhe des U-Rohres erreicht, läuft Wasser auf der Auslassseite des Rohres hinunter und „saugt", sobald es tiefer als der Pegel im Gefäß ist, noch mehr Wasser aus dem Gefäß.

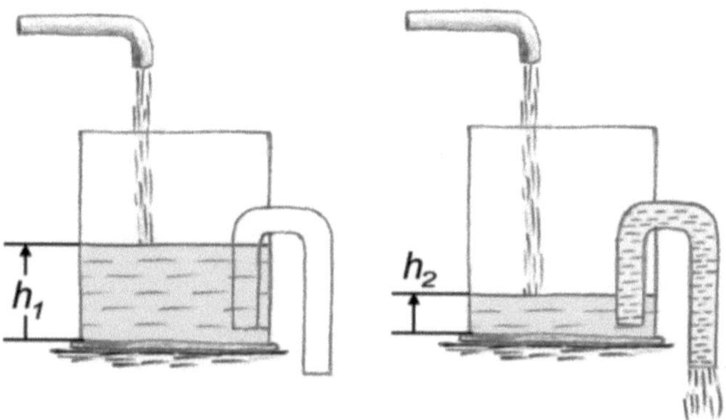

Da sein Durchfluss größer ist als der Zufluss aus dem Hahn, wird das Gefäß schnell bis zur Unterkante des inneren Rohrendes geleert. Das U-Rohr läuft dann völlig aus. Der Pegelstand h steigt wieder in dem Maße, wie Wasser aus dem Hahn nachläuft, was allerdings wesentlich langsamer geschieht.
Es entsteht eine sogenannte Kippschwingung. Die Abbildung zeigt ihren zeitlichen Verlauf.

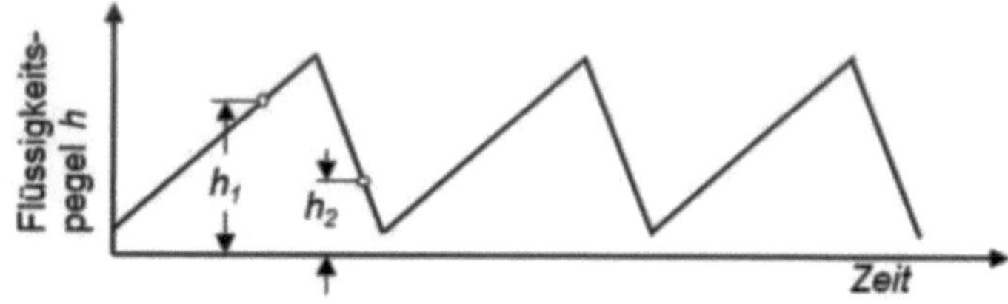

Kippschwingungen sind auch in der Elektrotechnik weit verbreitet. In der Nachrichtentechnik bevorzugt man rechteckförmige Signale (Flip-Flops).
Die bekanntesten Anwendungen des Saughebers sind allerdings alltäglicher Natur: Umfüllen von einem Fass in ein kleineres Gefäß, Wirkungsweise eines Tiefspülklosetts etc. Zyklisches Befüllen von kleineren Gefäßen kam früher z. B. in der Lebensmittelindustrie vor.

Weniger Gewicht?

Ein Stein hängt an einer Federwaage, die sein Gewicht angibt. Vollständig in Wasser eingetaucht, wie in der Abbildung rechts zu sehen, zeigt der Kraftmesser weniger an. Dies liegt

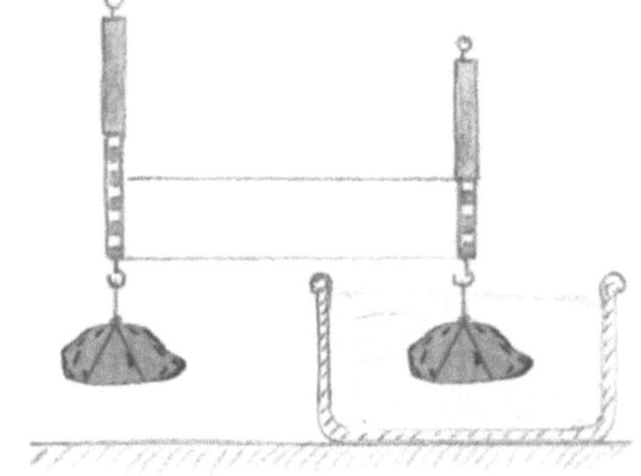

a) am Gewichtsverlust jedes Körpers im Vergleich zum Vakuum, wenn er sich in einer Flüssigkeit befindet

b) am Auftrieb, den jeder in eine Flüssigkeit eingetauchte Körper erfährt

c) an Turbulenzen beim Eintauchen in Wasser. Hat sich die Flüssigkeit beruhigt, zeigt der Kraftmesser wieder den ursprünglichen Wert an.

Antwort

Die Antwort lautet: b) Auf einen eingetauchten Körper wirkt die Auftriebskraft F_A, die stets der Gewichtskraft F_G entgegengerichtet ist. Sein Gewicht ist daher scheinbar vermindert. Dabei wird vorausgesetzt, dass sich der Körper in einem Schwerefeld, wie es z. B. auf der Erde herrscht, befindet.

<u>Auftrieb</u>

In einer Flüssigkeit wirkt auf Körper eine Auftriebskraft oder einfach: **Auftrieb** F_A ein. Er ist stets der Gewichtskraft F_G entgegengerichtet und bewirkt daher scheinbar eine Verminderung des Gewichts des Körpers, vgl. Abbildung rechts.

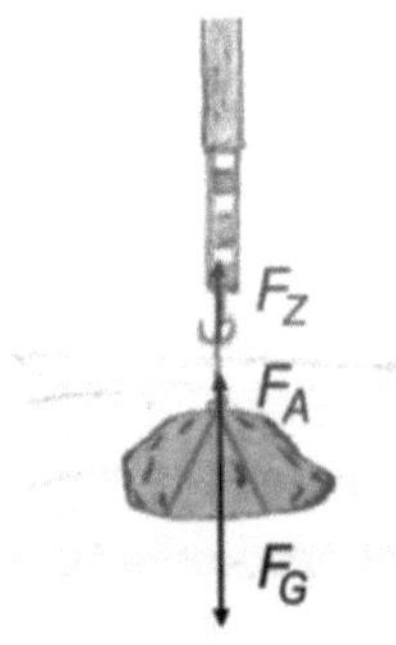

Neben dem hier betrachteten hydrostatischen oder einfach statischen Auftrieb gibt es noch den dynamischen Auftrieb. Hier wirkt auf einen in Flüssigkeit oder Gas bewegten Körper eine senkrecht zur Bewegungsrichtung und aufwärts gerichtete Kraft. Nach diesem Prinzip arbeiten z. B. alle Flugzeugflügel.

zu a) Der an der Federwaage angezeigte Gewichtsverlust ist nur scheinbar. Er wird eben durch den der Gewichtskraft F_G entgegen wirkendem Auftrieb verursacht. Auf einen Körper wirkt in einem Schwerefeld, ohne das es ein Gewicht oder diesen Auftriebseffekt überhaupt nicht gibt, immer die gleiche Gewichtskraft, egal ob im Vakuum oder in einer Flüssigkeit.

Eintauchtiefe
Beim Eintauchen zeigt der Kraftmesser immer weniger an. Sobald der Körper vollständig untergetaucht ist, bleibt die Auslenkung des Kraftmessers konstant, unabhängig davon, wie tief sich der Körper unter dem Flüssigkeitspegel befindet. Beim Herausziehen steigt die angezeigte Kraft wieder auf den Wert der Gewichtskraft F_G an.

Mehr oder weniger Auftrieb

Ein 500 g-Wägestück wiegt „an Luft" ca. 5 N.
Es wird an einem Kraftmesser hängend zunächst in Wasser, dann in Spiritus (Alkohol) und schließlich in Glycerin (eine Flüssigkeit, dichter als Wasser) eingetaucht.
In welchem Fall zeigt die Federwaage am wenigsten an?

a) Wasser
b) Spiritus
c) Glycerin

Antwort

Die Antwort lautet: c) Glycerin. Der scheinbare Gewichtsverlust durch den Auftrieb ist im Glycerin am größten. Bei Wasser ist der Auftrieb etwas geringer. In Spiritus, der leichtesten der drei Flüssigkeiten (d.h. der mit der kleinsten Dichte) ist er am geringsten. 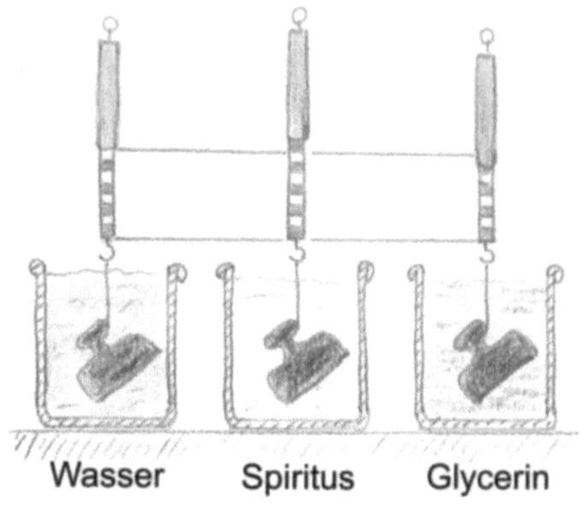
Die Abbildung veranschaulicht diese Fälle anhand der unterschiedlichen Auslenkung der Kraftmesser.

<u>Der Auftrieb hängt von der Art der Flüssigkeit ab</u>
Je größer die Dichte der Flüssigkeit, desto größer ist die Auftriebskraft, die auf einen eingetauchten Körper wirkt.

Tiefgang-Marken
Das Wasser der Meere, Flüsse oder Seen kann sehr unterschiedlich dicht sein. Süßwasser ist leichter als Salzwasser. Meerwasser in den Tropen ist weniger dicht als das kalte Wasser in den Polarregionen. Daher tragen Schiffe etwas über der Wasserlinie am Schiffsrumpf Markierungen, die sogenannten Freibordmarken, wie tief sie bei voller Beladung in ihren üblichen Gewässern eintauchen. Sie geben somit den jeweiligen Tiefgang des Schiffes an.
In welcher Reihenfolge von unten nach oben sind die folgenden Freibordmarken am Schiff angebracht: (1) Süßwasser, allgemein – (2) Seewasser Sommer – (3) Süßwasser Tropen – (4) Seewasser im Nordatlantik im Winter – (5) Seewasser im Winter.

Im Wasser kommt es an den Tag

Ein Wägestück (Messing) und ein gleich schwerer Klumpen aus Knetmasse hängen ausbalanciert an einer Balkenwaage. Werden nun beide Körper samt Waage, wie in der Abbildung zu sehen ist, in Wasser getaucht, so

a) senkt sich der Balken nach der Seite mit dem Klumpen
b) bleibt die Waage im Gleichgewicht
c) senkt sich der Balken nach der Seite mit dem Wägestück

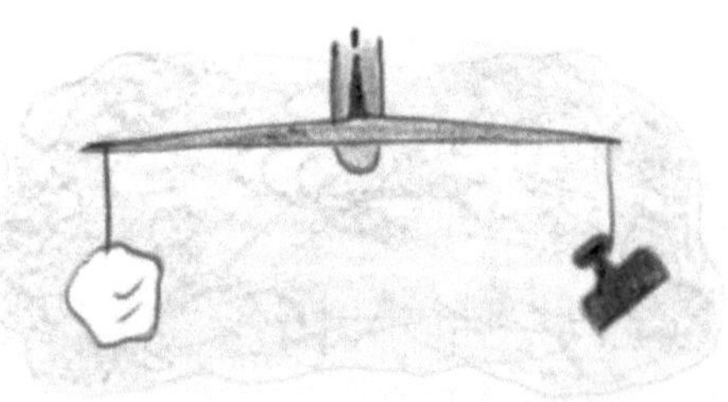

Antwort

Die Antwort lautet: c) Der Balken senkt sich auf der Seite mit dem Wägestück aus Messing. Eingetaucht erfahren beide Körper einen Auftrieb, der vom Schweredruck des Wassers herrührt. Dieser ist unterschiedlich zum viel geringeren Auftrieb aus der Umgebungsluft davor.

Da sich die Seite mit dem Klumpen nach oben bewegt, wirkt auf diesen ein stärkerer Auftrieb als auf den Messingkörper. Dies hängt offensichtlich mit dem viel größeren Volumen des Klumpens zusammen.

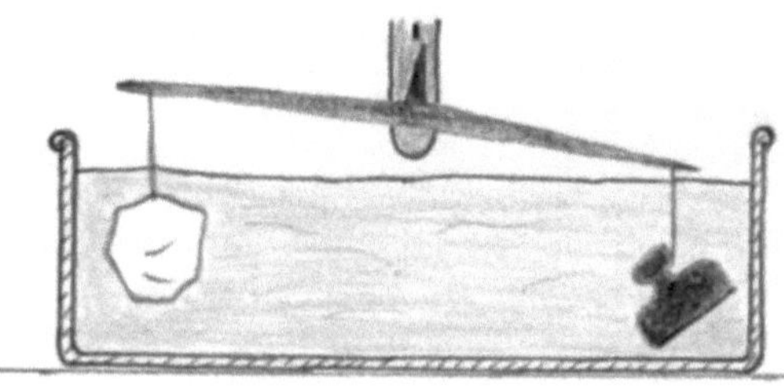

Der Auftrieb hängt vom Volumen des Körpers ab. Je größer das Volumen eines in eine Flüssigkeit eingetauchten Körpers ist, desto größer ist die auf ihn wirkende Auftriebskraft.

Form und Auftrieb

Der linke Körper aus Knetmasse eignet sich insbesondere dazu, dessen Auftrieb bei verschiedenen Formen zu prüfen. Wenn keine Knetmasse entfernt oder hinzugefügt wird, bleiben die Gewichtskraft sowie das Volumen des „unförmigen“ Körper stets gleich. Man erhält ein doch erstaunliches Resultat:

Die Auftrieb F_A eines Körpers in einer Flüssigkeit ist unabhängig von dessen Form, solange sein Volumen konstant bleibt.

Heureka!

Das Prinzip des Auftriebs hatte schon Archimedes entdeckt. Der Überlieferung nach beauftragte König Hiero von Syrakus Archimedes zu prüfen, ob seine neue Krone wirklich aus reinem Gold gefertigt wurde.

In der Badewanne soll Archimedes dann die Lösung gekommen sein:

Hängt man Krone und einen gleich schweren Klumpen Gold an eine Balkenwaage, ist diese im Gleichgewicht. Wird nun die Waage samt der Krone und dem Gold untergetaucht, wirkt der Auftrieb des Wassers (vgl. die Frage *Im Wasser kommt es an den Tag*). Falls der Krone weniger dichtes – und natürlich weniger wertvolles – Silber beigemischt wurde, hat sie ein größeres Volumen als der Klumpen pures Gold und erfährt den stärkeren Auftrieb.

Und tatsächlich soll sich die Waage auf der Seite der Krone angehoben haben und der Goldschmied des Königs war als Betrüger entlarvt.

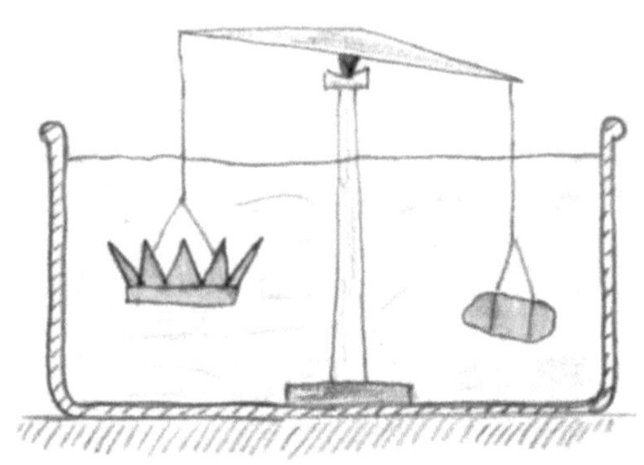

Archimedes soll aus dem Bade das berühmte „Heureka", zu Deutsch „Ich hab's gefunden", gerufen haben und aus Begeisterung über seine Entdeckung sogar nackt zum Palast des Königs gelaufen sein.

Damit herrscht ein Zusammenhang zwischen der Auftriebskraft, die ein Körper in einer Flüssigkeit erfährt, und der Gewichtskraft der von ihm verdrängten Flüssigkeit. Es ergibt sich die Gleichheit von Auftriebskraft F_A und Gewichtskraft F_G der verdrängten Flüssigkeit (oder eines Gase, siehe unten). Dies wird das **Archimedische Prinzip** genannt.

Auftrieb im Nichts

Eine große Christbaumkugel und ein passendes Messing-Gegengewicht halten an der Luft eine Balkenwaage im Gleichgewicht. Wird ein gläserne Glocke darüber gesetzt und dann die Luft aus diesem Rezipienten abgepumpt, so

a) senkt sich der Balken nach der Seite mit der Glaskugel

b) bleibt die Waage im Gleichgewicht

c) senkt sich der Balken nach der Seite mit dem Messinggewicht

Antwort

Die Antwort lautet: a) In der sehr verdünnten Luft (Vakuum) senkt sich der Balken nach der Seite mit der Glaskugel.

Die Fragestellung ist gewissermaßen die Umkehrung von *Im Wasser kommt es an den Tag* weiter oben.

Solange sich Kugel und Messingstück in normaler Umgebungsluft befinden, erfahren sie einen Auftrieb, der einen Teil ihrer Gewichtskraft ausgleicht. Auf die viel größere Glaskugel wirkt auch eine entsprechend größere Auftriebskraft F_A, vgl. dazu auch die Frage *Im Wasser kommt es an den Tag*.

Die Kraft F_Z, die die Kugel auf den einen Hebel der Waage ausübt und die von der Gewichtskraft des Messingstücks am anderen Hebel ausbalanciert wird, ist somit deutlich kleiner als das eigentliche Gewicht der Kugel.

Im praktisch evakuierten Raum unter der Glocke ist kein nennenswerter Auftrieb mehr vorhanden. Am linken Hebelarm der Balkenwaage zieht nun das ganze Gewicht der Kugel, das größer ist als das des Messing-Gegengewichts. Die Waage senkt sich daher auf der Seite der Kugel nach unten.

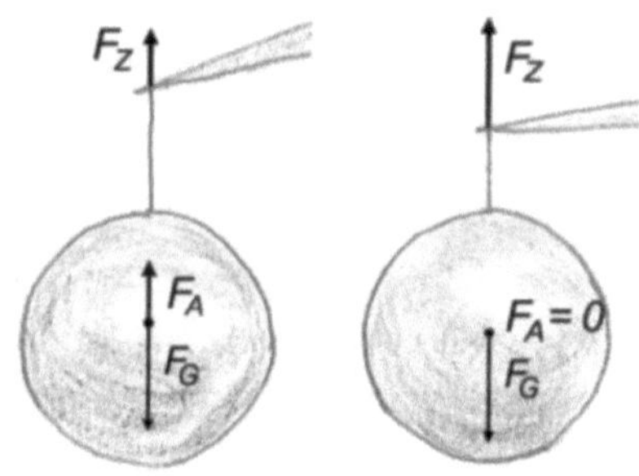

Die Abbildung rechts zeigt die Kräfteverhältnisse an: Der Kugel mit und ohne Luft, also mit und ohne Auftrieb.

<u>Auftrieb in Gasen</u>

Auch in Gasen wirkt auf Körper die Auftriebskraft F_A ein. Sie ist ebenso stets der Gewichtskraft F_G entgegengerichtet und scheint diese zu vermindern.

Aristoteles und die Schweineluft

Aristoteles lebte ca. 100 Jahre vor Archimedes. Er führte das Beobachten und logische Nachdenken über die Naturerscheinungen zu einem ersten glanzvollen Höhepunkt. In ihren Einsichten blieben er und seine Mitstreiter jedoch beschränkt. Zur Abstraktion eines Archimedes, die zum Prinzip des Auftriebs führte, gelangten sie nicht.

Dennoch untersuchte auch Aristoteles die Eigenschaften von Luft. Er wog eine Schweinsblase, zunächst luftgefüllt, dann leer. Warum stellte er keinen Gewichtsunterschied fest?

a) Er hatte noch keine ausreichend genaue Waage zur Verfügung.

b) Das zusätzliche Gewicht der Luftfüllung hätte er durchaus bestimmen können. Es wurde jedoch vom noch unbekannten Auftrieb der gefüllten Blase exakt ausgeglichen.

c) Aristoteles stellte hier nur ein Gedankenexperiment an. Echte Messungen und Versuch waren zu seiner Zeit fast etwas Ketzerisches

Antwort

Die Antwort lautet: b) Da Aristoteles nichts vom Auftrieb wusste, entging ihm auch, dass das Gewicht der eingefüllten Luft exakt (eigentlich etwas mehr, da ja leicht gepresst) durch den Auftrieb, den die Blase in der Umgebungsluft erfährt, ausgeglichen wird.

zu a) Aristoteles kannte bereits ausreichend genaue Balkenwaagen. Eine gut gefüllte Schweinsblase von 30 cm Durchmesser enthält immerhin knapp 20 g Luft.

zu c) Es stimmt, dass die antiken Wissenschaftler noch keine geplanten Experimente machten. Das Gedankenexperiment, wie etwa Zenos Wettlauf des Achilles mit der Schildkröte (s. dazu *Bewegung – Was ist das?*), waren daher ein anerkanntes Mittel, um zu neuen Erkenntnissen zu kommen. Etwas zu messen, war jedoch schon damals gang und gäbe.

Leere Blase

Luftblasen steigen in Flüssigkeiten nach oben. Täglich lässt sich das beim Öffnen einer Sprudelflasche beobachten.

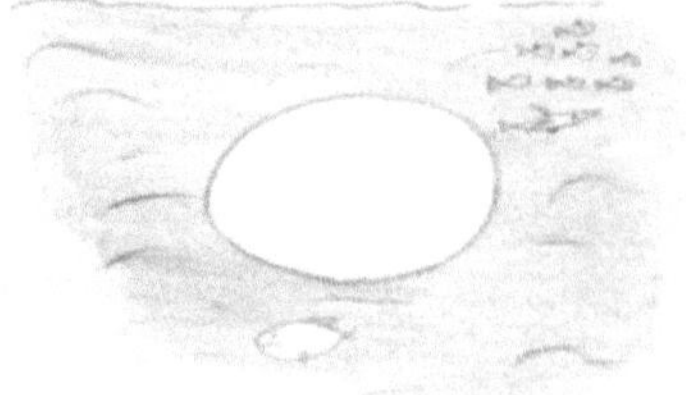

Betrachten wir einen solchen blasenförmigen Bereich in einer Flüssigkeit oder auch einem Gas, und denken ihn uns als völlig leeren Raum. Dieser leere Raum erfährt einen nach oben gerichteten Auftrieb,

a) weil auf ihn der Schweredruck der Flüssigkeit (allgemein des umgebenden Mediums) wirkt. Die so entstehenden Kräfte sind von unten größer als von oben.

b) weil Körper danach streben, sich zu entmischen: Gas-Blase strebt nach oben, Wasser sammelt sich.

c) weil schon seit der Antike die bekannte physikalische Tatsache gilt: Leichte Körper streben nach oben, schwere sinken nach unten.

Antwort

Die Antwort lautet: a) Die Auftriebskraft kommt zustande durch den unterschiedlichen Gewichts- oder Schweredruck an der Ober- und Unterseite der leeren Blase im Wasser.

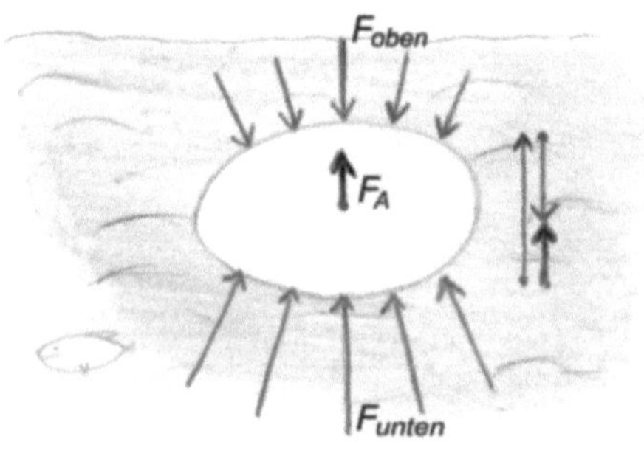

Druck heißt Kraft auf eine Fläche, hier die Ober- bzw. Unterseite. An der Unterseite herrscht aufgrund der größeren Wassertiefe der größere Druck. Daher ist dort die noch oben gerichtete Kraft F_{unten} größer als die von oben entgegenwirkende Kraft F_{oben}. Die Differenz dieser beiden Kräfte ist die auf die Blase wirkende resultierende Auftriebskraft F_A.

zu c) Diese Vorstellung stammt, wie praktisch alle antiken Erkenntnisse über die Natur, aus der reinen Anschauung. Entscheidend, ob ein Körper steigt oder sinkt, ist aber der Dichteunterschied zwischen ihm und dem umgebenden Medium. Damit befasst sich eine der nächsten Fragen zum Auftrieb.

Auftrieb berechnen

Dazu tauchen wir einen Quader, z. B. aus Holz, der einfache Abmessungen hat, vollständig in Wasser ein. Die Auftriebskraft F_A kommt durch den Unterschied des Schweredrucks auf die obere bzw. untere Fläche A des Köpers zustande. Der Druck auf die Seiten wie auf die Vorder- und Rückseite hebt sich auf. Die in der Abbildung gezeigten paarweise gleich langen Kraftpfeile auf die Seiten sollen dies verdeutlichen.

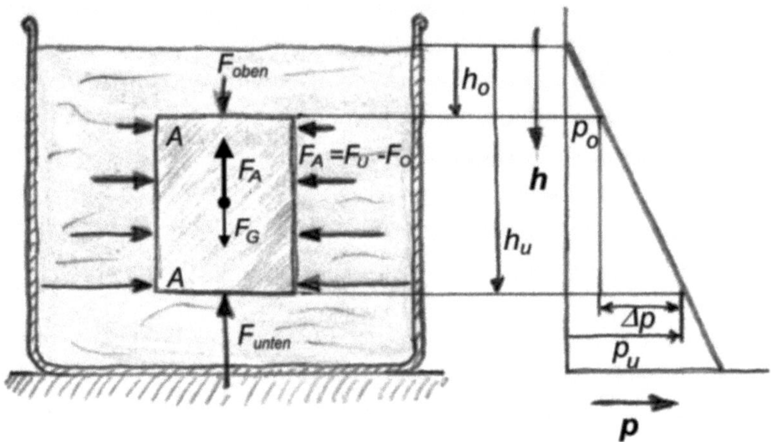

Der Auftrieb berechnet sich demnach aus dem Druckunterschied zwischen Unter- und Oberseite:

$$F_u = p_u \cdot A, \qquad F_o = p_o \cdot A$$

$$F_A = F_u - F_o = (p_u - p_o) \cdot A$$

Der Schweredruck in einer Flüssigkeit mit der Dichte ρ_{Fl} in der Tiefe h ist:

$$p = g \cdot h \cdot \rho_{Fl}$$

Dann gilt: $p_u = g \cdot h_u \cdot \rho_{Fl} \qquad p_o = g \cdot h_o \cdot \rho_{Fl}$

eingesetzt: $F_A = (g \cdot h_u \cdot \rho_{Fl} - g \cdot h_o \cdot \rho_{Fl}) \cdot A = g \cdot \rho_{Fl} \cdot (h_u - h_o) \cdot A$

mit $(h_u - h_o) \cdot A = V_{Fl}$ folgt schließlich:

$$\mathbf{F_A = g \cdot \rho_{Fl} \cdot V_{Fl} = F_{G,Fl}}$$

Resultat:
Die Auftriebskraft F_A, die auf einen Körper beim Eintauchen in eine Flüssigkeit wirkt, ist gleich der Gewichtskraft $F_{G,Fl}$ des verdrängten Flüssigkeitsvolumens.

In einer Frage weiter oben wird empirisch festgestellt, dass der Auftrieb nicht von der Form eines Körpers abhängt. Man kann daher vom regelmäßigen Quader auf einen beliebig geformten Körper verallgemeinern: Die Auftriebskraft F_A ist stets gleich dem Gewicht der vom Körper verdrängten Flüssigkeit.

Schwimmen, Schweben oder Sinken

In der Frage *Leere Blase* wurde festgestellt, dass ein leerer Raum innerhalb einer Flüssigkeit oder eines Gases einen Auftrieb erfährt. Die Auftriebskraft F_G lässt sich auch berechnen: Sie entspricht ganz einfache dem Gewicht $F_{G,Fl}$ der aus diesem Raum verdrängten Flüssigkeit oder Gas. Füllt man diesen Raum im Wasser mit

a) Wasser selbst,
b) einer Holzkugel,
c) einem Stein,

so wird der, in den zuvor leeren Raum eingebrachte Stoff nun

1) schwimmen,
2) schweben,
3) oder sinken.

Beide Aufzählungen lassen sich eindeutig einander zuordnen.

Antwort

Die Antworten lauten:

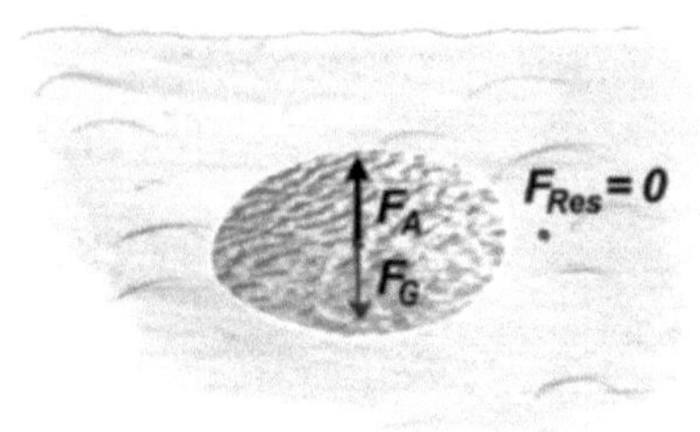

a-2) Wasser anstelle des leeren Raums wiederum in Wasser wird einfach dort verharren.
Die Gewichtskraft der Wasserblase entspricht ja genau der Gewichtskraft der verdrängten Flüssigkeit, nämlich Wasser. Auftriebskraft und Gewichtskraft sind daher gleich und es resultiert keine Kraft, die diese Wasserblase steigen oder sinken lassen könnte.

b-1) Holz anstelle des leeren Raums im Wasser wird nach oben steigen und schließlich schwimmen.

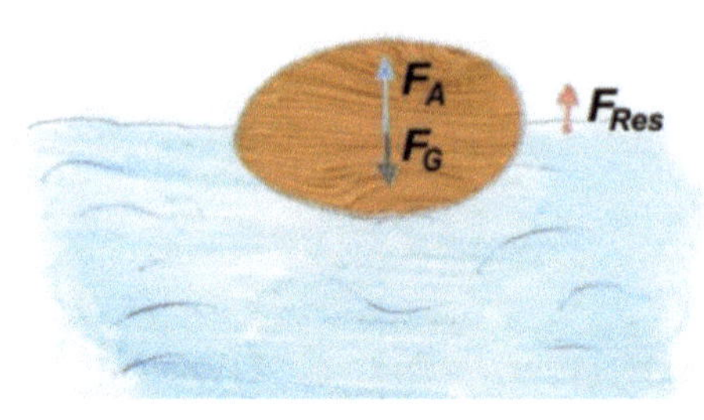

Gewöhnliches Holz ist weniger dicht als Wasser, ist also leichter. Die Gewichtskraft $F_{G,Holz}$ des Holzes ist daher geringer als die Gewichtskraft $F_{G,Fl}$ des verdrängten Wassers. Es resultiert somit eine nach oben gerichtete Kraft, die die Holzkugel aufwärts beschleunigt. Erreicht die Kugel die Oberfläche und ragt immer weiter aus dem Wasser, nimmt die Menge des verdrängten Wassers ab und somit auch die Auftriebskraft. Es stellt sich ein Gleichgewicht ein bei:

Gewichtskraft $F_{G,Holz}$ = Gewichtskraft $F_{G,Fl,tlw}$

des teilweise verdrängten Wassers

Ein schwimmender Körper taucht so weit in eine Flüssigkeit ein, bis er so viel von dieser Flüssigkeit verdrängt hat, wie es seinem eigenen Gewicht entspricht.

c-3) Ein Stein anstelle des leeren Raums im Wasser wird zu Boden sinken.

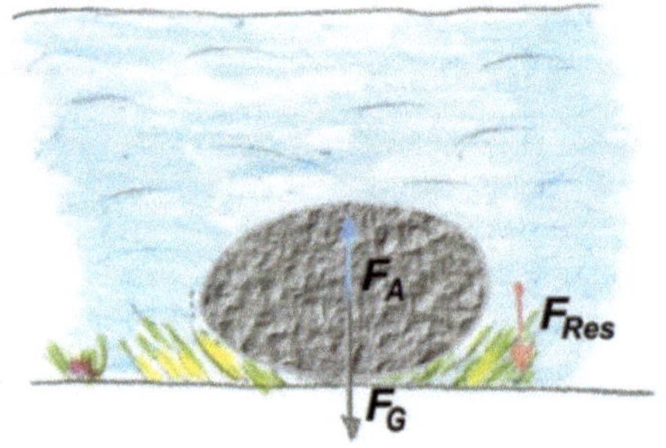

Gestein ist in der Regel viel dichter als Wasser. Die Gewichtskraft $F_{G,St}$ des Steins ist daher größer als die Gewichtskraft des verdrängten Wassers, die dem Auftrieb entspricht. Auftriebskraft minus Gewichtskraft ergibt eine negative, nach unten zeigende resultierend Kraft, die den Stein beschleunigt zu Boden sinken lässt.

Auftrieb-ahoi!

Die ersten Schiffchen, die wir sehen, sind vielleicht aus Papier gefaltet. Spielzeugboote sind auf Holz oder Plastik. Dies sind alles leichte Materialien. Richtige Schiffe sind jedoch aus Eisen. Warum schwimmen sie?

a) Zum Bau von Schiffen werden nur leichte Stahlsorten verwendet

b) Die bauchige Form der Schiffsrümpfe verdrängt viel Wasser. Die dieser Wassermenge entsprechende Auftriebskraft F_A ist größer als die Gewichtskraft F_G des Schiffes

c) Aus Stahl ist sozusagen nur die dünne Außenhaut. Im Innern des Schiffes dürfen nur Materialien verarbeitet werden, die weniger dicht sind als Wasser.

Antwort

Die Antwort lautet: b) Die Auftriebskraft ist größer als die Gewichtskraft des Schiffes, so dass es auf dem Wasser schwimmt.

zu a) Es gibt keine leichten oder schweren Stahlsorten. Stahl ist Eisen mit geringen Mengen an sogenannten Zuschlägen und hat daher etwa die Dichte 7,9 kg/dm³. Es ist also acht Mal so dicht (umgangssprachlich: „schwer“) wie Wasser und geht sofort unter.
Es gibt Metalle wie Lithium, die leichter als Wasser sind. Lithium hat die Dichte von ca. 0,5 kg/dm³ und schwimmt deshalb auch als kompaktes Stück Metall im Wasser.

zu c) Diese Aussage ist im Grunde richtig. Die Auftriebskraft F_A eines ein- oder untergetauchten Körpers wird allein durch das Volumen des verdrängten Wassers bestimmt. Die voluminöse Stahlkonstruktion eines Schiffsrumpfes sorgt für eine entsprechende große Auftriebskraft. Da sich im Innern des Schiffes größtenteils nur leicht Luft befindet, wiegt dieses insgesamt weniger als die nach oben gerichtete Auftriebskraft – es schwimmt.

Da Schiffe also im Wesentlichen hohl sind, können der Rumpf sowie die inneren Konstruktionen aus Stahl sein. Insgesamt sind sie dennoch leichter als Wasser

Läuft ein Schiff voll, befindet sich nun statt Luft in etwa die Menge Wasser im Innern, die es auch verdrängt. Die Auftriebskraft wird somit kompensiert, die schwere Eisenkonstruktion sinkt.

Wie werden gesunkene Schiffe vom Meeresgrund geborgen? Man bringt zunächst mit Wasser gefüllte Auftriebskörper großen Volumens am Wrack an. Dann wird Luft hineingepumpt bis alles Wasser hinausgedrückt ist. Die Schwimmkörper sind nun leicht und heben beim Aufsteigen das ganze Schiff mit hoch.

Badewanne mit Schiff

Ein wirklich kleines Schiff könnte gerade so in eine etwas zu groß geratene Badewanne passen.

Was wiegt mehr?

a) Die Wanne randvoll mit Wasser
b) Das Schiffchen zu Badewasser gelassen und die Wanne mit dem Rest an Wasser
c) Beide wiegen gleich viel

Antwort

Die Antwort lautet: c)

Die volle Wanne und die Wanne mit dem Schiffchen darin schwimmend wiegen beide gleich viel. Warum? Schwimmen bedeutet, dass die Auftriebskraft F_A gleich der Gewichtskraft F_G z. B. des Schiffes ist. Oben in *Auftrieb berechnen* wird die Beziehung zwischen Auftrieb, Gewicht des Körpers und dem der verdrängten Flüssigkeit aufgezeigt.

Die fehlende Flüssigkeit wird gewichtsmäßig durch das schwimmende Schiff ersetzt, und zwar exakt 1:1. Das Schiff und das in der Wanne verbliebene

Restwasser haben somit die gleiche Gewichtskraft, $F_G = F_{G,Flü}$, wie das Wasser der vollen Wanne allein.
Eine Waage zeigt in beiden Fällen das gleiche Gewicht an.
Ein Schiff schwimmt also auch in einer passenden Badewanne, solange genug Wasser vorhanden ist, das verdrängt werden kann. Die Gewichtskraft $F_{G,Wasser}$ beim Eintauchen des Schiffes über den Rand geschwappten Wassers ist dann genau so groß wie das Gewicht des Schiffes F_{G}, Schiff selbst. Dieses schwimmt. Dabei spielt es keine Rolle, dass zwischen Schiffsrumpf und Badewanne vielleicht nur noch wenig Platz ist. Das Gewicht dieses Wasserfilms wäre dann nur noch ein Bruchteil des Gewichts des Schiffes. Und dennoch schwimmt dieses darauf. Erstaunlich!

Die Brücke hält Künstliche Wasserstraßen müssen auch über Brücken geführt werden. Quert nun ein offensichtlich gewichtiger Frachter das Tal, kann einem schon bange werden, ob die Brücke auch hält. Aber wir wissen jetzt: Auf der Brückenkonstruktion lastet mit und ohne Frachtschiff das gleiche Gewicht.

Bodenhaftung

Ein innen hohler Gummistopfen schwimmt gewöhnlich in Wasser. Die Auftriebskraft ist größer als das Gewicht des Stopfens. Der Gummistopfen bleibt aber am Gefäßboden haften, wenn man alles Wasser zwischen Stopfen und Boden herausdrückt.
Dies ist so, weil

a) mit zunehmender Wassertiefe die Auftriebskraft abnimmt und am Boden sogar Null ist.
b) sich der Stopfen am Boden fest saugt.
c) dann der hydrostatische Druck an der Unterseite fehlt.
d) Kohäsionskräfte zwischen Gummistopfen und Gefäßboden wirken.

Antwort

Die Antwort lautet: c) Es fehlt der hydrostatische Druck an der Unterseite des Stopfens. Wo weder Flüssigkeit noch Gas vorhanden sind, kann auch kein Schwere- oder hydrostatischer Druck herrschen. Unterhalb des Stopfens ist nur der Gefäßboden, aber kein Wasser mehr. Es wirkt somit nur noch der Wasserdruck von oben (und seitlich), der den Stopfen am Gefäßboden festhält.
Nach diesem Prinzip arbeiten alle durch einen Saugmechanismus selbsthaftenden Geräte oder Vorrichtungen. Jeder kennt die einfachen Saughaken für z. B. das Badezimmer. Durch das Festdrücken an einer glatten Fläche, gewöhnlich eine Fliese, wird die Luft herausgedrückt und der Luftdruck wirkt nur noch auf die Vorderseite. Der Haken hält fest, solange keine Luft durch Verschmutzungen oder Unebenheiten in das erzeugte Vakuum eindringen kann.

Durch das Ziehen am Haken kann man übrigens direkt spüren, mit welcher Kraft die Atmosphäre am Erdboden wirkt: Der kaum 20 cm^2 große Gummi des Hakens kann auch mit viel Kraft nicht von der Fliese gezogen werden.
Antwort b) wäre sicher richtig, wenn nach der praktischen Seite eines am Boden fest sitzenden Gummistopfens gefragt wäre. Auch herrschen dann Kohäsionskräfte, Antwort d), der entscheidende Unterschied ist jedoch der fehlende Druck auf die Unterseite.

WÄRME

Viele natürliche, oft sehr anschauliche Phänomene und technische Abläufe fallen in den Bereich der Wärmelehre: Mischen heißer und kalter Flüssigkeiten, die meisten Motoren sind Wärmekraftmaschinen u.v.m. Die Wärmelehre (auch Thermodynamik) fußt auf den Gesetzmäßigkeiten der Mechanik.
Dieser physikalische Zusammenhang wird klar, wenn wir zur Deutung von Wärmeerscheinungen Modellvorstellungen über den atomaren Aufbau der Körper zur Hilfe nehmen. So wird etwa die Temperatur als Bewegungsenergie der Moleküle verstanden.
Früher glaubte man, Wärme sei als spezieller „Wärmestoff" in den Körpern vorhanden. Aber man hat etwa nie beobachtet, dass heiße Körper schwerer würden. Heute wissen wir, dass die genauer bezeichnete Wärme*menge* eine Form von Energie ist.
Daher lässt sich Wärmeenergie auch in mechanische Energie umwandeln. Dampfmaschinen nehmen Wärme auf und geben mechanische Arbeit ab. Beim Reiben wird umgekehrt mechanische Arbeit aufgewendet und es entsteht Wärmeenergie. Der hier gemachte Einstieg in die Wärmelehre umfasst:

Aggregatzustände – Teilchenmodell

In welchen Zustandsformen kommt Materie vor und was hat es mit dem Teilchenmodell auf sich?

Temperatur

Die Temperatur ist eine wichtige Zustandsgröße der Wärmelehre.

Ausdehnung von Körpern

Ganz praktisch wird es bei der Ausdehnung von Körpern bei Erwärmung.

Volumen, Druck und Temperatur bei Gasen

Beim Beobachten von Gasen erkannte man ganz grundlegende Tatsachen wie die absolute Temperatur. In der kinetischen Gastheorie konnten die erprobten Gesetze der Mechanik erfolgreich auch auf Fragen der Wärmelehre angewendet werden.
Als die Mechanismen bei der **Änderung der Inneren Energie** verstanden wurden, konnte auch die wechselseitige Umformung und sogar die Äquivalenz der verschiedenen Energieformen, insbesondere der Wärmeenergie, erklärt werden. Mit aus dem Alltag bekannten Phänomenen der **Wärmeausbreitung**, wie z. B. durch Strahlung, endet diese Einführung in die Wärmelehre.

Begriffe der Wärmelehre

Auch wenn sich die Wärmelehre von der Mechanik ableitet, arbeitet sie mit zahlreichen neuen Begriffen und Definitionen.

Stoffe können sich in verschiedenen **Aggregatzuständen** befinden. Die Unterschiede zwischen festen, flüssigen und gasförmigen Stoffen lassen sich mit dem **Teilchenmodell** erklären.

Um Erscheinungen der Wärme zu erklären, griffen Wissenschaftler erstmals auf **statistische Deutungen** zurück. So konnte z. B. auch die Brownsche Bewegung verstanden werden. Wir werden diese zufallsgesteuerten Prozesse in Einzelfällen heranziehen.

Die **Temperatur** ist die zentrale **Zustandsgröße** der Thermodynamik und eine der Basiseinheiten. Temperatur als ungeordnete Bewegung der Teilchen ist ein Maß für die **mittlere kinetische Energie** dieser Teilchen:

$$E_{kin} = \frac{3}{2}\,k \cdot T$$

Viele Erscheinungen werden im Rahmen der kinetischen Gastheorie beschrieben, die makroskopische Eigenschaften eines Gases wie Druck und Temperatur mit mikroskopischen Eigenschaften der Gasteilchen in Beziehung setzt.

Die **Ausdehnung bei Erwärmung** hat zwar meist alltägliche Seiten, zeigt jedoch auch recht erstaunliche Aspekte wie die Anomalie des Wassers oder das identische Verhalten vieler, äußerlich sehr unterschiedlicher Gase.

Die Teilchen eines Körpers besitzen potenzielle als auch kinetische Energie. Die gesamte in einem Körper enthaltene Energie wird **innere Energie** genannt.

Die **Wärme** oder auch *Wärmemenge* **Q** gibt an, wie viel innere Energie von einem Körper auf einen anderen Körper übertragen wird. *Thermodynamik* bedeutet auch: Bewegung von Wärme. Wärme ist die ungeordnete Bewegung der Stoffteilchen durch die es zum Austausch thermischer Energie kommt. Wärme ist daher selbst eine Energieform und hat die Einheit Joule (J) oder Kalorie (cal): 1 cal = 4.18 J. Körper, deren Teilchen sich heftig bewegen, d.h. eine hohe thermische Energie besitzen, empfinden wir als *warm* – daher auch der Name.

Energieerhaltung Erster Hauptsatz der Thermodynamik

In einem abgeschlossenen System bleibt die Gesamtenergie, d.h. die Summe aller einzelnen Energieformen, erhalten.

Durch mechanische Arbeit an einem Körper wie Reibung, Kompression, lässt sich dessen **innere Energie** ändern. Gibt es vielleicht für jede zur Erhöhung der inneren Energie angewandte mechanische Arbeit die gleiche Gesetzmäßigkeit? Diese Frage führte den englischen Physiker Joule schließlich auf das mechanische Wärmeäquivalent:

1 J Wärme = *1 Nm* mechanische Arbeit.

Die Wärmeausbreitung durch **Wärmeleitung, -strahlung oder –strömung** ist eine vor allem für den Alltag wichtige Form der Energieübertragung, trug aber auch dazu bei, die Grenzen der klassischen Physik zu überwinden.

Körper

Alle in der Sprache der Physik „Körper“ genannten Objekte der Natur gibt es in den drei Erscheinungsformen *fest, flüssig* oder *gasförmig*. Man nennt dies die **Aggregatzustände**. Jeder Körper kann bei entsprechender Temperatur und Druck in allen drei Zustandsformen auftreten. Quecksilber beispielsweise kennt man als eine Flüssigkeit. Kühlt man es herunter, verfestigt es sich zu einem silbrig glänzenden Stoff. Und schon bei geringer Erwärmung verdampft es zu Quecksilber-Gas.
Ein in allen drei Zustandsformen bekannter Stoff ist das Wasser: Festes Eis, flüssiges Wasser und gasförmiger Wasserdampf.
Die folgenden Eigenschaften lassen sich den festen Körpern, Flüssigkeiten oder Gasen (Mehrfachnennung möglich) zuordnen:

a) beansprucht einen Raum
b) hat (z. B. auf der Erde) ein Gewicht
c) ist aus Atomen aufgebaut
d) hat eine bestimmte Gestalt
e) hat ein bestimmtes Volumen
f) hat beliebige Form und Volumen
g) hat eine Temperatur

Antwort

Die Antworten lauten:

a) → Festkörper FK, Flüssigkeiten Fl und Gasen G
b) → FK, Fl, G
c) → FK, Fl, G
d) → FK
e) → FK, Fl
f) → G
g) → FK, Fl, G

Zu den grundlegenden Merkmalen der drei Zustandsformen siehe unten die Informationen unter *Die Zustandsformen*.
Anmerkungen zu einzelnen Antworten:

zu a) FK und Fl nehmen offensichtlich einen Raum ein. Auch Gase tun das:

- eine Flasche lässt sich kaum über einen fest sitzenden Trichter mit einer Flüssigkeit füllen. Nur wenn Luft aus der Flasche entweichen kann, kann man auch auffüllen.
- Eine hinabgelassene Taucherglocke füllt sich nicht komplett mit Wasser. Die Luft, die die Glocke vorher ausgefüllt hat, wird nur zusammengedrückt.

Ein Festkörper kann auch eine Flüssigkeit oder ein Gas verdrängen. Taucht man ein Glas umgekehrt in Wasser über einen am Boden liegenden Stein, treten Luftblasen aus dem Glasinneren und steigen hoch.

zu b) FK und Fl haben selbstverständlich auch ein Gewicht. Aber auch Gase wiegen etwas:

- lässt man in einen evakuierten Kolben, der sich auf einer Waage befindet, wieder Luft einströmen, so neigt sich wegen es zusätzlichen Gewichts der Luft die Waage auf der Seite des Kolbens. Das Gewicht der Luft verhindert übrigens, dass diese nicht einfach ins All hinausströmt.

zu c) Die Existenz von Atomen wurde, wenn auch mit anderen Vorstellungen, schon im Altertum vermutet. Heute ist dies eine gesicherte Tatsache, auch wenn die Teilung von Materie weiter geht – bis zu den sogenannten Quarks, den Ur-Bausteinen der Protonen und Neutronen, aus denen Atome, genauer die Atomkerne, zusammengesetzt sind.
Es gibt über 90 natürliche Elemente, von Wasserstoff bis Uran und zahlreiche künstliche erzeugte (Transurane)

zu g) Alle Körper haben eine Temperatur. Die Temperatur ist eine der wichtigsten Zustandsgrößen und beschreibt immer ein System von Teilchen. Sie ist ein Maß für die Bewegungsenergie der Teilchen in Gasen, Flüssigkeiten und Festkörpern.

Die meisten Eigenschaften wie eine elektrische Ladung oder dass sich ein Stoff magnetisieren lässt oder radioaktiv ist, sind auf bestimmte Stoffe und/oder bestimmte Zustände beschränkt.

Daneben gibt es noch eine vierte Zustandsform, das Plasma. Dieser Zustand ähnelt dem der Gase, die Teilchen sind jedoch gänzlich oder zum Teil ionisiert, die negativen Elektronen der Hülle sind dabei vom positiven Atomkern getrennt und bewegen sich völlig frei.
Die einzelnen Aggregatzustände sind über ihre Form bzw. das Volumen, das sie einnehmen, zu unterscheiden. Beim Plasma kommt noch die Ladungstrennung hinzu.
Das Diagramm zeigt die drei Aggregatzustände und das Plasma:

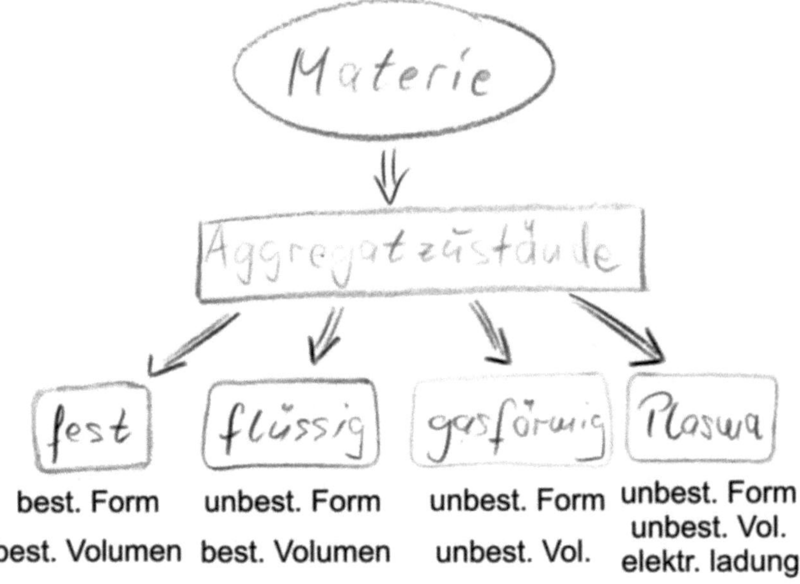

Die Zustandsformen

Die drei Erscheinungsformen aller Körper, ihre Aggregatzustände fest, flüssig oder gasförmig, lassen sich klar voneinander abgrenzen:

Festkörper

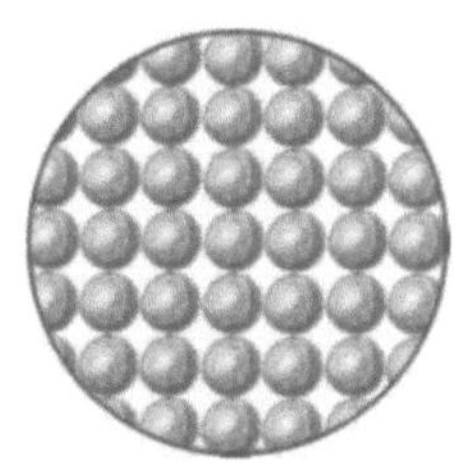

Festkörper haben ein bestimmtes Volumen und eine bestimmte feste Form. Stoffe dieser Gruppe lassen sich kaum dehnen bzw. zusammenpressen.
Metalle weisen unter den Festkörpern die höchsten Dichten auf, etwa 10.000 bis 20.000 kg/m^3. Die Teilchen sind daher entsprechend dicht gepackt, wie in der Abbildung gezeigt. Durch seitlichen Versatz der Atome ist sogar eine höhere sogenannte Packungsdichte möglich. Daraus und aus der mechanischen Stabilität der Stoffe schließt man auf eine generell geordnete Struktur der Metalle.

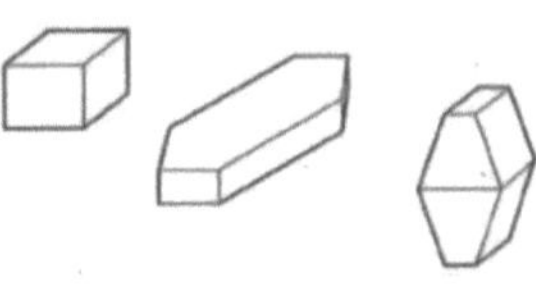

Kristalle sind eine andere Art von Festkörpern, die sich durch typische geometrische Formen auszeichnen. In der Abbildung rechts sind einige skizziert. Die sogenannten Gitter sind jedoch nicht so dicht wie die einfache Aneinanderreihung der Atome bei Metallen. Kristalle haben daher eine geringere Dichte als Metalle, sie sind leichter.
Daneben gibt es Festkörper mit ungeordneten, zufälligen Strukturen. Zu diesen auch *amorph* bezeichneten Stoffen gehört etwa Glas.

Flüssigkeiten

Flüssigkeiten nehmen ebenso ein festes Volumen ein. Sie besitzen jedoch keine bestimmte, feste Form, sondern passen sich dem Behälter an, in dem sie sich befinden.
Die Dichte ist zwar geringer als die der Festkörper und liegt grob gesagt um die 1000 kg/m^3, Flüssigkeiten lassen sich dennoch nur unwesentlich zusammenpressen. Man kann daher annehmen, dass die Teilchen einer Flüssigkeit ähnlich kompakt angeordnet sind wie bei den Metallen. Ein Element, nämlich das bei Raumtemperatur flüssige Quecksilber, hat auch metallische Eigenschaften wie die Leitfähigkeit und die hohe Dichte.
Ein wesentlicher Unterschied ist allerdings die Fließfähigkeit, woraus man

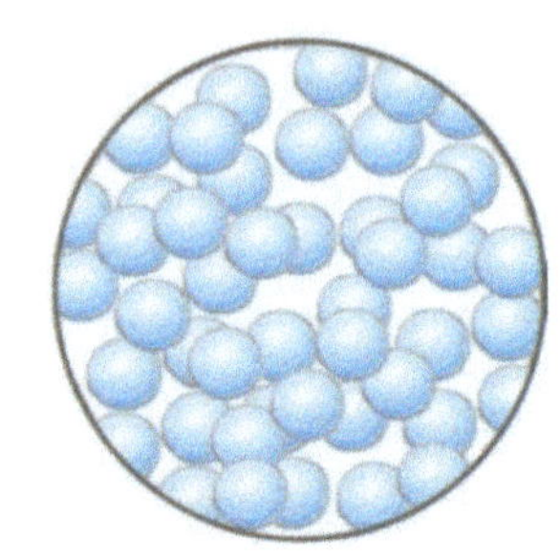

schließen kann, dass die Kräfte zwischen Flüssigkeitsteilchen viel geringer sind als bei den festen Körpern. Die Verteilung der Teilchen kann man sich wie rechts abgebildet vorstellen.

Gase

Die Gase haben weder ein bestimmtes Volumen, noch eine feste Form. Die Dichte der Gase beträgt aber nur etwa 1/1000stel der von Flüssigkeiten bzw. Festkörpern. Dies ist deshalb so, weil Gasteilchen viel weiter voneinander entfernt sind. Ein Kubikzentimeter Wasser ergibt (bei Erhitzung auf 100 °C) 1000 Kubikzentimeter Wasserdampf. Daraus folgt, dass der Abstand der Gasteilchen im Mittel 10-Mal so groß ist wie bei Flüssigkeits- oder Feststoffteilchen (denn: $10^3 = 1000$).

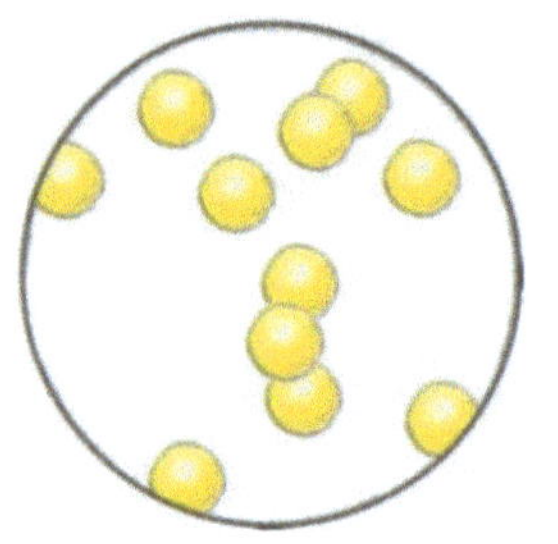

Gase nehmen jeden zur Verfügung stehenden Raum ein. Zwischen den sich frei bewegenden Teilchen herrschen keine Kräfte, außer sie stoßen (ca. 10^9-Mal pro Sekunde!) mit anderen Gasteilchen oder den Gefäßwänden zusammen. Gase können daher leicht zusammengepresst werden.

Bei der Erklärung der makroskopischen Eigenschaften der Körper ist das sogenannte Teilchenmodell sehr erfolgreich. Siehe dazu die Fragen weiter unten.

Normalzustand

Was ist der häufigste oder übliche Aggregatzustand für die folgenden Stoffe:

a) Eisen
b) Helium
c) Wasser
d) Quecksilber
e) Kohlendioxid
f) Kohle
g) Sichtbare Materie des Universums
h) Dihydrogensulfat H_2SO_4
i) Wolfram
j) Sonnenoberfläche
k) Blei
l) Sauerstoff
m) Wasserstoffchlorid HCl
n) Benzin
o) Trockeneis
p) Kupfer
q) Sonnenwind

Antwort

Der übliche Aggregatzustand, der Normalzustand, der Stoffe ist:

a) Eisen
fest: ein Stahlwerker mag das anders sehen...

b) Helium
gasförmig: und zwar bis fast zum absoluten Nullpunkt.

c) Wasser
flüssig: zwischen 0 °C und 100 °C (unter normalen Druckverhältnissen).

d) Quecksilber
flüssig: einziges bei Raumtemperatur flüssiges Metall.

e) Kohlendioxid
gasförmig: presst man es zusammen wird es flüssig, kühlt man es ab, wird es sofort fest.

f) Kohle
fest: Unter Kohleverflüssigung, übrigens, versteht man nicht den Übergang in den flüssigen Aggregatzustand, sondern die Umwandlung in flüssige Kohlenwasserstoffe.

g) Sichtbare Materie des Universums
Plasma: Der Weltraum selber hat zwar eine kaum plasmawürdige Temperatur von nur ca. 3 K (entspricht -270 °C). Aus der für uns sichtbaren Materie bestehen die Planeten, die sonstigen Himmelskörper und vor allem die Sterne. Deshalb befindet sie sich zu mehr als 99% im Plasmazustand. Nur ca. 4% aller Materie des Universums ist sichtbar.

h) Dihydrogensulfat H_2SO_4
flüssig: Besser bekannt als seine wässrige Lösung, nämlich als Schwefelsäure.

i) Wolfram
fest: Wolfram ist das Metall mit dem höchsten aller Schmelzpunkte, ca. 3400 °C

j) Sonnenoberfläche
Plasma: Die Temperatur der Sonnenoberfläche beträgt ca. 6000 °C, gerade richtig für den Plasmazustand.

k) Blei
fest: Blei lässt sich jedoch leicht schmelzen, bei ca. 327 °C. Dazu genügen schon Kerzen, wie sie beim Bleigießen benutzt werden.

l) Sauerstoff
gasförmig: und zwar schon ab ca. -220 °C. Unsere Atemluft ist somit grundsätzlich gasförmig.

m) Wasserstoffchlorid HCl
gasförmig: Besser bekannt als seine wässrige Lösung, nämlich als Salzsäure.

n) Benzin
flüssig: Treibstoffe müssen flüssig sein, um sie in Verbrennungsmotoren einsetzen zu können.

o) Trockeneis
fest: Kühlt man CO_2 ab, geht es bei -78 °C direkt in den festen Zustand über – dem Trockeneis.

p) Kupfer
fest: Kupfer schmilzt schon bei gut 1000 °C.

q) Sonnenwind
Plasma: Beim Auftreffen geladener Teilchen (Elektronen, Protonen) des Sonnenwindes auf die Erdatmosphäre in den Polarregionen werden Luftmoleküle angeregt und es entstehen die typischen Leuchterscheinungen – die Polarlichter.

Die Teilchen sind's

Körper kann man mechanisch (schneiden, mörsern, feilen,...) immer weiter zerkleinern. Andere Körper lösen sich auf, z. B. Zucker in Wasser. Schließlich liegen manche Stoffe wie Gase bereits als winzige kleine Teilchen vor.

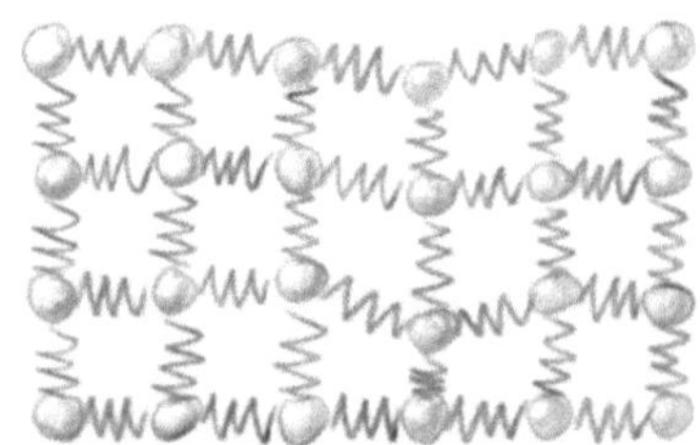

Letztlich bestehen alle Stoffe aus sehr kleinen Teilchen, die untereinander gleich sind, sich aber von denen anderer Stoffe unterscheiden. Diese Teilchen sind eben die schon erwähnten Atome bzw. Moleküle.
Unser Wissen über den Aufbau der Stoffe aus Atomen wird u. a. im sogenannten **Teilchenmodell** beschrieben.

Welche der drei Aussagen charakterisieren das Teilchenmodell korrekt?

a) Alle Materie (Stoffe) ist aus kleinsten Teilchen aufgebaut.

b) Die Teilchen befinden sich in ständiger unregelmäßiger Zitterbewegung um ihre Ruhelage.

c) Zwischen den Teilchen wirken anziehende Kräfte.

Antwort

Die Antwort lautet: a) ist korrekt, b) und c) stimmen nur zum Teil.

zu b)

Die Teilchen befinden sich in ständiger unregelmäßiger Zitterbewegung um ihre Ruhelage. Atome befinden sich zwar in permanenter Bewegung, an eine Ruhelage gebunden sind sie jedoch nur in Feststoffen.
In Flüssigkeiten und Gasen können sich Atome oder Moleküle prinzipiell beliebig bewegen. Bei Gasen gibt es bspw. eine mittlere freie Weglänge (für Luftmoleküle unter Normalbedingungen ca. 100 nm, was immerhin 1000 Moleküldurchmessern entspricht), während der sich die Teilchen völlig ungehindert (geradlinig) bewegen.

zu c)

Zwischen den Teilchen wirken anziehende Kräfte.
Eine Feder kann man auseinanderziehen. Lässt man ein Ende los, so nimmt sie wieder ihre ursprüngliche Form an. Die Luft in einer Luftpumpe lässt sich zusammendrücken, aber nicht beliebig weit. Zwischen den Teilchen von Körpern wirken neben anziehenden (*Stoffe werden zusammengehalten*!) offensichtlich auch abstoßende Kräfte.
In Atomen und Molekülen gibt es positive und negative Ladungen. Die Kräfte zwischen Teilchen sind daher elektrischer Natur. Die Wechselwirkung zwischen Teilchen kann somit anziehend (+/-) oder abstoßend (+/+ bzw. -/-) sein. Durch das Gleichgewicht zwischen anziehenden und abstoßenden Kräften sind die Abstände der Teilchen festgelegt.
Die insgesamt größeren Kräfte bei Festkörpern spiegeln sich in der Formstabilität dieser Stoffe wider. Bei Flüssigkeiten nehmen insbesondere die anziehenden Kräfte schnell ab, Flüssigkeiten fließen.

Zusammengefasst besagt das *Teilchenmodell*

- Alle Materie (Stoffe) ist aus **kleinsten Teilchen** aufgebaut
- Die Teilchen befinden sich in **ständiger unregelmäßiger Bewegung**
- Zwischen den Teilchen wirken anziehende bzw. abstoßende **Kräfte**

Das Teilchenmodell ist recht unspezifisch und erlaubt vor allem Erklärungen für bestimmte Erscheinungen. Vorhersagen physikalischer Eigenschaften sind damit nicht möglich. Die grundlegende Frage der Aggregatzustände beantwortet das Teilchenmodell folgendermaßen:

fest Die Teilchen haben feste Plätze und liegen dicht beieinander. Zwischen ihnen wirken große Kräfte, die Bindungskräfte. Die Teilchen sind in ständiger vibrierender Bewegung um ihre Ruhelage.

flüssig Die Teilchen liegen ebenfalls dicht beieinander, ziehen sich allerdings mit schwächeren Kräften an und bewegen sich daher relativ frei gegeneinander.

gasförmig Die Teilchen haben keine festen Plätze und so großen Abstand voneinander, dass zwischen Ihnen keine Kräfte mehr wirken. Sie bewegen sich frei mit hoher Geschwindigkeit und stoßen mit andern Gasteilchen bzw. der Gefäßwand zusammen.

Daneben erklärt das Teilchenmodell u. a. folgende Beobachtungen
(siehe auch Fragen dazu):

Brownsche Bewegung:
Ohne dass der schottische Botaniker Brown eine korrekte Deutung geben konnte, entdeckte er Anfang des 19. Jahrhunderts den ersten unmittelbaren Hinweis auf die Existenz kleinster, unsichtbarer Teilchen. Siehe dazu den Kasten *Brownsche Bewegung.*

Temperatur:
Zusammenhang zwischen Teilchenenergie und Temperatur
Die Teilchen eines Stoffes besitzen potenzielle und kinetische Energie. Die kinetische Energie leitet sich von ihrer permanenten Bewegung ab. Nicht nur die frei beweglichen Gasteilchen haben Geschwindigkeit, sondern auch Atome eines Festkörpers bei der Bewegung (Schwingung) um ihre Ruhelage.
Es zeigt sich: Bei höherer Temperatur bewegen sich die Teilchen im Mittel schneller als bei niedriger Temperatur. „Heiße“ Teilchen haben somit die größere mittlere kinetische Energie.
Zur Temperatur vergleiche auch die Fragen weiter unten.

Verdunsten von Flüssigkeiten
Manche Teilchen an der Oberfläche einer Flüssigkeit bewegen sich so heftig, dass sie genug kinetische Energie besitzen, um die Bindung an die anderen Flüssigkeitsatome zu überwinden und zu verdunsten.

Sieden
Bei Zufuhr von Wärmeenergie bis zum Sieden werden zunächst die restlichen Bindungskräfte zwischen den Teilchen der Flüssigkeit überwunden. Die typische Blasenbildung beim Siedevorgang rührt von der schlagartigen Volumenausdehnung (Faktor 1000) beim Übergang in den gasförmigen Zustand.

Durchmischung
Je höher die Temperatur, je „wärmer" es ist, desto besser durchmischen sich zwei Stoffe (nicht nur Flüssigkeiten!). Mehr dazu unten in der Frage *Diffusion*.

So sind sie, die Festkörper

Welche der folgenden Eigenschaften trifft auf die Teilchen in einen Festkörper bei Raumtemperatur zu. Die Teilchen sind

a) nahe beieinander und ruhend.
b) nahe beieinander und um ihre Ruhelage vibrierend.
c) nahe beieinander und gegeneinander leicht verschiebbar (zufällige Bewegungen).
d) weit voneinander entfernt und bewegen sich völlig frei und unabhängig von den andern.

Antwort

Die Antwort lautet: b) In einen Festkörper sind die Atome oder Moleküle fest in eine Art Gitter eingebettet und können ihren Platz (Ruhelage) nur unter sehr großem Energieaufwand verlassen. Sie können aber um ihre Ruhelagen vibrierend und zwar umso stärker, je höher die Temperatur ist.

zu a)
Dies ist der Zustand aller Körper am absoluten Nullpunkt.

zu c)
Dies trifft auf Flüssigkeiten zu

zu d)
Nur Gase können sich völlig frei und unabhängig bewegen.

Energie der Teilchen

Teilchen (Atome oder Moleküle) in Festkörpern, Flüssigkeiten wie Gasen haben kinetische Energie aufgrund ihrer Bewegung.
Sie besitzen aber auch potenzielle Energie, weil ihre permanente Bewegung den anziehenden Bindungskräften zwischen den Teilchen entgegenwirkt. Sie halten sich dadurch sozusagen „auf Abstand".
In welchem Zustand eines Körpers haben die Teilchen die größte potenzielle Energie?

a) fest
b) flüssig
c) gasförmig
d) das hängt vom jeweiligen Stoff ab

Antwort

Die Antwort lautet: c) Die Teilchen in Gasen haben die größte potenzielle Energie, weil sie am weitesten voneinander entfernt sind.
Ein Körper hat im Schwerefeld der Erde umso mehr potenzielle Energie (Energie der Lage), je weiter er von ihr, genauer vom Erdmittelpunkt, dem Massezentrum, entfernt ist.
Ähnlich hat ein Teilchen in Bezug auf ein oder mehrere (viele) andere Teilchen eine umso größere potenzielle Energie, je weiter es davon entfernt ist.

Kinetische Energie - Energie aufgrund der Bewegung
Potenzielle Energie – Energie aufgrund einer Änderung der Lage oder der Form

Die vollständige kinetische und potenzielle Energie aller Atome oder Moleküle *in einem Stoff* ist dessen **innere Energie**. Je heißer der Stoff, desto schneller bewegen sich dessen Teilchen und desto größer ist auch seine innere Energie.

Gase sind anders

Feste Körper und Flüssigkeiten haben ein bestimmtes Volumen. Gase nehmen hingegen jeden ihnen zur Verfügung stehenden Raum ein. Wie lautet die Begründung in der Teilchenvorstellung? Was ist bei Gasen in dieser Hinsicht anders?

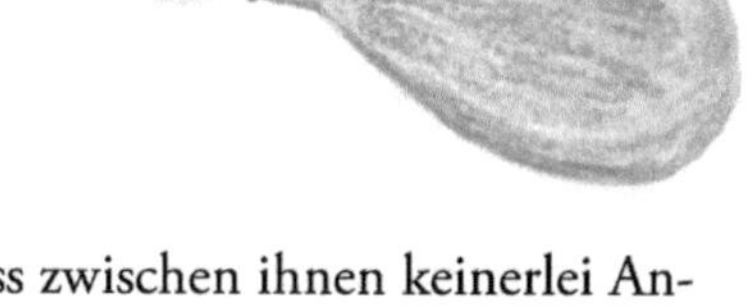

a) Teilchen in Gasen haben eine höhere potenzielle Energie.
b) Atome oder Moleküle aus denen Gase bestehen sind komprimierbar.
c) In Gasen hingegen sind die Teilchen so weit voneinander entfernt, dass zwischen ihnen keinerlei Anziehungskräfte wirken und sie sich so über den gesamten verfügbaren Raum (Behältergrenzen) verteilen.

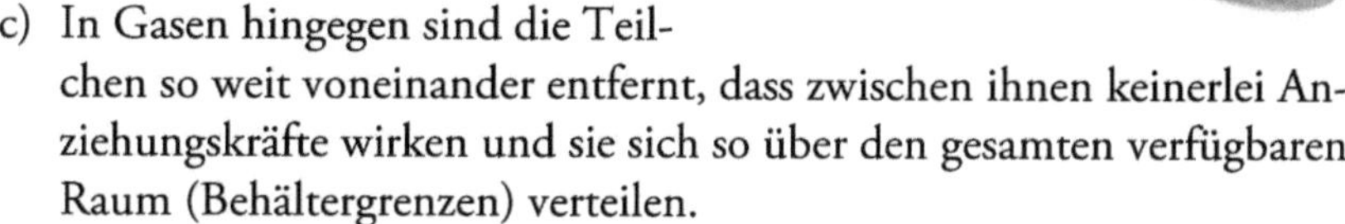

Antwort

Die Antwort lautet: c)
In Festkörpern und Flüssigkeiten liegen die Teilchen eng beieinander und üben permanent Kräfte aufeinander aus. In Gasen hingegen verschwinden die anziehenden Kräfte zwischen Atomen oder Molekülen, so dass sich diese beliebig weit voneinander entfernen und den ganzen zur Verfügung stehenden Raum ausfüllen können.

Annahmen der kinetischen Gastheorie für ideales Gas

Die kinetische Theorie macht für die Teilchen eines „idealen Gases“ diese Annahmen:

- Die Teilchen haben ein vernachlässigbares Volumen (Massenpunkte)
- Zwischen den Teilchen gibt es keine anziehenden oder abstoßenden Kräfte. Sie bewegen sich daher völlig frei.
- Die Stöße der Teilchen untereinander oder mit der Behälterwand sind vollkommen elastisch.
- Das Modellgas enthält eine sehr große Zahl von Teilchen, die eine statistische, ungeordnete Bewegung ausführen.

Die erste Annahme trägt der Tatsache Rechnung, dass ideale Gase durch genügend hohen Druck beliebig komprimiert werden können.

Wenn das Eigenvolumen berücksichtigt werden muss, weichen die *realen Gase* erheblich davon ab.
Auch die zweite Idealisierung eines Gases ist bei realen Gasen namentlich unter hohem Druck bzw. tiefer Temperatur nicht erfüllt.
Die vollkommene Elastizität der Stöße ist eine wesentlichen Vereinfachung: Die Energie des Systems bleibt erhalten und die Newton-Gesetze sind besser anwendbar.
Die vierte Annahme bringt den Bezug zur Statistik. Nur die gemittelten Effekte sehr vieler Teilchen lassen sich beobachten.
Die Richtigkeit des Bildes, das wir uns durch die vier Annahmen von einem idealen Gas machen zeigt sich darin, dass wir daraus Folgerungen herleiten können, die sich im Experiment als richtig herausstellen. Ein Beispiel wäre das Boyle-Mariotte-Gesetz, das wir oben rein phänomenologisch aufzeigten. Diese oder andere Herleitungen sprengen allerdings den Rahmen dieses Buches.

Brownsche Bewegung

1827 entdeckte der schottische Botaniker Brown im Blütenstaub unter seinem Mikroskop eine Zitterbewegung. Browns Notizen von der von der Bewegung der Sporen ähnelten etwa dem rechts skizzierten Zick-Zack-Pfad eines Teilchens. Die Sprünge und Richtungswechsel sind rein zufällig.
Zunächst hielt er sie für die Bewegung von Lebewesen, erkannte dann aber, dass es sich um Staub handelte.

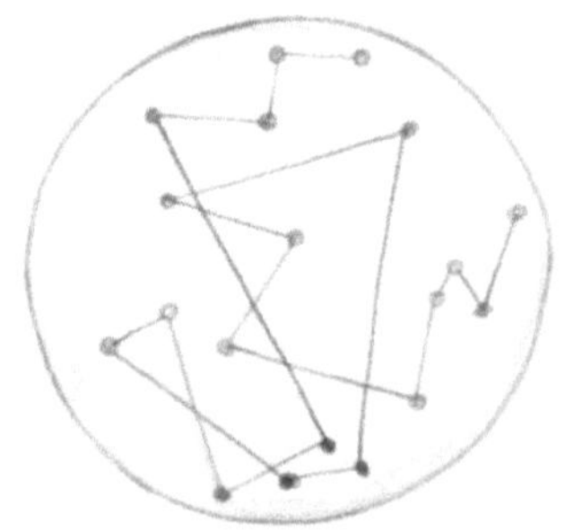

Er untersuchte ein große Zahl verschiedener in Flüssigkeiten schwebender Teilchen – von lebenden Organismen über Pflanzenpollen bis zu Fragmenten einer Sphinx – und erforschte eine Vielzahl möglicher Ursachen, wie Strömungen innerhalb der Teilchen. So konnte er definitiv auszuschließen, dass es sich bei den hin und her zitternden Schwebteilchen um lebende Materie handelte. Eine Erklärung konnte Brown dafür leider nicht angeben.
Einstein erkannte 1905 richtig, dass es sich um die resultierende Bewegung aus Stößen durch kleinste, nicht sichtbare Teilchen handelt. Auf diese, im

Mikroskop gerade noch sichtbaren Partikel wie Blütensporen stoßen sekündlich Milliarden Atome oder Moleküle. Da sich diese von allen Seiten kommenden Stöße sich so gut wie nie exakt aufheben, „schubsen“ sie die mikroskopisch kleinen Partikel wahllos umher. Diese Zick-zack-Bewegung lässt sich beobachten.

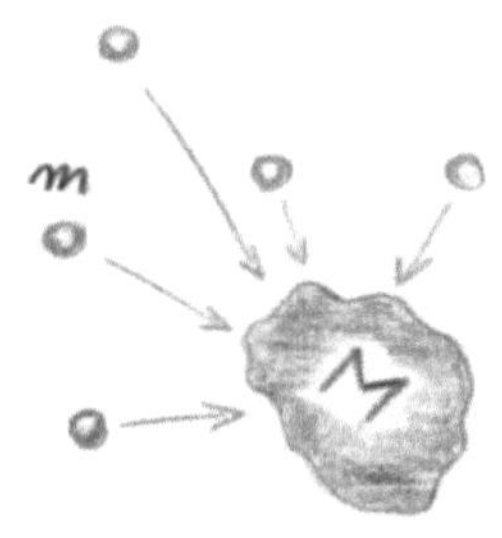

Die Geschwindigkeit der beobachtbaren Teilchen ist, umso größer, je kleiner diese sind. Dann ist nämlich ein Stoß durch die noch wesentlich kleineren Atome bzw. Moleküle am wirksamsten. Auch ist die Wahrscheinlichkeit, dass sich Stöße aus allen Richtungen gegenseitig aufheben, dann am geringsten.
Die unter dem Mikroskop beobachteten Sprünge nehmen mit steigender Temperatur des Mediums (Flüssigkeit oder Gas) zu. Auch dies ist ein Beleg für die Deutung der Temperatur als Wärmebewegung der Teilchen. Die Brownsche Bewegung wurde seitdem vielfach beobachtet, siehe dazu auch die nächste Frage *Diffusion*.

Statistische Physik

Von der Vorstellung, dass etwas rein zufällig geschieht, dass es für ein Ereignis nur eine gewisse Wahrscheinlichkeit, aber keine Sicherheit gibt, wird in der Physik häufig Gebrauch gemacht. Meist kann man die einzelnen Ereignisse gar nicht beobachten, sondern misst nur den Mittelwert über eine Vielzahl von solchen. Das Teilchenmodell bzw. die dahinter stehende kinetische (Gas-) Theorie sind ein typisches Beispiel: Alle makroskopisch beobachtbaren Eigenschaften sind gemittelte Effekte unzähliger Einzelereignisse. So resultiert der Druck eines Gases aus den Stößen der Teilchen gegen die Behälterwände. Ein Gaspartikel kann nur schwach anbanden oder frontal dagegen stoßen. Hinzu kommt, dass nicht alle Teilchen gleich schnell sind. Die an die Gefäßwände übertragene Energie variiert also stark.
Die Mittelwerte jedoch korrespondieren sehr gut mit den gemessenen makroskopischen Größen wie dem Druck. Die Herleitung bekannter und beobachtbarer Größen aus einer Modellvorstellung über mikroskopische Teilchen ist ein weiterer Beleg für die Richtigkeit der Atomvorstellung.
Statistische Methoden, die in Fragen zum Glücksspiel ihren Ursprung haben, finden ein riesiges Anwendungsfeld. Sie liefern Werkzeuge, die nicht nur naturwissenschaftliche, sondern auch soziale, wirtschaftliche oder medizinische Daten analysieren.

Diffusion

Die ständige Bewegung der Materieteilchen ist auch der Antrieb für die selbstständige Durchmischung von Stoffen. Je höher die Temperatur, je „wärmer“ ein Stoff ist, desto heftiger bewegen sich dessen Teilchen. Daraus erklärt sich die bessere Durchmischung zweier Stoffe bei Wärme.

Diese sogenannte Diffusion kann man auch als einen Ausgleich der Stoffkonzentrationen verstehen. Kommen zwei Stoffe in Kontakt, stehen sich zunächst „reine“ Konzentrationen gegenüber. In einem statistischen Ausgleichsprozess drängen Atome oder Moleküle von Orten hoher Konzentration zu Bereichen mit niedriger Konzentration. Dieses Bestreben zeigen beide Stoffe, der Prozess läuft in beiden Richtungen ab. Schließlich sind die Stoffe gleichmäßig verteilt, eben durchmischt.

Dies gilt für Gase, Flüssigkeiten *und* Feststoffe sowie in allen Kombinationen. Auch zwei Feststoffe wie bei metallischen Legierungen, diffundieren ineinander. Die Diffusionsgeschwindigkeit ist bei Gasgemischen natürlich um Zehnerpotenzen größer als bei Flüssigkeiten oder gar Festkörpern.

Bei den folgenden Abläufen handelt es sich immer um die Vermischung zweier Stoffe. Welche Paarung ist eher ein Beispiel für die Brownsche Bewegung als für die Diffusion?

a) Parfümduft breitet sich im Raum aus
b) Rauchpartikel in Luft
c) Tropfen Tusche in Wasser
d) Bromgas verteilt sich gleichmäßig in Behälter mit Luft
e) Zucker löst sich in Tee auf

Hinweis: Bei der Brownsche Bewegung handelt es sich um Partikeln sehr unterschiedlicher Größe.

Antwort

Die Antwort lautet: b) Rauchpartikel in der Luft steht für die Brownsche Bewegung. An Rauchpartikeln lässt sich die Brownsche Bewegung am besten beobachten. Eine Rauchzelle ist ein kleiner Glasbehälter von Größe und Form eines Fingerhuts, s. Abb.

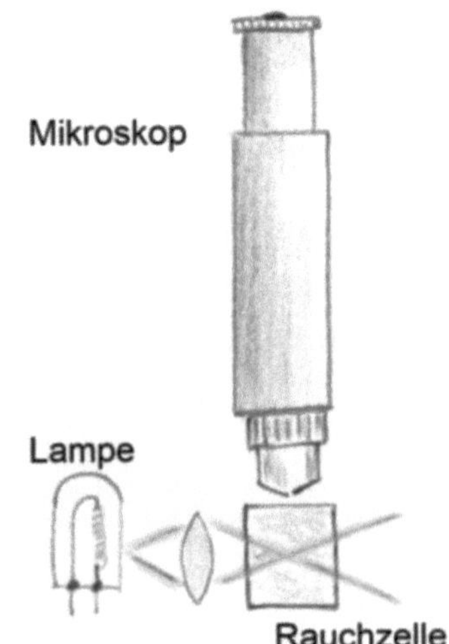

Rauch wird z. B. mittels eines brennenden Fadens eingebracht. Ein durchsichtiger Deckel verhindert, dass es wieder entweicht. Licht einer starken Quelle wird über eine Linse auf die Zelle fokussiert. Dort wird das Licht an den Rauchteilchen gestreut. Beobachtet man das Experiment mit einem Mikroskop von oben durch den Deckel sieht man die Teilchen als helle Flecken von einem dunklen Hintergrund. Sie sind dabei in ständiger zufälliger Bewegung. Ursache dafür sind die Stöße der nicht beobachtbaren Luftmoleküle gegen die Rauchteilchen. Wie in *Brownsche Bewegung* beschrieben, kommt es aufgrund der einseitigen Stöße zu den ruckartigen Bewegungen der Rauchpartikel.

Sonst handelt es sich um typische Vorgänge von Diffusion zweier Stoffe.

zu a) Der unangenehme Geruch von Gasen wie Ammoniak oder Schwefelwasserstoff verbreitet sich schnell in der Umgebung der Quelle. Die Gasteilchen bewegen sich also durch die Luft und vermischen sich vollständig mit ihr. Oft ist diese rasche Ausbreitung ein wichtiges Warnsignal. Ammoniak, Schwefelwasserstoff und andere Stoffe sind sehr gefährlich. Eine angenehme Seite gewinnt die Diffusion, wenn Parfümduft einen ganzen Raum erfüllt.

zu c) Gibt man einen Tropfen Tusche oder Tinte in Wasser, verteilt sich die blaue Farbe von selbst über die gesamte Flüssigkeit. Hierbei kann man die Abhängigkeit des Effektes von der Temperatur sehr schön beobachten: Die Blaufärbung erfolgt in warmem Wasser viel schneller als im kaltem. Wie schon die Brownsche Bewegung nimmt auch die Durchmischung der Stoffe, die Diffusion mit steigender Temperatur zu. Beide haben auch dieselbe Ursache: Die permanente und mit der Temperatur zunehmende Bewegung der Teilchen.

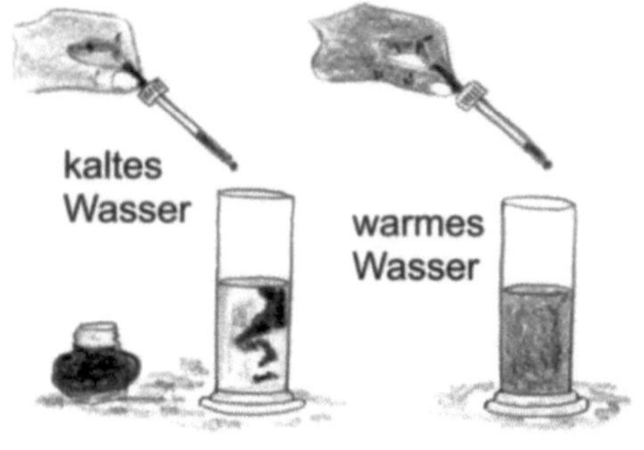

zu d) Durch die intensive Braunfärbung von Bromgas wird dessen Vermischung mit Luft gerne als Demonstrationsexperiment gezeigt. Achtung: Bromgas ist extrem giftig!

zu e) Hier mischen sich ein Feststoff und eine Flüssigkeit. Der Zucker löst sich auf in die Moleküle aus denen er besteht. Diese verteilen sich dann gleichmäßig über den gesamten Tee. Umrühren verkürzt diesen Vorgang erheblich.

Welcher Körper?

Die folgenden Aussagen können einem festen Körper, einer Flüssigkeit bzw. einem Gas zugeordnet werden:

a) Die Teilchen bewegen sich frei und mit hoher Geschwindigkeit.
b) Die Teilchen vibrieren, können aber ihre Ruhelage nicht verlassen.
c) Der Körper hat eine feste Form und ein feste Gestalt.
d) Die Teilchen vibrieren und können ihre Lage verändern.
e) Der Körper hat keine feste Form oder Gestalt.
f) Der Körper hat ein festes Volumen aber keine feste Form.
g) Zwischen den Teilchen gibt es praktisch keine Anziehungskräfte.

Dies ist eine Variation bereits diskutierter Eigenschaften, eine Wiederholungsfrage.

Antwort

Die Antworten lauten:

a) → Gase (G)
b) → Festkörper (FK)
c) → FK
d) → Flüssigkeiten (Flü)
e) → G
f) → Flü
g) → G

Temperaturgefühl

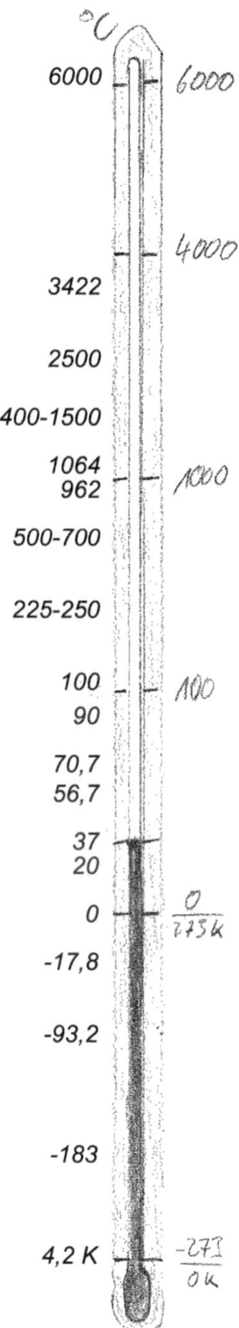

Die in der Natur vorkommenden Temperaturen erstrecken sich über einen riesigen Bereich. Nur ein winziger Ausschnitt daraus entstammt unserer unmittelbaren Erfahrung. Unser Vorstellungsvermögen reicht noch etwas weiter. Darüber hinaus jedoch sowohl bei Hitze wie bei Kälte gibt es Temperaturen, die nur noch als Zahlenwert begreifbar sind
Auf der Temperaturskala in Grad Celsius (°C) am rechten Bildrand sind Temperaturwerte eingetragen.

Zu welchen Gegenständen, Zuständen oder Vorgängen aus der Physik oder aus dem Alltag könnten die Temperaturen gehören? Was sagt Ihnen ihr *Temperaturgefühl*?

Antwort

	°C
Oberflächentemperatur der Sonne	6000
Höchster Schmelzpunkt eines Festkörpers - Wolfram	3422
Glühfaden Lampe	2500
Bunsenflamme / Brenntemperatur Porzellan	1400-1500
Schmelzpunkt Gold	1064
Schmelzpunkt Silber	962
Grillen	500-700
Durchschnittliche Backtemperatur einer Pizza	225-250
Siedepunkt Wasser / Oberer Fixpunkt der Celsius-Skala	100
Kühlwassertemperatur	90
Höchste satelliten-gemessene Lufttemp./Lut-Wüste Iran (2005)	70,7
Höchste irdisch gemessene Lufttemperatur/Death Valley (1913)	56,7
Körpertemperatur des Menschen	37
Standard-Bezugs-Raumtemperatur	20
Schmelzpunkt Eis/Gefrierpunkt Wasser/unterer Fixpunkt Celsius-skala	0
Nullpunkt der Fahrenheitskala	-17,8
Niedrigste gemessene Lufttemperatur/Hochplateau Antarktis (2010)	-93,2
Siedepunkt Sauerstoff	-183
Sprungtemperatur von Quecksilber (1911 Kamerlingh Onnes)	4,2 K

Thermometerprinzip

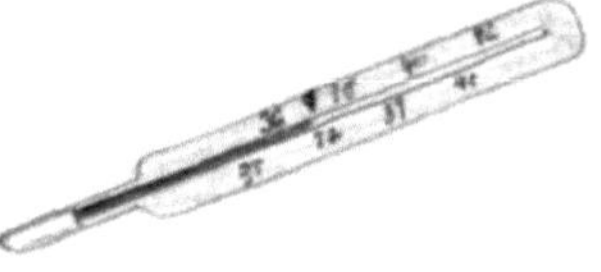

Zur Messung von Temperaturen benutzt man Thermometer. Beim bekannten Fieberthermometer rechts enthält eine Glasröhre eine Flüssigkeit, früher Quecksilber, heute meist Alkohol, die sich z. B. bei Erwärmung ausdehnt und den Anzeigefaden weiter entlang der Skala schiebt.

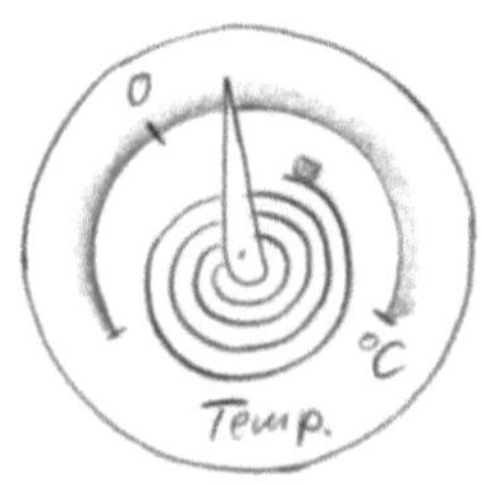

Beim einfachen (Wohnzimmer-/Bade-) Thermometer links ist ein Bimetallstreifen zu einer Spirale geformt mit einem Zeiger am losen Ende.
Ändert sich die Temperatur, dehnen sich die beiden fest miteinander verbundenen Metalle, z. B. Messing und Eisen, unterschiedlich aus und der Zeiger bewegt sich entsprechend auf der Skala.

Welche Aussagen über Thermometer treffen zu:

a) Das Funktionsprinzip aller Thermometer basiert auf der Ausdehnung eines Stoffes.
b) Es ist der thermisch gute Kontakt mit dem zu messenden Körper/Stoff erforderlich.
c) Jede Thermometerskala hat genau einen spezifischen Temperatur-Fixpunkt.
d) Haben zwei Thermometer die gleiche Temperatur, enthalten sie auch die gleichen Wärmemenge.

Antwort

Keine der Aussagen über Thermometer ist vollständig richtig.
Das Funktionsprinzip jedes Thermometers basiert auf bestimmten Eigenschaften der Stoffe, die sich mit der Temperatur verändern.
Die beiden genannten Beispiele aus dem Alltag funktionieren über die Ausdehnung der Stoffe bei Erwärmung. Bei Bimetall-Thermometern dehnen sich zwei fest verbundene Metallstreifen unterschiedlich stark aus. Im Fieberthermometer vergrößert sich bei Erhöhung der Temperatur das Volumen der eingeschlossenen Flüssigkeit, Quecksilber oder Alkohol. Antwort a) gilt also nur für diesen Thermometertyp.

Andere Thermometer beruhen auf temperaturabhängigen elektrischen Eigenschaften. Heute übliche Fieberthermometer mit LCD-Anzeige haben einen sogenannten Heißleiter oder Thermistor, der mit steigender Temperatur den Strom immer besser leitet. Dies wird mit etwas Elektronik in einen Temperaturwert umgesetzt und zur Anzeige gebracht.
Im sogenannten Thermoelement-Thermometer sind zwei unterschiedliche elektrische Leiter, in der Regel Legierungen, fest miteinander verbunden (verdrillt). Dies ist der Fühler. Eine Temperaturdifferenz zwischen dem Fühler und dem anderen Ende mit den Anschlüssen verursacht im Messgerät eine Spannung. Der dadurch fließende Strom wird wiederum von einer Elektronik auf einem Display dargestellt.
Eine Sonderform sind Strahlungsthermometer. Sie erfassen berührungslos die Oberflächentemperatur von Objekten. Jeder Körper mit einer Temperatur über 0 K (zur Einheit der absoluten Temperatur Kelvin vgl. unten) emittiert nämlich Wärmestrahlung, deren Intensität bzw. Lage des Maximums auf definierte Weise mit der Temperatur zusammenhängt (Stefan-Boltzmann-Gesetz). Bei einfachen Strahlungsthermometern wird die emittierte IR-Strahlung über Reflexionsflächen und IR-Linsen auf eine Thermosäule geleitet.

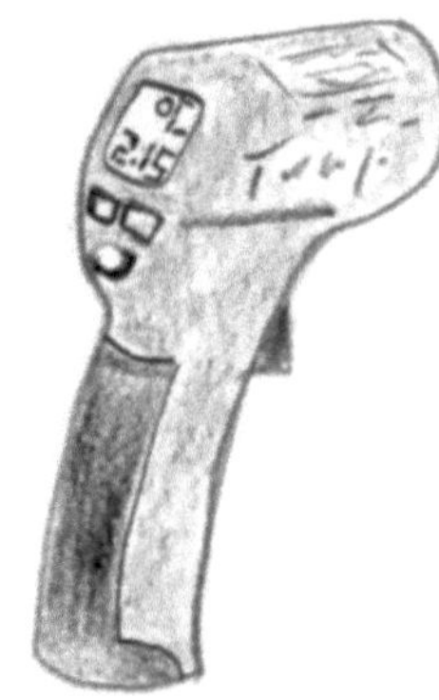

Wegen der berührungslosen Temperaturmessung gilt Antwort b) somit nicht für Strahlungsthermometer – aber doch für die meisten anderen Arten.
Von grundlegender Bedeutung ist das Gasthermometer. Es basiert auf dem Druck eines (idealen) Gases bei konstantem Volumen. Eine Variante davon, bei der der Druck konstant gehalten und die Volumenänderungen bei Änderung der Temperatur gemessen wird, stellt die Frage *Thermoskop* weiter unten vor.

Temperaturbereich

Die Wahl des jeweiligen Thermometertyps hängt in erster Linie vom zu messenden Temperaturbereich ab. Flüssigkeitsthermometer reichen kaum bis zu tieferen Frosttemperaturen, Strahlungsthermometer können bis zu 4000 °C messen. Mit heliumgefüllten Gasthermometern sind Messungen fast bis zum absoluten Temperaturnullpunkt möglich.

zu c) Alle Thermometer-Skalen sind über mindestens zwei Fixpunkte geeicht. Die Celsius-Skala beispielsweise über die bekannten Temperaturen 0°C, bei der Eis schmilzt, und 100 °C, bei der Wasser verdampft. Die Skala dazwischen ist über 100 gleichgroße 1-Grad-Schritte unterteilt.
Zu Temperaturskalen siehe auch die Frage *Absolute Zero.*
zu d) Temperatur und Wärme sind zwei wohl zu unterscheidende Zustandsgrößen. Entnimmt man mit einem Löffel etwas kochendes Wasser aus dem Topf, so haben beide Wassermengen die Temperatur von 100 °C, das Wasser im Kochtopf enthält aber die viel größere Wärmeenergie. Siehe dazu auch die Fragen weiter unten.

Was ist Temperatur?

Die Teilchen (Atome oder Moleküle) aller Körper sind in ständiger Bewegung, sie besitzen kinetische Energie. Sie bewegen sich allerdings unterschiedlich schnell, so dass man nur eine mittlere Teilchengeschwindigkeit $\bar{v}$ angeben kann. Bei einer bestimmten Temperatur haben die Teilchen eine gewisse mittlere Geschwindigkeit. Bei hohen Temperaturen bewegen sich die Teilchen im Mittel schneller als bei niedriger Temperatur, haben somit auch die größere mittlere kinetische Energie.

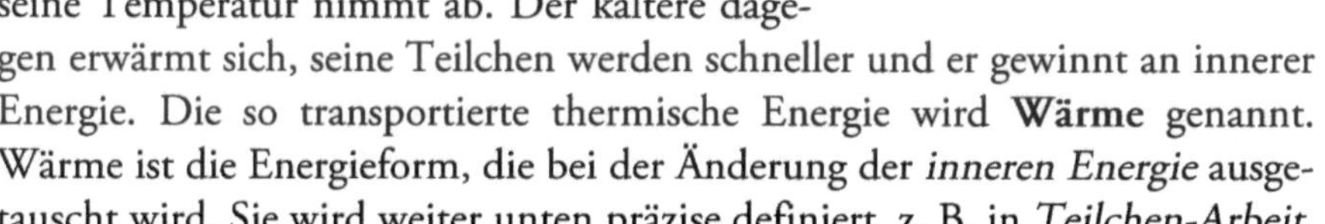

Wenn ein heißer Körper mit einem kälteren in Kontakt kommt, kühlt sich der heißere ab und seine Teilchen verlieren kinetische Energie, seine Temperatur nimmt ab. Der kältere dagegen erwärmt sich, seine Teilchen werden schneller und er gewinnt an innerer Energie. Die so transportierte thermische Energie wird **Wärme** genannt. Wärme ist die Energieform, die bei der Änderung der *inneren Energie* ausgetauscht wird. Sie wird weiter unten präzise definiert, z. B. in *Teilchen-Arbeit.*
Zunächst stellt sich die Frage: Was ist Temperatur?

a) Temperatur ist identisch mit Wärme, also thermische Energie.
b) Temperatur steht für einen bestimmten Gehalt an sogenanntem Wärmestoff, dem Caloricum, im betreffenden Körper.
c) Temperatur ist über das thermische Gleichgewicht definiert: Körper derselben Temperatur besitzen die gleiche mittlere kinetische Energie pro Teilchen.
d) Temperatur ist das, was man auf dem Thermometer abliest.

Antwort

Die Antwort lautet: c) Temperatur wird in der Wärmelehre (Thermodynamik) über das ***thermische Gleichgewicht*** definiert:
Zwei Körper unterschiedlicher Temperaturen stehen miteinander so in Kontakt, dass sie thermische Energie vom heißeren zum kälteren austauschen. Haben beide Körper die gleiche Temperatur erreicht, $T_1 = T_2$, befinden sie sich im sogenannten thermischen Gleichgewicht.

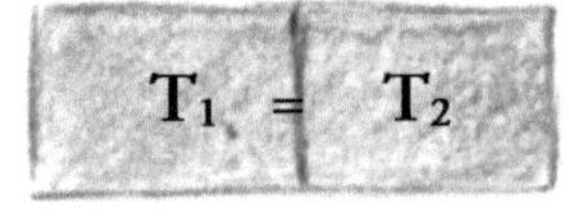

Indem der heiße Körper abkühlt, verlieren seine Teilchen kinetische Energie. Der kalte Körper erwärmt sich entsprechend und seine Teilchen gewinnen an kinetischer Energie. Haben beide Körper gleiche Temperatur erreicht, wird der Energietransfer gestoppt, da im Mittel die kinetische Energie pro Teilchen nun in beiden gleich ist.

Kinetische Deutung der Temperatur

Temperatur ist ein **Maß für die durchschnittliche kinetische Energie** der Teilchen in Gasen, Flüssigkeiten oder Festkörpern.
Temperatur ist ein Mittelwert und hat somit keine Bedeutung für ein einzelnes Teilchen. Siehe dazu auch die nächste Frage.

Will man die Temperatur eines Objekts messen, muss man dieses mit einem Thermometer (System, dessen thermischer Gleichgewichtszustand eindeutig definiert und das mit einer Temperaturskala versehen ist) in thermisches Gleichgewicht bringen. Die Skala zeigt dann die Temperatur des zu messenden Objektes an. Vgl. dazu auch die vorherige Frage *Thermometerprinzip*.

Zu den weiteren Alternativen:
zu a) Die Begriffe Temperatur und Wärme sind zu trennen. Ein anschauliches Beispiel aus dem Alltag: Ein Esslöffel kochendes Wasser aus dem Topf hat die gleiche Temperatur wie das Wasser im Topf selbst, nämlich 100 °C. Er enthält aber viel weniger thermische Energie oder Wärme als der viel größere Topf mit Wasser.
zu b) Bis man Anfang des 19. Jahrhunderts Wärme als Energieform erkannte, nämlich die (Summe) kinetische Energie der Teilchen, verband man mit ihr einen Wärmestoff, den man Caloricum oder Phlogiston nannte. Heiße Körper enthalten viel davon, kalte wenig. Beim Abkühlen geht Caloricum verloren bzw. auf einen anderen Körper über. Siehe dazu unter *Kanonenbohren, Matrosen und Bierfässer* weiter unten.

Davon leitet sich übrigens die noch heute gebräuchliche Einheit für die thermische Energie, also die Wärme ab: *Kalorie* bzw. abgekürzt *kcal* (üblicherweise mit dem Maßeinheiten-Vorsatz für Kilo). Vgl. dazu die Frage *Arbeit gleich Wärme.*
zu d) Wer diese Antwort nicht besonders witzig findet, wird sie wohl „unverschämt" nennen. Und in der Tat sollte man derartige wie das hier einem Einstein („Zeit ist, was die Uhr anzeigt") entlehnte Statement auch solchen Genies überlassen.

Eine Temperatur, eine Energie

Die oben gemachte kinetische Deutung der Temperatur resultierte in dem wichtigen Ergebnis: Körper derselben Temperatur besitzen die gleiche mittlere kinetische Energie pro Teilchen.
Man kann also formulieren: $E_{kin} \sim T$.
Die Proportionalität zwischen mittlerer kinetischer Energie und Temperatur schafft die sogenannte Boltzmann-Konstante: $k = 1{,}38 \ldots 10^{-23} \frac{J}{K}$.
Die Einheit J/K, also Energie pro Temperatureinheit, zeigt schon den Zusammenhang: Bei einer Temperaturänderung ΔT gewinnt ein Teilchen offenbar einen bestimmten Energiebetrag ΔE hinzu.
Ein Teilchen kann sich in allen drei Richtungen (gleichzeitig) bewegen, man spricht von den Freiheitsgraden. Bei Teilchen, die aus zwei und mehr atomaren Bausteinen bestehen, also Molekülen, müsste noch die Bewegungsenergie bei Rotation um eine der Symmetrieachsen berücksichtigt werden. Diese soll hier vernachlässigt werden. Pro solchem „Richtungs"-Freiheitsgrad beträgt der aus der Temperatur herrührende Anteil an Bewegungsenergie: $\frac{1}{2}\,k \cdot T$.
Insgesamt lautet diese wichtige Beziehung:

$$E_{kin} = \frac{3}{2}\,k \cdot T$$

Für welche Teilchen gilt diese Formel?

a) einfache, einatomige Gase
b) alle Gase
c) für alle gasförmigen und flüssigen Körper
d) für alle Körper, ob Gas, Flüssigkeit oder Feststoff

Hinweis: Interessierte finden unten eine kurze Herleitung dieser Formel.

Antwort

Die Steigerung von a) bis d) lässt es schon vermuten: Die Antwort lautet d) Für alle Körper. Es ist egal, wie groß die Atome oder Moleküle sind. Es spielt auch keine Rolle, ob die Teilchen in einem massiven Körper mehr oder weniger fest gebunden sind.

Wer über die letzte, doch bemerkenswerte Aussage gestolpert ist, lässt sich vielleicht von der freien Beweglichkeit eines Gasteilchens leiten. Dennoch bewegen sich die Teilchen in einem Festkörper, eben um ihre Ruhelage. Gas- und Festkörperpartikel haben oft sehr unterschiedliche Massen. Aber auch davon hängt die oben genannte Energiebeziehung nicht ab. Zunächst besagt das Modell, dass alle Teilchen in ständiger Bewegung sind. Sie besitzen also kinetische Energie, so eingeschränkt die Bewegungsmöglichkeiten auch sein mögen. Der andere Trugschluss ist: Große, sich bewegende Körper *müssen* mehr kinetische Energie besitzen! Bei einer bestimmten Temperatur haben die Teilchen eine bestimmte mittlere Geschwindigkeit, also auch eine bestimmte mittlere kinetische Energie. Genau ist die Bewegungsenergie zum gemittelten Geschwindigkeitsquadrat proportional: $E_{kin} \sim \overline{v^2}$.

Nimmt man Masse hinzu, resultiert die bekannte Formel für die

mittlere Bewegungsenergie eines Teilchens: $E_{kin} = \frac{1}{2} m \cdot \overline{v^2}$

Je größer die Masse, desto geringer ist $\overline{v^2}$ bzw. v .

Das heißt also: Bei einer bestimmten Temperatur besitzen **alle** Teilchen in einem beliebigen Körper die gleiche mittlere kinetische Energie. Welchen Effekt dies allerdings hat, hängt zum einen von der Masse ab. Ein Atom eines einfachen Gases wird schneller beschleunigt als ein Flüssigkeitsteilchen. Und es hängt von Kräften ab, die aus der Umgebung des Teilchens auf dieses einwirkenden. Für ein Teilchen in einem Festkörper ist es schwer, von der Stelle zu kommen. Es kann seinen aus der Temperatur herrührenden Bewegungsdrang nur an seinen Nachbaratomen „abreagieren".

Diese für beliebige Teilchen gültige alleinige Abhängigkeit ihrer Bewegungsenergie von der Temperatur erlaubt nun viele vereinfachte und vereinheitlichte Betrachtungen. So ist der Druck eines Gases auf die Gefäßwände gar nicht von irgendwelchen Eigenschaften der individuellen Gasteilchen abhängig. In die Beziehung geht die mittlere kinetische Energie E_{kin} ein und die hängt für alle Arten von Gas nur von der Temperatur ab.

Aus der Relation $E_{kin} \sim T$ folgt übrigens, dass die Teilchen am absoluten Nullpunkt, d.h. bei $T = 0$ K, zur Ruhe kommen. Siehe dazu *Absolute Zero.*

Ludwig Boltzmann

Der österreichische Physiker Ludwig Boltzmann, 1844 – 1906, war einer der Väter der statistischen Mechanik. Boltzmann war ein Verfechter der atomistischen Vorstellung und deutete in der Thermodynamik bis dahin nur messbare Zustandsgrößen, wie Temperatur oder Druck, nun mikroskopisch.

Er begründete ein Verfahren zur theoretischen Berechnung solcher physikalischer Eigenschaften von Systemen, die aus sehr vielen Teilchen bestehen. Grundannahme dieser *Boltzmann-*Statistik ist, dass die theoretisch wahrscheinlichste Verteilung der Atome auf die verschiedenen möglichen Mikrozustände (z. B. Geschwindigkeits- oder räumliche Verteilung) in der Natur auch wirklich vorliegt.

Foto: Wikimedia Commons

Entropie

Wegen der im 19. Jh. steigenden Bedeutung von Wärmekraftmaschinen begannen Ingenieure und Physiker wie Sadi Carnot die darin ablaufenden Prozesse näher zu erforschen, um eine Erklärung für den begrenzten Wirkungsgrad solcher Maschinen zu finden. Auch die besten Dampfmaschinen konnten nur wenige Prozent der thermischen Energie in mechanische Energie umwandeln.

Die Lösung kam in Gestalt der *Entropie S*. Der deutsche Physiker Rudolf Clausius führte den Begriff als thermodynamische Größe ein und definierte ihn als makroskopisches Maß für die Nutzbarkeit von Energie. Die Veränderung der Entropie ist gleich der dafür ausgetauschten Wärmemenge pro Temperatureinheit, $\Delta S = \frac{\Delta Q}{T}$.

Ihre physikalische Einheit somit Joule pro Kelvin, J/K.

Entropie ist also ausgetauschte Wärme und ihre „Wertigkeit“ hängt von der dabei herrschenden Temperatur ab. Dampfmaschinen nehmen Wärmeenergie bei hoher Temperatur auf, verrichten eine mechanische Bewegung und geben sie auf kälterem Niveau wieder ab – meist an die Umwelt. Diese „abgearbeitete“ Wärme hat eine größere Entropie und könnte, würde sie entsprechend zurückgeführt, nie mehr die Nutzarbeit leisten, wie bei ihrer ursprünglichen Erzeugung bei höherer Temperatur. Ständig entzieht sich also ein Teil der Wärmeenergie seiner mechani-

schen Nutzbarkeit. Genau dies besagt der zweite Hauptsatz der Thermodynamik, der *Entropie-Satz*:
In einem geschlossenen System nimmt die Entropie niemals ab: $\Delta S \geq 0$.
Bei allen realen Prozessen nimmt die Entropie sogar stets zu.
Boltzmanns Entropie-Definition nun beruht auf dem Verständnis der Wärme als ungeordnete Bewegung von Atomen und Molekülen. Er führt die Entropie auf Wahrscheinlichkeiten W möglicher Teilchenanordnungen zurück und gibt folgende Formel an:

$S = k \cdot logW$. Die Boltzmann-Konstante $k = 1{,}38\ 10^{-23}$ J/K folgt aus eben dieser Definition und passt die statistische Auffassung an die makroskopische an.

Damals ging man in der Physik eher von einem stofflichen Kontinuum aus. Boltzmanns Ansicht einer Materie, aufgebaut aus Atomen und sogar den Gesetzen des Zufalls unterworfen stieß viele seiner Kollegen vor den Kopf. Er musste sich daher regelmäßig mit Einwänden seiner zahlreichen und namhaften Gegner auseinandersetzen, was ihn schließlich in den Freitod trieb.

Herleitung der kinetischen Deutung der Temperatur
Der Zusammenhang von Temperatur und Bewegungsenergie der Teilchen kann aus den Gasgesetzen und der kinetischen Gastheorie hergeleitet werden. Das konstante Produkt $p \cdot V$ (*Boyle-Mariotte-Gesetz*) ist direkt proportional zur Temperatur.

Universelle Gasgleichung (*phänomenologisch*): $p \cdot V = N \cdot k \cdot T$.

Die **Grundgleichung der kinetischen Gastheorie**: $p = \frac{1}{3} \cdot \rho \cdot \bar{v}^2$

stellt man mit $\rho = \frac{N}{V} \cdot m$, m Teilchenmasse, um zu: $p = \frac{N}{V} \cdot \frac{2}{3} \cdot \frac{m}{2} \bar{v}^2$.

Mit $\frac{m}{2} \bar{v}^2$ als mittlere kinetische Teilchenenergie $\bar{E}_{kin}$ ergibt sich:

$$p \cdot V = N \cdot \frac{2}{3} \bar{E}_{kin}.$$

Somit gilt: $N \cdot k \cdot T = N \cdot \frac{2}{3} \bar{E}_{kin}$.

Und schließlich die gesuchte Formel: $\bar{E}_{kin} = \frac{3}{2} \cdot k \cdot T$.

Absolute Zero

Der in der Frage *Energie der Teilchen* aufgezeigte Zusammenhang zwischen mittlerer kinetischer Energie der Partikel eines Körpers und seiner Temperatur beinhaltet auch: Je kleiner die mittlere kinetische Energie der Teilchen eines Körpers ist, umso niedriger ist seine Temperatur.
Die kinetische Energie eines Teilchens kann nur null werden. Bei welcher Temperatur ist dies der Fall, kommt ihre Bewegung also völlig zum Erliegen?

a) -18 °Celsius (°C)

b) ca. -273 °C

c) 0 Kelvin (K)

d) 0,5 10^{-9} K

Antwort

Die richtigen Antworten lauten: b) ca. -273 °C und c) 0 Kelvin.
Durch experimentelle Untersuchungen und aus den zugrunde gelegten Gesetzmäßigkeiten konnte nachgewiesen werden, dass die Bewegungsenergie der Teilchen bei exakt: -273,15 °C oder 0 K verschwindet. Die Gesamtenergie als Summe aus potenzieller und kinetischer Energie der Teilchen hat bei 0 K ihr Minimum.
Doch was passiert wirklich am absoluten Nullpunkt? Stehen die Atome einfach still? Dass dem nicht so ist, hat Werner Heisenberg Anfang des 20. Jahrhunderts mit der nach ihm benannten *Unschärferelation* gezeigt.
Bei den allerkleinsten Maßstäben gelten andere Gesetze, nämlich die der Quantenmechanik. So kann man den Ort eines Quants, etwa eines Atoms, nie völlig exakt angeben. Mit der Unschärferelation ist der Genauigkeit bei Ortsangaben eine definitive Untergrenze gesetzt. Im Mikrokosmos gibt es daher keinen völligen Stillstand. Aus makroskopischer, klassischer Sicht kann man jedoch annehmen, dass die Bewegungsenergie am absoluten Temperaturnullpunkt verschwinden würde. Siehe dazu die oben in *Eine Temperatur, eine Energie* angegebene Beziehung zwischen Temperatur und kinetischer Energie.
In der Nähe von *Absolute Zero* gibt es seltsame Phänomene wie die Supraleitung oder die Suprafluidität (extrem hohe Fließfähigkeit), die ausschließlich durch die Gesetze der Quantenphysik erklärbar sind.

Zu den weiteren Auswahlalternativen:

zu a) – 18 °C: Die schon vor Celsius entwickelte Fahrenheitskala hat ihren Temperaturnullpunkt bei der Temperatur eines einfach herzustellenden Gemisches aus Eis, Salmiak und Wasser: 0 °F entspricht ca. -18 °C. Die Angaben in Grad Fahrenheit ist heute noch in den USA und Großbritannien weit verbreitet.

zu d) $0{,}5\ 10^{-9}$ K: In der Praxis kann man sich 0 K nur annähern, die Temperatur aber nie erreichen. Genügten Kämmerling-Onnes bei der Entdeckung der Supraleitung 1911 noch ca. 4 K, erreichte man in den 1930er-Jahren schon bis 1/1000 K.
$0{,}5\ 10^{-9}$ K stammen aus dem Jahr 2003 und stellen den aktuellen Tiefsttemperaturrekord dar, aufgestellt vom deutschen Physik-Nobelpreisträger Wolfgang Ketterle und seinen Kollegen aus Cambridge.

Bei Temperaturen am absoluten Nullpunkt verändert Materie auch ihre Eigenschaften. Viele Stoffe, wie die eigentlich schlecht leitenden Metalle Blei und Quecksilber werden zu sogenannten Supraleitern, die den Strom völlig ohne Widerstand transportieren.

Weltraumtemperatur

Die Temperatur im Weltraum hängt davon ab, wo man misst. In Nähe einer Sonne oder Lichtjahre entfernt davon. Auch spielt eine Rolle, was mit dem vorhandenen Licht eines Sterns geschieht, worauf es z. B. fällt. Daher fragt man eher danach:

Welche durchschnittliche Temperatur herrscht im Weltraum?

a) minus 273 °C
b) minus 270 °C
c) mehrere Tausend °C
d) keine

Antwort

Die Antwort lautet b) Die durchschnittliche Temperatur im Weltraum beträgt -270,4 °C.

Die Teilchendichte macht's

Im der Frage *Thermometerprinzip* wird darauf hingewiesen, dass ein guter thermischer Kontakt zwischen dem zu messenden Körper/Stoff und dem Thermometer wichtig ist.
Die Teilchen in der Luft stoßen z. B. ständig aneinander und haben dadurch im Mittel dieselbe kinetische Energie. Sie befinden sich im thermischen Gleichgewicht. Das Quecksilber in einem Thermometer nimmt über mikroskopische Stöße der Luftteilchen mit dem Gehäuseglas deren Energie auf, wodurch es mit der Umgebungsluft ins thermische Gleichgewicht kommt. Es dehnt sich durch die Erwärmung aus und zeigt die Temperatur auf einer Skala an.
Dies kann man sich am Beispiel einer Sauna klar machen: Bei der auf 80 °C aufgeheizten Luft macht es einen Unterschied, ob diese trocken oder durch einen Aufguss ganz dampfig ist.
Beide Male treffen uns laut Thermometer 80 °C, beide Male fühlt es sich völlig anders an: Trockene Luft empfinden wir kühler als feuchte.
Der Grund, warum wir z. B. die Sauna-Temperatur so verschieden wahrnehmen, ist die unterschiedliche Teilchendichte von Luft und Wasser. Luft enthält viel weniger Teilchen als Wasser, die unseren Körper treffen. Auch wenn beide „gleich warmen" Stoffteilchen die gleiche Bewegungsenergie haben, überträgt Luft eben weit weniger dieser Energie auf uns als das beim Kontakt mit Wasser der Fall ist.

Zurück zum Weltraum. Ein Astronaut trifft bereits auf einer erdnahen Umlaufbahn nur noch auf wenige Teilchen wie etwa Partikel des Sonnenwinds. Durch diese alleine wird er nicht mehr gewärmt.
Fernab von Sternen und Galaxien mitten im intergalaktischen Raum sind noch weniger Materieteilchen anzutreffen. Die Materiedichte beträgt dort etwa ein Wasserstoff-Atom pro Kubikmeter, eine Leere, die wir mit technischen Mitteln gar nicht herstellen können. Der intergalaktische Raum kommt also schon sehr nahe an ein perfektes Vakuum heran.

Wie kann man nun von einer Temperatur im Vakuum sprechen?

Selbst im nahezu absoluten Vakuum, wo es keine Materie gibt, durchdringt noch immer elektromagnetische Strahlung den gesamten Raum.
Wie die Sonnenstrahlen einen Astronauten im Erdorbit wärmen, hängt stark davon ab, auf welche Oberfläche sie treffen. Tragen Astronauten beim Weltraumspaziergang schwarz, dürfte es sehr schnell zu heiß werden. Ein schwarzer Körper im Weltraum nahe der Erde würde durch die Sonne auf ca. 130 °C aufgeheizt werden.
Stark reflektierende Kleidung wirft dagegen fast die ganze Strahlungsenergie zurück und der Astronaut würde immer stärker auskühlen.
Als Konsequenz ist Weltraumkleidung bzw. –ausrüstung hell, aber nicht reflektierend.

Im All fernab von Sternen und Galaxien gibt es nur noch die **kosmische Hintergrundstrahlung.** Sie stammt aus einer Zeit etwa 380 000 Jahre nach dem Urknall, als sich die bis dahin an ungebundenen Elektronen gestreuten Lichtquanten frei im Weltall ausbreiten konnten. Sie kommt aus allen Richtungen des Universums und ist sehr gleichmäßig.
Als Überreste des Urknalls, finden sich bis heute in jedem Kubikzentimeter des Weltalls etwa 400 Photonen dieser Hintergrundstrahlung. Zu Photonen oder Lichtquanten siehe die Frage *Photoeffekt* im Abschnitt Atome und Quanten.
Sie wird mit besonderen Antennen für den Mikrowellenbereich gemessen. Über die Energie der Strahlung kann man ihr die Temperatur von 3 Kelvin zuweisen. Daher oft die Bezeichnung „3-Kelvin-Strahlung". Und da sich die Teilchen im thermischen Gleichgewicht befinden, kann man auch von Temperatur sprechen.
Der Weltraum hat somit die in Grad Celsius ausgedrückte Temperatur von –270,4 °C.
Der kälteste Ort im Universum befindet sich im 5.000 Lichtjahre entfernten Boomerang-Nebel. Dort herrscht eine Temperatur von *-272,15 °C* oder *1 K.*

Größer durch Wärme

Wird z. B. ein Stahlträger erwärmt, ändert sich auch sein Volumen. Dieser Effekt wird Ausdehnung bei Erwärmung genannt. Diese Wärmeausdehnung macht sich gewöhnlich nicht bemerkbar. Steht einem sich ausdehnenden Körper allerdings kein entsprechender Platz (Raum) zur Verfügung, ist zu sehen, welche enormen Kräfte hinter solchen Volumenvergrößerungen stehen:

- Der Stahlträger bricht etwa das Betonmauerwerk auf.
- Wird Flüssigkeit in eine Flasche ohne „Luftpolster" abgefüllt, sprengt sie das Glas schon bei einer relativ geringen Temperaturerhöhung.

Welche Stoffe dehnen sich bei Erwärmung am stärksten aus?

a) Festkörper
b) Flüssigkeiten
c) Gase
d) Prozentual gesehen dehnen sich alle Stoffe gleich stark aus

Antwort

Die Antwort lautet: c)

Jeder Körper nimmt bei einer bestimmten Temperatur (bei Gasen bei konstantem Druck) ein bestimmtes Volumen ein. Bekanntlich dehnen sich mit wenigen Ausnahmen alle Stoffe bei Erwärmung aus, ihr Volumen vergrößert sich.

Stärke der Ausdehnung

Die Volumenänderung variiert dabei sehr stark. Es lassen sich jedoch drei Bereiche für jeweils Festkörper, Flüssigkeiten und Gase angeben.

Festkörper dehnen sich am geringsten pro Grad Temperaturerhöhung aus, *Flüssigkeiten* schon deutlich mehr, nämlich ca. 30 bis 40-Mal so stark. *Gase* vergrößern ihr Volumen pro Grad Temperatursteigerung am stärksten, nämlich etwa 20-Mal gegenüber den Flüssigkeiten. Es gibt hier aber Besonderheiten wie den herrschenden Druck. Mehr dazu unten.

Dieses Verhalten folgt aus der **kinetischen Gastheorie:**
Wird ein Festkörper erhitzt, so nimmt die Bewegung bzw. die kinetische Energie der Teilchen zu. Ihre nun heftigeren Schwingungen beanspruchen mehr Raum, der Körper expandiert leicht nach allen Seiten. Fällt die Temperatur, geschieht das Gegenteil, der Festkörper schrumpft.
Bei Flüssigkeiten sind die Teilchen bereits weniger stark aneinander gebunden und können bei Temperaturerhöhung entsprechend weitere Schwingungen ausführen. Die Volumenvergrößerung ist bei Flüssigkeiten daher größer.
Bei Gasen schließlich gibt es zwischen den einzelnen Gasteilchen überhaupt keine Bindungskräfte mehr. Eine Temperaturerhöhung geht unmittelbar in die Bewegungsenergie der Teilchen ein, die dann entsprechend viel Raum (bei konstantem Druck) benötigen.
Analogie aus der Mechanik:
Den größeren Raumanspruch energiereicher Teilchen kann man sich mit einer Pendelschwingung veranschaulichen. Ein weiter ausschlagendes Pendel besitzt ganz offensichtlich mehr Energie und beansprucht dafür auch mehr Raum.

Ausdehnungskoeffizienten

Die unterschiedlichen Ausdehnungsverhalten lassen sich mit einfachen Formeln ausdrücken. Die Gradangaben sind je nach Anwendung mal in Celsius (°C), mal in Kelvin (K). Allgemeine Konvention ist es, für °C das Formelzeichen ϑ und für K das T zu verwenden. Für Temperaturschritte wird meist Kelvin genutzt. Die Einheit Kelvin wird weiter unten bei Betrachtung der Gase definiert.

Die Ausdehnung wird für die verschiedenen Stoffe mit sogenannten Ausdehnungskoeffizienten angegeben. Oft ist nur die Ausdehnung in eine Richtung von praktischer Bedeutung. Der erwähnte Stahlträger oder eine Eisenbahnschwelle sind Beispiele.

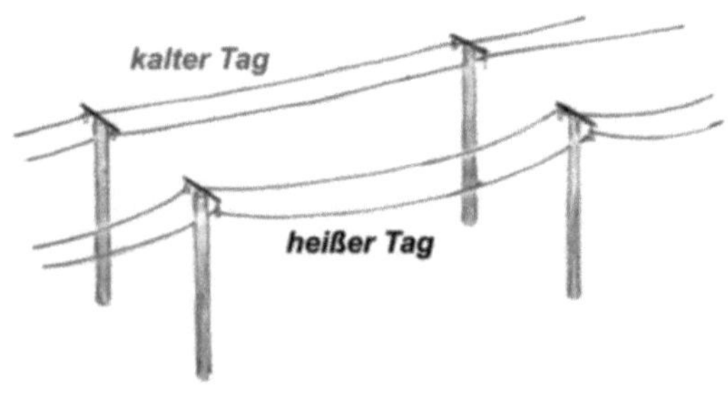

Bei jeder Brücke, ob aus Beton, Stahl oder Holz muss ein Ende frei gelagert sein, damit sich das Bauwerk bei Erwärmung frei ausdehnen kann.
Hochspannungsleitungen dürfen an kalten Tagen, wenn sie sich zusammenziehen nicht unter so starken Zug geraten, dass sie reißen. Ihre Länge muss mindestens auf diesen Fall ausgelegt sein.

Längenausdehnung bei Festkörpern
Für die Berechnung der Längenänderung gibt es für jeden Feststoff einen sogenannten *Längenausdehnungskoeffizient* α. Er gibt die auf die Grundlänge l_1 bezogene Längenänderung pro Grad Temperaturerhöhung $\Delta\vartheta$ an. Die Einheit von α ist 1/K:

$$\alpha = \frac{\Delta l/l_1}{\Delta\vartheta} \text{ oder } \Delta l = \alpha \cdot l_1 \cdot \Delta\vartheta, \text{ somit: } l_2 = l_1\,(1 + \alpha \cdot \Delta\vartheta \cdot)$$

Einige Beispiele für den Längenausdehnungskoeffizienten α, dargestellt als Längenänderung eines 1000 mm langen Stabes bei einer Temperaturerhöhung um 100 K:

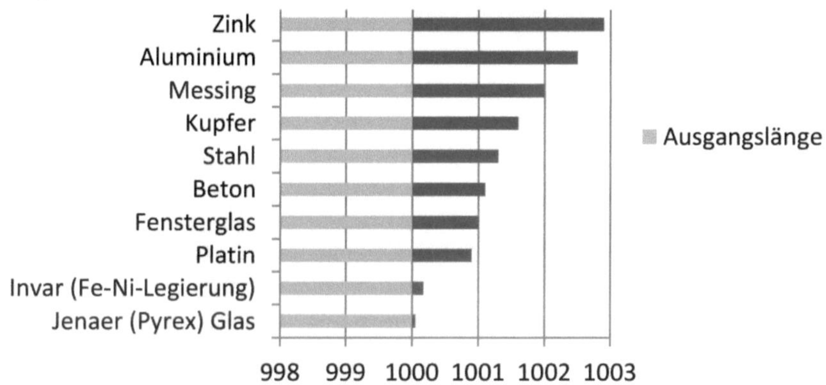

Die α-Werte zum Diagramm (Einheit 1/K):

- Jenaer (Pyrex) Glas: $0{,}5 \cdot 10^{-6}$
- Invar (Eisen-Nickel-Legierung): 1,7 bis $2{,}0 \cdot 10^{-6}$
- Platin: $9 \cdot 10^{-6}$
- Fensterglas: $10 \cdot 10^{-6}$
- Beton: 6 bis $14 \cdot 10^{-6}$
- Stahl: 10 bis $13 \cdot 10^{-6}$
- Kupfer: $16{,}5 \cdot 10^{-6}$
- Aluminium: $23 \cdot 10^{-6}$
- Zink: $29 \cdot 10^{-6}$

Volumenausdehnung bei Festkörpern und Flüssigkeiten

Für die Volumenänderung lautet die entsprechende Formel mit **Volumenausdehnungskoeffizienten** γ:

$$\gamma = \frac{\Delta V/V_1}{\Delta\vartheta} \text{ oder } \Delta V = \gamma \cdot V_1 \cdot \Delta\vartheta \text{ und somit: } V_2 = V_1\,(1 + \gamma \cdot \Delta\vartheta)$$

Sie ist insbesondere bei Flüssigkeiten zu berücksichtigen. Für Festkörper kann man allgemein annahmen: $\gamma = 3\,\alpha$.

Beispiele für den Volumenausdehnungskoeffizienten γ, dargestellt als Änderung des Volumens von 1 l (1000 ml) bei einer Temperaturerhöhung um 100 K.

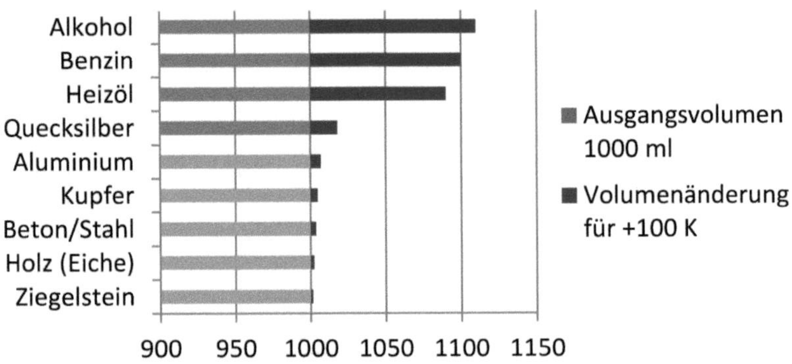

Alkohol dehnt sich bei Erwärmung stark aus und wird z. B. in konventionellen Fieberthermometern verwendet.

Einige γ-Werte aus dem Diagramm (Einheit 1/K):

Flüssigkeiten (Exponent 10^{-4})
- Alkohol: $11 \cdot 10^{-4}$
- Benzin: $10 \cdot 10^{-4}$
- Quecksilber: $1{,}8 \cdot 10^{-4}$

Feststoffe (Exponent 10^{-6}):
- Beton/Stahl: 20 bis $40 \cdot 10^{-6}$
- Kupfer: $50 \cdot 10^{-6}$
- Aluminium: $70 \cdot 10^{-6}$

Volumenänderung bei Gasen:

Neben der Beachtung des herrschenden Drucks gibt es bei Gasen eine Besonderheit: Die Volumenänderung bei Erwärmung (bzw. Abkühlung) hängt nicht von der Art des Gases ab. Der Volumenausdehnungskoeffizienten γ_0 ist daher für praktisch alle Gase bei nicht zu extremen Temperatur- und Druckverhältnissen identisch. Mehr dazu bei den Fragen weiter unten zu Volumen, Druck und Temperatur bei Gasen.

Nirosta-Stahlbeton

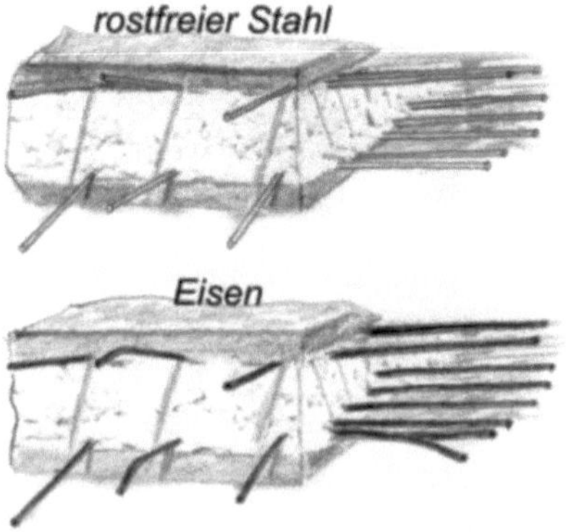

Stahlbeton ist Zementbeton mit einem darin eingebetteten Stahl-/Eisengitter und der moderne Baustoff schlechthin. Und da praktisch jede Art Bauwerk schon mal in Stahlbeton-Bauweise ausgeführt wurde, gibt es auch genügend davon, die mit der Zeit zerfallen.
Bröckelt der Beton ab, kommen die rostigen Eisengeflechte zum Vorschein. Warum nimmt man nicht z. B. Aluminium statt Stahl. Aluminium rostet nicht und hat zudem einen zum grauen Beton passenden Farbton?

a) Aluminium ist zu teuer
b) Aluminium wäre zu dick, um die Festigkeit von Stahl zu erreichen,
c) Aluminium dehnt sich viel stärker aus als Stahlbeton und es würde zu Spannungen zwischen beiden Materialien kommen

Antwort

Die Antwort lautet: c) Aluminium hat einen Längenausdehnungskoeffizienten von $23 \cdot 10^{-6}$, dehnt sich also doppelt so stark aus wie Beton. Zwischen beiden Stoffen würden extreme Spannungen entstehen, die den Verbund aufsprengen würden.
Stahl oder Eisen hingegen haben bei Temperaturänderung eine Ausdehnung bzw. Schrumpfung von der gleichen Größe wie Beton.
zu b) Stahl hat auch die wesentlich größere sogenannte Zugfestigkeit. Das ist die Kraft, die nötig ist, um einen Draht des betreffenden Materials von definiertem Querschnitt zu zerreißen. Die Werte für Aluminium, vielmehr Aluminiumlegierungen liegen im Bereich 40..180 N/mm². Bei Stahl reichen die Werte bis 700, 800 N/mm², im Mittel etwa 500 N/mm². Das Aluminium-Geflecht im Beton wäre also auch dreimal so dick, um die gleiche Festigkeit zu erreichen.
Die ideale Alternative wäre tatsächlich „Nirosta-Stahlbeton“ – aber nur aus technischer Sicht. Ein Eisengeflecht aus teurem, rostfreiem Stahl wird wohl nie jemand in Beton gießen.

Wärme-Krümmung

Bimetall nennt man einen Streifen aus zwei aufeinander gewalzten Metallstreifen mit unterschiedlich starker Wärmedehnung.
Wohin dehnt sich der rechts abgebildete Bimetallstreifen bei Erwärmung?

a) nach oben
b) gar nicht, bleibt waagrecht
c) nach unten

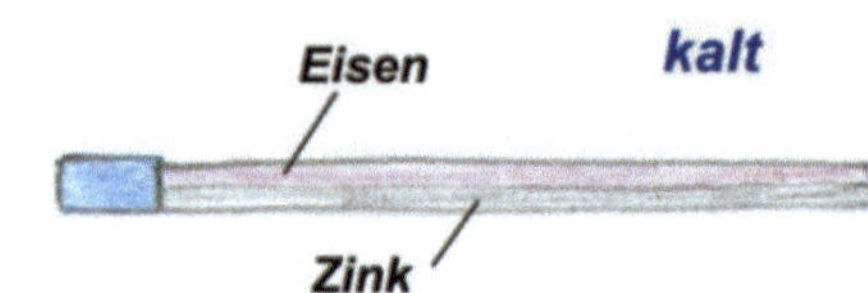

Antwort

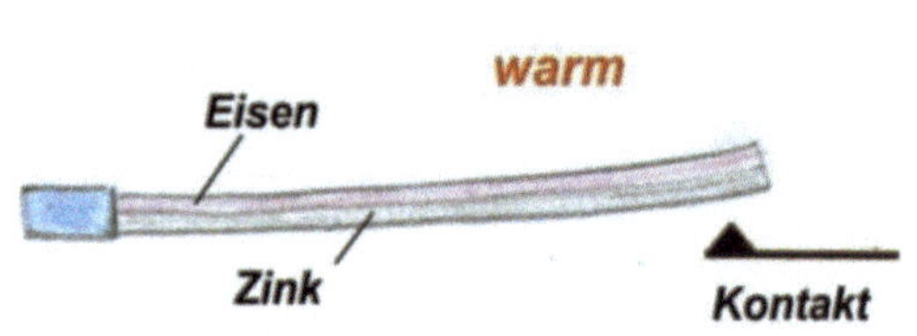

Die Antwort: a) nach oben.
Zink hat einen mehr als doppelt so großen Längenausdehnungskoeffizienten wie Eisen, nämlich $29 \cdot 10^{-6}$/K.
Der Streifen dehnt sich daher schon bei leichter Erwärmung nach oben und öffnet beispielsweise einen elektrischen Kontakt.
Trotz „bi“ im Namen neigt sich die thermisch ansprechende Kombination aus zwei Metallen bei Erwärmung nur einer Seite zu.

Zink ist recht teuer. Warum gibt es keine Bimetallstreifen aus Stahl und Eisen?

Bimetalle finden in zahlreichen technischen Geräten Anwendung.

Regelbares Thermostat
Rechts eine schematische Darstellung eines regelbaren Thermostats mit einem Bimetallstreifen. Über den Drehknopf lässt sich der Abstand zwischen dem festen Kontakt und dem am Bimetall ändern. Entsprechend bei niedriger oder höherer Temperatur löst der Kontakt aus. Man kann so die Schalttemperatur z. B. eines Heizwendels in einem Bügeleisen bestimmen.

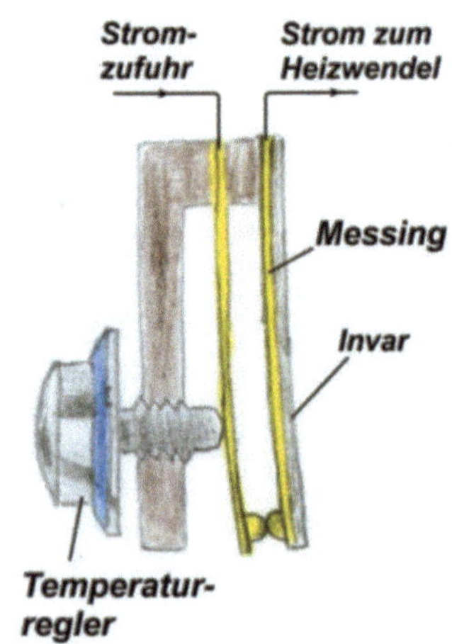

Feueralarm

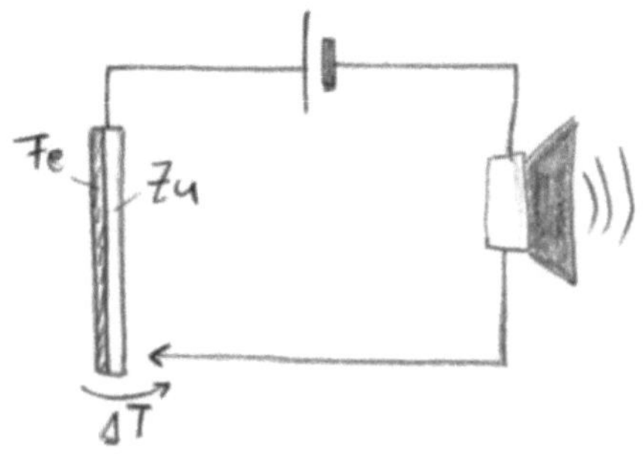

Die Temperaturabhängigkeit eines Bimetallstreifens kann man auch für einen einfachen Feueralarm ausnutzen. Man ordnet den Streifen wie rechts skizziert so an, dass der Schaltkontakt im kalten Zustand offen ist. Bei Hitze, also z. B. Feuer, wird sich das Bimetall zum Kontakt hin biegen, diesen schließen und damit auch den angeschlossenen elektrischen Schaltkreis. Damit kann dann etwa ein akustischer Alarm gestartet werden.

Winter am Titansee

Der für lange Zeit letzte bekannte Planet Saturn ist für seine Ringe berühmt, die aneinander gereiht die zwei Scheiben bilden, die man bereits mit einem Amateurteleskop sehen kann.

Saturn hat aber auch 62 Monde. Sein faszinierendster Mond ist Titan, der nach dem Jupitermond Ganymed zweitgrößte Mond des Sonnensystems.

Titan geht alle 16 Tage über dem Saturn auf und im Jahr 2005 ging die Sonde Hygens auf ihn runter. Neben dem Erdmond ist Titan somit der einzige Mond, auf dem ein solches Messgerät gelandet ist.

Auf dem Titan ist es nicht wirklich gemütlich: Die Oberflächentemperatur beträgt -179 °C. Dennoch ist der Trabant keine starre Eiswüste: Titan hat eine Atmosphäre mit Wolken, es gibt Flüsse und Seen.

Denn was bei uns das Wasser ist, ist auf dem Titan das Methan und Methan ist bis zu Temperaturen von -182,5 °C eben flüssig. Etwas kälter und das Methan gefriert, steigt das Thermometer auf -162 °C, verdampft es.
Es gibt auf Titan sogar ganze Meere, nur schwappt dort statt Wasser flüssiges Methan in Wellen an den Strand.
Vor was haben die Titanfische am meisten Angst:

a) Supersommer mit Hitzewelle
b) Strenger Winter mit Dauermethanfrost
c) Landung von begeisterten *extraterristrischen* Fischern

Antwort

Die Antwort lautet: b) Strenger Winter mit Dauermethanfrost.
Flüssigkeiten dehnen sich in der Regel bei Temperaturerhöhung aus und ziehen sich bei Temperaturerniedrigung entsprechend immer mehr zusammen. Dies geschieht auch über den Gefrierpunkt hinweg, zu noch tieferen Temperaturen des dann festen Stoffes.
Auch Methan verhält sich so.
Was passiert nun am Methansee, wenn ein kalter Titanwind über ihn streicht?
Die obere Schicht flüssiges Methan kühlt sich ab und sinkt - noch flüssig oder bereits gefroren - aufgrund der dann größeren Dichte zu Boden. So geht es immer weiter. Aus evtl. noch flüssigen wärmeren Stellen im See steigt dieses Methan ebenfalls nach oben, kühlt sich dort ab, gefriert, und sinkt ebenfalls nach unten. Und da die Oberflächentemperatur auf Titan nur knapp über dem Gefrierpunkt von Methan liegt, wäre ein strenger Winter schon eine Gefahr für die Fische.
Dieser Vorgang des „Durchgefrierens“ könnte nur gestoppt werden, wenn die Dichte des immer kälteren Methans ab einer bestimmten Temperatur oberhalb des Gefrierpunktes wieder abnehmen würde. Solche Flüssigkeiten gibt es. Methan verhält sich in punkto Temperaturabhängigkeit des Volumens jedoch „normal“ und der See wird irgendwann zum Methanblock. Dies überleben dann nur die wirklich hartgesottenen Titanfische.

Warum gerade Wasser?

Die meisten Flüssigkeiten dehnen sich mit Erhöhung der Temperatur aus und ziehen sich mit Verringerung der Temperatur entsprechend immer mehr zusammen. Die Dichte von Flüssigkeiten nimmt also mit abnehmender Temperatur zu. Vgl. dazu die vorherige Frage *Winter am Titansee.*

Bei einigen Flüssigkeiten ändert sich das Volumen jedoch *nicht* direkt proportional zur Temperaturänderung. Der wichtigste Stoff mit anomaler Ausdehnung ist das Wasser. Sein unregelmäßiges Verhalten um den Gefrierpunkt wird als *Anomalie des Wassers* bezeichnet.

Bei Temperaturen über 4 °C verhält sich Wasser wie andere Flüssigkeiten. Kühlt es sich aber unter 4 °C ab, so wird sein Volumen nicht kleiner, sondern nimmt bis 0 °C wieder zu. Das Volumen hat bei + 4°C ein Minimum, Wasser dort also seine größte Dichte von ca. 1 g/cm³.

Herbst: Zirkulation (Abkühlung)

Die Anomalie des Wassers ist für das Leben im Wasser sehr wichtig. Aus ihr erklärt sich das Zufrieren stehender Gewässer von oben her:

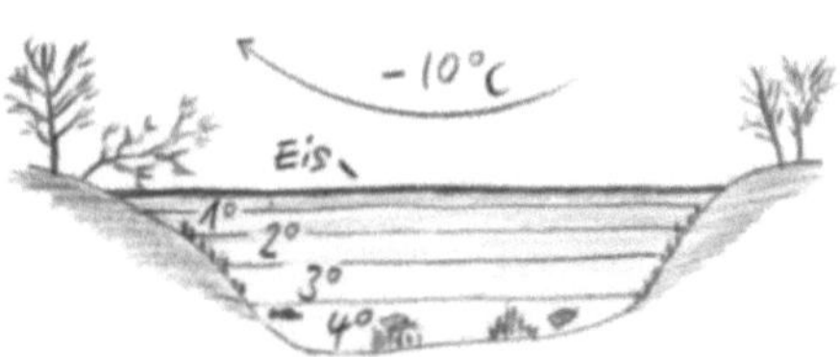

Winter: Stabilität (+4°C am Grund)

Streicht über einen See von 6 bis 8 °C Wassertemperatur ein kalter Wind, so kühlt sich zunächst die oberste Schicht ab, wird spezifisch schwerer und sinkt nach unten. Das wärmere Wasser steigt empor, es tritt eine Zirkulation ein, s. Abb. Herbst.

Eine weitere Abkühlung führt nun zur Eisbildung an der Oberfläche, da Wasser unter +4°C wieder spezifisch leichter wird, s. Abb. Winter.

Die unterste Schicht behält die Temperatur von +4°C, der See beginnt also von oben nach unten zu gefrieren.

So können Tiere und Pflanzen im Wasser den Winter überstehen.

Was ist der Grund dafür, dass Wasser die größte Dichte bei +4°C hat und expandiert, wenn es gefriert?

a) Beim Gefrieren ordnen sich die Wassermoleküle zu einer offeneren regelmäßigen Struktur, die mehr Volumen beansprucht.
b) Das ist nichts Außergewöhnliches. Etwa die Hälfte aller Stoffe hat bei der Wärmeausdehnung Besonderheiten.
c) Dafür gibt es keine Erklärung – Wasser ist eben der Stoff des Lebens.

Antwort

Die Antwort lautet: a) Zu Eis gefrorenes Wasser beansprucht mehr Volumen als im flüssigen Zustand.
Warum sich Wasser beim Gefrieren ausdehnt, hat folgenden Grund:

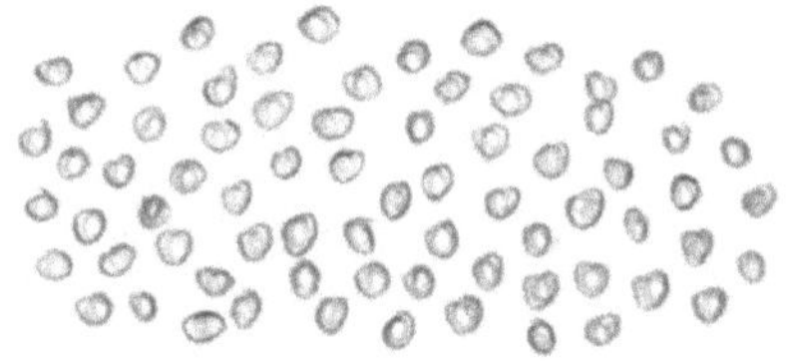

Moleküle in flüssigem Wasser

Im (flüssigen) Wasser sind die Teilchen (Wassermoleküle) relativ eng beieinander, s. Abb. rechts oben.
Gefriert es zu Eis, ordnen sich die Moleküle zu einer offenen, 6-eckigen Struktur, in der sie mehr Volumen beanspruchen als im flüssigen Zustand, s. Abb. rechts unten.

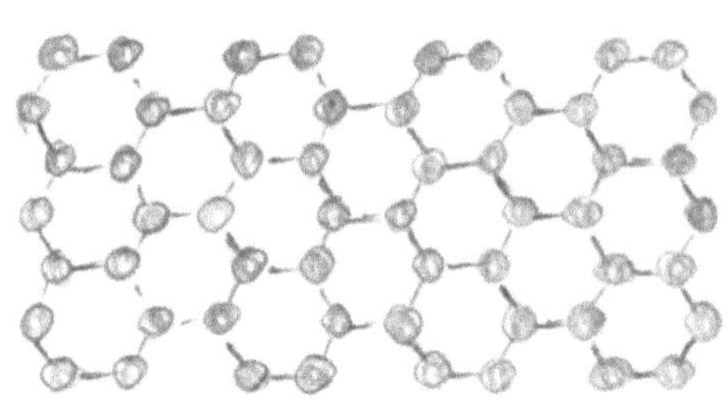

Moleküle in Eis

Auch wenn die Ausdehnung beim Gefrieren von +4 °C auf 0 °C nur gering ist, entwickelt sie genug Kraft, um Felsen zu sprengen oder Wasserrohre zerbersten zu lassen.

Schlittschuhlaufen

Die Frage nach der Physik hinter dem Schlittschuhlaufen beschäftige bereits Ende des 19. Jahrhunderts die Fachwelt. Offensichtlich bildet sich unter dem Schlittschuh ein Wasserfilm, der das leichte Dahingleiten ermöglicht. Aber selbst der durch seine Forschungen zu den Reibungseffekten berühmte britische Physiker Osborne Reynolds konnte keine schlüssige Erklärung für den Schmierfilm zwischen Kufe und Eis liefern. So geistern bis heute selbst in Lehrbüchern falsche Begründungen dafür. Wieso also kann man Schlittschuhlaufen?

a) Der enorme Druck der Kufe auf das Eis senkt dessen Schmelzpunkt, so dass es schmelzen kann.
b) Der Gleitreibungskoeffizient zwischen Eis und Stahl ist so niedrig, dass sowieso ein leichtes Gleiten möglich ist. Der Schmierfilm ist nur ein Nebeneffekt.
c) Die Reibung zwischen Stahlkufe und Eisfläche erzeugt die Wärme für das Schmelzen des Eises und für einen dünnen Wasserfilm.

Antwort

Die Antwort lautet: c) Der eigentlich wirkende Mechanismus ist die Gleitreibung zwischen Kufe und Eis. Die Bewegung der Schlittschuhe über die Eisfläche erzeugt ausreichend Reibungswärme für das Schmelzen des Eises und den dünnen Schmierfilm.

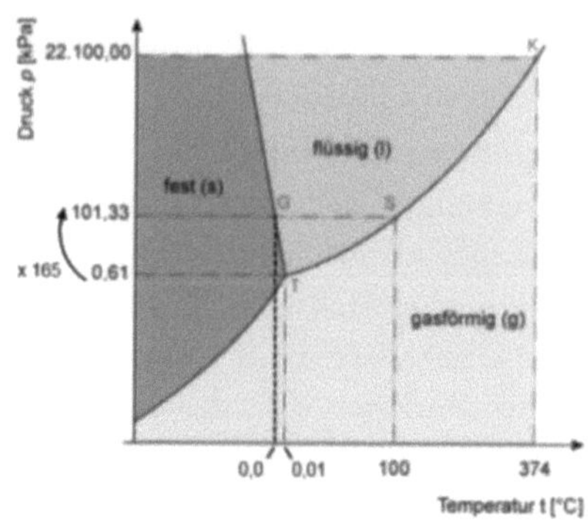

Lange Zeit war man selbst in der Fachwelt der Meinung, dass der enorme Kufendruck von über 20 bar (20-facher Atmosphärendruck) den Schmelzpunkt von Wasser so weit herabsetzt, dass das Eis bei einer Temperatur von einigen Grad unter Null eben flüssig ist. Und Schulbücher greifen bis heute diese Erklärung gerne auf, passt sie doch so schön zur *Anomalie des Wassers.*

Wasser ist nämlich eine der ganz wenigen Flüssigkeiten, die sich beim Gefrieren wieder ausdehnen. Und nach dem allgemein gültigen Prinzip, dass physikalische Abläufe oder auch chemische Reaktionen in die Richtung ablaufen, um einem äußeren „Druck“ auszuweichen, wird sich der Schmelzpunkt von Eis bei Druckeinwirkung tatsächlich absenken – aber eben nur minimal.
Oben ist das Phasendiagramm von Wasser abgebildet. So eine Grafik gibt die Aggregatzustände fest, flüssig und gasförmig in Abhängigkeit zum herrschenden Druck und Temperatur an. Wichtig ist der sogenannte Tripelpunkt, bei dem alle drei Phasen gleichzeitig existieren. Bei Wasser liegt er bei 0,61 kPa und +0,01 °C. Eis und Wasser werden durch die nach oben abgehende Gerade getrennt. Und ihr nahezu senkrechter Verlauf gibt nun den Ausschlag: Die zweite horizontale Linie im Diagramm verläuft bei Normaldruck, also 101,3 kPa (oder: 1013 hPa). Der Schnittpunkt mit der genannten Senkrechte ist der Schmelzpunkt von Eis bei 0 °C. Zwischen Tripelpunkt und Schmelzpunkt liegen also 1 Atmosphärendruck, aber nur 0,01 Grad Schmelzpunktabsenkung. Eine einfache Hochrechnung auf den von der Kufe ausgeübten Druck von gut 20 bar liefert eine Schmelzpunkterniedrigung von: 20 x 0,01 = 0,2 Grad. Der Druck einer Person auf Schlittschuhen erniedrigt den Schmelzpunkt als nur um 1/5 Grad.
Noch eine andere Erfahrung widerspricht diesem „druckinduzierten“ Schmelzen von Eis unter Kufen. Dann müsste nämlich bereits der ruhende, d.h. stehende Schlittschuh leicht gleiten. Der Eisläufer schätzt aber gerade die hohe Haftreibung mit den Schlittschuhen auf dem Eis, weil er so bequem stehen kann. Messung zeigen, dass die Gleitreibung um den Faktor 100 gegenüber der Haftreibung herabgesetzt ist. Das entscheidende Moment ist also nicht der Druck, der in beiden Fällen gleich ist, sondern offensichtlich die Bewegung. Versuche zur Haft- bzw. Gleitreibung von Stahl(kufen) auf *gefrorenem* Eis zeigen ähnliche Reibungswerte wie zwischen Stahl und anderen glatten Oberflächen.

Kann es zu kalt für Schlittschuhlaufen sein?

Die erzeugte Reibungswärme muss die Energie zum Auftauen und Schmelzen des Eises zum dünnen Wasserfilm liefern. Ist das Eis nun sehr kalt, könnte die ganze Reibungswärme für das Auftauen verbraucht werden. Für das Schmelzen wäre dann nichts mehr übrig.
Es gibt Berichte, dass das Schlittschuhlaufen auch bei minus 35 / 40 °C noch einwandfrei möglich ist. Die Temperatur des Eises, unterhalb der das Schlittschuhlaufen definitiv nicht mehr geht, ist daher extrem tief.

Hohle-Pfützen

Pfützen gefrieren im Winter zu. Jeder ist schon mal in eine eisbedeckte Pfütze eingebrochen und hat sich dann gewundert, oder vielleicht gefreut, dass er nicht im Wasser steht, sondern im Trockenen.
Pfützen gefrieren wie auch Seen von oben her zu und nicht vollständig bis zum Boden durch. Dies liegt an der Dichte-Anomalie von Wasser, die dafür sorgt, dass sich am Boden nicht wie bei den meisten Flüssigkeiten deren gefrorener Zustand sammelt, sondern eben flüssiges Wasser. Vgl. dazu die Frage *Warum gerade Wasser*. Warum nun sind zugefrorene Pfützen hohl?

a) Die Eisdecke dichtet das Wasser darunter nicht ganz ab und so verdunstet es mit der Zeit
b) Das wegen der Dichte-Anomalie 4°C warme Wasser in der Pfütze lässt den Untergrund nicht gefrieren und sickert in den Boden
c) Pfützen sind zu klein, als dass sich flüssiges Wasser am Grund halten könnte. Sie gefrieren vollständig durch, das Eis zieht sich zusammen und hinterlässt am Boden einen Hohlraum.

Antwort

Die Antwort lautet: b) Wegen der Anomalie des Wassers bleibt es am Untergrund der Pfütze flüssig und versickert im Boden.
Kühlt sich Wasser unter 4 °C ab, so wird sein Volumen nicht kleiner, sondern nimmt bis 0 °C wieder zu. Das Volumen hat bei + 4°C ein Minimum, Wasser dort also seine größte Dichte.
Eine weiteres „Gefrieren“ führt daher zur Eisbildung an der Oberfläche der Pfütze, da Wasser unter +4°C wieder spezifisch leichter wird. Das Wasser darunter behält die Temperatur von +4°C.
Zwar verdunstet auch Wasser, Antwort a), doch hält die Eisschicht hier wie ein Deckel die Verdunstung in Grenzen. Solange noch Flüssigkeit das ist, gefriert der Boden nicht und es versichert einfach in ihm. Ist es lange genug kalt, wird die Pfütze vollständig trocken und auch der Boden gefriert. Nach längerem Frost kann man also mit großem Spaß in die zugefrorenen Pfützen springen.

Ausdehnung - alles oder nichts

Wie die vorhergehenden Fragen zeigen, dehnen sich feste, flüssige oder gasförmige Stoffe bei Erwärmung aus.

Eine kalte Stahlkugel bspw. passt genau durch einen entsprechenden Ring, ebenfalls aus Stahl.

Wird die Kugel erhitzt, dehnt sie sich aus und passt nicht mehr durch den Ring, durch den sie im kalten Zustand genau gepasst hat. Logo!

Nun werden beide, Kugel ***und*** Ring, zusammen gleichmäßig erhitzt.

Prüft man anschließend, im heißen Zustand, dann

a) passt die Kugel immer noch genau durch den Ring

b) passt die Kugel nicht mehr durch den Ring, da sie mehr Masse hat und sich daher stärker ausdehnt

c) passt die Kugel nicht mehr durch den Ring, da ja auch der Ring selbst bei Erwärmung dicker und seine Öffnung entsprechend enger wird.

Antwort

Die Antwort lautet: a) Die heiße Kugel passt immer noch durch den genauso heißen Ring.

Beide dehnen sich gleichermaßen aus. Der Trugschluss ist, dass sich der Metallring so ausdehnt, dass die Öffnung kleiner wird.

Dem ist aber nicht so: der Ring wird insgesamt größer - also auch die Öffnung.

Man sieht, auch das "Nichts" dehnt sich bei Erwärmung aus.

Einheizen bei p = konst.

Eine Frage befasst sich mit dem Gesetz von Boyle-Mariotte, das für eine bestimmte *konstante Temperatur* einen einfachen, umgekehrt proportionalen Zusammenhang zwischen Volumen und Druck angibt. Im Folgenden soll die Temperatur variiert werden.

Aufgrund der völlig freien Beweglichkeit der Teilchen aus denen Gase bestehen, haben Temperaturänderungen wesentlich größere Effekte zur Folge als bei Flüssigkeiten oder Feststoffen. Die zugeführte Wärmeenergie geht unmittelbar in die Bewegungsenergie der Teilchen ein, die dann entsprechend viel Platz benötigen bzw. den Druck ansteigen lassen. Die einzelnen Abhängigkeiten treten eher hervor, wenn einer der beiden Faktoren Druck oder Volumen konstant gehalten wird. Im rechts dargestellten Experiment wird nun eine abgeschlossene Gasmenge unter *konstantem Druck* erhitzt.

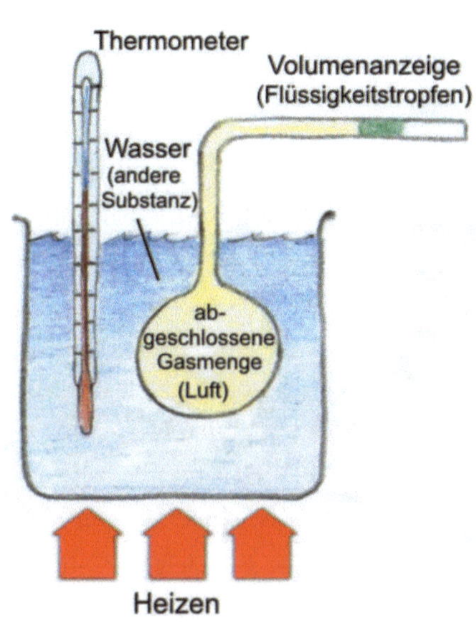

Das Gas dehnt sich bei Erwärmung praktisch ohne Druckänderung aus. Die Verschiebung des Flüssigkeitstropfens im horizontalen Rohrstück zeigt die Volumenänderung an.

Wie ist das Temperaturverhalten der Gase bei konstantem (Normal-) Druck:

a) Je größer das Gewicht der Gastome bzw. –moleküle, desto stärker dehnen sie sich bei Erwärmung aus.

b) Alle Gase zeigen die, auf ihr Volumen bei 0 °C bezogen, gleiche prozentuale Volumenänderung pro Grad Temperaturerhöhung.

c) Wegen der größeren Abstände einzelner Gasmoleküle haben die Gasteilchen genug Platz, sich schneller und weiter zu bewegen. Es gibt keine spürbare Gesamtausdehnung bei Temperaturerhöhung.

Antwort

Die Antwort lautet b)

Bei Gasen gibt es eine Besonderheit: Die Volumenänderung bei Erwärmung (bzw. Abkühlung) hängt nicht von der Art des Gases ab.

Vorausgesetzt der Druck bleibt konstant, d.h. das Gas kann sich frei ausbreiten, dehnen sich verschiedene Gase bei gleicher Ausgangstemperatur und bestimmter Temperaturerhöhung gleich stark aus. Folglich gibt es keinen spezifischen Ausdehnungs-Koeffizienten wie bei festen Körpern oder Flüssigkeiten,

sondern den für alle Gase gültigen Wert: $\gamma_0 = \frac{1}{273}\frac{1}{K}$.

Wichtiger Bezugspunkt: Die Volumenänderung bezieht sich immer auf das Ausgangsvolumen bei 0 °C (273 K) unter Normaldruck (1013 hPa). Dafür steht der Index „0", z. B. γ_0.

Somit besagt der einheitliche (Volumen-) Ausdehnungskoeffizient für Gase:

> Bei konstantem Druck nimmt das Volumen einer Gasmenge bei Erwärmung um 1 °C um 1/273 des Volumens V_0 derselben Gasmenge bei 0 °C zu.

Das heißt zum Beispiel: In zwei Kolben befinden sich bei 0 °C und 1013 hPa (Standarddruck) je 1 Liter des leichtesten Gases Wasserstoff H_2 und 1 Liter Chlorgas Cl_2. Wird die Temperatur um 1 Grad auf 1 °C erhöht, wachsen beide Volumina um den gleichen Anteil auf 1 + 1/273 = 1,0036 Liter an.

Werden beide Gasmengen nun auf 100 °C erwärmt, vergrößert sich ihr Volumen um: $100 \cdot \frac{1}{273} \cdot 1\,\text{l} = 0{,}366\,\text{l}$

Es ergibt dann je 1,366 l H_2 bzw. Cl_2 von 100 °C.

Wird die Temperatur nun erneut um 1 Grad auf 101 °C erhöht, wachsen beide Volumina wieder um den gleichen Anteil von $\frac{1}{273} \cdot 1\,\text{l}$ (= V_0) auf dann: 1,37 l.

Vergleiche dazu auch das ϑ-V-Diagramm zur Frage *Gesetz von Gay-Lussac*.

Diese und die anderen Gesetzmäßigkeiten gelten nur für Gase von genügend hoher Temperatur (und nicht zu großen Drücken). In diesem Zustand verhalten sie sich wie sogenannte *ideale Gase*. Sinkt die Temperatur, zeigen sich bereits Abweichungen in der Volumenänderung bevor Gase flüssig werden.

Ausdehnung wie immer

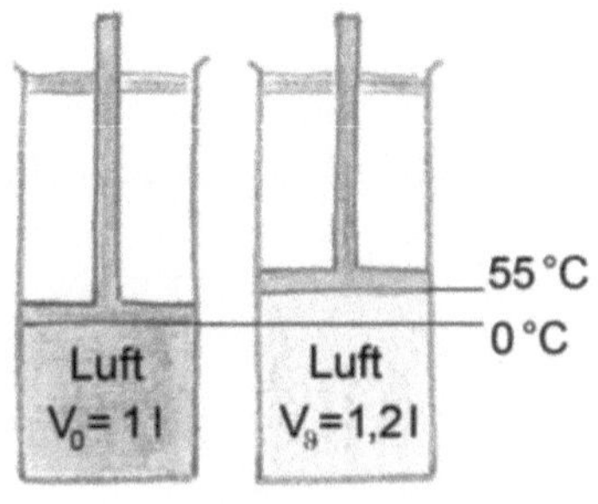

Gase zeigen bei Wärmezufuhr die Besonderheit des einheitlichen Volumenausdehnungskoeffizienten, siehe Frage *Einheizen bei p = konst.* Verhalten sich Gase in mancher Hinsicht auch „normal“?
1 Liter Luft wird von 0°C auf 55 °C erhitzt und ihr Volumen erhöht sich dadurch auf 1,2 Liter.

Wie stark dehnen sich bei der gleichen Temperaturänderung 2 Liter Luft aus?

a) ebenfalls um 0,2 Liter auf 2,2 Liter Endvolumen
b) doppelt so stark um 0,4 Liter auf 2,4 Liter Endvolumen
c) 4-Mal so stark um 0,8 Liter auf 2,8 Liter Endvolumen

Antwort

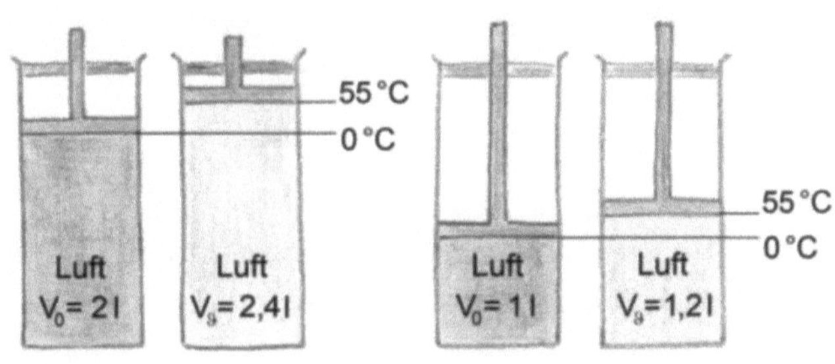

Die Antwort lautet: b)
Wie für Flüssigkeiten oder Festkörper ist auch bei Gasen die Volumenausdehnung (bei Druck p = konst.) proportional zum Ausgangsvolumen V_0.
Das doppelte Gasvolumen, $2 \cdot V_0$, eines Gases dehnt sich also bei der gleichen Temperaturerhöhung um die doppelte Volumendifferenz $2 \cdot \Delta V$ aus.
Die Temperaturerhöhung der beiden Gasvolumen muss auch nicht zwingend von ϑ = 0 °C ausgehen. Bei beliebiger Ausgangstemperatur und gleicher Temperaturerhöhung beider Gasmengen V_ϑ bzw. $2 \cdot V_\vartheta$ wird sich das doppelte Volumen auch doppelt so stark ausdehnen.
Die Bezugstemperatur hat bei Gasen dennoch eine besondere Bedeutung wie wir weiter unten sehen werden.
Was die Abhängigkeit vom Ausgangsvolumen betrifft, verhalten sich Gase somit wie alle anderen Stoffe auch.

Ausdehnung wie nur bei Gasen

Aber Gase sind doch etwas Besonderes und den Aspekt der einheitlichen Ausdehnung kann man durchaus nochmal beleuchten:

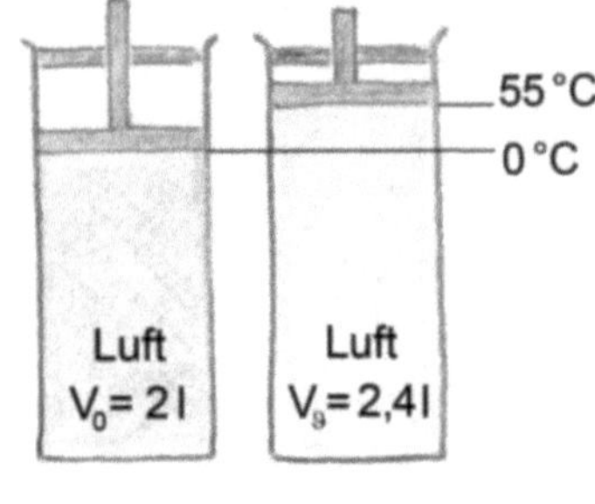

Die zwei Liter Luft dehnen sich bei einer Temperaturerhöhung von 55 K, z. B. von 0°C auf 55°C, um 0,4 Liter auf dann 2,4 Liter Volumen aus.

Wie stark dehnen sich 2 Liter Erdgas bei der gleichen Temperaturerhöhung aus?

a) Erdgas ist viel schwerer, verhält sich als sogenanntes „reales" Gas und zeigt nicht mehr diese idealen Eigenschaften.

b) Erdgas dehnt sich um den gleichen Betrag wie Luft aus.

c) Erdgas ist viel schwerer und dehnt sich daher viel stärker aus.

Antwort

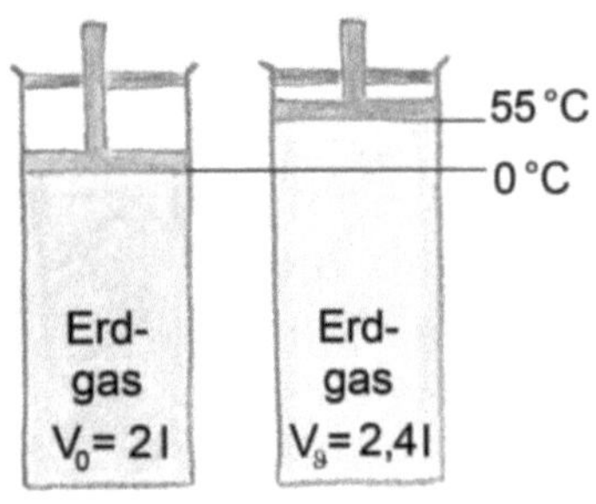

Die Antwort lautet: b) Erdgas und die meisten anderen Gase, wie etwa Kohlendioxid, zeigen bei nicht extremen Druck- und Temperaturverhältnissen ein identisches Ausdehnungsverhalten.

Die war das Resultat der Frage *Einheizen bei p = konst.*

Die Dichte eines Gases spielt hierbei keine Rolle.

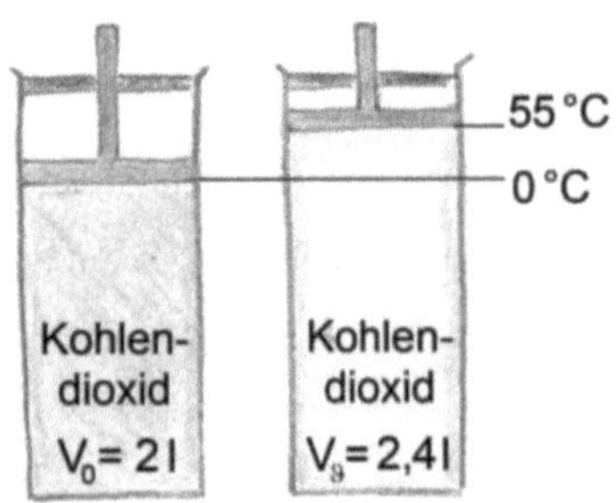

Natürlich muss die Temperaturänderung auch hier nicht zwingend bei 0°C beginnen.

Dieses Verhalten, bei eben „gemäßigten" Druck- und Temperaturbedingungen, zeigen die sogenannten „idealen Gase". Auch Kohlendioxid gehört dazu.

Gesetz von Gay-Lussac

Die Ausdehnung eines Gases bei Erwärmung unter konstant gehaltenem Druck erfolgt für alle Gase nach dem gleichen Verhältnis (Frage *Einheizen bei p = konst.*):

Bezogen auf das Volumen V_0 der Gasmenge bei 0 °C dehnt sich jedes Gas bei Temperaturerhöhung um ein Grad um 1/273 V_0 aus. Werden die Werte in ein Temperatur-Volumen-Diagramm eingetragen, ergibt sich eine Gerade:

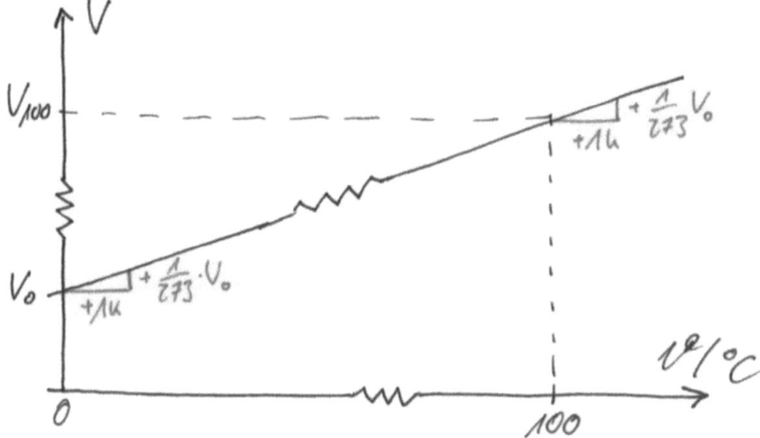

Der französische Physiker Gay-Lussac untersuchte um 1800 die Volumenausdehnung von Gasen. Welche Formel trägt heute seinen Namen?

a) $V_\vartheta = V_0 \cdot (1 + \frac{1}{273}\frac{1}{°C} \cdot \vartheta)$

ϑ ist als Bezeichnung für die in °C gemessene Temperatur gebräuchlich

b) $V = V_0 \cdot \frac{1}{273}\frac{1}{K} \cdot T$

Tipp: Gay-Lussac gibt im Grunde die Formeln für die Berechnung des neuen Volumens bei Änderung der Temperatur um $\Delta\vartheta$ an. Sie sind das Pendant zu den oben angegebenen Formeln für die Volumenausdehnung bei Flüssigkeiten bzw. Festkörpern.

Antwort

Die Antwort lautet: a) Die Formel beschreibt das „Gesetz von Gay-Lussac“:

$$V_\vartheta = V_0 \cdot (1 + \frac{1}{273}\frac{1}{°C} \cdot \vartheta)\text{, bei konstantem Druck.}$$

Sie erfüllt beide Bedingungen der sich im ϑ-V-Diagramm ergebenden Gerade:

1. $V(\vartheta = 0°C) = V_0$, denn: $\frac{1}{273°C} \cdot 0\ °C = 0$ und es bleibt: $V_{\vartheta=°C} = 1 \cdot V_0$.
2. Der Zuwachs des Volumens für ein beliebiges Ausgangvolumen V beträgt pro Grad-Schritt stets $1/273 \cdot V_0$

Der Volumenausdehnungskoeffizient γ_0 eines Gases ist (wie bei Flüssigkeiten oder Festkörpern) definiert als Verhältnis der relativen Volumenänderung $\Delta V/V_0$ zur Temperaturänderung $\Delta\vartheta$, mit V_0 bei 0°C, und $\Delta\vartheta$ von 0°C aus genommen.

Wenn gilt: $\gamma_0 = \frac{\Delta V/V_0}{\Delta\vartheta}$, mit eben konstantem $\frac{\Delta V}{V_0} = \frac{1}{273}$.

Damit gilt genauso: $\Delta V = \gamma_0 \cdot V_0 \cdot \Delta\vartheta$ oder $V_\vartheta = V_0(1 + \gamma_0 \cdot \Delta\vartheta)$.

Es ergibt sich wieder das Gesetz von Gay-Lussac.

Die zweite, einfachere Form $V = V_0 \cdot \frac{1}{273}\frac{1}{K} \cdot T$ ergibt sich mit einer neuen Temperatur-Skala wie in der Frage *Kelvin-Skala* gezeigt wird.

Nach dem **Teilchenmodell** (kinetische Gastheorie) wird die Bewegung der Gasmoleküle bei Temperaturerhöhung heftiger. Sie stoßen stärker aneinander und benötigen mehr Platz. Kann sich das Gas ungehindert ausdehnen, vergrößert es sein Volumen proportional zur Temperaturerhöhung.
Umgekehrt verhält es sich bei Temperaturerniedrigung.

Kelvin-Skala

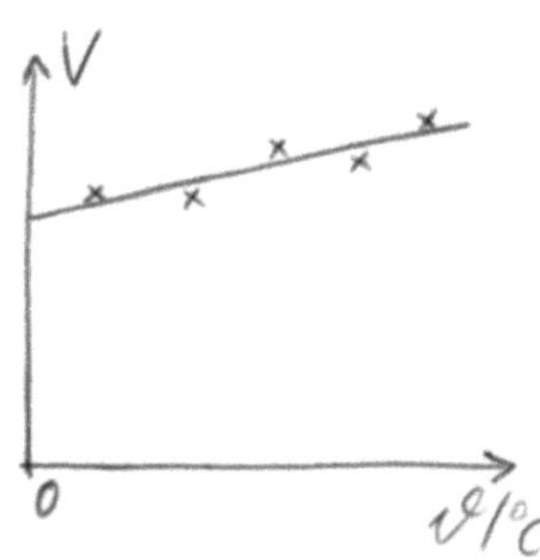

Bei konstantem Druck wurden die Gasvolumina zu bestimmten Temperaturen ϑ in Grad Celsius gemessen. Trägt man die Volumenwerte über den Temperaturen auf, erhält man ein Diagramm wie rechts abgebildet. Das Gay-Lussac-Gesetz etwa fußt auf dieser Darstellung der Gasausdehnung bei p = konst.

Diese Relation ist **keine Proportionalität** zwischen Volumen und Temperatur. Proportionalität heißt:

Ändert sich die eine Größe um einen bestimmten Betrag, ändert sich auch die andere, abhängige Größe in derselben Weise. Eine z. B. Verdopplung der Celsius-Temperatur bedeutet eben hier nicht, dass sich auch das Volumen verdoppelt.

Direkte Proportionalität heißt auch, dass beide Größen gleichzeitig Null werden, was hier offensichtlich nicht der Fall ist. Der Graph geht nicht durch den Punkt (0, 0).

Ist der Nullpunkt der Celsius-Skala, der am Schmelzpunkt von Eis festgemacht ist, etwa kein allgemein gültiger Temperatur-Fixpunkt? Wäre vielleicht ein anderer Temperatur-Nullpunkt geeigneter?

Es klingt plausibel, die Temperatur, bei der das Volumen verschwindet, als den Nullpunkt einer neuen Temperatur-Skala zu nehmen. Volumen gleich Null heißt auch, dass alle Teilchen jede Bewegung einstellen. Das bedeutet, dass der Druck im Gas verschwindet.

Verlängert man den Graphen zu Minustemperaturen hin, so schneidet er bei $V = 0$ die Temperaturachse bei

a) 0 K

b) -273 °C

c) 0 Pa

Antwort

Die Antworten a) 0 K und b) -273 °C sind korrekt.

Dort verschwindet zwar auch der Druck, hat also den Wert 0 Pa, aber es wird nach der Temperatur gefragt.

Warum schneidet der Graph die Temperaturachse gerade bei -273 °C?
In *Einheizen bei p = konst.* wird für die Ausdehnung von Gasen der allgemein gültige Wert von $\frac{1}{273}$ des Volumens V_0 bei 0°C pro Grad Temperaturänderung angegeben. In der letzten Frage sind diese Werte als Graph aufgetragen, eine Gerade durch V_0 mit der Steigung $\frac{1}{273}\frac{1}{K}$.

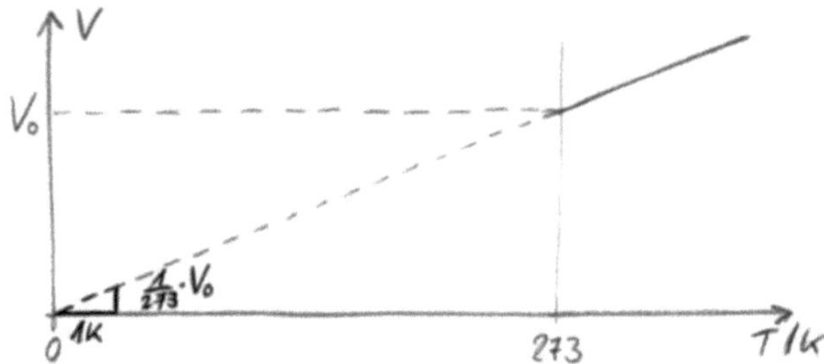

Richtung Minustemperaturen nimmt das Volumen bzw. fällt der Graph mit jedem Gradschritt um $\frac{1}{273}$ des Volumens V_0. Nach 273 „Stufen" wäre das Volumen gleich Null. So ergibt sich der neue Temperaturfixpunkt beim Celsiuswert von -273,15 °C.
Nach einem Vorschlag des britischen Physikers William Thomson, des späteren Lord Kelvins, legte man dorthin den Nullpunkt einer neuen Temperatur-Skala, deren Einheit heute als Grad Kelvin K bezeichnet wird.
0 K ist der absolute Nullpunkt, weil es keine tiefere Temperatur geben kann.

Zusammenhang zwischen Temperatur T in Kelvin und ϑ in °C:

$$T/K = 273 + \vartheta/°C$$

Nun kann die Proportionalität formuliert werden:
Die Volumina einer abgeschlossenen Gasmenge verhalten sich wie die absoluten Temperaturen, wenn die Temperaturänderung bei konstantem Druck durchgeführt wird.

$\frac{V_2}{V_1} = \frac{T_2}{T_1}$ bzw. $\frac{V}{T} = konst$ bei konstantem Druck

Das Gay-Lussac-Gesetz erhält nun eine besonders einfache Form.

Das Volumen ist direkt proportional zur Kelvin-Temperatur, die Formel lautet nun einfach:

$$V = \frac{V_0}{273{,}15\ K} \cdot T$$

Idee der absoluten Temperatur

So wie oben dargestellt, erklären wir heute aus einer Art Rückschau den absoluten Temperaturnullpunkt. Und ganz sicher machte sich auch Kelvin im Laufe seiner Forschungen ähnliche Grafiken, wie sie hier abgebildet sind. Aber wie kam er eigentlich auf die Idee einer absoluten Temperatur? Der 1824 in Irland geborene William Thomson stammte nicht aus privilegierten Verhältnissen. Ein Studium an einer der elitären Universitäten Cambridge oder Oxford kam trotz seines mathematischen Genies nicht infrage. So absolvierte er ganz nach schottischer Tradition eine pragmatische Ausbildung in Physik in Glasgow. Nachdem er doch in Cambridge studiert hatte und einem Aufenthalt in Frankreich, kehrte er im Alter von 22 Jahren als Professor für theoretische Physik nach Glasgow zurück und blieb dort für immer. Am Ingenieurwesen sehr interessiert, befasste er sich auch mit Wärmekraftmaschinen. Dabei löste er sich um 1840 vom reinen Kraftbegriff und betrachtete stattdessen die geleistete bzw. umgesetzte Arbeit, die damals noch „mechanische Wirkung" genannt wurde. [7] S. 431

Foto: Wikimedia Commons

Dies führte ihn auch auf das Konzept der Energie eines Systems und vor allem auf deren Erhaltung. Nach Überlegungen zur verrichteten Arbeit als umgewandelte Wärmeenergie kam er auf die Idee einer absoluten Temperatur. Etwas vereinfacht gesagt: Die Temperatur erreicht den absoluten Nullpunkt, 0 K, wenn keine Wärme mehr in mechanische Arbeit umgewandelt werden kann. Von dieser Grundidee der Energieerhaltung (1. Hauptsatz der Thermodynamik), dachte er weiter und stellte klar, was mit Wärmeenergie, die nicht oder nicht vollständig in Arbeit umgesetzt wird, passiert: Sie ist „für den Menschen unwiederbringlich verloren, nicht aber für die materielle Welt". Energie bleibt also auf das Ganze gesehen erhalten, wird aber letztlich zu nicht mehr nutzbarer (Umgebungs-) Wärme. Dies ist die Aussage des oben angeführten zweiten Hauptsatzes der Thermodynamik, des Entropiesatzes.

Nicht selten stehen am Anfang bahnbrechender Resultate wie der absoluten Temperaturskala ganz unmittelbare, praktische Ansätze. Hier sind es Kelvins Überlegungen zu den Wärmekraftmaschinen.

Volumenverdopplung

Wie Volumen verschwinden könnte, wird bei der Ableitung der *Kelvin-Skala* klar: Einfach indem die Temperatur auf den absoluten Nullpunkt 0 K abfällt.
Wie stark muss nun ein beliebiges Gasvolumen V_0 von 0°C erwärmt werden, damit sich sein Volumen *verdoppelt*, also $V = 2 \cdot V_0$ wird?

a) auf 273 K

b) auf 273 °C

c) Bei null Grad hat ein Gas gar kein Volumen mehr.

Antwort

Die Antwort lautet: b) Ein Gas muss von 0°C auf 273 °C erhitzt werden, damit sich sein Ausgangsvolumen verdoppelt.
Zur Beantwortung dieser Frage zieht man am besten die Kelvin-Skala heran. Dann sind nämlich Temperatur T und Volumen V direkt zueinander proportional: $\frac{V_2}{V_1} = \frac{T_2}{T_1}$.

Gegeben sind: $T_1 = 273$ K und ein beliebiges V_1.

Gesucht sind: T_2 und eine beliebiges $V_2 = 2\ V_1$.

Einfacher Dreisatz: $T_2 = T_1 . \frac{V_2}{V_1} = 2 \cdot T_1 = 546\ \text{K} = 273\ °\text{C}$

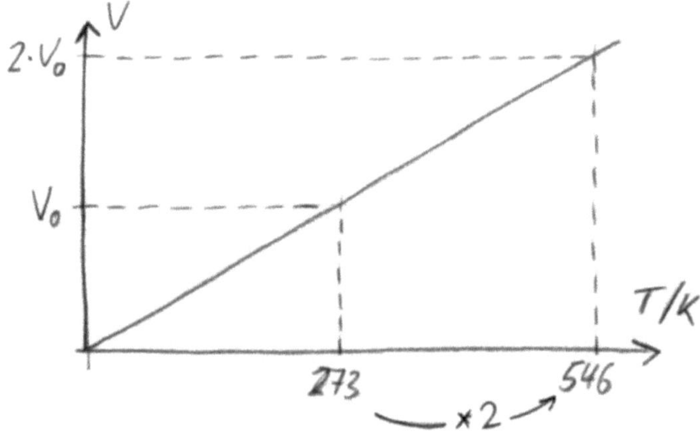

Gleich viel Gas - I

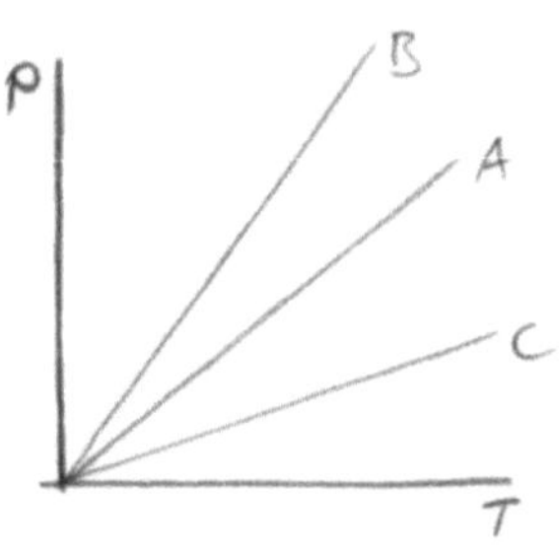

Die Gasgesetze, die bisher behandelt wurden, sind von zentraler Bedeutung für alle Fragen der Wärmelehre und bieten obendrein sehr anschauliche Beispiele und Anwendungen. Bevor wir unten zur Allgemeinen Gasgleichung kommen, sollen die im Grunde einfachen Zusammenhänge nochmal erläutert werden.

Gegeben sind jeweils gleich große Mengen von drei verschiedenen Gasen A, B und C. Ihr Verhalten wird in der kinetischen Gastheorie mittels des Teilchenmodells (siehe auch die Fragen dazu) erklärt. Die Anzahl ***N*** der betrachteten Gasteilchen spielt eine wichtige Rolle, weshalb die *Menge* Gas über ihre Teilchenzahl ***N*** festgelegt wird. Im *T*-*p*-Diagramm („Druckgesetz") stellen sich die drei Gase dar wie oben abgebildet:

Was kann man über die Volumina V_A, V_B und V_C, in die die Gase eingeschlossen sind, aussagen?

a) $V_B < V_A < V_C$

b) $V_A < V_B < V_C$

c) $V_C < V_A < V_B$

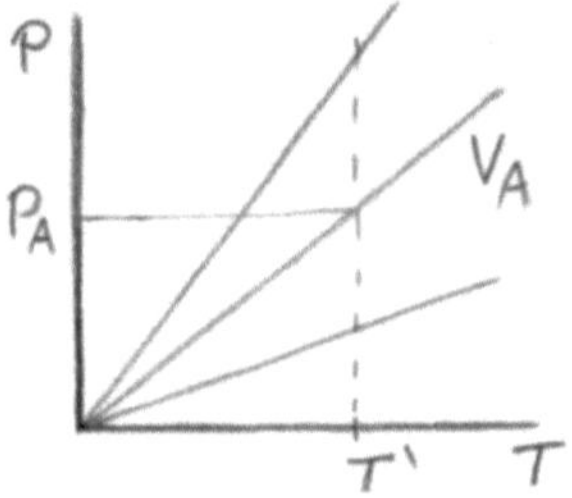

Antwort

Die Antwort lautet: a) $V_B < V_A < V_C$.

Die Grafik rechts zeigt dazu die Druckverhältnisse bei einer festen Temperatur T'.

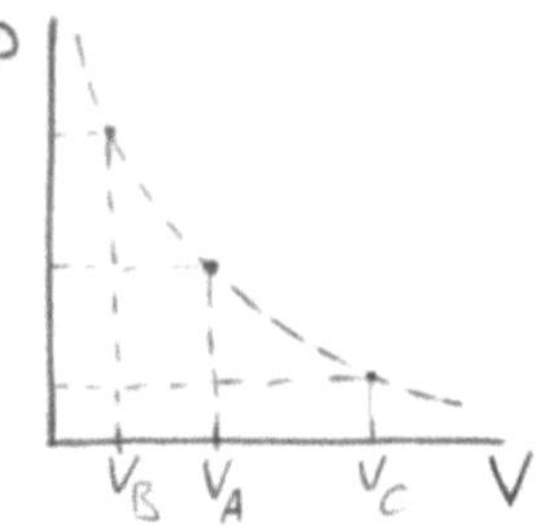

Druck und Volumen hängen über $p \cdot V =$ konst. zusammen („Boyle-Mariotte").

- Bei V_A hat das Gas den Druck p_A.
- Steigt der Druck wie in Gas B, wobei die Temperatur T' und die Teilchenzahl N_A gleich bleiben, so muss das Volumen abnehmen, d.h. $V_B < V_A$.
- Umgekehrt gilt das entsprechend für Gas C, $V_C > V_A$.

Insgesamt: $V_B < V_A < V_C$.

Da die Temperatur und auch die Teilchenzahl (abgeschlossene Gasmenge) bei dieser herausgegriffenen Betrachtung gleich bleiben, kann man auch das *V*-*p*-Diagramm angeben.

Gleich viel Gas - II

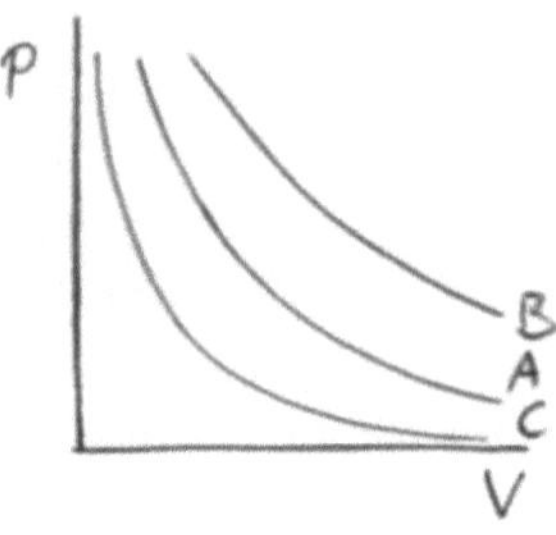

Gegeben sind wieder drei gleich große Mengen verschiedener Gase A, B und C. Die Teilchenzahlen **N** sind also für alle Gase gleich groß.
Im *V-p*-Diagramm (Boyle-Mariotte) stellen sich die drei Gase als drei Kurven (Hyperbeln) dar: Was kann man über die Temperaturen T_A, T_B und T_C, die in den Gasen herrschen, aussagen?

a) $T_B < T_A < T_C$

b) $T_A < T_B < T_C$

c) $T_C < T_A < T_B$

Antwort

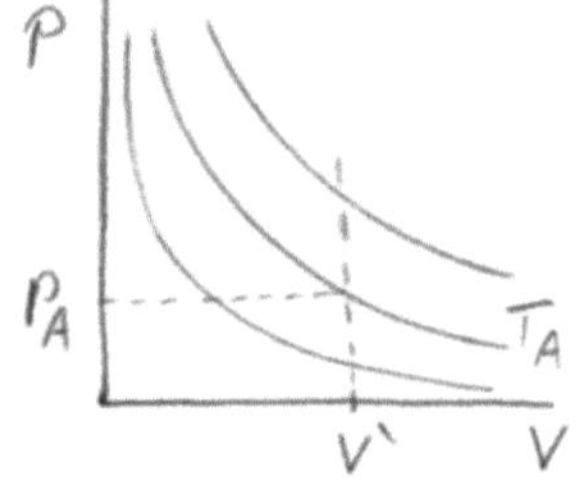

Die Antwort lautet: c) $T_C < T_A < T_B$.
Dazu rechts in der Grafik eine Betrachtung der Druckverhältnisse bei festem Volumen V'.
Druck und Temperatur hängen über $\frac{p}{T}$ = konst. zusammen („Druckgesetz").

- Bei T_A hat das Gas den Druck p_A.
- Steigt nun in Gas B die Temperatur auf T_B, steigt auch der Druck auf p_B. Also gilt: $T_B > T_A$.
- Entsprechend fällt der Druck auf p_C, wenn die Temperatur auf T_C sinkt, d.h. $T_C < T_A$.

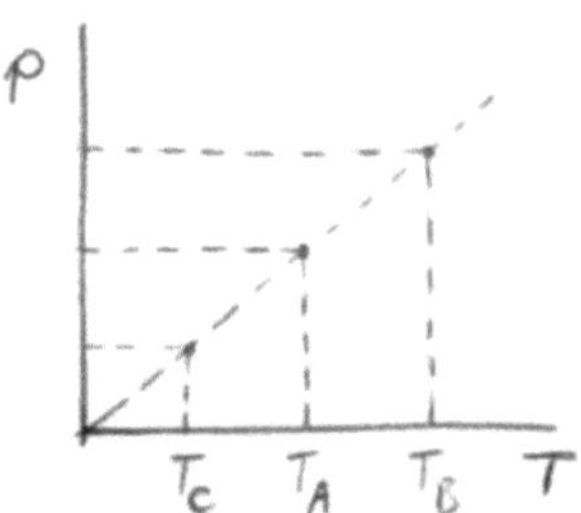

Insgesamt: $T_C < T_A < T_B$.

Da das Volumen und erneut auch die Teilchenzahl (abgeschossene Gasmenge) bei dieser herausgegriffenen Betrachtung konstant bleiben, kann man auch das *T-p*-Diagramm („Druckgesetz") anführen.

Gleiche Behälter

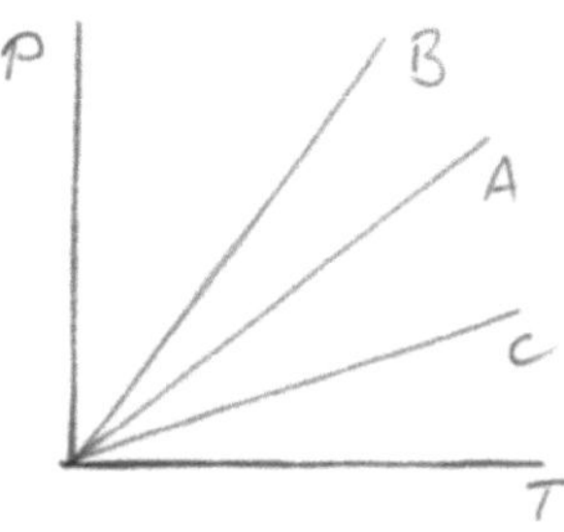

Drei verschiedene Gase A, B und C sind in drei identischen Behältern eingeschlossen. Die Volumina V_A, V_B und V_C sind also gleich und konstant. Im T-p-Diagramm („Druckgesetz") stellen sich die drei Gase wie in der Grafik rechts dar:

Was kann man über die drei Gasmengen, angegeben durch die Teilchenzahlen N_A, N_B und N_C, aussagen?

a) $N_B < N_A < N_C$

b) $N_A < N_B < N_C$

c) $N_C < N_A < N_B$

Antwort

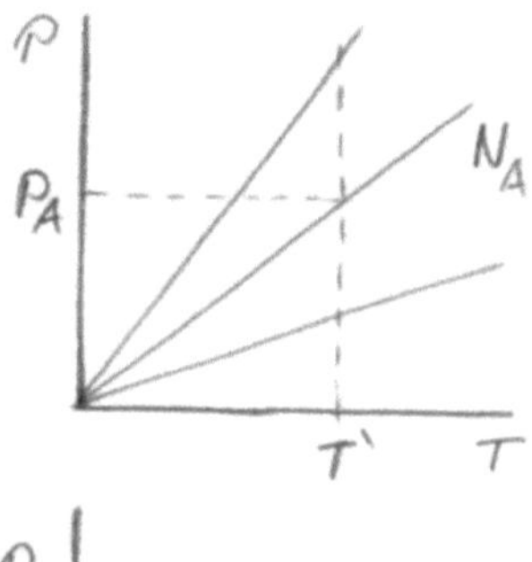

Die Antwort lautet: c) $N_C < N_A < N_B$.

Dazu rechts eine Betrachtung der Druckverhältnisse bei fester Temperatur T`. Wie hängen nun Druck und Teilchenzahl N zusammen? Dazu kann kein explizites Gasgesetz herangezogen werden. Aus der allgemeinen Gasgleichung: $p \cdot V \sim N \cdot T$ folgt jedoch, dass Druck p und Teilchenzahl N direkt proportional sind: $\frac{p}{N}$ = konst. p und N hängen also genauso zusammen wie p und T.

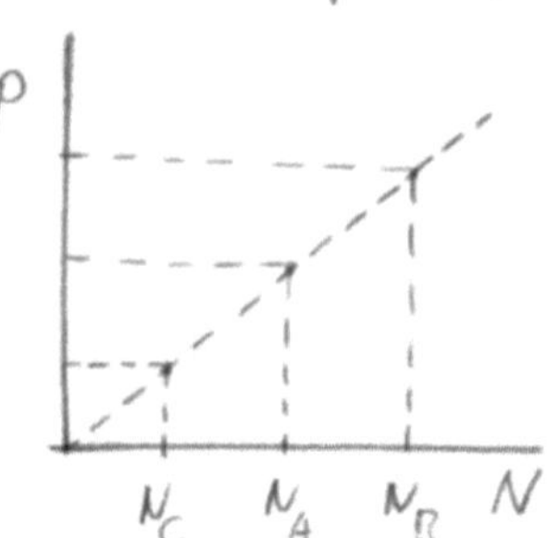

- Bei N_A hat das Gas den Druck p_A.
- Soll der Druck wie in Gas B auf p_B steigen, muss die Teilchenzahl auf N_B zunehmen, d.h. $N_B > N_A$. Dabei vorausgesetzt, dass die Volumina V_A und V_B. identisch sind.
- Also fällt der Druck auf p_C, wenn die Teilchenzahl auf N_C sinkt, d.h. $N_C < N_A$.

Insgesamt: $N_C < N_A < N_B$.

Das an sich nicht gebräuchliche N-p-Diagramm rechts unten zeigt die Druckverhältnisse in Abhängigkeit von der Gasmengen bei konstanter Temperatur.

Expansive Abkühlung

Bei Erwärmung z. B. unter konstantem Druck wird einem Gas thermische Energie, d.h. Wärme zugeführt. Diese wird u. a. für die Ausdehnungsarbeit benötigt. Wenn sich nun ein Gas *ohne Wärmeaustausch mit der Umgebung* ausdehnt, kühlt es sich ab. Jeder weiß, wie kalt etwa die schlagartig aus einem Fahrradschlauch ausströmende Luft sein kann. Auch bei Luft in der Atmosphäre tritt dieser Effekt auf und beeinflusst wesentlich unser Wetter. Eine bestimmte Masse Gas im interstellaren Raum kann sich nur ohne Aufnahme von Wärme ausdehnen, weil schlicht keine vorhanden ist. Sie kühlt somit ebenfalls ab. Eine einfache Erklärung dafür lautet:
Wenn sich ein Gas ohne Energieaustausch mit der Umgebung ausdehnt,

a) nimmt die gleiche Menge Gasteilchen einen größeren Raum ein, was wir als kälter empfinden.
b) wird die dafür erforderliche Expansionsarbeit auf Kosten der inneren kinetischen Energie geleistet. Die Bewegungsenergie nimmt entsprechend ab, was einer niedrigeren Temperatur des Gases gleichkommt.
c) ist das wie eine Explosion zu sehen: Die Teilchen fliegen nach allen Seiten davon, verlieren Energie und werden somit langsamer. Weniger kinetische Energie bedeutet niedrigere Temperatur.

Antwort

Die Antwort lautet b): Bei Gasen herrschen zwischen den einzelnen Teilchen Anziehungskräfte. Wenn sich das Gas nun ausdehnt, nimmt seine innere potentielle Energie zu. Die Gasmenge soll ein abgeschlossenes System darstellen, es gibt also keinen Energieaustausch in Form von Wärme mit der Umgebung. In der Physik heißen solche Prozesse „adiabatisch". Wärme kann z. B. nicht schnell genug zugeführt werden oder es ist einfach keine Wärme in der Umgebung vorhanden.
Die Ausdehnungsarbeit, die mit der Erhöhung der potentiellen Energie der Gasteilchen verbunden ist, kann daher nur auf Kosten der vorhandenen inneren Energie geschehen. Entsprechend nimmt der andere Teil der Inneren Energie, die kinetische Energie, ab. Dies ist gleichbedeutend mit einer niedrigeren Temperatur des Gases.
Diese „adiabatische" Ausdehnung darf nicht mit der Ausdehnung des Kältemittels im Verdampfer eines Kühlgerätes verwechselt werden. Dort soll die im Kühlmittelkreislauf bewusst herbeigeführte Entspannung des Kältemittels ja gerade durch Aufnahme von Wärme aus dem Kühlraum geleistet werden.

Einheizen bei V = konst.

Im Gegensatz zu Festkörpern und Flüssigkeiten expandieren Gase nicht notwendigerweise, wenn sie erhitzt werden. Das Volumen kann z. B. durch ein Gefäß, in dem sich das Gas befindet, vorgegeben sein.

Erwärmt man eine abgeschlossene Gasmenge, z. B. Luft, ohne dass diese sich ausdehnen kann, so steigt der Druck von einem Anfangsdruck p_0 ausgehend stetig an. Die Abbildung zeigt eine solche Versuchsanordnung.

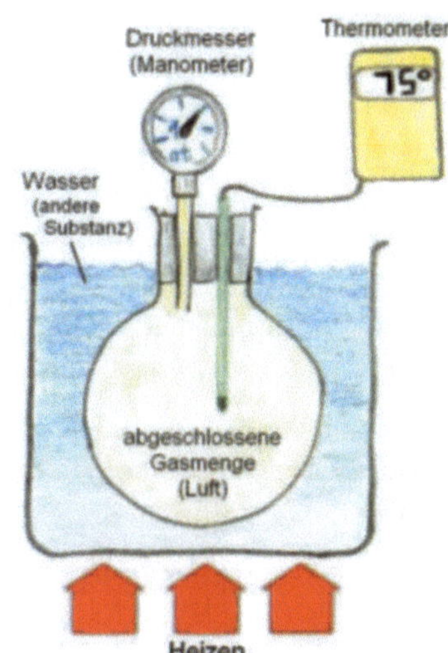

I) Wie lässt sich dies formulieren?

a) $\frac{p_1}{T_1} = \frac{p_2}{T_2}$, bei konst. Volumen

b) $\frac{p_2}{p_1} = \frac{T_2}{T_1}$, bei konst. Volumen

Für die Antwort siehe gegebenenfalls bei den Fragen zur Erwärmung unter konstanten Druck bzw. zum Gesetz von Gay-Lussac nach. Die Fälle ähneln sich nämlich.

II) Wie erklärt sich die oben beschriebene Druckerhöhung nach dem Teilchenmodell?
   a) Die Gasteilchen selber expandieren bei Erwärmung und da ihre Anzahl unverändert bleibt, wird es im Gefäß einfach enger.
   b) Die Gasteilchen bewegen sich bei Erwärmung schneller, so dass sie die Behälterwände mit größerer Kraft treffen, was sich als Druckerhöhung zeigt.

Antwort

Die Antwort I) lautet: Sowohl mit a), als auch mit b)
Beide Ausdrücke besagen das Gleiche und sind nur unterschiedliche (mathematische) Darstellungen.

„Druckgesetz“

Die Drucke einer abgeschlossenen Gasmenge verhalten sich wie die zugehörigen absoluten Temperaturen, wenn die Temperaturerhöhung bei konstantem Volumen durchgeführt wird.

$$\frac{p_2}{p_1} = \frac{T_2}{T_1} \text{, bei konstantem Volumen}$$

Die Messwerte eines beliebigen Gases liegen, wie in der Abbildung gezeigt, auf einer Geraden, die ihren Ursprung bei T = 0 K (-273 °C) und p = 0 Pa hat.

Für die Druckänderung bei konstantem Volumen gilt die gleiche Abhängigkeit von der Temperatur wie beim Gesetz von Gay-Lussac, bei dem der Druck konstant bleibt und sich das Volumen ändert.

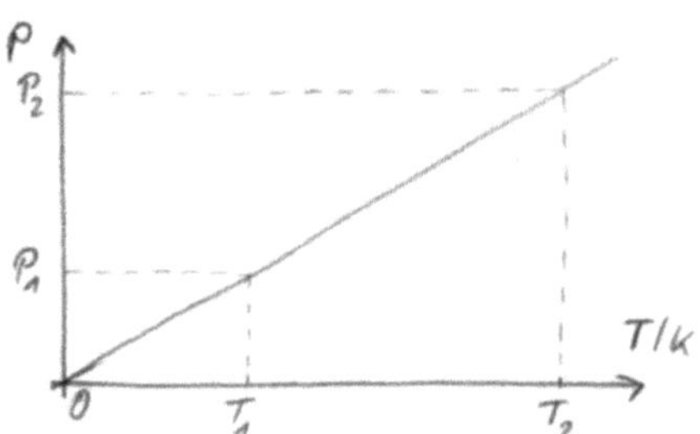

Die Antwort II) lautet b)

Der Gasdruck entsteht durch den dauernden Aufprall der Gasmoleküle auf die Wände des Gefäßes.

Das Teilchenmodell besagt: Je höher die Temperatur, desto heftiger ist die Bewegung der Gasteilchen, desto größer ist der Gasdruck.

Absoluter Temperaturnullpunkt und kinetische Gastheorie:

Wenn die Temperatur im Gas abfällt, verlangsamen die Teilchen ihre Bewegung. Sie prallen weniger stark und weniger häufig auf die Behälterwände und der Gasdruck fällt ebenfalls.

Am absoluten Temperaturnullpunkt bei -273 °C (0 K) käme ihre Bewegung völlig zum Erliegen, der Druck wäre auf null gefallen. Bevor Gase jedoch „absolute Zero“ erreichen, wirken Anziehungskräfte zwischen den Teilchen und sie verflüssigen sich. Sie sind doch nicht so ideal, sondern verhalten sich wie „reale“ Gase.

Idealzustand (Zustandsgleichung)

Durch Angabe von Volumen V, Druck P und Temperatur T wird der Zustand eines Gases beschrieben. Wir nennen diese Größen daher Zustandsgrößen. Sie sind unabhängig von dem Weg, auf dem das Gas in den vorliegenden Zustand gebracht worden ist. Betrachtet man für eine abgeschlossene Gasmenge die Vorgänge bei denen jeweils eine der Größen konstant gehalten wird, ergeben sich diese einfachen Abhängigkeiten:

$$p \cdot V = \text{konst, für } T \text{ konst} \quad \text{(Boyle-Mariotte)}$$

$$\frac{V}{T} = \text{konst, für } p = \text{konst} \quad \text{(Gay-Lussac)}$$

$$\frac{p}{T} = \text{konst, für } V = \text{konst} \quad \text{(Druck-Gesetz)}$$

Die drei Gasgesetze wurden über eine Zeitspanne von fast 50 Jahren entdeckt. Um 1830 führte der französische Physiker Émile Clapeyron diese Gesetze zu einer einzigen Gleichung zusammen, die den Zusammenhang zwischen allen drei Größen Druck, Temperatur und Volumen eines Gases beschreibt.

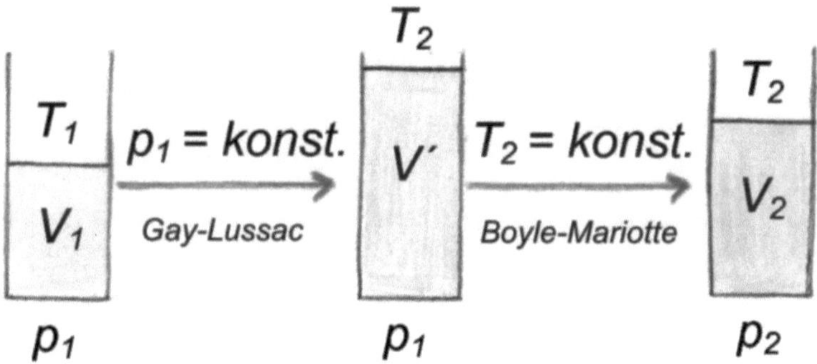

Wie lautet ihre prinzipielle Form?

a) $p \cdot V = \text{konst} \cdot T$

b) $\frac{p \cdot V}{T} = \text{konst}$

c) $p \cdot V \cdot T = \text{konst}$

d) $p \cdot V = \text{konst} + T$

Antwort

Die Antworten sind a) und b)
b) ist dabei nur eine mathematische Umformung von a)
Für sogenannte *ideale Gase*, bei denen es keine Anziehungskräfte zwischen den Molekülen gibt, lautet die

Zustandsgleichung idealer Gase: $\frac{p \cdot V}{T} = \text{konst}$

Die Konstante beschreibt die Gasmenge oder die Anzahl der Gasteilchen im abgeschlossenen Volumen. Sie vermittelt zwischen Temperatur und der kinetischen Energie, die im Gas enthalten ist.
Eine Form enthält die *universelle Gaskonstante* ***R***. Diese wird auf die Gasmenge 1 Mol bezogen. 1 Mol eines beliebigen Gases enthält eine ganz bestimmte Anzahl an den jeweiligen Gasteilchen.
$R_m = 8{,}314 \frac{\text{J}}{\text{mol} \cdot \text{K}}$ kann auch einfach als Umrechnungsfaktor für die in 1 Mol Gas enthaltene kinetische Energie verstanden werden. Mit n gleich Anzahl der Mole Gas gilt dann ganz allgemein: $\frac{p \cdot V}{T} = n \cdot R_m$.
Man kann die Konstante auf die einzelnen Teilchen bezogen angeben. Dazu fasst man die *Boltzmannkonstante* $\boldsymbol{k} = 1{,}3810^{-23} \frac{\text{J}}{\text{K}}$ als die Energie eines Teilchens pro Temperaturschritt auf und erhält: $\frac{p \cdot V}{T} = N \cdot k$, mit N = Anzahl der in der Gasmenge enthaltenen Teilchen.

Ableitung der drei Gasgesetze:
Für zwei verschiedene Zustände ergibt sich: $\frac{p_1 \cdot V_1}{T_1} = \frac{p_2 \cdot V_2}{T_2}$. Nimmt man nun einen der Parameter *p, V* oder *T* als konstant an, so kürzt er sich heraus und die bekannten Gasgesetze resultieren.

Wenn man eine bestimmte Menge Gas betrachtet, gilt es also alle Größen *p*, *V* und *T* zu berücksichtigen. Je nach Umständen kann eine Temperaturänderung eine Veränderung des Drucks, des Volumens oder von beidem bewirken.

Einfache Herleitung der Zustandsgleichung

Die für eine abgeschlossene Gasmenge gültige Beziehung $\frac{p_1 \cdot V_1}{T_1} = \frac{p_2 \cdot V_2}{T_2}$ beschreibt den Zusammenhang zwischen den Zustandsgrößen in einem ersten Zustand (V_1, p_1, T_1) und in einem zweiten Zustand (V_2, p_2, T_2). Der Übergang vom ersten in den zweiten Zustand wird in zwei Schritten ausgeführt:

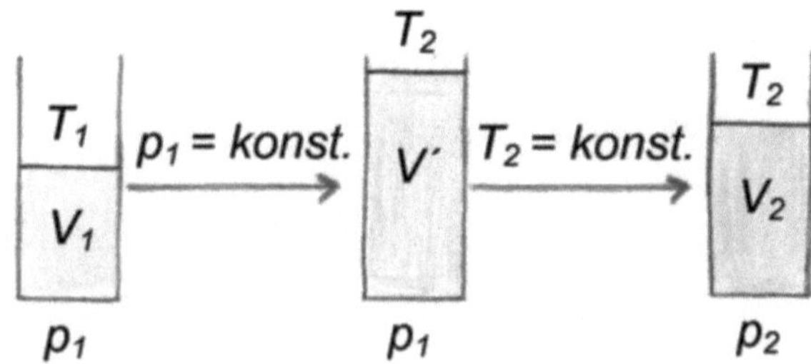

Zunächst ändern wir nach dem Gesetz von Gay-Lussac die Temperatur T_1 in T_2, bei konstantem Druck p_1. Das Volumen ändert sich dabei von V_1 in V' und es ist:

$$\frac{V'}{V_1} = \frac{T_2}{T_1} \text{ oder } V' = V_1 \frac{T_2}{T_1}$$

Dann ändern wir gemäß dem Gesetz von Boyle-Mariotte den Druck von p_1 nach p_2 unter Beibehaltung der Temperatur T_2. Dabei gilt: $V' \cdot p_1 = V_2 \cdot p_2$

Setzen wir in diese Gleichung den Ausdruck für V ein, so ergibt sich:

$$V_1 \cdot \frac{T_2}{T_1} \cdot p_1 = V_2 \cdot p_2$$

Daraus folgt die Zustandsgleichung des idealen Gases:

$$\frac{V_1 \cdot p_1}{T_1} = \frac{V_2 \cdot p_2}{T_2}$$

oder: $\frac{V \cdot p}{T} = konst$

Optimal für's Heizen

Eine praktische Anwendung der Gasgesetze:
Welcher Luftdruck und welche Außentemperatur sollten herrschen, damit die von einer Gasuhr nach ihrem Volumen gemessene Gasmenge möglichst heizkräftig ist?

a) Druck p und Temperatur T niedrig

b) Druck p niedrig / Temperatur T hoch

c) Druck p hoch / Temperatur T niedrig

d) Druck p und Temperatur T hoch

Antwort

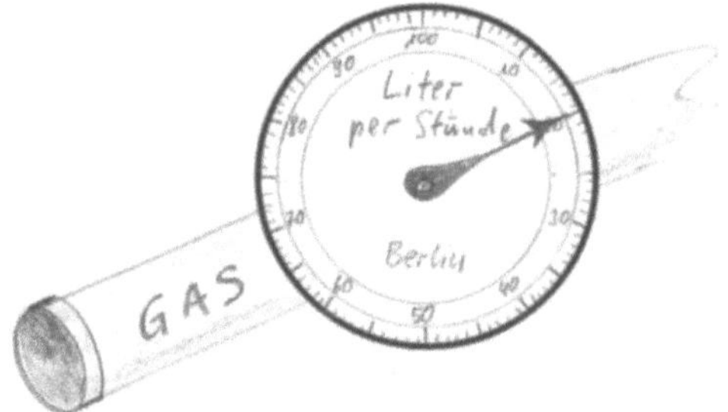

Die Antwort lautet: c)
Der Druck p sollte möglichst hoch und die Temperatur T möglichst niedrig sein.
Dadurch ist nämlich das abgerechnete Gasvolumen minimal.

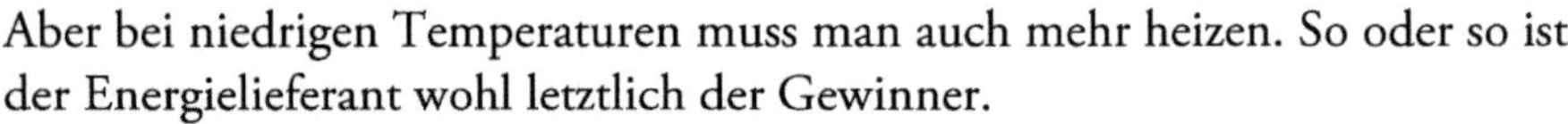

Aber bei niedrigen Temperaturen muss man auch mehr heizen. So oder so ist der Energielieferant wohl letztlich der Gewinner.
Temperatur-Korrektur: Die bei Ablieferung des Gases herrschende Witterung wird aber über den Parameter Temperatur berücksichtigt und die abgefüllte Gasmenge entsprechend auf eine Normtemperatur hochgerechnet. Die gleiche Temperaturanpassung erfolgt auch bei der Lieferung von Heizöl.

Teilchen-Arbeit

Ein ganz grundlegendes Prinzip besagt: Wird an einem Körper, also einem Festkörper, einer Flüssigkeit oder einem Gas, mechanische *Arbeit verrichtet*, so ändert sich dessen Energiezustand. Konkrete Beispiele:

- Wird ein Körper angehoben, wird also Hubarbeit aufgebracht, so erhöht sich dessen potenzielle Energie E_{pot}.
- Wird ein Körper beschleunigt, so gewinnt er an kinetischer Energie E_{kin}.

Entsprechend kann die Energie auch erniedrigt werden.

Was geschieht, wenn an einem Körper ***Reibungsarbeit W*** verrichtet wird? Reibungsarbeit kann das gegenseitige Reiben der Hände sein oder die zusammengepressten Backen einer Scheibenbremse. Bei vielen Bearbeitungsvorgängen, z. B. mit Werkzeugen, entsteht Reibung oder wir reiben an einem Körper wie in der Abbildung unten. Dabei

a) wird nur das Werkzeug oder etwa der Daumen, der am Metallstück reibt, warm.
b) erwärmt sich der Körper durch die an ihm verrichtete Reibungs-arbeit.
c) wird der Körper umso wärmer, je länger bzw. stärker die Reibungsarbeit ist.
d) erhöht sich die innere Energie des Körpers.

Antwort

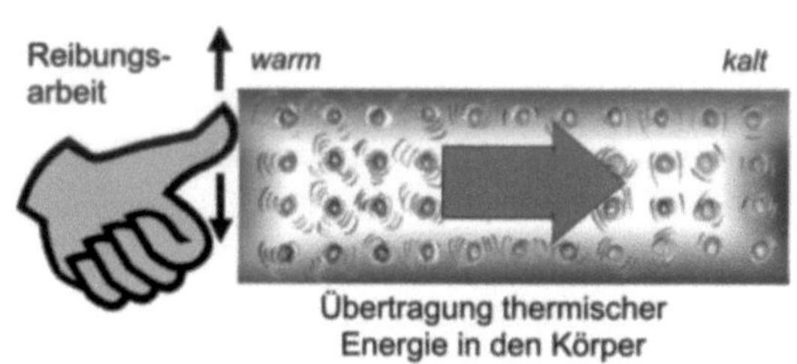

Die Antworten lauten:
b), c) und d).

Reibt man an einem Körper, erwärmt er sich und zwar umso mehr, je länger man dies tut. Dieses so alltägliche Phänomen zeigt ganz offensichtlich, dass man durch Reiben die Temperatur und somit auch die innere Energie einer Körpers erhöhen kann. Beim Reiben fester Körper, wenn also Reibungsarbeit an ihnen verrichtet wird, erhöht sich die Bewegungsenergie ihrer Teilchen, was sich in einer damit verbundenen Steigerung der Temperatur zeigt. Mechanische Arbeit kann so zu einer Erhöhung der inneren Energie führen.

Teilchenmodell (vgl. auch die Frage *Die Teilchen sind's*):
Durch die Reibungsarbeit wirken äußere Kräfte auf die Teilchen an der Kontaktfläche und diese werden zu schnelleren oder weiteren Schwingungen angeregt. Die Oberfläche des Körpers erwärmt sich. Die äußeren Teilchen geben ihre erhöhte Bewegungsenergie zunächst an Nachbarteilchen und allmählich an alle anderen Teilchen des Körpers ab. Dieser erwärmt sich auf diese Weise nach und nach.
Die Teilchen im reibenden, wärmeren Körper, wie etwa dem Daumen, verlieren bei den Stößen mit den Teilchen an der Oberfläche des Körpers ständig Energie. Sie schwingen langsamer und der Reibkörper kühlt sich ab. Durch das fortwährende Reiben wird dieser Energieverlust sofort wieder ausgeglichen. Zur Behandlung solcher und anderer Wärmeerscheinungen führt man neben der Temperatur noch eine weitere Größe ein:

> Die **Wärme** oder auch *Wärmemenge* gibt an, wie viel innere Energie von einem Körper auf einen anderen Körper übertragen wird. Allgemein ist Wärme die zu- oder abgeführte Energie, die eine Änderung der inneren Energie bewirkt jedoch keine Arbeit verrichtet.
> Formelzeichen : ***Q***, Einheit: ***1 Joule*** (*1 J*)

Wärmende Kerze

Temperaturerhöhung oder allgemein eine Temperaturänderung von Körpern kann auch anders geschehen als durch Reibung. Jeden Morgen erwärmen wir Wasser im Wasserkocher, beim Kochen steht der Topf auf der Herdplatte. Oder die Raumluft wird von Heizkörpern erwärmt. Objekte, die Wärme an ihre Umgebung abgeben, nennt man **Wärmequellen**.
Eine Kerzenflamme soll meist Licht spenden, kann aber auch als Wärmequelle dienen. Die Flamme wird ca. 1500 °C heiß und kann somit vielseitig zum Erhitzen eingesetzt werden. Was passiert auf Teilchenebene, wenn man z. B. einen Metallstab in die Kerzenflamme hält?

a) Die Gasteilchen reagieren mit den Metallatomen an der Oberfläche, es kommt zu einer Verbrennung, die Hitze erzeugt.
b) Die Hitze der Kerzenflamme wird über Konvektion auf den Metallstab übertragen.
c) Die energiereichen Gasteilchen der Flamme verrichten an den Metallatomen Arbeit. Dabei wird Energie auf die Teilchen übertragen und der Stab erhitzt sich.

Antwort

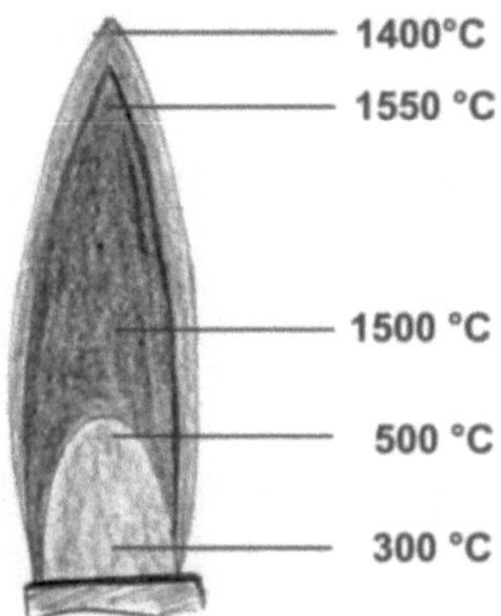

Die Antwort lautet: c) Die Gasteilchen interagieren direkt mit den Metallteilchen an dessen Oberfläche. Im Einzelnen muss man sich die Wärmeübertragung so vorstellen:
Die sehr schnellen Gasteilchen der Flamme treffen auf die sich wesentlich langsamer hin und her bewegenden Metallatome. Dabei werden die äußeren Teilchen des Stabes durch die Flammenpartikel immer wieder angestoßen, so dass sie selbst schnell zu schwingen beginnen. Dieses Schwingen greift auf die Nachbaratome und nach und nach auf den ganzen Metallstab über. Dessen innere Energie wird größer, seine Temperatur steigt an.
Wie beim reibenden Daumen aus der letzten Frage gilt: Die Teilchen der Flamme verlieren bei diesen Stößen an Energie, die Flamme müsste kälter werden. Die ständige Verbrennung neuen Kerzenwachses gleicht diesen Energieverlust aber wieder aus. Die Gasteilchen verlieren also ständig Energie, die innere Energie des Gases sinkt. Die Energie des Metallstabes auf den die **Wärme übertragen** wird, vergrößert sich entsprechend.

Wärme ist also die ungeordnete Bewegung der atomaren oder molekularen Teilchen der Stoffe durch die es zum Austausch thermischer Energie kommt. Nur diese wahllose Bewegung von Teilchen bezeichnet man als Wärme, nicht die gleichgerichtete Bewegung der Teilchen eines Körpers insgesamt, wenn er sich fortbewegt. Dann hat er **kinetische** oder **Bewegungsenergie** – ohne den Zusatz „Teilchen“.

zu b) Konvektion ist zwar für die eigentliche Wärmeübertragung an das Metall nicht verantwortlich, wohl aber für das Zustandekommen der Flamme überhaupt: Durch die Strömung der aufsteigenden Gase, werden ihre eigene Verbrennungsluft sowie neues brennbares gasförmiges Kerzenmaterial angesogen. Siehe auch bei *Wärmeströmung* weiter unten.
Wie ist die Energieübertragungskette beim Wasserkessel auf einer klassischen Kochplatte? Die Metallatome des Heizwendels in der Kochplatte geben ihre Schwingungsenergie weiter an die eiserne Kochplatte. Diese erwärmt sich bis schließlich auch die Teilchen ganz oben, die mit den Teilchen des Wasserkessels direkten Kontakt haben, schnell schwingen… Überlegen Sie selbst.

Fahrradpumpe

Beim Aufpumpen eines Fahrradreifens erwärmt sich die Luftpumpe. Sie wird umso wärmer, je kräftiger bzw. je länger gepumpt wird.
Liegt das an der Reibung zwischen Kolben und Pumpengehäuse?

a) Ja, der Kolben aus Gummi muss ganz dicht am Pumpenzylinder anliegen, damit der erforderliche Druck von einigen bar aufgebracht werden kann.

b) Nein, die Erwärmung der Pumpe kommt von der Kompressionsarbeit an der Luft im Zylinder

Antwort

Die Antwort lautet: b) Die starke Erwärmung der Pumpe kommt von der Kompressionsarbeit an der gepumpten Luft.

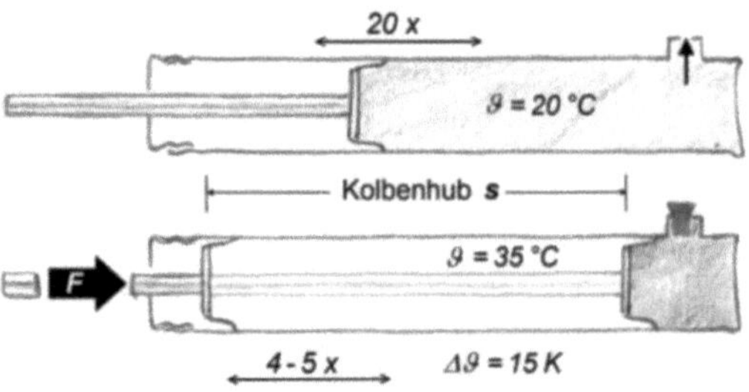

Würde die Reibung zwischen Kolben und Pumpenzylinder für die Erwärmung sorgen, müsste sich die Luftpumpe auch aufheizen, wenn man einfach nur „leer“ pumpt. Betätigt man die Pumpe einfach nur so, erwärmt sich der Zylinder aber nicht, dargestellt in der Abbildung oben.
Ganz anders sieht es dagegen aus, wenn die Pumpe am Ventil ansetzt oder wenn die Pumpenöffnung verschlossen wird. Dann wird die Pumpe schon nach weniger Stößen deutlich wärmer, s. Abb., untere Darstellung.
Jedes Mal wenn der Pumpenkolben hineingedrückt wird, wird auch die Luft im Zylinder zusammengedrückt. An den Luftteilchen wird Arbeit verrichtet, die aus der mechanisch aufgebrachten Muskelkraft entlang des Kolbenhubes resultiert. Dies führt zur Erhöhung der Bewegungsenergie der Gasteilchen was sich in einer Temperaturerhöhung zeigt.

Vergleich: Kompressionsarbeit an einem mechanischen Pendel.
Ein Tischtennisball, der für ein Gasteilchen stehen soll, hängt an einem langen Faden und schwingt nahezu horizontal. Hält man zwei Tischtennisschläger senkrecht und engt die Schwingungsbewegung immer mehr ein, so

steigt die Geschwindigkeit und damit die Energie des Balles deutlich an. Durch das Heranrücken der Schläger wird am Ball Arbeit verrichtet, die sich im Energiegewinn äußert.
Ob durch Reiben, Zusammenpressen oder weitere mechanische Einwirkungen: Alle führen zu einer Erhöhung der inneren Energie. Dem Körper ist anschließend nicht anzusehen, wie die Temperaturerhöhung (oder –erniedrigung) entstanden ist.
Mechanische Arbeit an einem Gas oder einem Körper allgemein hängt offenbar direkt mit der Erhöhung der Temperatur bzw. inneren Energie es Körpers zusammen. Insofern passen auch die Analogien aus der Mechanik. Dem genauen Zusammenhang geht die folgende Frage *Arbeit gleich Wärme* nach.

Arbeit gleich Wärme

Bisher haben wir schon mehrfach von mechanischer Arbeit auf die innere Energie, auf die enthaltene Wärme geschlossen. Über die kinetische (Gas-) Theorie sind Wärme und Mechanik ja auch verknüpft. Gilt diese Äquivalenz für jede zur Erhöhung der inneren Energie angewandte mechanische Arbeit? Handelt es sich dabei etwa um ein Naturgesetz?
Dies fragten sich Mitte des 19. Jahrhunderts auch der deutsche Arzt und Naturforscher Robert Mayer und der englische Brauer (und spätere Physiker) James Prescott Joule. Mayer argumentierte dafür, dass mechanische Arbeit und Wärmeenergie ineinander umwandelbar seien mit Überlegungen u. a. aus seinen Beobachtungen als Arzt zum Sauerstoffgehalt des Blutes. Aus physikalischer Sicht stützte er sich auf experimentelle Daten zur sogenannten spezifischen Wärme von Luft.
Joule hingegen führte das entscheidende Experiment aus. Die Fragestellung gibt den Aufbau eigentlich schon vor: Wird an einem Körper mechanische Arbeit verrichtet, wie groß ist dann dessen Temperaturerhöhung?
Joules Körper war einfaches Wasser. Dieses befand sich in einem Thermogefäß, um keine Wärmeenergie an die Umgebung zu verlieren. In diese Art Isolierkanne war ein Rührwerk eingesetzt, die mechanische Arbeit am Wasser war also ein Quirlen. Die für das Quirlen aufzubringende Rotationsarbeit maß Joule über ein sich absenkendes Gewicht, also als leicht bestimmbare Hubarbeit. Ein Thermometer registrierte die Temperaturerhöhung.

Im Gefäß befindet sich 1 Liter Wasser bei Raumtemperatur von 20 °C, das Gewicht beträgt 5 kg und die Fallstrecke 2 Meter. Berechnen oder schätzen Sie, um wieviel Grad sich die Wassertemperatur erhöht:

a) 10 °

b) 4,19 °

c) 0,024 °

d) nicht messbar geringe Temperaturerhöhung

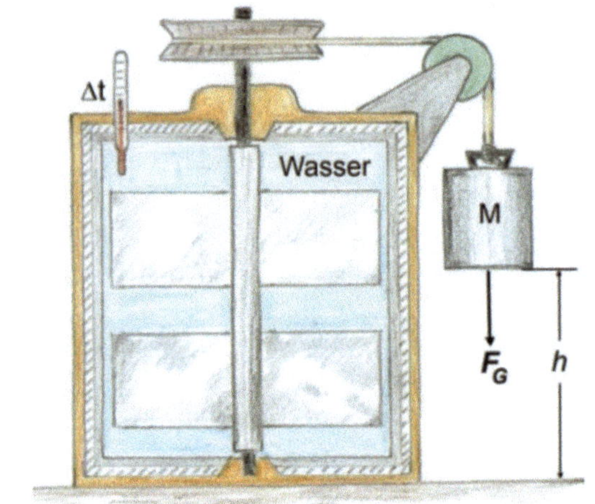

Antwort

Die Antwort lautet: c) Die Temperatur steigt um 0,0024°. Zunächst muss festgestellt werden, dass der Temperaturanstieg sehr gering ist. Immerhin verrichtet das Gewicht eine Arbeit von $5\,kg \cdot 2\,m \cdot 10\frac{N}{kg} = 100\,J$.

Umgekehrt bedeutet dies aber: Die in einem Körper enthaltene Wärmeenergie ist sehr groß.

Dies nutzt man z. B. in Wärmekraftmaschinen wie Otto- oder Dieselmotoren aus.

Mechanisches Wärmeäquivalent

Mechanische Arbeit und Wärmeenergie sind ineinander umwandelbar. Die mechanische Arbeit und die dadurch erzeugte Wärmeenergie sind einander proportional.

> ***Mechanisches Wärmeäquivalent***
> Die Wärmeenergie, um 1 kg Wasser um 1 K zu erwärmen, auch 1 kcal (Kilokalorie) bezeichnet, entspricht der mechanischen Arbeit von 4,19 kJ (= 4,19 10^3 Nm).

Damit lässt sich nun die Antwort berechnen:

Verrichtete mechanische Arbeit: $5\,kg \cdot 2\,m \cdot 10\frac{N}{kg} = 100\,J$

Ein einfacher Dreisatz: $\frac{1°}{x} = \frac{4{,}19\ 10^3 J}{100\ J}$ ergibt: $x = 1° \cdot \frac{100\ J}{4{,}19\ 10^3} = 0{,}024\ °$.

Kanonenbohren, Matrosen und Bierfässer

Wärmestoff oder Bewegungsenergie

Im 18. Jahrhundert war man allgemein der Ansicht, dass es sich bei Wärme um etwas Stoffliches handelt. Heiße Körper enthalten viel „Caloricum“ oder „Phlogiston“, kalte Körper entsprechend weniger. „Caloricum“ fließt auch immer nur von einem heißen zu einem kalten Bereich, ganz analog wie sich in der Mechanik ein Körper von alleine nur von einer höheren zu einer tieferen Lage bewegt (Wasser fließt immer nur bergab).
Wenn Wärme mit etwas Materiellem verbunden ist, sollten heiße Körper schwerer sein als kalte. Hier trat eine schillernde Persönlichkeit in Erscheinung, der 1753 geborene Amerikaner Benjamin Thompson, der spätere Graf Rumford. Im amerikanischen Unabhängigkeitskrieg in Ungnade gefallen versuchte er sein Glück in England. Dort brachte er es schnell zu einem hohen Beamten im Kriegswesen und wurde Mitglied der Royal Society, was schon auf seinen Forschergeist hindeutete.
Fasziniert vom aufkommenden Zweig der Wärmelehre, hatte er jedoch Zweifel an der Caloricum-Theorie. Er wog deshalb das Gewicht von Eis während des Schmelzens, konnte aber keinerlei Zunahme – Eis nimmt hier Wärme auf – feststellen. Thompson machte damit dem Wärmestoff-Spuk ein Ende und bereitete die heute gültige Vorstellung von Wärme als Bewegungsenergie den Weg.
Es zogt ihn aber weiter, er ging nach Bayern und wurde 1791 vom Kurfürsten zum Grafen Rumford geadelt. Als Kriegsminister reformierte er das bayrische Heer und war dort u. a. für die Fertigung von Kanonen zuständig. Beim Bohren von Kanonenrohren erkannte er erstmals, dass enorme Wärmemengen praktisch aus dem Nichts entstehen. Dies stand ganz klar im Widerspruch dazu, dass Wärme etwas Stoffliches, eine Substanz sei. Er sah vielmehr völlig richtig die entstandene Wärme im Zusammenhang mit der bei Bohren aufgewandten Arbeit. Er vermutete auch, dass Wärme nichts anderes sei als die Bewegungsenergie der Atome und Moleküle, aus denen ein Körper besteht.
So führte er Wärme auf die gut verstandene Mechanik zurück. Als im Laufe des 19. Jahrhunderts die mathematischen Methoden der Statistik entwickelt wurden, ließen sich viele makroskopische Eigenschaften wie der Druck von Gasen mit Hilfe der Newtonschen Gesetze auf die Mechanik von Teilchen zurückführen. [3] S. 40, [7] S. 289

Mayer und Joule

Bei Rumfords Tätigkeit als oberster „Kanonier“ am bayerischen Hof entstand aus Arbeit Wärme. Das Gegenteil, nämlich Wärme in nützliche Arbeit umwandeln, leisteten die immer weiter verbesserten Dampfmaschinen. Das in der letzten Frage diskutierte Mechanische Wärmeäquivalent war damit aber noch nicht gefunden.

Den ersten Schritt hin zu einem umfassenden Gesetz der Energieerhaltung machte der deutsche Arzt Robert Mayer. Als Schiffsarzt in den Tropen schloss er aus dem viel helleren Blut der Matrosen, dass die Körper wegen der heißen Temperaturen weniger chemische Energie aus Nahrung in Wärme umwandelt, als in den kühleren Regionen seiner Heimat Deutschland. Er sah darin die Erhaltung der universellen Größe Energie, damals noch Kraft genannt, und suchte nach weiteren Beziehungen zwischen verschiedenen Energieformen. Weil er seine Ergebnisse aber „unphysikalisch“ formulierte, blieb ihm die verdiente Anerkennung für die Entdeckung dieses Ersten Hauptsatzes der Thermodynamik, des sogenannten Energieerhaltungssatzes verwehrt.

Gottesfurcht führte schließlich auf den physikalisch korrekten Weg. Der schottische Brauer James Prescott Joule wollte nicht glauben, dass der Herrgott die Arbeit beim Hochwuchten von Bierfässern einfach wieder zunichte machte, wenn diese entladen wurden. In einer Brauerei wurde viel Wärme umgesetzt und nach einigen Überlegungen und Experimenten kam er auf die richtige Frage: Wird an einem Körper mechanische Arbeit verrichtet, wie groß ist dann dessen Temperaturerhöhung?

Wie der dazu gehörige Versuchsaufbau auszusehen hatte, war ihm sofort klar. An einer bestimmten Menge Wasser, deren Temperatur gemessen werden konnte, wurde über ein Rührwerk eine definierte mechanische Arbeit verrichtet. An der festgestellten Temperaturerhöhung konnte Joule sogar die Relation zwischen geleisteter Arbeit und der in Wärme umgewandelten Energie angeben. In der vorherigen Frage *Arbeit gleich Wärme* wird dies näher erläutert. [3], S. 227f

Um 1850 formulierte der deutsche Arzt und Physiker Hermann von Helmholtz in seiner Veröffentlichung „Über die Erhaltung der Kraft (Energie)“ den allgemeinen Energieerhaltungssatz. Siehe dazu auch oben unter *Energie in der Mechanik*. Er setzte dabei bei Mayer und Joule an und verhalf auch Robert Mayer zu der ihm wenn auch späten, so doch gebührenden Anerkennung.

Ein-Grad-Höhe

Die Frage *Arbeit gleich Wärme* zeigt die grundlegende Gleichwertigkeit von mechanischer Energie und Wärmeenergie. Sie sind „äquivalent".

Diese Umwandelbarkeit von mechanischer Arbeit in Wärme gilt ganz allgemein. Sie ist unabhängig von den im Detail ablaufenden Prozessen bzw. den beteiligen Stoffen. Es gibt recht ungewöhnliche Beispiele dafür, etwa dieses:

Fällt Wasser von einer gewissen Höhe herab, z. B. über einen Wasserfall, so gewinnt es Bewegungsenergie. Der immer schnellere freie Fall endet mit dem Auftreffen des Wasserstrahls auf der Oberfläche des unteren Sees. Sämtliche kinetische Energie wird dabei in Wärme umgewandelt.

Aus welcher Höhe muss Wasser herabfallen, damit es nach dem Auftreffen um 1 K wärmer ist?

a) 9,81 m
b) 41,1 m
c) 427 m
d) 1708 m
e) aus den Angaben nicht zu beantworten, es fehlt die Masse an Wasser

Antwort

Die Antwort lautet: c) Wasser muss aus 427 m Höhe herabfallen, damit es sich durch die in Wärme umgewandelte Bewegungsenergie um 1 Grad erwärmt. Die eine Vorgabe: *Temperaturerhöhung um 1* K reicht auch zur Beantwortung. Die gewonnene kinetische Energie ist proportional zur Masse der fallenden Wassers. Sie wird bei Aufprallen in Wärmeenergie umgewandelt. Diese verteilt sich wiederum über die gesamte Masse Wasser und bewirkt einen entsprechenden Temperaturanstieg. 2 kg Wasser erreichen eben die doppelte Temperaturerhöhung.

Bewegungsenergie wie nur 1 kg. Die doppelte Wärmeenergie muss sich dann aber auf die 2 kg verteilen, so dass am Ende der gleiche Temperaturanstieg resultiert.
Bei der für alle Körper identischen Fallbeschleunigung liegt eine ähnliche Situation vor: Je größer der Körper, desto größer zwar die beschleunigende Gewichtskraft, desto größer aber auch die Trägheitswirkung. Beides hebt sich auch hier genau auf.

Doch nun zur kurzen Rechnung:
Die kinetische Energie entspricht der potenziellen in Höhe *h*: $E_{kin} = m \cdot g \cdot h$

Die Bewegungsenergie pro Kilogramm ist demnach: $E_{kin}/\text{kg} = g \cdot h$

Benötigte Wärmeenergie, um 1 kg Wasser um 1 Grad zu erwärmen:

$$E_{1\,K}/\text{kg} = 4{,}19\ \text{kJ/kg}$$

Gleichsetzen von E_{kin} und $E_{1\,k}$ für je ein Kilogramm Wasser: $g \cdot h = 4{,}19$ kJ ergibt:

$$h = \frac{4{,}19\ 10^3\,\frac{\text{Nm}}{\text{kg}}}{9{,}81\,\frac{\text{N}}{\text{kg}}} = 427\ \text{m}$$

Am Fuße des über 900 m hohe größten Wasserfalls *Salto Angel* in Venezuela ist das Wasser daher immer um gut zwei Grad wärmer als am Zufluss oben.

Pistolenkugel vs. Streichholz

Noch ein überraschender Vergleich von mechanischer Energie und Wärmeenergie.
Was enthält mehr Energie?

a) Eine abgeschossene Kleinkaliberkugel an mechanischer Energie?

b) Ein abbrennendes Streichholz an Wärmeenergie?

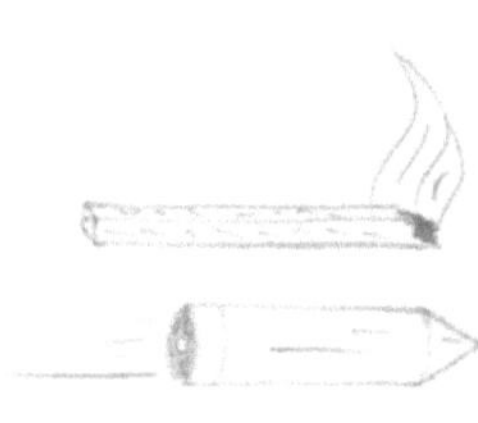

Antwort

Die Antwort lautet: b) Ein abbrennendes Streichholz enthält mehr Energie als eine abgeschossene Kleinkaliberkugel.

Wenn ein Streichholz brennt, wird eine Wärmeenergie von ca. **1000 J** frei.

Dagegen die Kleinkaliberkugel von ca. 5 mm Kaliber:
Gewicht: $m = 2{,}4$ g
Mündungsgeschwindigkeit: $v = 300$ m/s

Bewegungsenergie der Kugel: $E_{kin} = \frac{1}{2} m \cdot v^2 = \mathbf{108\ J}$.

Das Streichholz enthält in der Tat die 10-fache Energie in Form von Wärme als die Pistolenkugel an Bewegungsenergie.

Man kann den Vergleich auch auf die Äquivalenz der mechanischen zur elektrischen Energie ausdehnen. Sie erweist sich als richtig, das „Wärmeäquivalent" gilt also universell. Und auch im elektrischen Fall gibt es Erstaunliches zum Energiegehalt ganz alltäglicher Dinge.

Jogging-Äquivalent

Äquivalenz, also die Gleichheit zweier Größen oder Formelausdrücke gibt es nicht nur in der Physik. Viele Alltagsfragen vergleichen auch ohne ein mathematisches „="-Zeichen die unterschiedlichsten Dinge. So z. B. bei der Frage, wie lange man joggen muss, um etwas Winterspeck wegzubekommen.

Zur Energieerzeugung im menschlichen Körper werden Zucker, Proteine oder Eiweiße sowie die berüchtigten Fette zum sogenannten Adenosintriphosphat ATP, dem Energiespeicher der Zellen, umgewandelt. Wird Energie z.B. für die Muskeln benötigt, wird ATP abgebaut. Bei dieser Energiegewinnung, die tatsächlich einer „Verbrennung" unter Beteiligung von Sauerstoff ähnelt, entsteht nach dem Wärmeäquivalent auch Wärme, das Thema passt also hierher. Resultiert diese „Körperwärme" aus mechanischer Lauf- und Bewegungsenergie, kann einem das ganz schön zu schaffen machen. Daher möchte man schon wissen: Wie lang muss ein durchschnittlicher Erwachsener joggen, um z.B. 25 g Körperfett abzubauen?

a) 30 Minuten
b) 60 Minuten
c) 120 Minuten

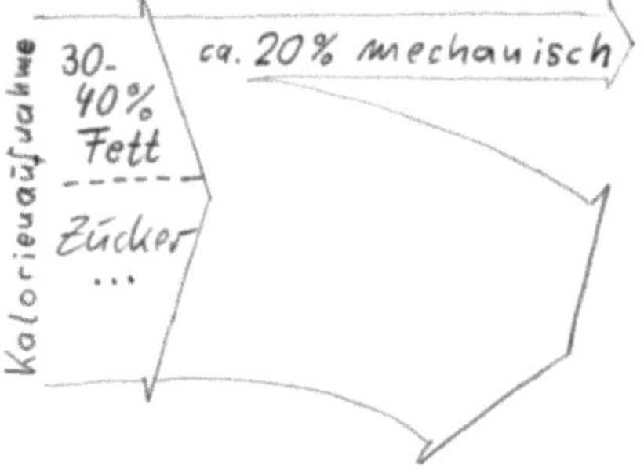

Antwort

Die Antwort lautet: b) Erst 60 Minuten strammes Joggen verbrauchen ca. 25 g Körperfett.

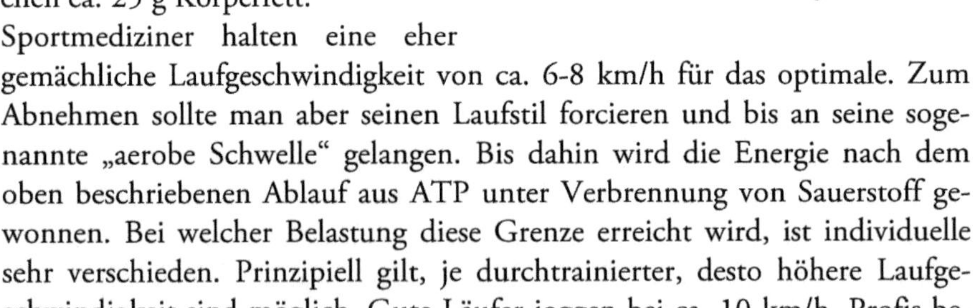

Sportmediziner halten eine eher gemächliche Laufgeschwindigkeit von ca. 6-8 km/h für das optimale. Zum Abnehmen sollte man aber seinen Laufstil forcieren und bis an seine sogenannte „aerobe Schwelle" gelangen. Bis dahin wird die Energie nach dem oben beschriebenen Ablauf aus ATP unter Verbrennung von Sauerstoff gewonnen. Bei welcher Belastung diese Grenze erreicht wird, ist individuelle sehr verschieden. Prinzipiell gilt, je durchtrainierter, desto höhere Laufgeschwindigkeit sind möglich. Gute Läufer joggen bei ca. 10 km/h, Profis bewältigen sogar einen Marathon mit 17, 18 oder mehr km/h.

Überschreitet man die Aerob-Schwelle, kann dem Körper nicht mehr aus-

reichend Sauerstoff zugeführt werden und es werden vermehrt Zucker- oder Glykogen-Vorräte „anaerob“, d. h. ohne Sauerstoffbeteiligung umgesetzt. Die Folge ist die gefürchtete Übersäuerung durch Laktatbildung mit einer umso schnelleren Erschöpfung.
Bei diesem Tempo gibt die Fachwelt je nach Geschlecht, Alter und Gewicht einen Kalorienverbrauch von 10 - 14 kcal pro Minute an. Beim Joggen kommen ca. 30 % dieser Kalorien, d.h. im Mittel 3,6 kcal/min, aus den Fettspeichern. Einen größeren Anteil hat auch der Zucker. Der Verbrauch an Fettkalorien beträgt insgesamt 3,6 kcal/min · 60 min = 216 kcal. Aus dem Energiegehalt von 9,0 kcal/g Fett bedeutet dies einen Abbau von 24 g Fett.

1 Gramm Körperfett pro 2½ Minuten forciertem Joggen.

Gehen wir die Sache auch grundlegend physikalisch an. Dazu einige Eckwerte zum Energieumsatz beim Joggen und als Vergleich dazu beim Gehen.
Bei beiden Trainingsformen sind sowohl die körperliche Leistung (in Watt, W) als auch der Anteil, der davon aus den Fettreserven stammt, verschieden:

sportliche Betätigung	Leistung	Anteil aus Fett	Beispiel Fettabbau
Joggen, 10 km/h	850 W	30 %	1 Std. / 24 g
Gehen, 4 km/h	350 W	40 %	1 Std. / 15 g

Aus der Leistung P und der Zeitdauer t errechnet sich die insgesamt aufgebrachte Arbeit, Beispiel Joggen:

$$W = P \cdot t = 850\ \mathrm{W} \cdot 3600\ \mathrm{s} = 3060\ 10^3\ \mathrm{J} = 3060\ \mathrm{kJ}.$$

Es resultiert die offizielle Einheit der Arbeit oder Energie: *Joule J* bzw. *kJ*. Die Umrechnung in die für Nährwerte weiterhin gebräuchliche Einheit Kalorie lautet: $1\ kcal = 4.18\ kJ$. Fällt etwas auf? Dies ist genau der Zahlenwert des *mechanischen Wärmeäquivalents*, s .dort.

Der Abbau von einem Gramm Fett erfordert die erwähnten 9,0 kcal = 38 kJ.

Fall „Joggen“
Eine Stunde Joggen mit 10 km/h hält nicht jeder durch, stellen wir aber die Rechnung dazu an:
850 W Leistung über 3600 s (=1 Std.) entsprechen einer aufgebrachten Energie von 3060 kJ. 30 % davon oder ca. 900 kJ stammen aus den Fettreserven.

Das heißt, es werden bei 38 kJ/1g insgesamt 24 g Fett abgebaut.

Abschätzung der dabei aufgebrachten, vorwärts gerichteten Kraft:
Bewegt man die Muskeln, werden von den verbrauchten Kalorien ca. 20 % in mechanische (Nutz-) Arbeit umgesetzt (s. Grafik), münden also in der gewünschten Fortbewegung. Hier sind dies 20 % von 3060 gleich 612 kJ.
Es gilt: Arbeit = Kraft x Weg oder $W = F_{Weg} \cdot s$.
Bei 10 km/h läuft der Jogger in 1 Stunde 10 km oder $10 \cdot 10^3$ m und leistet:
Daraus ergibt sich als Kraft in Laufrichtung: $F = \frac{W}{s} = \frac{612 \cdot 10^3 \text{Nm}}{10 \cdot 10^3 \text{m}} \approx 60$ N.
Der Läufer „zieht" also mit der Kraft eines 6 kg-Gewichtes – klingt vernünftig!

Mit einigen gesicherten sowie plausiblen Annahmen kann man sich ein Modell aufbauen, so wie wir das eben für die erforderliche Laufkraft abgeleitet haben. Es liefert zumindest Anhaltpunkte, evtl. schon belastbare Resultate. Diese müssen durch weitere Versuche und Messungen verifiziert oder widerlegt werden. Dies ist der klassische *empirische Prozess*, bei dem Erkenntnisse durch den unmittelbaren Umgang (z. B. Messungen) mit einem Gegenstand oder einer Sache erworben werden.

Fall „Strammes Gehen"
Ein einstündiger Spaziergang bietet sich oft an. Diesmal gehen wir etwas flotter mit 4 km/h. Wieviel Fett verbrauchen wir nun?
350 W Leistung über 3600 s ergeben eine geleistete Arbeit von 1260 kJ.
Beim Gehen stammen 40 % davon oder ca. 500 kJ aus den Fettreserven. Das heißt, es werden bei 38 kJ/1g insgesamt 13 g Fett abgebaut. Beim schnelleren Spazierengehen wird für die Energieerzeugung aus ATP anteilig mehr Fett verbrannt als dass Zuckerverserven aufgezehrt werden. Insgesamt ist der Energieumsatz beim Joggen natürlich viel höher.

Abschätzung der vorwärts gerichteten Kraft:
20 % mechanische Arbeit: 250 kJ, Strecke s = $4 \cdot 10^3$ m. Es ergeben sich hier: ca. 62 N.
Der Geher „arbeitet" sich also mit der gleichen Kraft vorwärts wie der Jogger. Ist dies Logisch? Weitere Auswertung und Messungen könnten dies bestätigen oder widerlegen.

Wärmeleitung

Wärmeenergie kann auf unterschiedliche Weise von einem Körper auf einen anderen übertragen werden. Die Sonne erwärmt die Erde, die Heizung erwärmt die Raumluft und die Herdplatte erhitzt den Kochtopf usw.
Dabei geht Energie von Körpern höherer Temperatur auf solche mit niedriger Temperatur über. Umgekehrt kann einem Körper auch Wärmeenergie entzogen werden, der Körper wird gekühlt.
Jeweils zwei gleich große Blechstreifen aus verschiedenen Metallen stoßen aneinander und werden unter der Kontaktstelle durch einen Laborbrenner erhitzt. Die Abbildung zeigt dies für Kupfer und Eisen. Mit Wachs angeklebte Kugeln fallen mit der von innen nach außen geleiteten Flammenwärme nacheinander ab.
In welcher Reihenfolge der drei Metalle Kupfer, Eisen und Aluminium fallen die Kugeln früher ab?

a) Eisen , Kupfer, Aluminium
b) Kupfer, Aluminium, Eisen
c) Aluminium, Eisen, Kupfer
d) Eisen, Aluminium, Kupfer

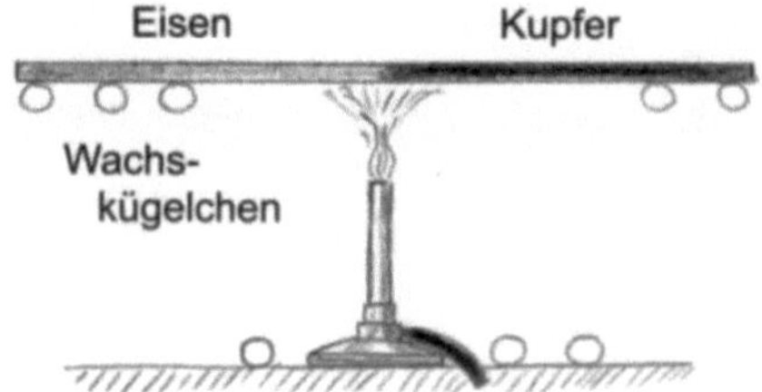

Antwort

Die Antwort lautet: b) Zuerst fallen die Kugeln vom Kupferblech ab, dann vom Aluminiumblech und zuletzt vom Stück Eisen.
Die in der Mitte zugeführte Wärmeenergie breitet sich durch die Bleche aus. Die einzelnen Metalle leiten die Wärme jedoch unterschiedlich gut. Kupfer leitet die Wärme am besten, Aluminium leitet etwas schlechter und Eisen deutlich schlechter. Zuerst schmilzt somit das Wachs am Kupferblech.

Wärmeleitung ist der Transport von Wärmeenergie durch einen Körper von einem Ort höherer Temperatur zu einem Ort mit niedrigerer Temperatur.

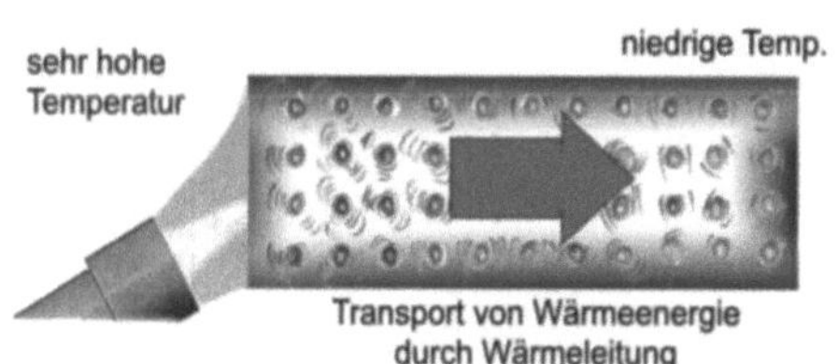

Im *Teilchenmodell* lässt sich dieser Vorgang wie folgt deuten: Am Ort höherer Temperatur bewegen sich die Teilchen z. B. an der Oberfläche schneller und geben diese Mehr-Energie an ihre

Nachbarteilchen weiter. Diese werden zu schnelleren oder weiteren Schwingungen angeregt und allmählich breitet sich diese verstärkte Bewegung der Teilchen über den ganzen Körper aus, der sich insgesamt erwärmt.
Die Wärmeleitung ist umso besser,

- je größer die Temperaturdifferenz zwischen den betreffenden Stellen ist
- je größer der Querschnitt des Bereiches (z. B. Durchmesser des Metallstabes) ist, durch den die Wärme geleitet wird
- je kürzer die Strecke ist, über die die Wärme geleitet wird

Hinweis: Wärmeleitung gibt es nicht nur in festen Körpern. Auch Flüssigkeiten oder Gase leiten Wärme, wenn auch deutlich schlechter. Der Effekt wird dort meist jedoch von der *Bewegung* der Teilchen überdeckt. Eine Art der Wärmeausbreitung, die in folgenden Fragen betrachtet wird.

Gute Leiter - schlechte Leiter

Die Wärmeleitfähigkeit kann von Stoff zu Stoff sehr unterschiedlich sein. Die sehr gute Wärmeausbreitung in Metallen wurde schon näher betrachtet.
Wie sind die Stoffgruppen: Metalle, Kunststoffe, Gase, Flüssigkeiten, sowie Diamant und das Vakuum nach abnehmender Wärmeleitfähigkeit zu ordnen?

a) Vakuum, Metalle, Kunststoffe, Gase, Flüssigkeiten, Diamant

b) Metalle, Flüssigkeiten, Gase, Kunststoffe, Diamant, Vakuum

c) Diamant, Metalle, Flüssigkeiten, Kunststoffe, Gase, Vakuum

d) Metalle, Flüssigkeiten, Kunststoffe, Gase, Vakuum, Diamant

Antwort

Die korrekte Reihenfolge ist: c) Diamant, Metalle, Flüssigkeiten, Kunststoffe, Gase, Vakuum
Diamant Es mag Sie überraschen, dass einer der härtesten Stoffe und ein elektrischer Nichtleiter einer der besten Wärmeleiter sein soll. Das wird jedoch klar, führt man sich den Mechanismus der Wärmeleitung vor Augen: Durch eine Wärmequelle angeregte Atome schwingen stärker und geben diese Bewegung an Nachbarteilchen weiter. Diese einzelne Energieübertragung geschieht tatsächlich am besten, wenn zwischen den Teilchen eine möglichst starre Verbindung besteht. Die Bindung der Teilchen ist

möglichst fest, was beim Diamant der Fall ist und natürlich dessen große Härte ausmacht. Die Schwingungen werden dadurch sehr schnell von Kohlenstoffatom zu Kohlenstoffatom im Diamant weitergereicht, Wärme wird also sehr gut durchgeleitet. Dünne Diamantscheiben könnte man zur Kühlung und gleichzeitigen Isolierung von elektronischen Bauteilen einsetzen.

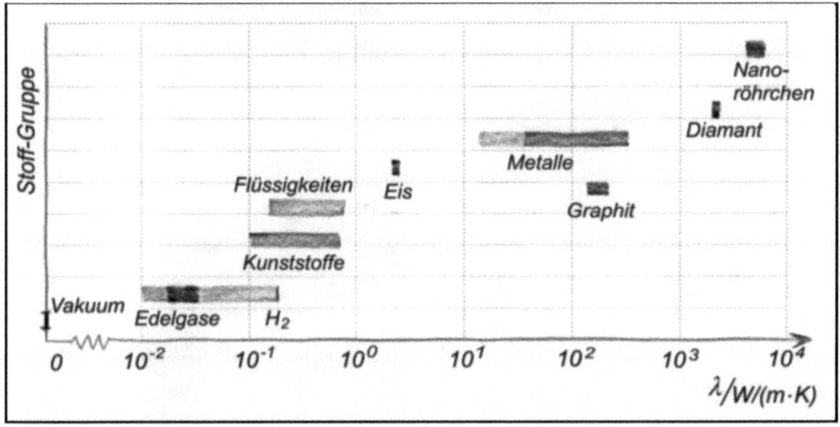

Abb.: Bereiche der Wärmleitfähigkeit für verschiedene Stoffgruppen

Metalle Die besten klassischen Wärmeleiter sind Metalle, siehe Frage *Hot metal*. Nachteilig in vielen technischen Anwendungen ist allerdings die ebenfalls sehr gute elektrische Leitfähigkeit. Im Silber vereinen sich beide Eigenschaften: Das Edelmetall ist sowohl der beste elektrische Leiter als auch einer der besten Wärmeleiter.

Flüssigkeiten gehören eher zu den schlechten Wärmeleitern. Lange hielt man jedoch Flüssigkeiten, insbesondere Wasser, für sehr gute Wärmeleiter. Als sich der Wahlbayer Graf Rumford Ende der 18. Jahrhunderts autodidaktisch als recht erfolgreicher Physiker betätigte (er verlieh der Caloricum-Theorie den Todesstoß), war dies ebenfalls sein Wissensstand. So war zunächst auch er erstaunt darüber, wie lange „Wasser"-Suppen heiß blieben. Als er dem nachging, stieß er auf das Phänomen der *Wärmeströmung* und konnte so auch diesen Irrtum aufklären. Wasser galt fortan als schlechter Wärmeleiter. Vgl. dazu unten die gleichnamige Frage. Flüssigkeiten transportieren eher Wärmeenergie, als dass sie diese schnell durchleiten. In der Abbildung rechts siedet das Wasser bereits an der Oberfläche ehe unten das Eis geschmolzen ist.

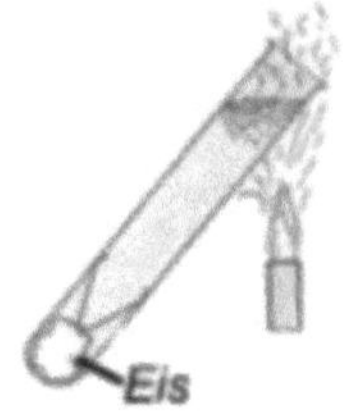

Kunststoffe Die Gruppe der Kunststoffe ist sehr vielfältig. Aus dem Alltag sind die Kunststoffe eher als Wärmeisolatoren bekannt. Wegen ihrer ebenso guten Isolation gegen elektrischen Strom, sind Kunststoffe der gängige Isolator im Elektrobereich. Ideal wäre ein Kunststoff, der die Wärme gut leiten würde. Bis jetzt konnten Polymere mit der 50 bis 100-fachen Wärmeleitfähigkeit konventioneller Kunststoffe entwickelt werden.

Dämmstoffe sind im Grunde aufgeschäumte Kunststoffe. Die verstärken die schlechte Wärmeleitung noch durch den Einschluss von Gase, in der Regel Luft.

Gase Gase sind die schlechtesten Leiter für Wärme. Die Gasteilchen sind weit voneinander entfernt und tauschen nur bei Zusammenstößen mit anderen Teilchen Energie aus. Entsprechend langsam wird Wärme durch einen gasförmigen Stoff geleitet. Gase insbesondere Luft bieten sich daher zur thermischen Isolation an, z. B. Dämmstoffe im Hausbau.

Organische Stoffe wie Holz sind ebenfalls schlechte Wärmeleiter. Sie sind zwischen den Kunst- und Dämmstoffen einordnen.

Kristalline (nicht metallische) Festkörper haben eine Leitfähigkeit, die über der von Flüssigkeiten, jedoch weit unter der von Metallen liegt. Sandstein z. B. leitet die Wärme relativ gut.

Graphit ist bekannt als guter elektrischer Leiter. Diese Eigenschaft macht ihn auch zum sehr guten Wärmeleiter, mit Werten wie sie Metalle aufweisen.

Zum Schluss noch zwei Extreme:

Nanoröhrchen sind faszinierende Stoffe. Sie bestehen aus sehr regelmäßig, fest aneinander gebundenen und zu einer Röhrenstruktur angeordneten Kohlenstoffatomen. Gleichzeitig verfügen sie über freie Elektronen, die sich insbesondere in regelmäßigen Gittern schnell bewegen können. *Nanotubes* sind daher sehr gute elektrische Leiter und gleichzeitig die besten bekannten Wärmeleiter.

Vakuum hat die Wärmeleitfähigkeit Null und ist somit der ideale Isolator. Dies liegt schlicht an den nicht vorhandenen Teilchen. Energie kann auf diese Weise also überhaupt nicht weitergeleitet werden. Durch das Vakuum gelangt Wärme nur über Strahlung, mehr dazu siehe unten.

Anmerkungen zur Grafik:

Die Wärmeleitfähigkeit wird mit dem griechischen Buchstaben λ bezeichnet.

und hat die Einheit $\frac{W}{(m \cdot K)}$. Der Koeffizient besagt also, wieviel Wärmeleistung in Watt (Energie pro Zeit) pro Meter und pro Kelvin Temperaturunterschied durch einen Körper geleitet werden. Die Werte erstrecken sich über einige Zehnerpotenzen. Eine direkte (lineare) Skala wäre daher entweder extrem lang oder so gestaucht, dass die kleineren Werte gar nicht mehr richtig dargestellt werden könnten. In solchen in Natur und Technik sehr häufig vorkommenden Fällen eines exponentiellen Anstieges der Werte bietet sich eine sogenannte *logarithmische* Skalierung an. Nicht die Werte selbst werden aufgetragen, sondern deren Zehnerpotenzen. Aus ...,10^{-1}, $10^{0}(=1)$, 10^{1}, 10^{2},.. wird dann: ..,-1, 0, 1, 2,....
Vergleiche hierzu auch Kasten *Grafik-Trick – Linearisierung.*

Tanzende Tropfen

Jeder hat sich schon mal gewundert, dass auf eine heiße Herdplatte fallende Wassertropfen nicht sofort verdampfen, sondern erstaunlich lange ihre Größe behalten und stattdessen wild umhertanzen.
Woran liegt das?

a) Wasser ist ein sehr schlechter Wärmeleiter und es dauert lange, bis dieser genügend Wärmeenergie aufnimmt und verdampft.
b) Unter dem Wassertropfen bildet sich eine Schicht Wasserdampf, die ein schlechter Wärmeleiter ist und den Tropfen gegenüber der Platte praktisch isoliert.
c) Durch das Hin- und Herhüpfen kommen die Tropfen immer nur für Sekundenbruchteile mit der heißen Platte in Kontakt, wobei sie nur ganz wenig Wärmenergie aufnehmen können. So bleiben sie lange in ihrer Form erhalten.

Antwort

Die Antwort lautet: b) Der Wasserdampf verhindert als schlechter Wärmeleiter das schnelle Verdampfen des Wassertropfens. Durch die isolierende Schicht Wasserdampf wird der Wärmefluss von der Herdplatte zum Tropfen stark unterdrückt. Der Wassertropfen verdampft so entsprechend langsam.
Diese Erklärung gab im 18. Jahrhundert erstmals der deutsche Mediziner J.G. Leidenfrost, weshalb man vom *Leidenfrostschen Phänomen* spricht.

zu c) Das Tanzen der Tröpfchen hat seine Ursache in dem Verdampfen winziger Wassermengen zu Wasserdampf und der damit verbundenen schlagartigen Ausdehnung um den Faktor 1000. Diese Miniexplosionen lassen die Tropfen kurz abheben.
Dadurch ist der effektive Kontakt mit der Herdplatte zwar geringer, würde es aber das Wasserdampf-Polster nicht geben, würde bei jedem Abheben eines Tropfens wesentlich mehr Wasser verdampfen und sich der Tropfen sehr schnell auflösen.

Hot metal

Wenn Materialien erhitzt werden, bewegen sich die Teilchen, aus denen sie bestehen, immer schneller, stoßen an benachbarte Teilchen, die sich dann ihrerseits schneller bewegen. Alle Stoffe leiten über diesen Vorgang Wärmeenergie von einer heißen zu einer kälteren Stelle.
Warum sind aber Metalle so ungleich bessere Wärmeleiter als alle anderen Stoffe?

a) In Metallen kann dieser grundlegende Prozesse der Wärmeleitung einfach viel schneller und direkter ablaufen.
b) Durch die sehr regelmäßige Anordnung der Atome in Metallen werden nicht nur die Nahbaratome angeregt, sondern gleich Hunderte in einer Linie. Dadurch wird der Wärmeleitungsprozess entsprechend beschleunigt.
c) Metalle verfügen über Elektronen, die sich frei im Metallgitter bewegen. Diese sehr kleinen Partikel können Stöße von Atomen oder anderen Elektronen schnell aufnehmen und weiterleiten.

Antwort

Die Antwort lautet: c) Metalle verfügen über freie Elektronen, die Schwingungen unmittelbar aufnehmen und dadurch auch Wärmeenergie sehr rasch weitertransportieren können.
In Metallen sind nicht alle Elektronen fest an ihr Atom gebunden. Aufgrund der Natur der Bindung zwischen Metallteilchen gibt es auch einige frei bewegliche Elektronen.

Wegen dieser Ungebundenheit sind sie sehr gut für die Wärmeübertragung geeignet: Ein angestoßenes Elektron bewegt sich sofort frei in Richtung des Stoßen und trifft in der Regel auf ein anderes freies Elektron. So pflanzt sich die thermische Schwingung, die kinetische Energie der Elektronen, rasch durch das ganze Metall fort.

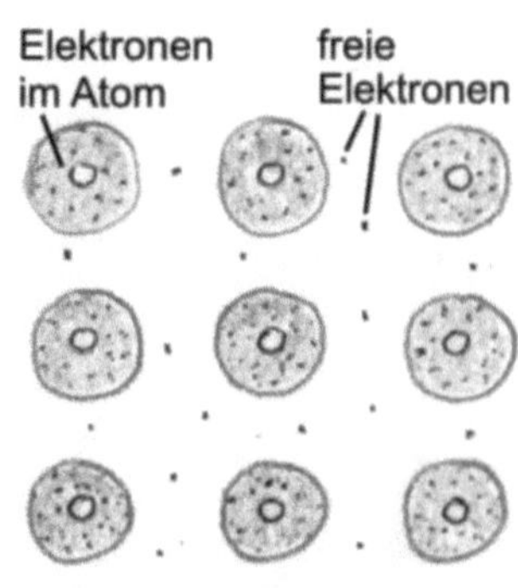

Bei reinen Metallen übernehmen also in erster Linie die ungebundenen Elektronen den Transport von Wärmeenergie.

Das Vorhandensein freier Elektronen wird jedoch meist für eine andere praktische Anwendung genutzt: Metalle sind deswegen auch besonders gute elektrische Leiter.

Gute elektrische Leitfähigkeit geht somit mit einer guten Wärmeleitfähigkeit einher.

Wärmeströmung

Wenn wir uns die Haare föhnen, überträgt strömende Luft Wärme zu uns. In Warmwasserheizungen transportiert im Kessel erhitztes Wasser Wärmeenergie über das Rohrleitungssystem bis zu den Heizkörpern.

Die Ausbreitung oder Übertragung von Wärmeenergie durch sich bewegende flüssige oder gasförmige Stoffe nennt man **Wärmeströmung** oder **Konvektion**.

Ein Gefäß ist mit Wasser gefüllt. Wo muss die Wärme z. B. durch eine Flamme zugeführt werden, damit ein kreisförmiger Wärmestrom in Pfeilrichtung entsteht?

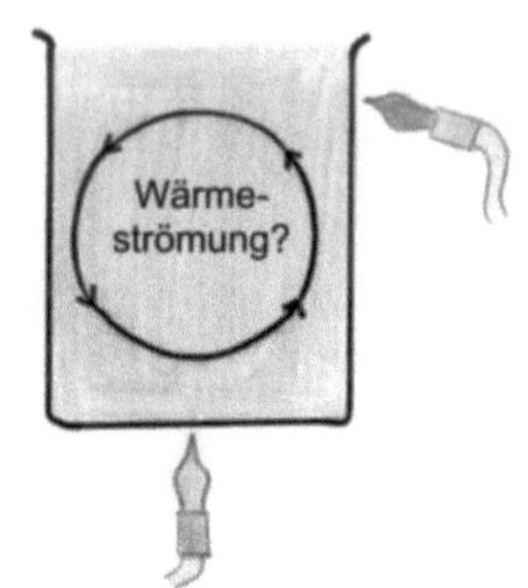

a) unten links

b) unten rechts

c) oben links

d) oben rechts

Antwort

Die Antwort lautet: b) unten rechts.

Im dargestellten Experiment wird das Waser ausschließlich unten rechts erhitzt. Das Wasser direkt über der Flamme wird wärmer, dehnt sich aus und wird dadurch weniger dicht. Es steigt hoch und kälteres Wasser sinkt im Gegenzug nach unten, wo es seinerseits warmes Wasser am Gefäßboden verdrängt. Dieses steigt nach oben und es bildet sich ein zirkulierender Wasserstrom, in dem rechts warmes Wasser aufsteigt und links kaltes Wasser absinkt. Das tiefrote Kaliumpermanganat zeigt die entstehende Strömung an.

Energietransport Wird Wasser erhitzt, gewinnen seine Teilchen, die Wassermoleküle, Bewegungsenergie. Durch die Strömung transportiert die Wassermenge somit Energie zu kälteren Stellen (hier die obere Wasserschicht). Dies ist das Prinzip des Wärmetransports durch Konvektion.

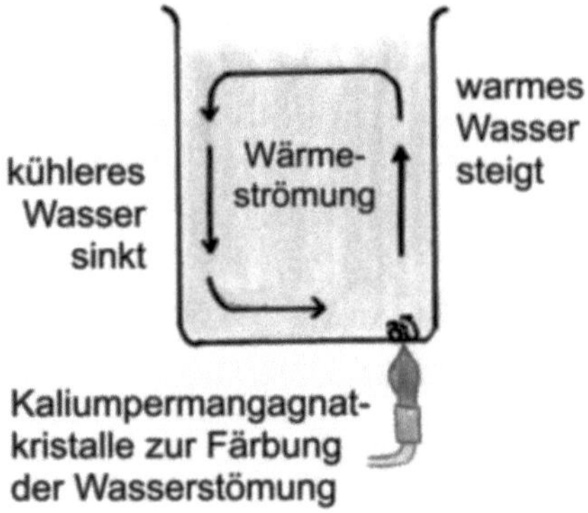

Warum kommt keine Strömung zustande, wenn nur oben erhitzt wird?
Das oben erwärmte Wasser bleibt auf Grund seiner geringeren Dichte einfach dort. Es gibt keine antreibende Kraft, die eine Durchmischung oder Strömung verursachen könnte.

Welche Strömung bildet sich aus, wenn das Gefäß wie üblich von unten mittig erhitzt wird, wie es z. B. bei jedem Topf auf der Herdplatte der Fall ist?
Diese Frage stellte sich auch Graf Rumford. Er erforschte die Konvektion aufgrund „schlimmer Erfahrungen“ beim Verspeisen eines Stücks Apfelkuchens, der außen schon essbar, innen aber noch sehr heiß war. Ähnliches widerfuhr ihm bei einer dicken Reissuppe. Bevor er den Begriff „Konvektion“ erstmals eingeführte, stellte er dazu den Versuch mit einem Topf auf einer Herdplatte an. Über der heißesten Stelle in der Mitte steigt heißes, daher leichteres Wasser auf, strömt zum Rand und sinkt dort als kälteres Wasser wieder nach unten. Es gibt torusförmig im ganzen Topf eine kreisförmige Strömung, die in der Topfmitte aufsteigt und am Rand wieder absinkt.

Wärmeströmung am Werk

Welcher der folgenden in Natur oder Technik ablaufenden Vorgänge hat seine Ursache in der Wärmeströmung?

a) Brennen einer Kerzenflamme
b) Schweißen mit dem Brenner
c) Zugwirkung im Kamin
d) Golfstrom quer über den Atlantik
e) Deckenflächenheizung
f) Warmluft aus dem Süden
g) Segelflug
h) Kühlschrank

Antwort

Die Antworten: Hinter b) und e) stecken vornehmlich andere Arten der Wärmeübertragung, die anderen Optionen treffen zu. Im Einzelnen:

zu a) Für das Zustandekommen der Kerzenflamme, von Flammen allgemein, ist die Strömung der aufsteigenden Gase notwendig. Diese Konvektion befördert die eigene Verbrennungsluft sowie neues gasförmiges Kerzenmaterial zur Verbrennung nach oben.

zu b) Beim Schweißen ist in der Flamme auch die notwendige Konvektion beteiligt. Der eigentliche Vorgang ist jedoch die Leitung der Wärme der 2000 °C und mehr heißen Flamme in die zu verbindenden Werkstücke. Es liegt somit Wärmeleitung vor.

zu c) Die Bezeichnung „Zug“ sagt es bereits: Hier liegt eine Strömung der heißen Abgase des Ofens durch den Kamin nach oben vor.

zu d) Die wohl berühmteste Wärmeströmung ist der Golfstrom, ein Strom gigantischer Wassermassen aus der warmen karibischen See zu uns nach Nordwesteuropa. Dort gibt der Golfstrom seine enorme Wärmeenergie an die Luft ab, was ein für die nördliche Lage doch sehr mildes Klima bewirkt.

zu e) Moderne Büroräume oder auch Werkshallen werden oft durch Deckenflächenheizungen beheizt. Diese sind mit z. B. Heizungswasser erwärmte Flächen, die ihre Wärmeenergie durch Abstrahlung an die Einrichtungsgegenstände im Raum abgeben. Diese heißen Oberflächen bewirken dann u. a. auch Konvektion.

zu f) Luftströmungen aus dem Süden sind für die oft heißen Sommerwinde verantwortlich

zu g) Beim Segelfliegen sind neben der geschwindigkeitsbedingten Auftriebswirkung der Luftteilchen auch aufsteigende Luftmassen beteiligt. Diese sogenannte Thermik wird von Piloten bewusst gesucht und ermöglich stundenlange Segelflüge.

zu h) Im Kühlschrank ist die „treibende Kraft“ kalte Luft, die nach unten sinkt. Dafür muss wärmere Luft zum Kühlelement hochsteigen. Letzteres ist daher im oberen Bereich angebracht.

Elektroboiler

Trotz diverser moderner Technologien Warmwasser zu erzeugen, ist der klassische Elektroboiler im Haushalt noch weit verbreitet.

Die Prinzipdarstellung rechts zeigt den Kaltwassereinlass und oben den Abgang für das Heißwasser. Es sind zwei mögliche Positionen für das elektrische Heizelement angedeutet.

Wo sollte es angebracht sein?

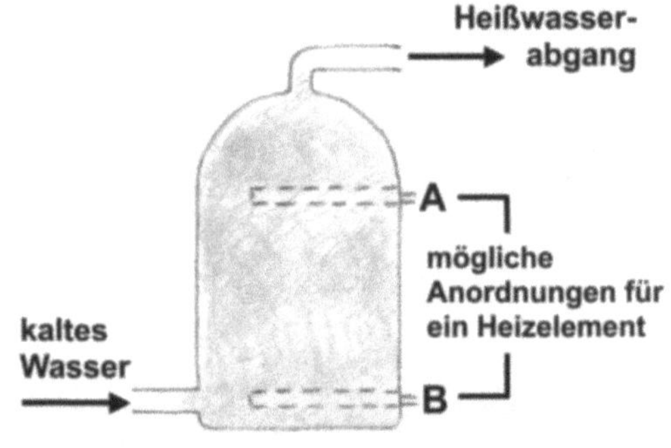

a) Bei A. Da das Warmwasser oben entnommen wird, wäre die Nähe des Heizelements sehr vorteilhaft.

b) Bei B. Durch das Heizelement unten sorgt Konvektion dafür, dass der Boiler als Ganzes erhitzt wird.

Antwort

Die Antwort lautet: b) Ein Heizelement wird immer im unteren Bereich des Behälters mit dem zu erwärmenden Wasser angebracht.
In einem Boiler wird die ganze Wassermenge warm gehalten. Ähnlich wie in *Wärmeströmung* sorgt ein Heizelement in Bodennähe dafür, dass durch Konvektion ständig heißes Wasser nach oben steigt und kühleres dafür absinkt, wo es erneut aufgeheizt wird.

Warmwasserspeicher

Moderne Heizungssysteme verfügen über größere Warmwasserspeicher, die heutzutage in Standausführung direkt neben dem Heizkessel aufgestellt sind.
Wie beim Boiler in der letzten Frage ist unten der Zulauf des kalten Wassers und ganz oben wird das warme Brauchwasser entnommen.
Ebenfalls wie beim Boiler befindet sich im unteren Bereich das Heize-lement – hier ausgeführt als Wärmetauscher. Das ist ein Rohr, das als Spirale durch das Wasser im Speicher geführt wird.

Das heiße Wasser aus der Heizung (oder etwa einem Sonnenkollektor) strömt hindurch und erwärmt dabei das Brauchwasser.
Wie muss das heiße Wasser durch den Wärmetauscher fließen?

a) von oben nach unten

b) von unten nach oben

Antwort

Die Antwort lautet: a) Das heiße Wasser sollte von oben nach unten durch das zu erwärmende Speicherwasser geführt werden.
Warum ist dies hier umgekehrt und das heißeste Wasser wird nicht von unten eingespeist? Wärmeenergie fließt von selbst nur von höherer zu niedri-

gerer Temperatur. Das Wasser in der Wärmetauscher-Spirale sollte daher möglichst überall wärmer als das umgebende Wasser im Speicher sein.

Das Temperaturprofil des Speicherwassers verläuft vom 10 °C kalten Frischwasser am Boden bis zu etwa 50 °C über dem Wärmetauscher. Die Vorlauftemperatur des Wärmetauschers kann mit 60 °C angenommen werden, Beim Rücklauf hat das Wasser nur noch 25 °C. Fließt es von oben nach unten, kann das Wasser des Wärmetauschers maximal Energie abgeben. Die Temperatur in den Spiralen ist immer höher als die des umgebenden Speicherwassers.

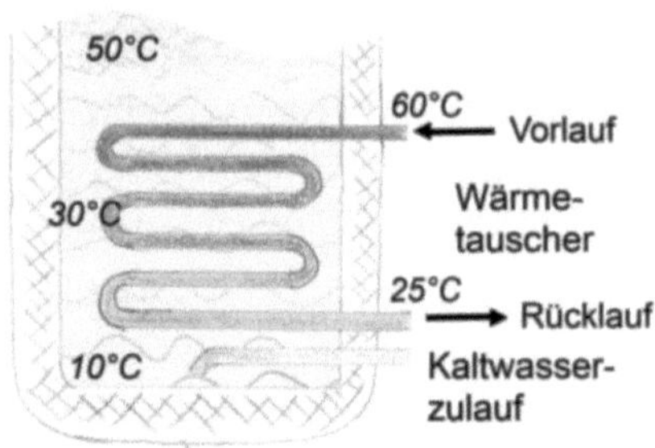

Was passiert, wenn der Wärmetauscher falsch angeschlossen wird, die Heizspirale also umgekehrt von unten nach oben durchflossen wird. Dann trifft beim Rücklauf, der nun oben liegt, kälteres Wasser auf bereits erhitztes Speicherwasser. Dies würde die Heizleistung vermindern.

Konvektion in Gasen

Beim Wetterbericht kommt unter Umständen der Begriff „Konvektionsströmung" vor. Es geht dabei natürlich um Luft, die sich über dem aufgeheizten Erdboden erwärmt und nach oben steigt. Der so entstehende Sog zieht kältere Umgebungsluft an.

Dies kann man mit dem rechts abgebildeten Experiment simulieren:

Auf eine Metallplatte wird etwas Papierasche verteilt. Die Platte wird dann von unten mit einem Bunsenbrenner erhitzt. Die Ascheteilchen werden durch Luftströmungen von der Platte „weggeblasen". Welcher Konvektionsstrom wird sich einstellen?

a) Von der Plattenmitte als Hitzequelle strömt die sich ausdehnende Luft nach alle Seiten

b) Direkt über der heißesten Stelle in der Mitte steigt warme dünnere Luft auf und zieht von allen Seiten kältere Luft nach.

c) Es stellt sich kein Konvektionsstrom ein

Antwort

Die Antwort lautet: b) Über der heißen Plattenmitte steigt dünnere Warmluft auf. Es entsteht ein Kamineffekt, der die Ascheteilchen nach oben zieht, siehe Abbildung.

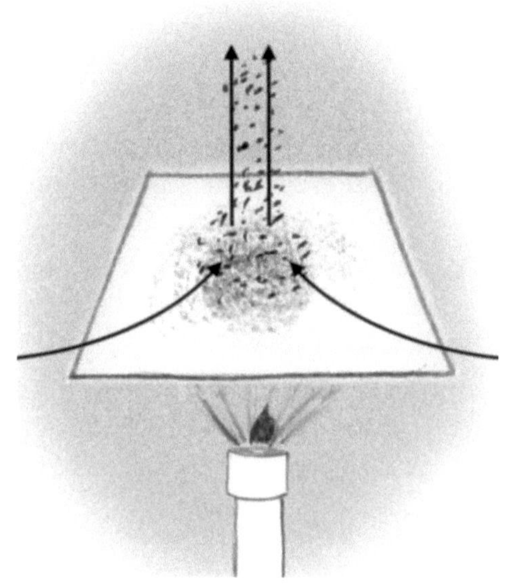

Wärmeströmung kann außer in Flüssigkeiten auch in Gasen auftreten. Die Erklärung des Effekts ist daher die gleiche wie z. B. im Wasser. Die heiße Platte erwärmt die Luft unmittelbar darüber und diese dehnt sich aus. Sie hat deshalb eine geringere Dichte und ist somit leichter als die umgebende kühlere Luft. Die Warmluft steigt über der Plattenmitte nach oben. Aus der Umgebung strömt kühlere Luft nach, wird ebenfalls erhitzt und steigt auf. Über der heißen Platte entsteht so eine Luftströmung, die die ständig nachgelieferte Wärmeenergie abführt.

Anmerkung zu a) Ausdehnung von Luft oder allgemein eines Gases ist die Ursache einer Strömung. Aufgrund der geringeren Dichte zum umgebenden Gas steigt das heißere Gas nämlich auf und „zieht" z. B. Luft aus der Umgebung nach. Die Volumenvergrößerung selbst kann jedoch keine Strömung sein.

Urlaub am Meer

Wer seine Sommerferien am Meer verbringt kennt das: Kaum ein windstiller Tag! Tagsüber herrscht der „Seewind". Durch die Sonneneinstrahlung heizt sich das Land (Erdreich) schneller (und stärker) auf als das Meer. Über dem erhitzten Erdboden erwärmt sich die Luft somit stärker als über dem Meer. Sie dehnt sich aus und steigt nach oben. Kühlere Meeresluft strömt als Seewind dafür nach. Oben bewegt sich die aufgestiegene Warmluft Richtung Meer, kühlt sich ab und sinkt über dem Wasser nach unten. Es entsteht ein Kreislauf

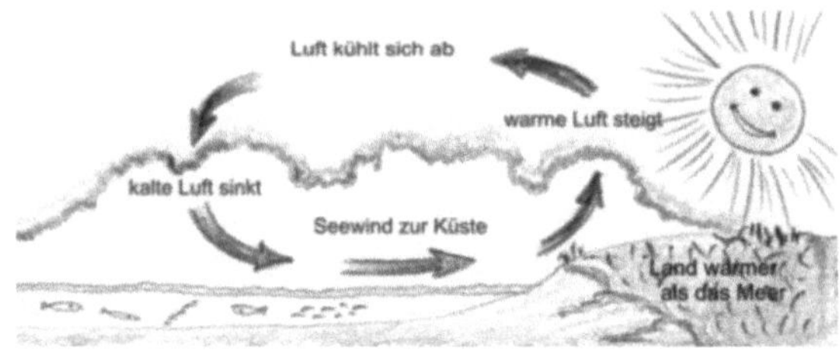

Was geschieht nachts?

a) Das Land kühlt sich ab. Das Meer kühlt sich aber noch stärker ab. So kommt es zu aufsteigender Warmluft über dem Land, es bläst der Wind weiter von der Seeseite.

b) Das Land kühlt sich rasch ab, das Meer hingegen bleibt warm. Über dem Wasser aufsteigende Warmluft zieht frische Luft nach, es herrscht nun Landwind.

c) Die Luftmassen über dem Land wie über dem Meer kühlen sich gleichermaßen ab bis es keine Temperatur- und Druckunterschiede mehr gibt. Es herrscht Windstille bis tagsüber das Spiel von neuem beginnt.

Antwort

Die Antwort lautet: b)

Nachts passiert das Gegenteil. Das Meer bleibt länger warm als die Landmasse, die sich rasch abkühlt. Nun steigt über dem Wasser warme Luft auf und kühlere Luft strömt vom Land her nach, daher „Landwind". Die aufgestiegene Meeresluft strömt aber landeinwärts und so ergibt sich ebenfalls ein Kreislauf.

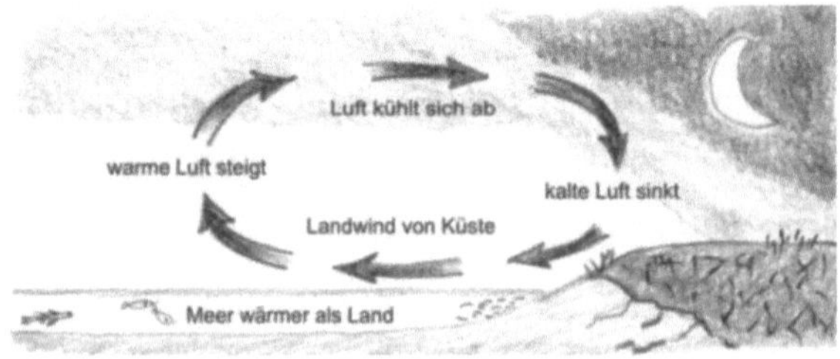

Wärmestrahlung

Bekanntlich erwärmt die Sonne durch den völlig leeren Raum hindurch die Erde. Diese Art Übertragung von Wärmeenergie, die offensichtlich ohne einen dazwischenliegenden Stoff vonstatten geht, nennt man **Wärmestrahlung.**
Wärmeenergie wurde auf die Bewegungsenergie der Stoffteilchen zurückgeführt. Nun gelangt Wärme durch das Vakuum des Weltalls zu uns. Ist die Wärmeenergie etwa nicht an materielle Teilchen gebunden?

a) Nein, diese Auffassung war nur ein einfaches Bild von Wärme. In Wirklichkeit ist Wärmeenergie eine von Materie unabhängige Energieform.

b) Sowohl, als auch: Wärme kann sowohl in der Bewegung der Teilchen gespeichert werden, als auch als Strahlung.

c) Doch, Wärmeenergie ist die innere Bewegungsenergie der Stoffteilchen. Strahlung überträgt nur diese Bewegung auf andere Teilchen.

Antwort

Die Antwort lautet: c) Wärme ist ausschließlich die mit der ungerichteten Bewegung der Stoffteilchen verbundene kinetische Energie.
Wärmeenergie ist immer an Materie gebunden. Die von der Sonne ausgesandte Strahlungsenergie ist *nicht* der Träger oder ein andere Form der Wärmeenergie. Erst wenn sie von einem Körper wie der Erde absorbiert wird, setzt sie sich in diesem Körper in Wärmeenergie um.
Bei der Strahlung handelt es sich um *elektromagnetische Energie*. Die elektromagnetischen Wellen, die die Erdoberfläche erreichen, umfassen zum einen die Infrarot(IR)-Strahlung. Sie ist unsichtbar, wir nehmen sie als Wärmestrahlung wahr. Und sie stellt natürlich das sichtbare Licht dar, sowie die anschließende Ultraviolett(UV)-Strahlung. Sie ist bereits so energiereich, dass man sich von ihr schützen muss.
Alle Körper geben Wärmestrahlung ab. Je höher die Temperatur, desto mehr wird emittiert und desto kürzer die Wellenlänge, d.h. desto energiereicher ist die Strahlung.
Körper mit einigen tausend Grad (Sonne: 6000 K) strahlen sichtbares Licht ab.

Warme Luft

Die Sonne scheint. Ihre Strahlen erwärmen unsere Haut. Aber auch die Umgebungsluft wird im Laufe des Tages spürbar wärmer. Wie erwärmt sich die Luft in Bodennähe?

a) Die Luft selbst, ihre Moleküle, absorbieren die Sonnenstrahlung, nehmen so Bewegungsenergie auf, was eine höhere Temperatur bedeutet.

b) Die Sonnenstrahlen erwärmen Erdreich, Straßen, Hauswände oder die Vegetation. Erst durch den Kontakt mit diesen Körpern erwärmt sich auch die Luft.

c) Sonnenstrahlen werden von Körpern auf der Erde reflektiert. Erst diese reflektierten Strahlen erwärmen die Luft.

Antwort

Die Antwort lautet: b) Die Sonnenstrahlen erwärmen Boden, Hauswände oder Pflanzen und Bäume. Durch den Kontakt mit diesen Körpern wird auch die Luft selbst erwärmt.

Wie wärmt Wärmestrahlung?
Am Beispiel der Luft trifft die Strahlung der Sonne auf Oberflächenmoleküle von Körpern in Bodennähe und regt diese zu stärkeren Schwingungen an. Die thermische Energie dieser Körper wächst, sie werden wärmer. Durch Wärme*leitung* wird dann Luft, die mit Boden, Hauswänden oder Vegetation in Kontakt steht, erwärmt. Die nun leichtere Luft steigt auf, so dass durch Wärme*strömung* auch darüber liegende Luftschichten erwärmt werden.
Luft wird also durch Wärmestrahlung nicht (oder nur sehr gering) direkt erwärmt, sondern über den Kontakt mit von der Strahlung erwärmten Körpern.

Flasche in der Sonne
Ein Luftballon wird über eine Flasche gestülpt und diese in die Sonne gestellt. Bei einer dunklen Flasche ist schon nach

kurzer Zeit der Luftballon prall gefüllt. Bei einer transparenten Flasche dauert es etwas länger. Die eingeschlossene Luft hat sich durch die Strahlung erwärmt und ausgedehnt. Wie wird hier aus Strahlungsenergie heiße Luft? Die auftreffende Wärmestrahlung wird zunächst in Bewegungsenergie der Glasteilchen umgewandelt. Eine dunkle Flasche absorbiert dabei mehr Strahlungsenergie als eine transparente. Kommt diese innere kinetische Energie an der Innenseite der Flasche an, werden auch die Luftmoleküle gestoßen und ihre Bewegungsenergie erhöht sich ebenfalls. Durch direkte Stöße bzw. durch Wärmeströmung verteilt sich diese schließlich auf den gesamten Flascheninhalt. Die eingeschlossene Luft ist wärmer geworden.

„Durchsichtig“: Ganz allgemein nehmen übrigens durchsichtige Körper kaum oder nur sehr langsam Strahlungsenergie auf. Durchsichtig heißt ja auch, dass der Großteil der auftreffenden Strahlung einfach durch den Körper hindurch geht.

Absorption

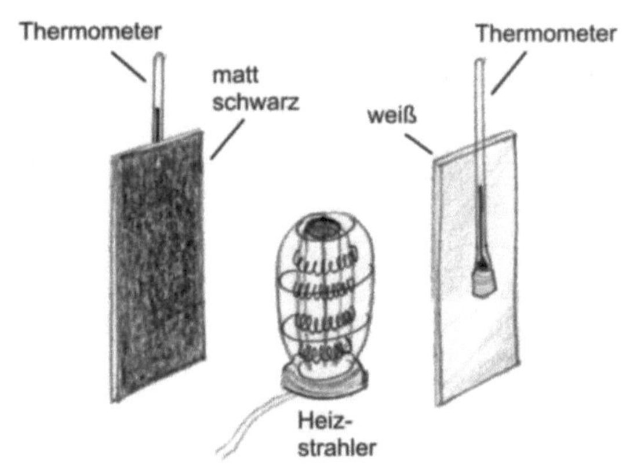

Ein Körper, auf den Wärmestrahlung trifft, absorbiert diese. Ein in der Sonne stehendes Auto heizt sich auf. Es erreicht aber trotz anhaltender Sonneneinstrahlung nicht eine beliebig hohe Temperatur. Dies liegt daran, dass ein Körper, der Wärmestrahlung aufnimmt, diese auch wieder abgibt. Hat das Auto in der Sonne schließlich seine Endtemperatur erreicht, befindet es sich im Strahlungsgleichgewicht: Absorption und Emission von Strahlung halten sich das Gleichgewicht.

Nicht alle Oberflächen absorbieren Strahlung gleich stark. Im dargestellten Experiment ist ein Heizstrahler mittig zwischen einer mattschwarzen und einer weißen Platte positioniert. Der Strahler gibt nun an beide Platten die gleiche Strahlungsenergie ab und heizt diese auf, was mit je einem Thermometer gemessen werden kann.

Welche Platte wird wärmer?

a) die schwarze

b) beide gleich warm, da sie von der identischen Strahlungsenergie getroffen werden

c) die weiße

Antwort

Die Antwort lautet: a) Die Schwarze Platte heizt sich stärker auf. Weiße Oberflächen absorbieren Strahlung demnach nicht so stark wie dunkle. Versilberte, also verspiegelte Flächen nehmen die geringste Strahlung auf.

Aus diesem Grund sind in heißen, sonnigen Ländern die Häuser meist weiß getüncht, damit sie möglichst wenig Strahlung aufnehmen und das Haus kühl bleibt. Aus dem selben Grund sind Kühlwägen außen weiß lackiert.

Sommerkleidung sollte ebenfalls hell sein. Anoraks für den Winter dagegen eher aus dunklem Stoff sein. So nehmen sie die Sonnenstrahlen optimal auf. Das wärmt zusätzlich.

Emission

Schwarze Körper nehmen Wärmestrahlung sehr gut auf, weiße Körper dagegen schlecht. Versilberte Oberflächen reflektieren sogar die meiste auftreffende Strahlung. Hat die Beschaffenheit der Oberfläche eines heißen Körpers auch Einfluss auf sein Abstrahlverhalten?

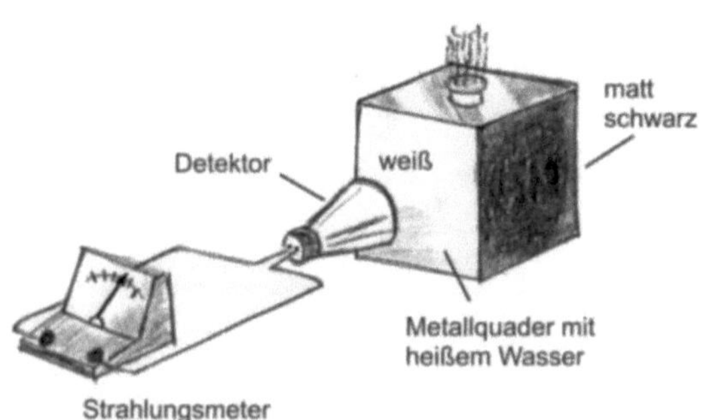

Im links dargestellten Aufbau bildet ein mit heißem Wasser gefüllter Metallquader die Quelle für die Wärmestrahlung. Er hat wieder eine mattschwarze und eine weiße Seite, die beide die gleiche Oberflächentemperatur aufweisen. Ein Strahlungsdetektor wird immer im gleichen Abstand einmal vor die weiße und einmal vor die mattschwarze Seite positioniert und die gemessene Strahlungsleistung abgelesen.

Welche Seite gibt mehr Strahlung ab?

a) die schwarze

b) Beide gleich, da sie dieselbe Oberflächentemperatur haben.

c) die weiße

Antwort

Die Antwort lautet: a) Die mattschwarze Oberfläche absorbiert Strahlung nicht nur optimal, sondern strahlt auch am besten.
Gute Absorber von Wärmestrahlung sind also auch gute Emitter.
Entsprechend sind weiße oder versilberte (verspiegelte) Flächen sowohl schlechte Absorber also auch schlechte Emitter von Wärmestrahlung.
Es gibt schicke Kaffeetassen aus hochpoliertem Metall. Dies entspricht der hier erwähnten versilberten Oberfläche. Nun lackeiert man eine weitere Tasse mattschwarz und füllt in beide gleich viel heißen Kaffee ein. Welcher Kaffee wird schneller kalt?

Die folgende Grafik fasst das Wichtigste der letzten beiden Fragen zusammen und reiht noch das Verhalten bei Reflexion mit ein. Gute Emitter sind auch gute Absorber, auch für schlechte Emitter bzw. Absorber decken sich die Strahlungseigenschaften. Die Reflexion läuft dem entgegen: Schwarze Oberflächen reflektieren am schlechtesten, weiße oder versilberte am besten.

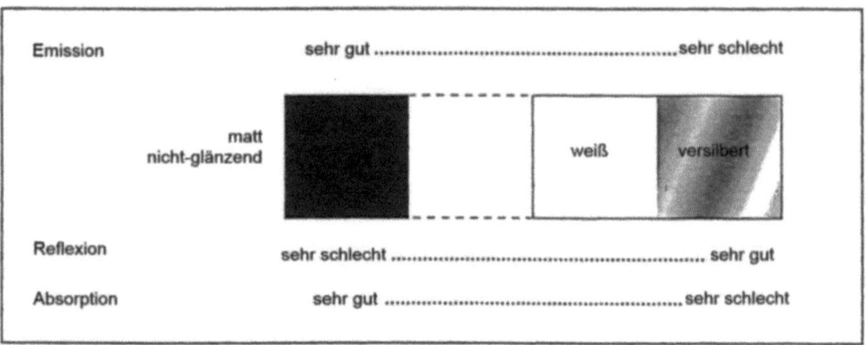

Strahlungsgleichgewicht

Rechts werden ein schwarzer und ein weißer Körper auf die gleiche Temperatur von 600 °C gebracht. Sie befinden sich in einem Ofen bei dieser Temperatur. Der schwarze gibt viel mehr Wärmestrahlung ab als der weiße, wie die angedeuteten Linien anzeigen sollen.
Warum kühlt der schwarze Körper nicht aus?

a) Die abgestrahlte Wärmemenge wird ja im Körper erzeugt. Schwarze Körper erzeugen mehr als weiße.
b) Die abgestrahlte Energie wird über Wärmeleitung und Wärmeströmung vom Ofen zum Körper nachgeliefert.

c) In der Zeichnung fehlt noch die jeweils aufgenommene Strahlungsenergie. Was der schwarze Körper mehr abgibt, nimmt er auch vom Ofen mehr auf. Der weiße Klotz verhält sich genauso.

Antwort

Die Antwort lautet: c)
Der schwarze Körper gibt zwar mehr Wärmeenergie durch Strahlung ab, nimmt aber auch entsprechend mehr Wärmestrahlung aus dem Ofen auf. Es stellt sich ein **Strahlungsgleichgewicht** ein: Abgegebene und aufgenommene Strahlungsenergie sind gleich. Der schwarze Körper hat eine bestimmte Temperatur, im Beispiel 600 °C.
Den Wärmeaustausch über Leitung und Konvektion, b), kann man relativ einfach unterbinden: Man stelzt die Körper auf und evakuiert den Ofen. Ein Energieaustausch rein durch Strahlung lässt sich somit realisieren.
In den vorangegangenen Fragen zu Absorption und Emission von Strahlung wird auch das Verhalten weißer Körper klar. Sie verhalten sich ähnlich, nur auf sozusagen niedrigerem Niveau: Sei nehmen wenig Strahlung auf, geben aber auch wenig Strahlung ab. Insgesamt kommt es auch zu einem Strahlungsgleichgewicht und auch beim weißen Körper stellt sich eine bestimmte Temperatur ein.
Nun trifft aber den weißen Körper die gleiche Wärmestrahlung des Ofens wie den schwarzen. Der weiße absorbiert jedoch viel weniger. Was passiert mit der restlichen Strahlung? Siehe dazu die bisherigen und insbesondere die nächste Frage.

Strahlungs(un)gleichgewicht

Ein schwarzer und ein weißer Körper werden auf 600 °C erhitzt und dann aus dem Ofen in eine Isolation gepackt. Die Isolation soll den Energieaustausch mit der Umgebung unterbinden. Alle Energie, Wärme und Strahlung, bleibt also bei den beiden Körpern bzw. im Zwischenraum. Über diesen können die beiden Körper mit jeweils einer zugewandten Seite Strahlung austauschen.

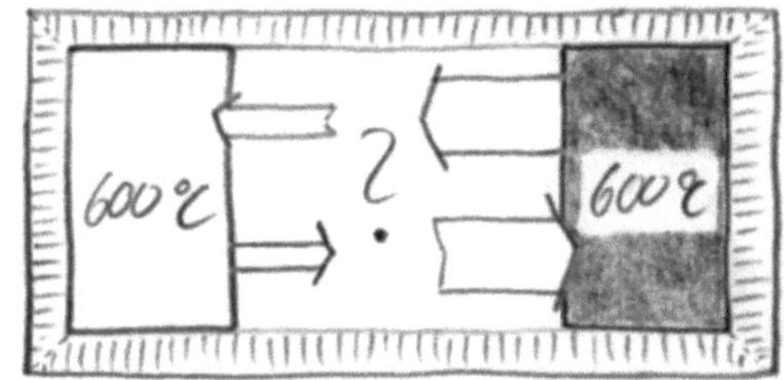

Nun gibt ein geschwärzter Körper maximale Strahlungsenergie ab und nimmt alle auftreffende Strahlung auf. Ein weißer Körper nimmt wesentlich weniger Strahlung auf, gibt dafür aber auch entsprechend wenig ab. Wie in der letzten

Frage dargestellt, sollten sich beide Körper im Strahlungsgleichgewicht befinden und eine bestimmte Temperatur, nämlich 600 °C, haben.
Wenn der Austausch von Wärmestrahlung zwischen den beiden isolierten Körpern wie in dem rechts dargestellten *Un*gleichgewicht stattfinden würde, würde mehr Energie vom schwarzen auf den weißen Körper übergehen und sich der weiße auf Kosten des schwarzen aufheizen. Es würde demnach ohne äußeres Zutun Wärmeenergie von einem kühlen zu einem heißen Ort fließen. Dies ist jedoch unmöglich. Was genau passiert wirklich zwischen den sich gegenüberstehenden Oberflächen der Körper?

a) Der schwarze Körper „regelt" sein Strahlungsverhalten auf das des weißen Körpers herunter.
b) Jeder Körper absorbiert seine eigene, zuvor emittierte Strahlung.
c) Was der weiße Körper an Strahlung, die vom schwarzen Körper kommt, nicht absorbiert, wird zu diesem zurückreflektiert. So herrscht wieder Strahlungsgleichgewicht.

Antwort

Die Antwort lautet: c)
Da sich beide Körper auf gleicher Temperatur und in einem abgeschlossenen System befinden, muss Strahlungsgleichgewicht herrschen. Was an der oberen Grafik fehlt, ist der am weißen Körper reflektierte Anteil der Strahlung, die der schwarze Körper aussendet.
Nimmt man diese hinzu, so ergibt sich das rechts dargestellte energetische Gleichgewicht zwischen den Körpern und es gibt keinerlei Netto-Energiefluss von einem zum anderen. Die Frage der Strahlung von Körpern in Abhängigkeit von der Oberflächen-beschaffenheit aber insbesondere ihrer Temperatur beschäftigte Ende des 19. Jahrhunderts die Physik. Viele Fragen konnten geklärt und für bestimmte Aspekte wurden auch Gesetze gefunden, wie etwa für das Strahlungsverhalten (Spektrum) zu ganz hohen oder ganz niedrigen Temperaturen hin. Eine einheitliche Beschreibung, bei der der sogenannte **schwarze Strahler**, der nicht iden-

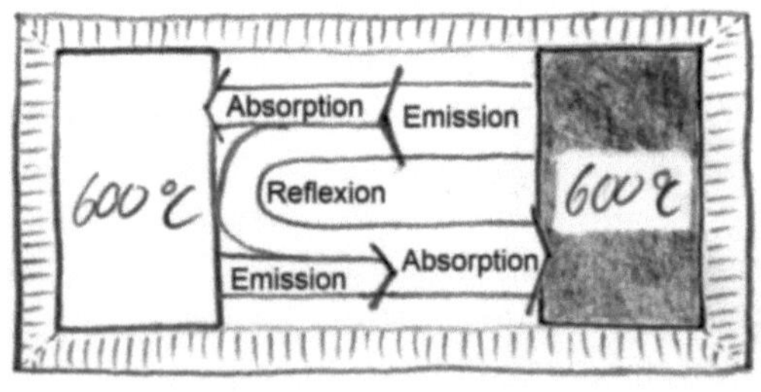

tisch ist mit einem geschwärzten Körper, ein zentrale Rolle spielt, gelang erst Max Planck. Er musste dafür Eckpfeiler der klassischen Physik über Bord werfen und wurde zugleich zum Begründer der Quantentheorie.

Thermoskop

Zur genauen Temperaturmessung über einen sehr weiten Gradbereich werden Gasthermometer verwendet. Deshalb dienen sie auch als Referenzmessgeräte. Das klassische Gasthermometer arbeitet über die Druckänderung eines abgeschlossenen Gasvolumens bei Änderung der Temperatur. Man könnte genauso die Volumenänderung einer bestimmten Gasmenge bei Temperaturänderung ausnutzen. Solche sogenannten **Thermoskope** lassen sich einfach aufbauen. Mit ihnen lassen sich auch geringe Temperaturunterschiede nachweisen.

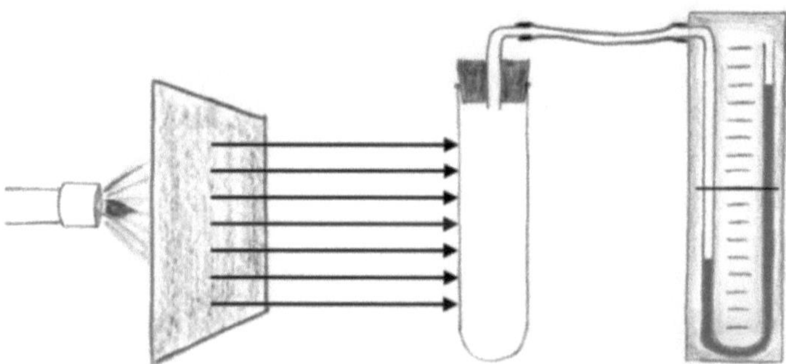

Ein Thermoskop besteht aus einem luftgefüllten Laborglas, das mit einem wassergefüllten U-Rohr verbunden ist. Wird die Luft im Glas erwärmt, dehnt sie sich aus und verdrängt das Wasser im U-Rohr, so dass der Pegel eines Schenkels ansteigt. Die Volumenänderung der erwärmten Luft wird so angezeigt und kann mit einer Temperaturskala versehen werden.
Hier soll ein Thermoskop zur Messung der Wärmestrahlung genutzt werden. Wärmequelle ist eine erhitzte Stahlplatte, die, wie in der Abbildung gezeigt, Richtung Prüfglas gehalten wird.

I) Wird zwischen Platte und Thermoskop ein Stück Pappe gehalten, so

   a) geht die Anzeige praktisch auf Null zurück.

   b) geht die Anzeige sofort weit zurück.

   c) nimmt die Anzeige stark zu.

II) Umwickelt man das Prüfglas mit Aluminiumfolie, bevor man die heiße Platte ausrichtet, so

a) bleibt die Anzeige praktisch bei Null.
b) steigt die Anzeige auf einen etwas niedrigeren Wert.
c) nimmt die Anzeige den gleichen Wert ein, allerdings erst nach einer gewissen Zeit.

III) Umwickelt man das Prüfglas mit geschwärztem Papier, bevor man die heiße Platte ausrichtet, so

a) bleibt die Anzeige praktisch bei Null.
b) nimmt die Anzeige den gleichen Wert ein, allerdings erst nach einer gewissen Zeit.
c) steigt die Anzeige deutlich schneller und auf einen höheren Wert.

Antwort

Die Antworten mit den dazu gehörigen Abbildungen lauten:

I-b) Hält man ein Stück Pappe zwischen Platte und Glas, so geht die Anzeige sofort stark zurück. Die relativ energiearme Infrarotstrahlung, die die Platte aussendet, wird bereits durch eine dünne Pappe abgehalten. Vor einem Heizkörper oder einem anderen Heizgerät, sollte daher keine Verkleidung zu Dekorationszwecken angebracht werden.

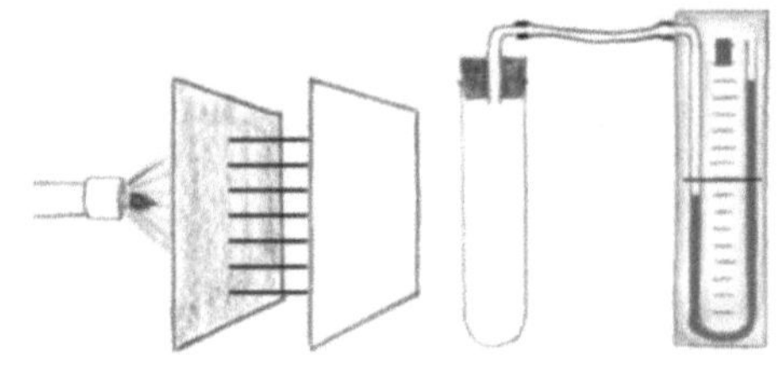

II-a) Eine Aluminiumfolie um das Prüfglas gewickelt hält die Wärmestrahlung praktisch vollständig zurück. Die Anzeige bleibt bei Null. Dies entspricht dem sehr geringen Absorptionsvermögen einer weißen oder verspiegelten Oberfläche. Siehe dazu die vorangegangenen Fragen.

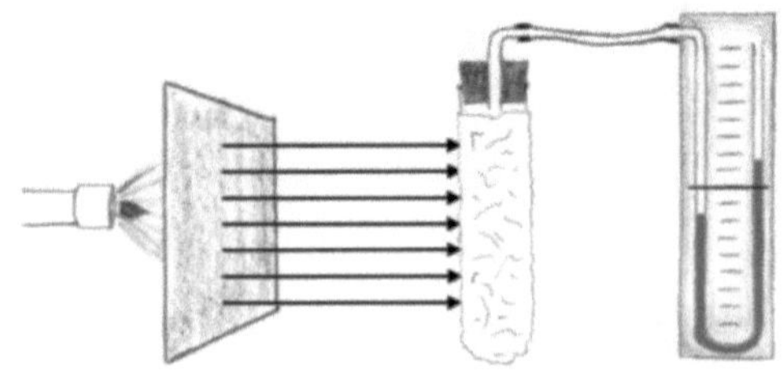

III-c) Umwickelt man das Prüfglas zuvor mit einem geschwärzten Papier, steigt die Anzeige deutlich schneller an und auch auf einen höheren Endwert. Auch dies passt zum diesmal sehr hohen Absorptionsvermögen einer geschwärzten Oberfläche.

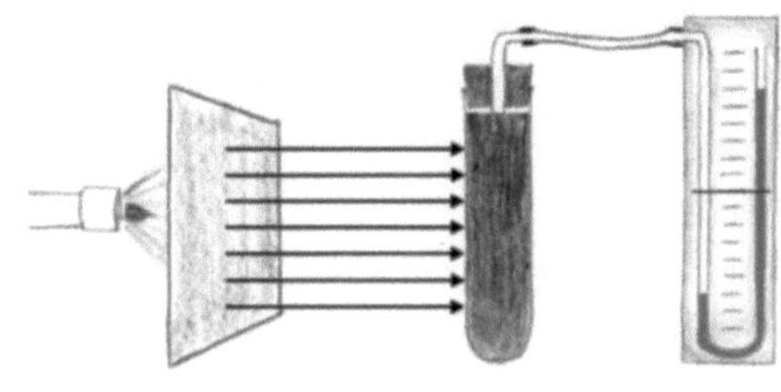

Warum stellt sich eine höhere Temperatur ein? Das Abstrahlvermögen nimmt mit steigender Temperatur zu. Die Temperatur im schwarz ummantelten Prüfglas steigt so weit, bis die Abgabe von Wärmestrahlung genauso groß ist wie deren Aufnahme. Es stellt sich ein Strahlungsgleichgewicht ein, siehe dazu die Frage weiter oben.

Wie wird die Luft im Prüfglas überhaupt erwärmt, so dass sie sich ausdehnt? Die Wärmestrahlung ist zwar selbst keine thermische Energie, transportiert sie aber in Form von Strahlungsenergie von der heißen Platte zum Thermoskop. Dort nehmen die Moleküle des Prüfglases die Strahlung auf und wandeln sie in Wärme der Glas-Teilchen um. Diese wiederum stoßen die Luftmoleküle an, so dass diese schließlich an Bewegungsenergie gewinnen, was sich in einem Anstieg der Temperatur und der damit verbundenen Ausdehnung zeigt. Je dünner die Wandstärke des Glases, desto schneller reagiert das Messgerät auf Änderungen der Strahlungsstärke. Nähere dazu in der Frage *Wie wärmt Wärmestrahlung?*

Ein Thermoskop gehört übrigens mit zu den ältesten Instrumenten zur Temperaturmessung. Seine Erfindung wird im Allgemeinen mit Galileo Galilei in Zusammenhang gebracht. Er nutzte einen mit den Händen leicht zu umfassenden Glaskolben, an dem ein Rohr von etwa einen halben Meter Länge angeschmolzen war. Dieses tauchte in ein Gefäß mit Flüssigkeit (kein Quecksilber) und bei Normaltemperatur war das Rohr etwa zur Hälfte mit Flüssigkeit gefüllt. Wurde der Kolben erwärmt, sank die Flüssigkeitssäule und umgekehrt. Da die Apparatur mit dem äußeren Luftdruck in Kontakt stand, waren die Anzeige dieser Thermoskope vom herrschenden Luftdruck bzw. dem Ort der Messung abhängig.

Gasthermometer

Das Gasthermometer nutzt die Eigenschaft eines idealen Gases aus, bei festem Volumen den Druck proportional zur Temperatur bzw. bei konstantem Druck das Volumen proportional zur Temperatur zu ändern. Es besteht ein linearer Zusammenhang zwischen Druck und Temperatur. Kennt man für eine bestimmte Temperatur T_0 (Fixpunkt) den Druck p_0, so kann man für jede andere Temperatur T bestimmen, indem man den zugehörigen Druck p misst. Ein so funktionierendes Thermometer besitzt gegenüber Flüssigkeitsthermometern den prinzipiellen Vorteil, dass es nicht von speziellen Stoffeigenschaften abhängig ist und dass damit unmittelbar die thermodynamische Temperaturskala realisiert wird. Dieses Thermometer findet Anwendung bei der Messung tiefer Temperaturen, sowie in Eichämtern, wo präzise Instrumente zu Eichzwecken verwendet werden.

Ausbreitung über Grenzen

Es gibt die drei grundlegenden Wege der Wärmeausbreitung. Sie wurden in den letzten Fragen näher beleuchtet. Um welche Art der Wärmeübertragung handelt es sich, wenn thermische Energie von der Herdplatte auf einen darauf stehenden Kochtopf übertragen wird?

a) Wärmeleitung?

b) Wärmeströmung (Konvektion)?

c) Wärmestrahlung?

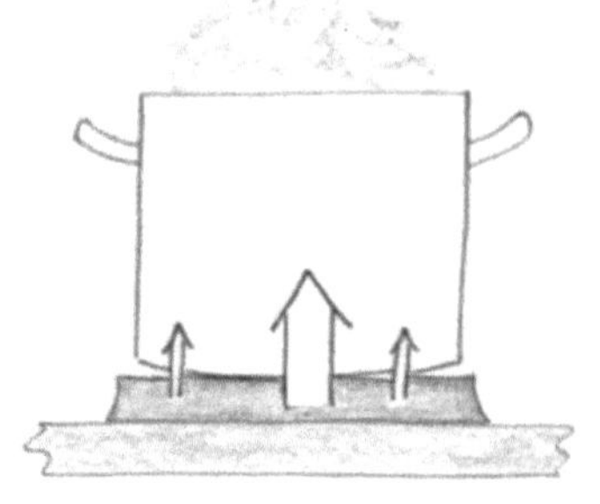

Antwort

Die Antwort lautet: a) Wärmeleitung

Wärmeleitung kann auch stattfinden, wenn Energie von einem Körper auf einen anderen übertragen wird. Ein Beispiel ist der Topf auf der Herdplatte. Voraussetzung ist allerdings, dass sich beide Körper, also Herdplatte und Topf, berühren.

Um bei dem Beispiel zu bleiben: Man weiß, dass es bei schlecht aufliegenden Töpfe viel länger dauert bis der Inhalt zum Kochen gebracht wird als bei exakt plan aufliegenden. In *Wärmeleitung* wurde erwähnt, dass die Wärmeleitung umso besser, je größer die Querschnittsfläche des Wärmeleitkanals ist. Dem entspricht hier die Kontaktfläche zwischen Platte und Topf.

Was passiert an den Stellen, an denen kein direkter Kontakt zwischen Herdplatte und Topf existiert? Gibt es hier überhaupt keine Wärmeübertragung oder kommen etwa die anderen Mechanismen in Betracht?

Thermosflasche

Eine Thermosflasche soll den in der Regel heißen Inhalt möglichst lange warm halten. Der Wärmeverlust an die Umgebung soll also so gering wie möglich sein. Dazu ist ein Thermosgefäß nicht einfach von Isolationsmaterial umgeben. Aus Sicht der Physik betrachtet man vielmehr die Wärmeausbreitung und optimiert darüber den Wärmeverlust.
Welche der drei Arten der Wärmeausbreitung werden dabei berücksichtigt?

a) Wärmeleitung

b) Wärmeströmung (Konvektion)

c) Wärmestrahlung

Antwort

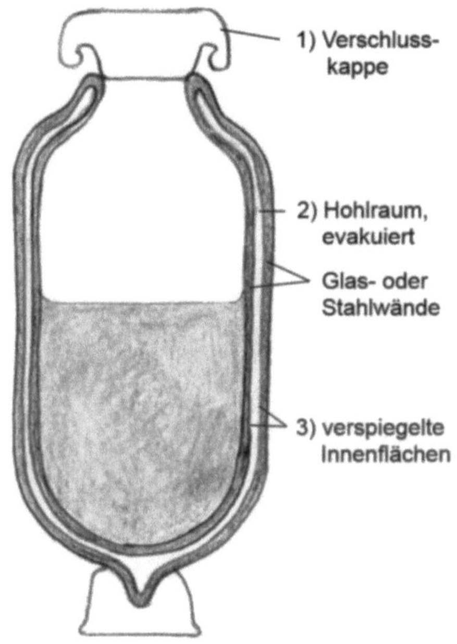

Die Antwort lautet: Alle drei Wege des Transportes von Wärmeenergie müssen berücksichtig werden.

1) Verschlusskappe
Die Verschlusskappe schließt dicht und verhindert so die *Konvektion*. Außerdem ist sie aus isolierendem Material, wodurch *Wärmeleitung* direkt an die Umgebung unterbunden wird.

2) Doppelwandiges Gefäß
Das Gefäß selbst ist aus Glas oder Stahl und doppelwandig ausgeführt. Die eigentliche Isolationswirkung kommt allerdings davon, dass der Zwischenraum evakuiert ist. Auch so wird *Konvektion* und *Wärmeleitung* (von etwa Luft im Zwischenraum) verhindert.

3) Verspiegelte Innenflächen
Um auch die *Abstrahlung von Wärme* zu verhindern, sind die Innenwände zum Hohlraum des Gefäßes mit einem Silberspiegel versehen. Eine versil-

berte Oberfläche sendet am schlechtesten Wärmestrahlung aus, vgl. z. B. die Frage *Emission*. Die warme innere Doppelwand strahlt so nicht in das Vakuum. Strahlungswärme, die dennoch von der Innenwand abgestrahlt wird, wird dann von der ebenfalls verspiegelten zweiten Innenseite optimal reflektiert.

Es steckt ganz schön viel Hightech in einer einfachen Thermosflasche.
Wie verhält es sich dagegen im Fall, wenn der Inhalt möglichst lange kühl gehalten werden soll? Die Wärmetransport findet dann einfach umgekehrt, also von außen nach innen statt: Wie wird das unterbunden?

Damit schließt das Kapitel *Wärme*, das hier nur einen Vorgeschmack darauf geben konnte, was hinter diesem so vermeintlich einfachen und anschaulichen Zweig der Physik alles steckt.

ATOME und QUANTEN

Kurse über Atom- und Quantenphysik haben in vielen naturwissenschaftlichen Fächern eine Schlüsselstellung. Atome und Quanten sind die Grundlage für viele Gebiete der Physik und Chemie. Die Quantentheorie brachte eine Wende im physikalischen Denken und markiert so den Beginn der modernen Physik.

Die Idee von Atomen geht auf die griechischen Naturphilosophen zurück. Demokrit prägte um 400 v. Chr. den Begriff „atomos" für verschiedene „unteilbare" und unsichtbar kleine Körper aus denen sich alle Materie aufbaut.

Die Atomlehre wurde um 1800 im Bereich der Chemie wieder neu entdeckt.

Zu Beginn des 20. Jahrhunderts fanden sich konkrete Belege für die Existenz von Atomen. Mit sogenannten Streuexperimenten, bei denen Teilchen wie Elektronen, Protonen oder Heliumkerne auf Atome geschossen werden, entdeckten Physiker wie Ernest Rutherford deren grundsätzliche Kern-Hülle-Struktur. Niels Bohr entwickelte daraus ein erstes Modell vom Aufbau der Atome, das mit vielen Beobachtungen im Einklang stand.

Max Plancks Entdeckung einer universtellen Formel für die Strahlung sogenannter schwarzer Körper im Jahr 1900 gilt allgemein als Geburtsstunde der Quantentheorie.

Albert Einstein wandte die neuen Ideen auf das Licht selbst an, das demnach nur in winzigen Energiepaketen absorbiert bzw. abgestrahlt werden kann.

Quanten sind aber nicht nur winzige Portionen Strahlung, d.h. Wellenpakete. Auch Teilchen wie Elektronen, Protonen oder Quarks gehören zu den Quanten. Hier zeigt sich die Dualität aller Elementarteilchen: Sie können als Welle oder als Teilchen erscheinen.

In der Quantenmechanik schließlich fassten Werner Heisenberg, Erwin Schrödinger und andere die Bewegungsgesetze im Mikrokosmos zusammen (Schrödinger-Gleichung).

Die Naturgesetze im Quantenbereich entziehen sich weitgehend der menschlichen Anschauung und bewegen sich auf abstrakter Ebene.

Zum Abschluss soll dennoch versucht werden, die Entwicklung der Atomvorstellung möglichst anschaulich darzustellen - ***Atome inside***.

Was ist Materie?

Offenbar ist alles Materie. Der Stuhl, der Tisch, der Kaffee, den man trinkt. Auch die Luft zum Atmen ist Materie. Wirklich alles?
Wie genau ist definiert, was Materie ist?

a) Materie ist, was eine massive Form hat
b) Materie ist alles, was sichtbar ist
c) Materie ist alles, was eine Masse hat und Raum beansprucht
d) Alles was Energie hat, hat auch Materie
e) Einfach alles ist Materie!

Antwort

Die Antwort lautet: c) Unter Materie versteht man in der klassischen Physik alles, was eine Masse hat und Raum beansprucht.
Hat nicht alles Masse und Raum? Dies gilt ganz sicher für Festkörper wie Steine oder Metalle. Für Flüssigkeiten wie Wasser oder Benzin ebenfalls. Alle Gase, seien sie noch so dünn, haben Masse und beanspruchen Raum. Gilt das auch für Licht?

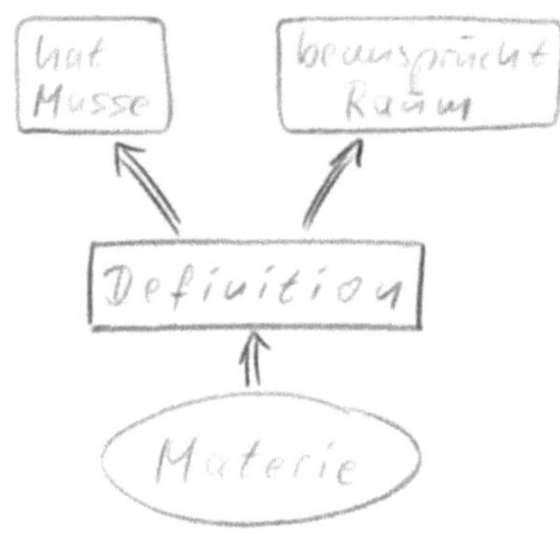

Materie besteht aus Elementarteilchen wie Quarks, aus denen die Protonen und Neutronen und damit die Atomkerne bestehen oder den Leptonen, wie den Elektronen, aus denen die Atomhülle besteht. Licht oder Photonen gehören zur Familie der Austauschteilchen, die energetische Zustände des leeren Raums repräsentieren und die Kraft zwischen Quarks und Leptonen vermitteln (Kraftfelder).
Licht bewegt sich mit Lichtgeschwindigkeit, die von massebehafteten Teilchen nie erreicht werden kann. Im Experiment kann man nun Licht in Materie umwandeln. Aus einem energiereichen Photon entsteht ein Elektron-Positron-Paar. Ist Licht Materie oder Energie? beantwortet sich letztlich je nach Sachlage bzw. durchgeführtem Experiment unterschiedlich. Um „Mehr Licht!“, wie Goethe auf dem Sterbebett gesagt haben soll, in die Sache zu bringen, müssen die klassischen Bilder durch Konzepte der Relativitäts- bzw. Quantentheorie ersetzt werden.

Atome – kleinste Teilchen

Alles, was uns umgibt, alles was wir sehen oder berühren, alles was unsere Sinne wahrnehmen, setzt sich aus gerade 100 einfachen Substanzen, den sogenannten Elementen zusammen. Sogar wir selbst. Atome sind die kleinsten Einheiten dieser Elemente.

Die meisten Stoffe sind jedoch Verbindungen mehrerer Elemente. Ihre kleinsten Teilchen heißen dann Moleküle. Das sind Verbindungen von zwei oder mehr Atomen, die für den jeweiligen Stoff charakteristisch sind.

Die erste moderne Atomvorstellung stammt um 1800 von dem britischen Chemiker und Physiker John Dalton.

- Atome bestehen demnach aus winzigen, massiven und unteilbaren Kugeln („Masse-Kugel"-Modell).
- Jeweils verschiedene Atomsorten bilden die unterschiedlichen chemischen Elemente. (Der Begriff Molekül erscheint erst in den 1810er Jahren.)
- Jede Atomsorte hat dabei eine bestimmte Masse und Größe.
- Atome selbst können weder zerstört noch erzeugt werden.

Aus solchen Überlegungen hervorgegangen entwickelte sich eine sehr nützliche Vorstellung von Atomen: Das **Teilchenmodell**. In der Frage *Die Teilchen sind's* wird es grundlegend eingeführt.

Welche der folgenden Erscheinungen und Beobachtungen kann das Teilchenmodell (damit eingeschlossen das „Masse-Kugel-Modell") erklären?

a) Die bereits bekannte Glühemission. Glühende Metalle emittieren geladene Teilchen.

b) Die zu Daltons Zeiten vielfach erforschten chemischen Reaktionen wurden als Umgruppierungen der beteiligten einzelnen Teilchen interpretiert.

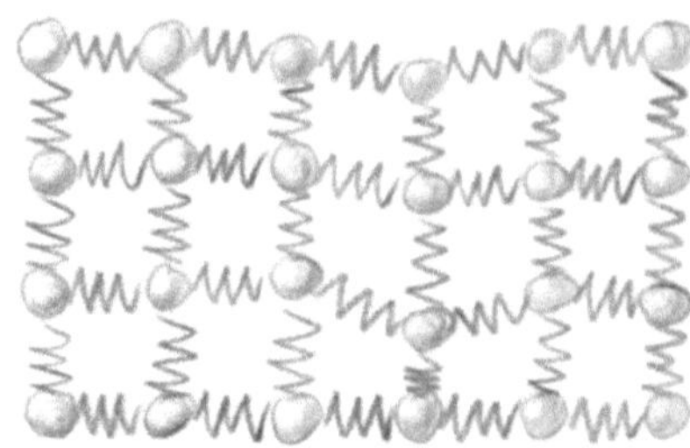

c) Elektrische Erscheinungen.

d) Die damals bekannten Aggregatzustände fest-flüssig-gasförmig.

e) Druck.

f) Periodizität der Elementeigenschaften.

Antwort

Die Antwort lautet: b), d) und e) erklärt das Teilchenmodell korrekt. a), c) und f) können nicht erklärt werden.

zu b)

Die zu Daltons Zeiten vielfach erforschten chemischen Reaktionen wurden als Umgruppierungen der beteiligten einzelnen Atome oder Moleküle interpretiert.

zu d)

Die Erklärung der damals bekannten Aggregatzustände fest, flüssig und gasförmig war ein wichtiger Meilenstein.

zu e)

Ein bestimmtes festes Volumen eines Gases übt auf das Gefäß, in dem es sich befindet, einen umso größeren Druck aus, je höher seine Temperatur ist (Allgemeine Gasgesetze).

Nach dem Teilchenbild der kinetischen Gastheorie (vgl. oben *Gase sind anders*) entsteht Druck durch die Stöße der Gasteilchen gegen die Gefäßwand. Der größere Druck rührt von einer höheren mittleren Geschwindigkeit der Gasteilchen her: Deren Stöße gegen die begrenzenden Wand sind heftiger und häufiger.

Das Teilchenmodell ist oft unspezifisch und noch lückenhaft und liefert für viele Erscheinungen *keine* Erklärung:

zu a)

Das Teilchenmodell sagt nichts über Art und Verteilung elektrischer Ladungen im Atom aus. So konnte die seit den 1880er Jahren bekannte Emission eines Strahls negativer Teilchen aus der Glühkathode nicht erklärt werden (Glühemission).

zu c)

Aus dem gleichen Grund gab das Teilchenmodell keinerlei Erklärung für die elektrischen Erscheinungen.

Wieso gibt es positive und negative Körper? Was passiert beim Stromfluss?

zu f)

Bei den nach ihrer Masse angeordneten Elementen gibt es sich periodisch wiederholende ähnliche chemische Eigenschaften. So entwickelte sich das bekannte Periodensystem der Elemente.

Wieso sich Elementeigenschaften gruppieren lassen, konnte mit dem Teilchenmodell nicht gedeutet werden.

Das Elektron – erstes elementares Teilchen

Jeder Körper bzw. alle Stoffe bestehen aus Atomen. Aber sind Atome wirklich die kleinsten Bausteine?

Ende des 19. Jahrhunderts wurde beim Erforschen der atomaren Welt sehr häufig mit Strahlung oder emittierten Teilchen(strahlen) experimentiert.
Dafür standen verschiedene Verfahren und Geräte zur Verfügung, wie z. B. Gasentladungsröhren zur Untersuchung von Gasen. In einer gläsernen Röhre befindet sich ein Gas bei niedrigem Druck. An den Enden sind zwei Metallelektroden, Kathode und Anode, eingeschmolzen. Werden nun extra eingebrachte positive Ionen durch eine angelegte Spannung Richtung negativer Elektrode (Kathode) beschleunigt, können sie das Gas anregen und zum Leuchten bringen. Die dabei emittierte Strahlung gibt Aufschluss über die Gasteilchen selbst.
Ist diese Röhre völlig evakuiert, d.h. herrscht darin ein technisch erreichbares Ultrahochvakuum, kann dennoch eine, von der negativen Elektrode, der Kathode ausgehende Strahlung beobachtet werden. Heizt man die Kathode noch auf bis zu 2000 °C auf, verstärkt diese den Effekt sehr deutlich.

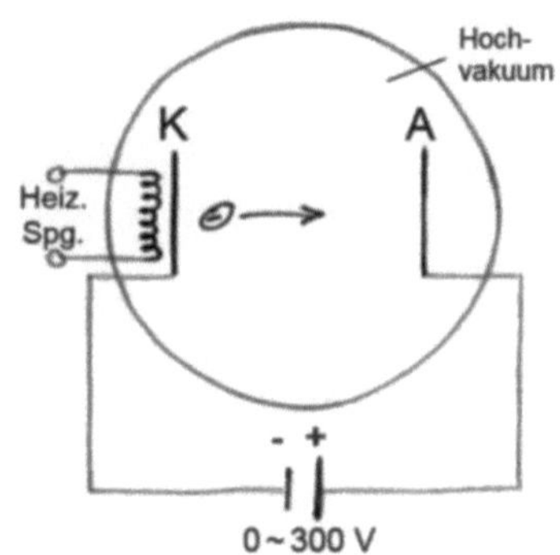

Die Abbildung zeigt den grundlegenden Aufbau und Funktionsweise einer solchen Kathodenstrahlröhre.
Nach dem Prinzip dieser Strahlen emittierenden Röhre funktionieren Oszilloskope (Braunsche Röhre) und die Bildröhren in allen klassischen Fernsehgeräten.
Viele Physiker wie der Deutsche Philip Lenard beschäftigten sich eingehend mit diesem Phänomen. Lenard konzentrierte sich dabei auf das Durchdringungsvermögen der ausgesandten Strahlen und formulierte auch die Gesetzmäßigkeit dafür. Nach der Elektrode, von der die neuen Strahlen kommen, nannte man sie **Kathodenstrahlen**.
Sein britischer Kollege Joseph John Thomson verfolgte eine andere Spur und konnte schließlich nachweisen, dass Kathodenstrahlen aus geladenen Teilchen, den **Elektronen**, bestehen.

Durch einen verbesserten Versuchsaufbau stellte er das Verhältnis von Ladung zu Masse q/m fest. Während für Ionen der Wert q/m je nach Stoff variierte, war der Quotient e/m (e = Ladung des Elektrons, sogenannte Elementarladung) für die Kathodenstrahlen stets gleich. Dies war ein Hinweis darauf, dass es sich immer um das gleiche Teilchen handelt. Außerdem war der Quotient e/m sehr groß, was auf eine sehr kleine Masse m des neu identifizierten Elektrons schließen ließ.

Damit wurde das erste **Elementarteilchen** nachgewiesen.

Da in der Röhre Hochvakuum herrschte, musste das neue entdeckte Teilchen aus dem Material der Kathode stammen und daher einer der Bausteine der Atome selbst sein.
Der Weg für ein grundlegend verbessertes Atommodell war bereitet.

Das Atom als „Rosinenkuchen"

Aus elektrolytischen Erscheinungen waren positive Ionen bekannt. Die oben in *Das Elektron* beschriebenen Gasentladungen lieferten eine erstes elementares Teilchen, dass negative Elektron. Um das gekannte Verhalten dieser geladenen Teilchen deuten zu können, musste das Teilchenmodell, d.h. das Atommodell der kinetischen Gastheorie verfeinert werden.
J. J. Thomson folgerte, dass die von ihm entdeckten negativen Elektronen bereits in den Atomen der Glühkathode vorhanden waren. Welches der drei folgenden Atommodelle entwickelte er aus der insgesamt neutralen Ladung aller Stoffe und damit auch der Atome?

a) Gleichviele und gleich schwere positive und negative elementare Teilchen bilden das Atom.

b) Die positiv geladene schwere Materie ist über eine Kugel von der Größe des Atoms gleichmäßig „verschmiert". So viele negative leichtere Elektronen wie zum Ausgleich der positiven Ladung notwendig sind, sind darin in gleichmäßiger Anordnung verteilt.

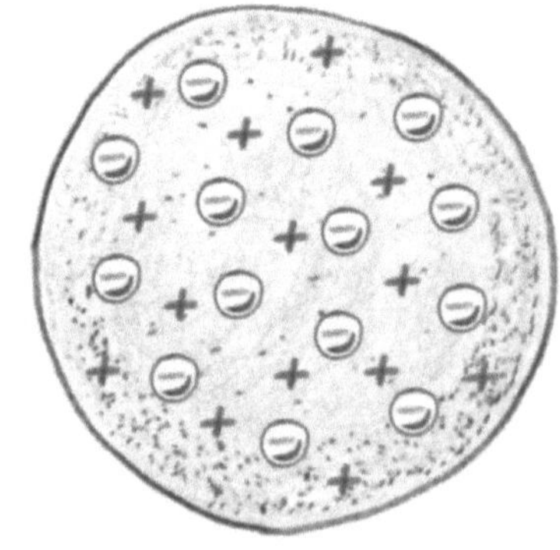

c) Die positiv geladene Materie, die fast die gesamte Atommasse ausmacht, ist im *Kern* genannten im Zentrum des Atoms konzentriert. Die viel leichteren negativen Elektronen bewegen sich um diesen herum.

Antwort

Die Antwort lautet: b)
Es war bereits klar, dass die Masse der Elektronen viel kleiner ist als die Masse der positiven Atombausteine. Somit konnten negative und positive Atombausteine nicht gleich groß sein (Antwort a).
Auswahl c) Erst durch sogenannte Streuexperimente sollte sich noch herausstellen, dass fast die gesamte und positiv geladene Masse in einem winzigen Kern konzentriert ist. Das eigentliche Atom wird in seinem Ausmaß von der negativen Elektronenhülle „aufgespannt", siehe dazu die Frage *Modell klassisch – letzte Fassung.*
Thomson leitete im Jahr 1897 aus seinen Beobachtungen das sogenannte „Rosinenkuchenmodell" ab, bei dem die positive Ladung über den gesamten Bereich des im Durchmesser ca. 10^{-10} m großen Atoms wie Teig „verschmiert" ist und die negativen Elektronen (ruhend oder bewegt) wie Rosinen im Kuchen darin verteilt sind.
Positive und negative Ladung sind gleich stark, das Atom insgesamt neutral. Aus Stabilitätsgründen sind die Elektronen regelmäßig angeordnet. Damit war es mit der seit Demokrit angenommenen Unteilbarkeit der Atome vorbei!

Mit dem Rosinenkuchenmodell deutete man u. a. diese Erscheinungen.

- Elektrische Erscheinungen wie den Stromfluss, der als Bewegung der Elektronen durch die ortsfesten positiven Atomladungen interpretiert wurde.
- Teilweise die chemischen Eigenschaften über die Anzahl und Anordnung der äußeren Elektronen.
- Das Vorkommen elektrisch geladener Teilchen, der Ionen. Den positiv geladenen Kationen fehlten nach Thomson ein oder mehrere Elektronen. Negativ geladene Anionen hatten hingegen ein oder mehrere Elektronen zusätzlich.
- Die bereits bekannte Periodizität der Elemente wurde durch die unterschiedliche geometrische Anordnung der Elektronen erklärt.

Nicht erklären konnte Thomson z. B.:

- Teilchen wie energiereiche Elektronen oder Helium-Kerne durchdringen Metallfolien praktisch ungehindert. Dies passt nicht zu den dicht gepackten, massiven (positiven) Kugeln im Thomson-Modell
- Emission und Absorption von Strahlung (Licht) durch Atome. Das Rosinenkuchenmodell enthielt keinerlei Vorstellung vom energetisch geordneten Schalenaufbau der Elektronenhülle.
- Radioaktivität, die zu dieser Zeit entdeckt und damals erforscht wurde.

Viele der offenen Fragen konnten schon bald mit verbesserten Modellvorstellungen erklärt werden.

Modell „klassisch" – letzte Fassung

Ernest Rutherford war Student bei J.J. Thomson. Die Erforschung des Atomaufbaus gehörte daher sicher zu seinem Laboralltag.
Vielleicht war es die zu jener Zeit übliche Beschäftigung mit Radioaktivität, die ihn veranlasste mit He^{2+}-Kernen, sogenannten Alphateilchen, auf eine sehr dünne Goldfolie zu schießen.
Die schweren Alphateilchen eignen sich viel besser als „Sonde" für die Atomzentren, da sie nicht durch die Elektronenhülle gestört werden.
Ein kreisförmig um die Auftreffstelle positionierbarer Detektor zeigte ihm an, wohin sich die eingeschossenen He^{2+}-Kerne nach der Kollision mit den Goldatomen bewegten.

Das Resultat war verblüffend:

- Die meisten Alphateilchen gingen ungehindert durch die Folie durch.
- Nur sehr wenige wurden abgelenkt oder gar zurückgestreut.

Der Durchmesser von Atomen war mit ca. 10^{-10} m schon bekannt. Aus klassischen Berechnungen zum Stoß zweier elektrisch geladener Massen leitete Rutherford die Größe des Stoßzentrums, des Atomkerns, ab und erhielt den etwa 10.000-Mal kleineren Wert von ca. 10^{-14} m. Ein winziger Kern mit der gesamten Atommasse ist demnach von einer vergleichsweise riesigen und nahezu leeren Hülle mit den fast masselosen Elektronen umgeben.

Was musste Rutherford für sein 1911 veröffentlichtes „Kern-Hülle-Modell“ gegenüber dem Thomson-Modell zusätzlich annehmen?

a) Elektronen tragen die negative Ladung.
b) Elektronen werden von der elektrostatischen Anziehung des positiven Kern im Atom gehalten.
c) Elektronen bewegen sich im Bereich jeweils bestimmter Energieniveaus und widerstehen so der Anziehungskraft des positiven Atomkerns.
d) Elektronen umkreisen den Atomkern wie Planeten die Sonne auf beliebigen Bahnen, so dass ihre Fliehkraft der elektrischen Anziehung das Gleichgewicht hält.

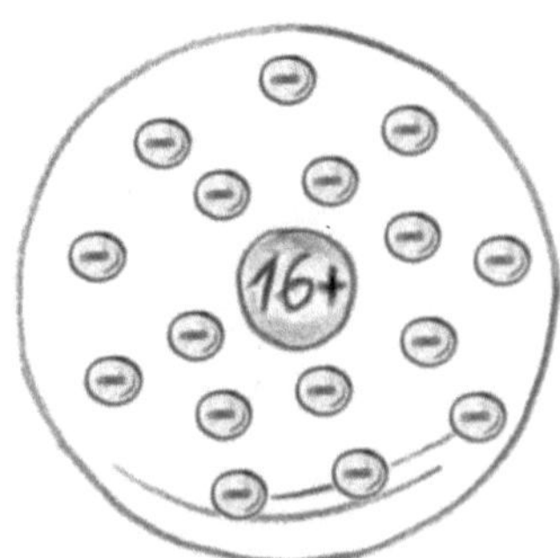

Antwort

Die Antwort lautet: d) Elektronen umkreisen den Atomkern wie Planeten die Sonne. Durch ihre Fliehkraft halten sie der elektrostatischen Anziehung durch den Atomkern das Gleichgewicht.
Da die Elektronen nach klassischer Vorstellung auf Bahnen mit beliebigem Abstand zum Kern kreisen sollten, konnten sie auch beliebige Energie besitzen bzw. in beliebig kleinen Energieabstufungen vorkommen. Diese Annahme führte schließlich zur Aufgabe des nach wie vor klassischen Kern-Hülle-Modells. Siehe dazu die nächsten Fragen.

Zu den anderen Alternativen:
zu a) Thomson galt als Entdecker des negativ geladenen Elektrons.
zu b) Auch bei Thomson wirken elektrostatische Anziehungskräfte zwischen positiver Ladung und den Elektronen, die das Atom „zusammenhalten“ und z. B. bei der Abtrennung von Elektronen in Erscheinung treten
zu c) Die Vorstellung von bestimmten Energieniveaus der Hüllenelektronen hatte Rutherford noch nicht. Sie kommt erst mit den nächsten Modellen hinzu, die zugleich die Abkehr von ganz klassischen Konzepten mit sich bringen.

Aus den Ergebnissen seiner Streuexperimente entwickelte Rutherford das

„Kern-Hülle"-Atommodell

- Im punktförmigen, positiv geladenen Kern (Durchmesser 10^{-14} - 10^{-15} m) ist nahezu die gesamte Masse des Atoms vereint.
- Um den Kern bewegen sich Elektronen ähnlich wie Planeten um die Sonne auf beliebigen Bahnen. Durch die anziehende Coulombkraft, die der Fliehkraft des jeweiligen Elektrons entgegenwirkt, wird es auf der Bahn gehalten.
- Die Elektronen umgeben den Kern, so dass das Atom nach außen neutral erscheint. Die Elektronenhülle bestimmt den Durchmesser des Atoms von etwa 10^{-10} m

Rutherford erkannte später, dass die Atommasse nicht allein durch die Masse der positiven Ladungen im Kern erreicht werden kann. Als Elementarladung eines positiven Kernbausteins, des **Protons**, ergab sich der gleiche Wert wie für die Elektronen, nämlich $1{,}6 \cdot 10^{-19}$ As. Er führte daher ein weiteres neutrales Teilchen ein, das etwa die Masse des Protons hatte, das **Neutron** (nachgewiesen erst 1932 durch Chadwick).

Die Grafik zur Struktur der Materie lässt sich nun vervollständigen, siehe rechts.

Da die Elektronen den Kern nach ganz klassischen Vorstellungen auf beliebigen Bahnen umlaufen, ergaben sich Widersprüche zu den Beobachtungen, die die Stabilität des Atoms bzw. die quantenhafte Emission und Absorption von Strahlung betrafen.

Folgende neue Atommodelle brechen schließlich mit klassischen Annahmen. Um diesen Schritt zu vollziehen, waren erst noch die Erkenntnisse aus den Untersuchungen des von Atomen emittierten bzw. absorbierten Lichts erforderlich, siehe die nächsten Fragen.

Aufbau der Materie nach Rutherford:

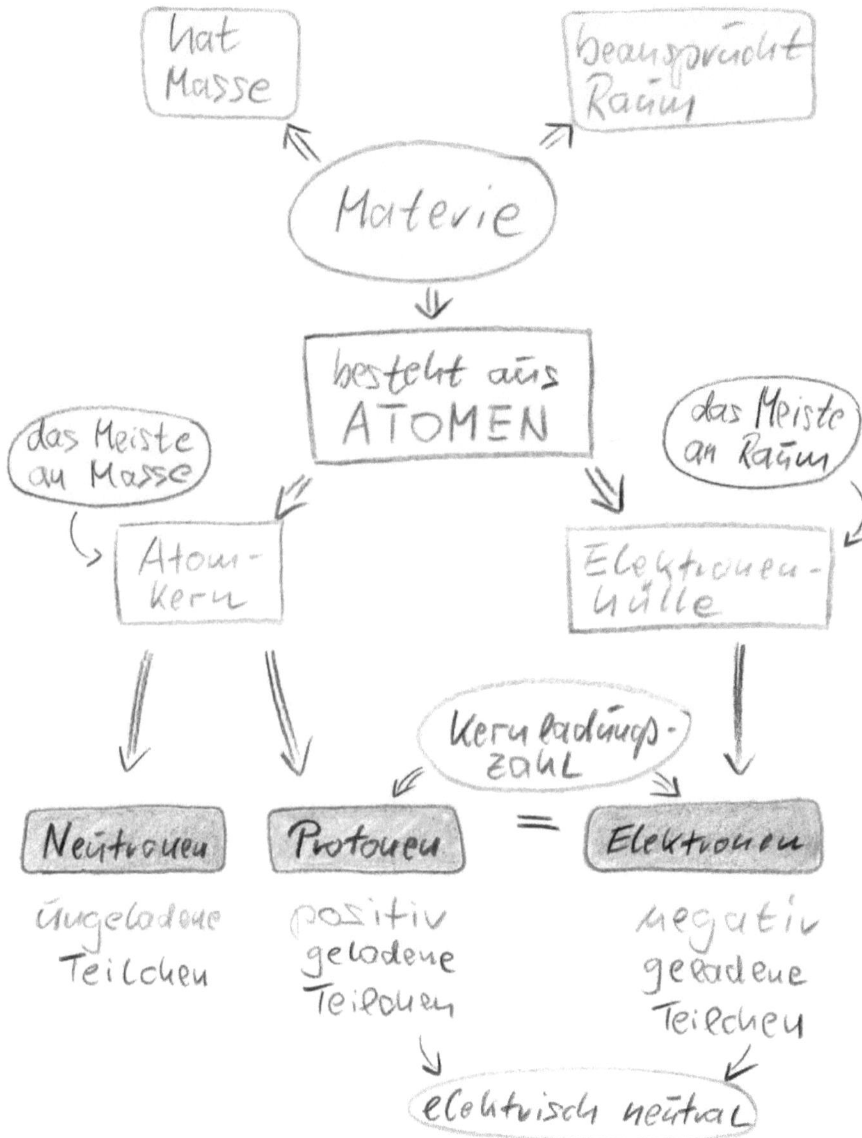

Rutherford, ein genialer Experimentator

Ernest Rutherford wurde 1871 in einer neuseeländischen Kleinstadt geboren. Nach einem hervorragenden Abschluss des College bewarb er sich für ein Stipendium für einen Studienaufenthalt in Großbritannien, dem Mutterland der British Empire. Er erhielt es mit etwas Glück, denn eigentlich war er nur zweiter Sieger und durfte ab Mitte der 1890er Jahre bei J.J. Thomson in Cambridge forschen.

F: Wikimedia Commons

Er befasste sich mit der eben entdeckten Radioaktivität und untersuchte die chemischen Eigenschaften dieser Stoffe. Über unterschiedliche Durchdringungs- und Ionisierungsvermögen konnte er zwei verschiedene radioaktive Strahlungsarten identifizieren: Alpha- und Betastrahlung. Für diese Arbeiten erhielt er 1908 den Nobelpreis für Chemie. Seine größte Entdeckung sollte jedoch noch vor ihm liegen. Wieder einmal war es der Zufall, der diesmal fast eine Spontanität entsprang: Zum Beschuss seiner diversen Proben nahm Rutherford die von ihm entdeckten Alphateilchen, das sind 2-fach positiv geladen Heliumkerne. In seinem Labor arbeitete sein Assistent, der Deutsche Hans Geiger (*Geigerzähler*), und dann gab es noch den jungen Ernest Marsden. Dieser hatte offenbar wenig zu tun und daher meinte Rutherford zu Geiger, man könnte Marsden doch einfach untersuchen lassen, ob beim Beschuss einer dünnen Goldfolie mit Alphateilchen nicht welche um große Winkel aus ihrer Bahn gestreut werden.

Eigentlich ein verrücktes Experiment, denn es galt das „Rosinenkuchen"-Atommodell von Thomson, wonach die positiv geladene Masse gleichmäßig über das ganze Atom verteilt sei, darin eingebettet die fast gewichtslosen Elektronen. He^{++}-Teilchen sollten die Atome, also die Goldfolie einfach durchdringen, und schon gar nicht stark abgelenkt werden. Marsdens Resultat lautete jedoch: Die Alphateilchen wurden weit von ihren Weg abgelenkt, einige wurden sogar reflektiert, also um 180° gestreut. Rutherford staunte nicht schlecht: „ Es ist fast so unglaublich, wie wenn man ein 40-Zentimeter-Granate auf Seidenpapier abfeuert und sie zurückprallt". [3] S. 64-65

Es folgten systematische Experimente, die das Forscher-Team auf den im Vergleich zum Atom 10.000-Mal kleineren Durchmesser des von Rutherford *Kern* genannten Zentrums führten.
Als diese Nachricht 1911 publiziert wurde, wäre sie fast untergegangen, wäre da nicht ein gewisser Niels Bohr gewesen, der Rutherford Entdeckung aufgriff und in noch kühnerer Weise weiter entwickelte.
Nach dem ersten Weltkrieg wurde Rutherford Nachfolger von Thomson auf dem Cavendish-Lehrstuhl und blieb bis zu seinem Tod 1937 in Cambridge Förderer junger Forscher. Rutherford wir nach heute als großes Vorbild für den Umgang mit wissenschaftlichen Problemen herangezogen.

Photoeffekt

Das einfache kinetische Modell (Teilchenmodell) wurde verfeinert, indem es die elektrischen Ladungen berücksichtigte („Rosinenkuchen-Modell").
Durch Streuversuche ergab sich, dass der Atomkern im Vergleich zum ganzen Atom winzig ist und dennoch fast die gesamte Masse enthält. Um ihn herum „schwirren" die Elektronen. Wie genau wusste man noch nicht (Rutherford-Modell).
Für die weitere Klärung des Aufbaus der Atomhülle musste erst die mikroskopische Natur des Lichts erkannt werden. Dies gelang Albert Einstein mit der korrekten Deutung des lichtelektrischen oder Photoeffekts.

Grundversuch zum Photoeffekt

Bei der Untersuchung des lichtelektrischen Effekts geht es um die Frage, wie Strahlungsenergie des Lichts auf Elektronen übertragen wird.
Eine Zinkplatte (Zn), die elektrisch verbunden auf ein geladenes Elektroskop aufgesetzt wird, wird mit einer Quecksilberdampflampe bestrahlt. War das Elektroskop negativ aufgeladen, wird es dadurch entladen, war es positiv aufgeladen, erfolgt keine Entladung. Ohne Bestrahlung gibt es in beiden Fällen keine Entladung.

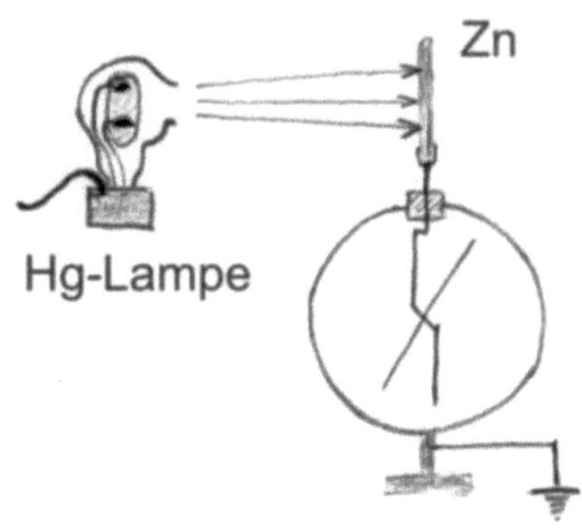

Die durch das Licht aus dem Material herausgelösten Teilchen werden als Elektronen identifiziert. Bei weiteren Versuchen zum Photoeffekt überraschte insbesondere ein Resultat:

Für Licht der Wellenlänge, die größer als eine materialabhängige (hier: Zink) Grenzwellenlänge ist, d.h. $\lambda > \lambda_g$, ist auch bei noch so großer Intensität des Lichts kein Photostrom zu beobachten.
Für ausreichende kurze Wellenlängen, $\lambda < \lambda_g$, also z. B. blaues, violettes Licht, ist die kinetische Energie der herausgelösten Elektronen ebenfalls unabhängig von der Intensität des eingestrahlten Lichts. Es zeigt sich vielmehr, das die Geschwindigkeit mit der Elektronen aus dem bestrahlten Material austreten umgekehrt proportional zur Wellenlänge ist, was gleichbedeuten damit ist, dass sie proportional zur Frequenz des Lichts ist: $E_{kin} \sim f$.
Mit der klassischen Vorstellung von Licht als kontinuierliche Welle konnte man dieses Verhalten nicht erklären!

Einsteins Deutung des Photoeffekts - Lichtquanten
Aus der Abhängigkeit der Bewegungsenergie der „herausgeschlagenen" Photo-Elektronen allein von der Frequenz musste man schließen, dass Licht höherer Frequenz, also z. B. blaues, einem einzelnen Elektron mehr Energie übertragen kann als Licht niedrigerer Frequenz, etwa rotes.
Einstein zog im Jahre 1905 zur Erklärung des Photoeffekts das von Max Planck auf einem anderen Gebiet entdeckte *Wirkungsquantum* heran. Planck suchte nach einer theoretischen Erklärung des experimentell genau vermessenen Gesetzes der Hohlraumstrahlung, die von einem beheizten Hohlkörper („Schwarzer Strahler") ausgeht. Er führte dabei die neue physikalische Größe *Wirkung* ein, die ebenfalls gequantelt ist mit der kleinsten Einheit, dem Wirkungsquantum $h = 6{,}625\ 10^{-34}\,Js$. Dies ist ein extrem kleiner Wert und die Quantelung der Wirkung blieb deshalb so lange unbemerkt.

Einstein übertrug nun diese bei der Emission von Licht entdeckte Quantelung auf das Licht selbst, auf dessen Ausbreitung im Raum und seine Wechselwirkung mit Materie. Das Licht bzw. die Strahlung selbst bestehen aus Energiepaketen, die er *Lichtquanten* nannte. Später bürgerte sich der Begriff ***Photonen*** ein. Nach Einstein passiert folgendes:
Fällt Licht mit einer genügend kurzen Wellenlänge $\lambda < \lambda_g$ bzw. ausreichend hohen Frequenz, $f > f_g$ auf die Oberfläche bestimmter Stoffe wie z. B. Metalle, so gibt ein Photon seine ganz Energie an ein Elektron ab. Für die Ablösung eines Elektrons ist mindestens eine für das

Material charakteristische Ablösearbeit W_0 zu verrichten. Mit Hilfe des Wirkungs-quantums konnte Einstein die einfache Gleichung formulieren:

$$E_{Ph} = h \cdot f = E_{kin,\ Elektron} + W_0$$

Was von der Gesamtenergie $E_{Ph} = h \cdot f$ nach Herauslösen eines Elektrons übrig bleibt, wird diesem als Bewegungsenergie $E_{kin,\ Elektron}$ mitgegeben.

Welle-Teilchen-Dualismus

100 Jahre zuvor hatten Interferenzexperimente wie der Versuch des britischen Arztes und Physikers Thomas Young, der Licht durch einen Doppelspalt schickte, klar ergeben, dass Licht Wellencharakter hat. Die in der Folge entwickelte Theorie der elektromagnetischen Wellen erklärte überaus erfolgreich alle bekannten Phänomene des Lichts und anderer Strahlung. Nun beweist der Photoeffekt, dass Licht aus Energiepaketen, den Photonen besteht. Dieser sogenannte *Welle-Teilchen-Dualismus* tritt besonders deutlich hervor, wenn elektromagnetische Strahlung in ein und demselben Experiment sowohl Teilchen- als auch Wellencharakter zeigen kann.
Aus dieser offensichtlichen Diskrepanz entwickelten sich die Ideen der Quantentheorie. Das Verstehen des Mikrokosmos erfordert noch heute ein beträchtliches Umdenken. Alltagserfahrungen oder ein Festhalten an der Anschaulichkeit sind hierbei eher hinderlich.

Zerlegung des Lichts

Fällt Sonnenlicht durch ein Glasprisma, wird es in seine farbigen Bestandteile zerlegt. Durch die Lichtbrechung von Luft zum Glasprisma (optisch dünn → dicht) und das weitere Mal beim Austritt aus dem Prisma in Luft (dicht → dünn) wird weißes Licht in unterschiedliche Farben aufgefächert.
Strahlen verschiedener Wellenlänge (Farben) werden unterschiedlich stark gebrochen. Blaues Licht wird stärker gebrochen als rotes. Das resultierende Farbband wird Spektrum genannt.

Welche Aussagen über die Zerlegung weißen Lichts sind richtig?

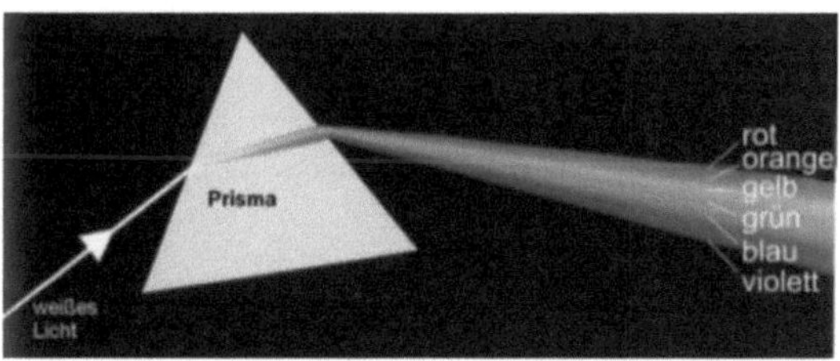

a) Die Zusammensetzung und Abfolge des entstehenden Farbspektrums kann variieren

b) Die Zerlegung durch ein Prisma ergibt ein kontinuierliches Spektrum

c) Licht wird dabei in seine Primärfarben aufgespalten

d) Licht wird dabei in die Spektralfarben aufgespalten

Antwort

Die Antworten lauten: b) und d)

Das entstehende Farb**spektrum** geht "kontinuierlich" von rot bis blau/violett. Auf den ersten Blick erkennt man im Lichtspektrum sechs unterschiedliche Farben, die **Spektralfarben**:

Farbe	Wellenlänge (nm)
Infrarot	> 700
Rot	≈ 700 – 630
Orange	≈ 630 – 590
Gelb	≈ 590 – 560
Grün	≈ 560 – 490
Blau	≈ 490 – 450
violett	≈ 450 – 400
ultraviolett	< 400

Beim langwelligen Ende schließt sich das nicht mehr sichtbare Infrarot an. Wir nehmen es als Wärmestrahlung wahr. Zu kürzeren Wellenlängen hin folgt das ultraviolette (UV-) Licht. Es ist bereits zellschädigend und wird größtenteils in der Erdatmosphäre herausgefiltert. Die Spektralfarben lassen sich mit optischen Mitteln (Prisma) nicht mehr weiter zerlegen.

Sieht man sich z. B. mit einem Spektrografen das Sonnenspektrum genauer an, so erkennt man im Farbverlauf des Lichts eine Reihe von schmalen schwarzen Linien, Abb. unten. Sie sind nach ihrem Entdecker Joseph von Fraunhofer benannt, der sie alphabetisch durchnummeriert hat. Viele Linien sind noch unterteilt, dazwischen gibt es weitere Absorptionslinien.

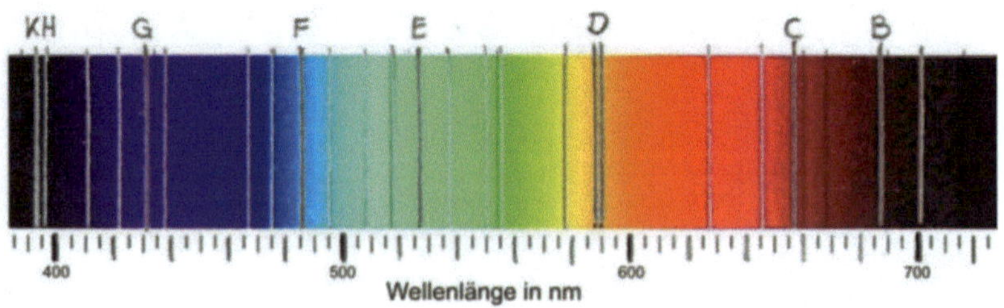

Die Linien können gewissen chemischen Elementen zugeordnet werden, die sich in der Atmosphäre der Erde oder schon in der Chromosphäre der Sonne befinden und eben Licht mit genau dieser bestimmten Wellenlänge absorbieren. Somit fehlt es im „kontinuierlichen“ Spektrum des auf der Erde ankommenden Sonnenlichts.

Historische Anmerkung
Bereits 1676 hat der Physiker Isaac Newton sowohl experimentell als auch theoretisch die Zerlegung "weißen" Lichts in nach seiner Auffassung sieben unterschiedliche Farben des Spektrums nachgewiesen. Allerdings ging Newton von einem physikalischen Modell aus, welches Licht als Partikel beschreibt

Zerlegung bestimmten Lichts

Atome und Moleküle absorbieren nicht nur Licht bestimmter Wellenlänge, sie können auch Licht bei genau derselben Wellenlänge aussenden.
Lässt man etwa nicht weißes Licht durch den Spektralapparat, sondern das Licht glühender Gase oder gasförmiger Stoffe, zeigt sich ein ganz anderes Spektrum: Man sieht nur noch einzelne Linien. Die Abbildung zeigt ein solches **Emissionsspektrum** einer mit Kochsalz eingefärbten Flamme oder einer Natriumdampflampe, also für das Element Natrium

Die beiden dicht nebeneinander liegenden scharfen Linien entsprechen genau den Wellenlängen der Fraunhoferlinien D_1 und D_2, vgl. dazu die vorherige Frage. Jeder Stoff sendet ein für ihn charakteristisches Spektrum aus.
Die Ursache dafür

a) findet sich bei den Materialeigenschaften
b) liegt im atomaren Bereich
c) liegt in der Glühtemperatur, die für jeden Stoff eine andere ist
d) liegt im gewählten Typ des Spektrografen

Antwort

Die Antwort lautet: b) Die Ursache dafür liegt im atomaren Bereich.
Die Gründe für das unterschiedliche Aussehen der Spektren einzelner Stoffe finden sich im Atomaufbau, genauer gesagt in der Einteilung der Elektronenhülle in Schalen auf jeweils einem bestimmten energetischen Niveau, bezeichnet E_0, E_1, E_2 usw. Vgl. dazu das als nächstes beschriebene Atommodell nach Niels Bohr.
Für alle Atome eines Stoffes sind diese Energieniveaus identisch. Sie unterscheiden sich jedoch für Atome verschiedener Elemente.
Wechselt nun ein Hüllenelektron die „Bahn", so

- verringert sich seine Energie beim Sprung von einem höheren auf ein niedrigeres Niveau, z. B. $E_4 \rightarrow E_2$
- erhöht sich seine Energie beim Sprung von einem niedrigeren auf ein höheres Niveau, z. B. $E_0 \rightarrow E_3$

Die Energieabgabe beim Rücksprung auf ein tieferes Niveau, geschieht immer über ein emittiertes Photon:
Haben Photonen die „richtige" Energie, so nehmen wir sie als Licht wahr. Für „sichtbare" Photonen haben Energien zwischen 1,5 eV (rotes Licht) und 3,3 eV (blaues Licht).
Meist gibt es mehrere solcher charakteristischer Photonenemissionen gleichzeitig. Natrium hat im gelben Bereich die beiden nahe beieinander liegenden Linien D_1 bei 589,6 nm bzw. D_2 bei 589,0 nm.

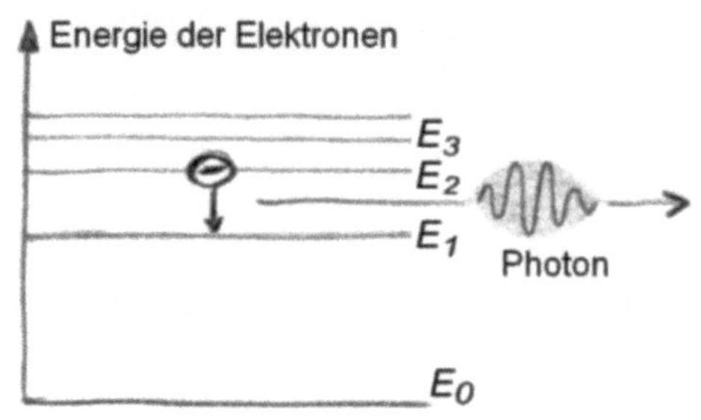

Reicher an Linien sind die Emissionssprektren schwerere Atome wie etwa das von Quecksilber, Hg. Es zeigt scharfe Linien im gelb-grünen und vor allem im blau-violetten-Bereich sowie mehrere im UV. Quecksilberdampflampen erzeugen ein sehr helles Licht und werden in unterschiedlichen Bauformen in verschiedensten Anwendungen (Straßenbeleuchtung, Industrie, Autoscheinwerfer bis zu Mikroskopen) eingesetzt.

Alles fügt sich zusammen

In der Folge von Fraunhofers Pionierleistung sammelte sich durch zahlreiche spektroskopische Untersuchungen bis zum Ende des 19. Jahrhunderts ein sehr umfangreiches Datenmaterial an. Die Deutschen Bunsen und Kirchhoff begründeten dazu die Disziplin der *Spektralanalyse*, als Methode zur Untersuchung von Substanzen aufgrund des von ihnen ausgesandten Lichts.

Immer gezielter wurden die Emissionsspektren einzelner Elemente untersucht. Am einfachsten Element Wasserstoff, bestehende aus einem positiven Kernteilchen, dem Proton und einem Hüllenelektron, konnten für verschiedene Anregungsspektren sogar einfache Formeln für die ausgesandten Wellenlängen angegeben werden.

1885 fand der Baseler Gymnasiallehrer Balmer die nach ihm benannte Serie im sichtbaren Bereich. Weitere Serien von Linien im UV- und IR-Bereich folgten.

Nicht zuletzt mit dem Nachweis der quantenhaften Natur des Lichts durch Einstein waren diese Resultate nun auch erklärbar.

Alle Spektren und Versuche zeigten, dass Atome nur Lichtteilchen diskreter Energie aussenden, d.h. nur Licht mit ganz bestimmten Wellenlängen abgeben. Dies führte zur Vorstellung, dass das Atom bzw. seine Elektronenhülle auch nur bestimmte Energiezustände annehmen kann.

Alle diese Erkenntnisse flossen mit den Resultaten aus Rutherfords Streuexperimenten beim ersten nicht mehr rein klassischen Atommodell von Bohr zusammen, siehe dazu die nächste Frage.

Bohrende Fragen zum Atom

Der dänische Physiker Niels Bohr arbeitete als frisch gebackener Doktor der Physik bei Rutherford. Heute würde man sagen, er hatte dort eine „Post-doc"-Stelle. Indem er die seit 1900 evidente Quantisierung des Mikrokosmos auf die Energieniveaus der Hüllenelektronen übertrug, überwand er die Grenzen des „Kern-Hülle"-Modells. Dieses konnte zwei wesentliche Punkte *nicht* erklären:

Stabilität des Atoms
Kreisende Elektronen stellen beschleunigte Ladungen dar, die nach klassischer Vorstellung Energie abstrahlen müssten. Dies würde bedeuten, dass sie aufgrund des permanenten Verlusts an Bewegungsenergie instabil wären und schließlich einfach in den Kern stürzen müssten.
Dies geschieht nicht. Atome sind in der Regel sogar sehr stabil.
Ebenso wenig aussagen konnte es über die experimentell (Balmerserie, Umkehr der Na^+-Linie, Franck-Hertz-Versuch) gut belegte

Quantenhafte Emission und Absorption von Strahlung
Ein Atom hat nur diskrete Energieniveaus. Im Rutherford'schen Modell kreisen Elektronen auf Bahnen in beliebigen Abständen um den Kern, wobei sie kontinuierlich alle Energiezustände annehmen können. Dies hieße eine beliebige Energieaufnahme bzw. -abgabe. Somit müssten die durch den Wechsel eines Elektrons auf eine energetisch andere Bahn emittierten bzw. absorbierten Lichtstrahlen jede beliebige Energie (Frequenz) aufweisen. Man beobachtet aber nur bestimmte diskrete Spektrallinien.
Bohr postulierte daher, dass die Energie eines Hüllenelektrons bzw. des gesamten Atoms nur diskrete Werte, bezeichnet mit n = 1, 2, 3 usw., annehmen kann (Quantenbedingung), s. Abb. unten. Damit sind ganz bestimmte Umlaufbahnen verbunden. Neben dieser *Quantenbedingung* machte Bohr eine weitere allein aus der Beobachtung gerechtfertigte „ad-hoc-Hypothese". Um welche Annahme handelt es sich dabei?

a) Die Elektronen der Hülle werden durch die elektrostatische Anziehung des Atomkern auf ihrer Bahn gehalten

b) Der Umlauf der Elektronen auf den jeweiligen sogenannten Bohrschen Bahnen erfolgt strahlungsfrei

c) Geht ein Hüllenelektron von einer Bahn der Energie E_i auf eine mit E_k über, so wird der freiwerdende Energiebetrag als Strahlung abgegeben

d) Die Elektronen laufen auf Wellenbahnen um den Kern

Antwort

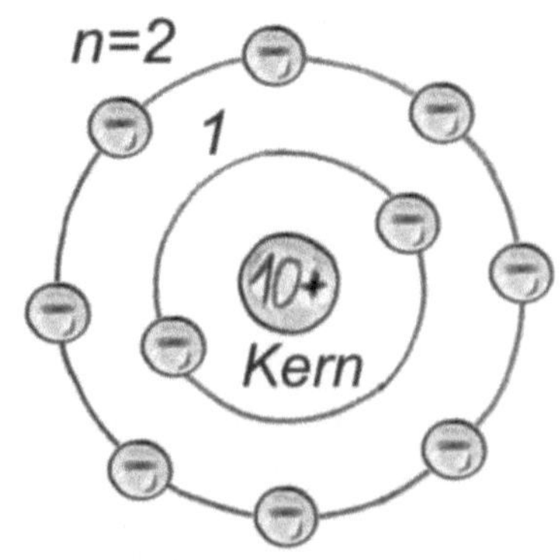

Die Antwort lautet: b) Der Umlauf der Elektronen auf den jeweiligen sogenannten Bohrschen Bahnen erfolgt strahlungsfrei. Das Atom soll dadurch – entgegen der klassischen Erkenntnisse – keine Energie verlieren, sein Zustand somit stabil sein. Diese ad-hoc-Annahme Bohrs wird sich in der folgenden rein quantenmechanischen Betrachtung des Atomaufbaus widerspruchsfrei aufklären.

Die anderen Alterativen: Die elektrostatische Anziehung der Hüllenelektronen durch den Atomkern (Auswahl a) wurde schon bei den ersten modernen Modellen vorausgesetzt.

Antwort d) Die Elektronen laufen auf Wellenbahnen um den Kern ist. Diese Aussage ist eine nützliche Hilfsvorstellung für das Bohr-Modell, die das klassische anschauliche Teilchenbild mit dem Bild der Materiewelle verquickt.

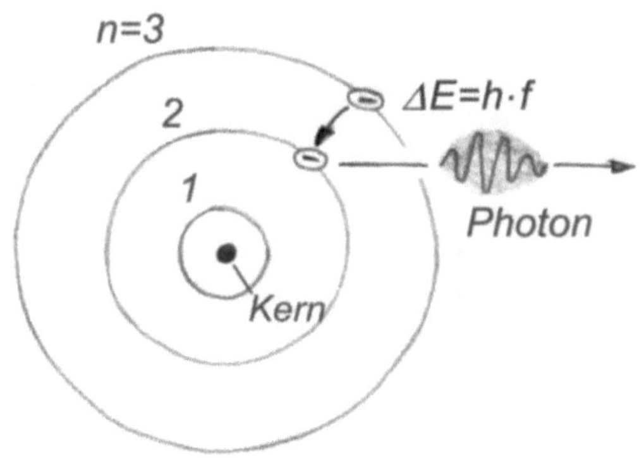

Antwort c) Geht ein Hüllenelektron von einer Bahn der Energie E_i auf eine der Energie E_k über, so wird der damit verbundene Energieaustausch als Strahlung abgegeben bzw. aufgenommen. Dies ist eines von Bohrs unten aufgelisteten Postulaten. Die Abbildung rechts veranschaulicht diesen Vorgang: Durch Energiezufuhr (thermische Energie oder Stoßionisation) wird ein Elektron z. B. vom Niveau E_1 auf die Energie E_3 gehoben. Von dort springt es nach kurzer Zeit z. B. auf die Bahn des Niveaus E_2 zurück, wobei die so gewonnene Energie als Photon abgestrahlt wird.

Bohrsches Atommodell

Um die experimentellen Befunde bei Atomen, insbesondere die quantenhafte Emission und Absorption (Linienspektren), theoretisch deuten zu können, erweiterte Bohr 1913 das Rutherford-Modell um drei Postulate:

1. Die Energie eines Elektrons im Atom kann nur ganz bestimmte diskrete Werte annehmen
2. Der Umlauf der Elektronen erfolgt nur auf bestimmten diskreten Bahnen und strahlungsfrei. Zur *Quantenbedingung* der diese stationären Bahnen unterliegen, siehe die Anmerkung unten.
3. Geht ein Hüllenelektron von einer Bahn der Energie E_i auf eine der Energie E_k über, so wird der freiwerdende Energiebetrag als Strahlung der Frequenz *f* abgegeben, wobei gilt: $h \cdot f = E_k - E_i$

Zur Quantenbedingung:

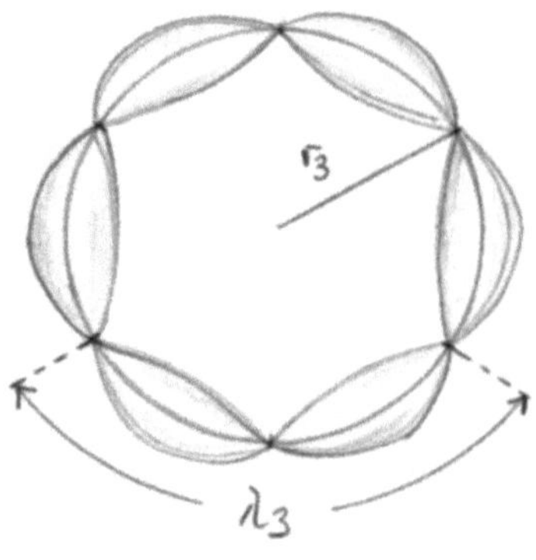

Sie legen im klassischen Bild die Radien r_n und Umlaufgeschwindigkeiten v_n der Bohrschen Bahnen fest (n = 1, 2,3...). Für diese Bahnen der Elektronen ist das Produkt aus Umfang und Impuls (Masse mal Geschwindigkeit) ein ganzzahliges Vielfaches der Planckschen Wirkungsquantums *h*. Diese *Quantenbedingung* genügte, um die Energien und Radien der einzelnen Bahnen mit klassischer Physik zu berechnen. Als hilfreiche Vorstellung kann man dem Elektron eine stehende Materiewelle zuschreiben, deren Wellenlänge mit dem Umfang der Bahn korrespondiert, s. Darstellung rechts.

Das Bohrsche Atommodell erklärte nicht nur, warum Atome nur Licht bestimmter Frequenzen aussenden (oder absorbieren). Es stellte die erste konkrete Theorie des Atomaufbaus dar. Für das einfachste Atom, das Wasserstoffatom, lieferte es sogar exakte Berechnungen:

- Die bis dahin rein empirisch gefundenen Formel für die Spektralserien (Balmer, Lyman, Paschen) folgten zwanglos aus der Bohrschen Theorie
- Sie sagte weitere IR-Linien (Bracket, Pfund) im H-Spektrum voraus.
- Wasserstoffähnliche Einelektronensysteme wie He^{+}, Li^{++} oder Be^{+++} konnten ebenfalls exakt berechnet werden
- Der Atomradius ergab sich in der richtigen Größenordnung

Man konnte damit auch zahlreiche Phänomene richtig deuten: Beispielsweise warum Zink zweifach positive, Natrium hingegen immer nur einfach positive Kationen bildet. Andere Elemente wie Schwefel bilden immer zweifach negative geladene Anionen oder kommen wie Chlor nur einfach negativ geladen vor. Bei Edelgasen wiederum gibt es weder Anionen noch Kationen.
All dies folgt aber aus dem Schalenaufbau nach dem Bohrschen Modell.
Für höhere Elemente mit Elektronenkonfigurationen, die komplizierter als die des Wasserstoffs sind, konnte man nach Bohr die Energieniveaus nicht mehr berechnen.
Dieses Problem löste erst das Wellenmechanische Atommodell, in welchem die Bahnen durch erlaubte Energiezustände, den Orbitalen, ersetzt wurden.

Wahrscheinlich Elektronenwolken

Immer wieder passten Forscher ihr Bild vom Aufbau der Atome an. Nach weiteren Experimenten und neuen Beobachtungen mussten die Vorstellungen über Atome meist grundlegend geändert werden. Mit allen experimentellen Befunden im Einklang und aktuell allgemein akzeptiert ist das quantenmechanische Atommodell – das **Elektronenwolke-Modell.**
Ausgangspunkt für unsere heutige Vorstellung war das 1913 vorgelegte Bohrsche Atommodell, das noch entscheidende Unzulänglichkeiten aufwies. (Vergleiche dazu auch die vorhergehenden Fragen.) Welche der folgenden Aussagen beschreiben eine solche Schwäche des Atommodells von Bohr?

a) Es konnten zwar viele Spektrallinien des Wasserstoffs sowie einiger weiterer Atome korrekt berechnet werden, es war aber keine detaillierte Aussage über die Strahlung möglich, z. B. ihre Intensität.

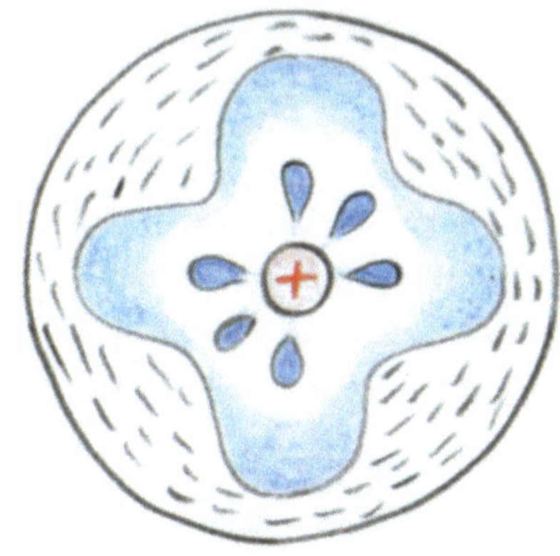

b) Selbst die einfachen Wasserstoffspektrallinien weisen eine Feinstruktur auf, die mit der Bohrschen Theorie nicht erklärt werden konnte.

c) Die Annahme von definierten Bahnen mit einer bestimmten Umlaufgeschwindigkeit für die Elektronen widersprach der Heisenbergschen Unschärferelation.

d) Das Modell macht keine näheren Aussagen über den Atomkern.

e) Die Bohrsche Postulate sind schließlich theoretisch nicht begründet.

Antwort

Alle der genannten Punkte beschreiben Unzulänglichkeiten des Bohrschen Atommodells. Die Annahme eines korpuskularen Elektrons, das sich auf einer bestimmten Bahn bewegt, ist eine Hilfsvorstellung der klassischen Physik, quantentheoretisch jedoch unmöglich.

Der Anwendung anschaulicher Modelle wie „Welle" oder „Teilchen" sind im Mikrobereich Grenzen gesetzt. Keine Analogie beschreibt das wirkliche Verhalten von Quanten wie z. B. den Elektronen umfassend. Sie bleiben die seltsamen Gebilde zwischen „Teilchen" und „Wellen".

Das Verhalten eines Teilchens wird vielmehr durch eine ortsabhängige Wellenfunktion $\psi(x)$ beschrieben die in die berühmte *Schrödingergleichung* eingeht:

$$H\,\Psi = E \cdot \Psi$$

E ist die Energie, der Hamilton-Operator ***H*** enthält Informationen über das Teilchen und die Kräfte, denen es ausgesetzt ist.

$\psi(x)$ kommt selbst keine physikalische Bedeutung zu, nach Max Born enthält die Wellenfunktion vielmehr „Information" über das Teilchen. Ihr Betragsquadrat $|\psi(x)|^2$ ist allerdings ein Maß für die Aufenthaltswahrscheinlichkeit eines Teilchens am Ort x.

Im Mikrokosmos hat die Schrödingergleichung eine ähnliche Bedeutung wie die Newtonschen Bewegungsgleichungen für die klassische Physik. Und so wie die klassische Mechanik die Basis der Physik im Makrokosmos ist, stellt die von Schrödinger eingeführte *Quantenmechanik* die Grundlage der gesamten *Quantenheorie* dar.

Man könnte annehmen, dass auch die Quantenmechanik nur eine vorläufige Theorie ist, die wie ihre Vorgänger eines Tages durch eine bessere abgelöst werden wird.

Gegen diesen Einwand spricht das von Werner Heisenberg im Jahr 1927 ausgesprochene Unschärfeprinzip, nach dem es grundsätzlich unmöglich ist, den Zustand eines physikalischen Systems zu irgendeinem Zeitpunkt genau zu bestimmen. Seine **Heisenbergsche Unschärferelation:**

$$\Delta x \cdot \Delta p_x \geq h, \quad h = \text{Plancksches Wirkungsquantum}$$

besagt, dass eine gleichzeitige Bestimmung von Ort und Impuls eines Teilchens nur möglich ist, wenn für beide Größen eine Unschärfe in Kauf genommen wird. Misst man z.B. den Ort „genau", so ist die Ungenauigkeit des Impulses, einfach gesagt, wohin sich das Teilchen bewegen wird, sehr groß und umgekehrt. Die beiden Größen Ort und Impuls verhalten sich in mikrophysikalischen Systemen komplementär.
Das Unschärfeprinzip steht mit allen gemachten Beobachtungen im Einklang (Teilchen geht durch engen Spalt u.v.m.) und gründet sich zudem auf zahlreiche Gedankenexperimente. Fachleute gehen daher davon aus, dass diese Unschärfe von Ort und Impuls (Geschwindigkeit) mit den damit verbundenen Wahrscheinlichkeitsangaben ein *fundamentales Naturgesetz* ist, das sich im Mikrokosmos offenbart. Sie ist nicht etwa eine Unzulänglichkeit unserer Messinstrumente, sie ist eine Eigenschaft der Quanten selbst.
Die Heisenbergsche Unschärferelation wird zur Grundlage der **Kopenhagener Deutung** der Quantentheorie. Sie entstand 1926/27 an Bohrs Institut und basiert auf der vorgeschlagenen Wahrscheinlichkeits-Interpretation der Wellenfunktion. Sie führt die statistische Deutung der Quantentheorie, die prinzipielle Unkenntnis bestimmter physikalischer Größen sowie den Welle-Teilchen-Dualismus zusammen. Außerdem macht sie Aussagen über die Beziehung der quantenmechanischen zu den letztlich beobachteten (gemessenen) klassischen Größen.

Zusammengefasst

Nach dem quantenmechanischen Modell tragen **Protonen** und **Neutronen** weiterhin praktisch die gesamte Masse und bilden den Atomkern, in dem sie sich ständig bewegen.
Streuexperimente mit immer leistungsstärkeren Teilchenbeschleunigern zeigten in den 1960er Jahren, dass Protonen und Neutronen nicht die kleinsten Teilchen sind, sondern eine Struktur aufweisen. Sie sind aus zweien von insgesamt sechs **Quarks** zusammengesetzt: dem „up"-Quark (u) und dem „down"-Quark (d).
Die negativ geladenen **Elektronen** umgeben den Atomkern wie in einer Wolke. Sie sind zwar nahezu masselos, füllen aber praktisch den gesamten

Raum eines Atoms (Durchmesser ca. 10^{-10} m) aus. Weiter geht man davon aus, dass es die elektrische Anziehung zwischen positivem Kern (Protonen) und den negativen Elektronen ist, die das Atom zusammen hält.
Diese Hüllenelektronen sind schalenförmig in sogenannten **Orbitalen** um den Atomkern angeordnet. Jedes Orbital kann nur eine bestimmte maximale Anzahl an Elektronen aufnehmen, die sich darin frei bewegen. Aus der **Wellenfunktion** lässt sich nur die Aufenthalts-**Wahrscheinlichkeit** am Ort x eines Elektrons berechnen.
Elektronen gehören zu den eingangs erwähnten **Leptonen**. Quarks, Leptonen und die Austauschteilchen wie die Photonen oder das kürzlich nachgewiesene Higgs-Boson bilden das sogenannte **Standard-Modell** der Elementarteilchen.

Die unmittelbare Anschauung der klassischen Physik wich bei der Atomvorstellung einem eher abstrakten mathematischen Modell, das Rechenergebnisse liefert, die mit der Beobachtung im Einklang stehen. Die Quantentheorie erwies sich bislang als zutreffend und liefert das momentan beste Bild der wirklichen Abläufe im Mikrokosmos.

Wie Wissenschaft entstand

Anstelle eines Nachwortes

Die Irrglauben der Antike

Die antiken Kulturen glaubten, dass die Erde eine Scheibe ist oder die Sonne die Gottheit Helios, die mit ihrem Sonnenwagen täglich über das Firmament fährt. Oder sie meinten, dass Blut aus in der Leber verdauter Nahrung erzeugt wird und seine Zirkulation dort ihren Ursprung hat. Alles Irrtümer, die uns aus heutiger Sicht schmunzeln lassen.

In Wirklichkeit legten aber genau jene Völker bereits die Samen für unsere heutige Wissenschaft. Die Sumerer und alten Ägypter bspw. überwanden die Ehrfurcht vor den Himmelsereignissen und lernten die Bewegung der Planeten und Sterne vorherzusagen und zu berechnen.

Die alten Griechen beschritten als erste mit Entschlossenheit den Weg die Naturphänomene ausschließlich durch das eigene Denken zu erklären. Sie griffen nicht mehr auf Gottheiten oder Aberglauben zurück.

Dies zeigen die außergewöhnlichen Erfolge eines Eratosthenes mit der Messung des Erdumfangs oder eines Archimedes, als er das Gesetz des Auftriebs entdeckte. Ptolemäus gelang es, obwohl sein Modell des Sonnensystems falsch war, dennoch die Bewegungen der Planeten exakt vorherzusagen.

Diese wissenschaftliche Herangehensweise und die Schärfe des Beobachtens ging in den folgenden Jahrhunderten verloren. Und erst nach dem ersten Jahrtausend unserer Zeitrechnung entdeckten die Philosophen des Mittelalters wieder diese wissenschaftlichen Ideen und befassten sich mit den Irrtümern des Aristoteles oder mit der – falschen, aber pragmatischen – Herangehensweise der Alchemisten.

Und Forscher begannen von neuem die Natur ausschließlich mit Vernunft und Genauigkeit bei der Beobachtung zu erfassen, ohne Angst, sich zu täuschen.

Alle Erkenntnisse der folgenden Jahrhunderte bereiteten den Boden für die Revolution des Galileo Galilei. Er ist die zentrale Figur am Wendepunkt der Geschichte der Naturwissenschaften.

Die neuzeitliche Wissenschaft

Galileo war auf verschiedensten Feldern bewandert. Seine bevorzugte Herangehensweise aber blieb immer das Experiment.
Er begründete das, was wir heute die **wissenschaftliche Methode** nennen, auf drei großartigen und revolutionären Neuerungen:

- Die Naturerscheinungen lassen sich vollständig erfassen und messen.
- Alle Beobachtungen müssen mit größtmöglicher Genauigkeit durchgeführt werden.
- Das „Buch der Natur“ ist in der Sprache der Mathematik verfasst

Aber Beobachtungen und Messungen alleine bringen uns keinen einzigen Schritt weiter in unserer Erkenntnis. Um daraus logische Schlüsse ziehen zu können, ist eine bestimmte Vorgehensweise entscheidend, eben eine Methode.
Indem sich diese neue wissenschaftliche Methode immer wieder bestätigt, wird ein kollektiver und anhaltender Prozess in Gang gesetzt. Dabei versuchen unzählige Forscher eine immer exaktere und zuverlässigere, eben nicht mehr willkürliche, Vorstellung von der Natur zu bekommen. So entwickelte sich die gesamte moderne Wissenschaft. [1]

Literaturverzeichnis

Hinweis zur Zitierweise: Literaturverweise stehen im Text als Nummern in eckigen Klammern. Sofern nicht von einer Textstelle direkt auf die entsprechende Literaturstelle verwiesen wird, werden am Ende der wissenschaftsgeschichtlichen Kapitel die Quellen allgemein angegeben.

[1] Balle di Scienza. Storie di errori prima e dopo Galileo, Ausstellung, Pisa, 2014

[2] van Dülmen, Richard/Rauschenbach, Sina (Hrg.), Macht des Wissens. Die Entstehung der modernen Wissensgesellschaft, Böhlau Verlag, Köln 2004. Sammelband zur Wissensvermittlung und Formation der Wissensgesellschaft von 1450 bis zum Beginn des 19. Jh.

[3] Fisher, Len: Reise zum Mittelpunkt des Frühstückseis. Streifzüge durch die Physik der alltäglichen Dinge, Bastei-Lübbe, Bergisch-Gladbach, 2006

[4] Hermann, Armin: Lexikon Geschichte der Physik A-Z. Biographien, Sachwörter, Originalschriften und Sekundärliteratur, Aulis Verlag Deubner, Köln 1987

[5] Simonyi, Karoly: Kulturgeschichte der Physik. Von den Anfängen bis heute, Verlag Harry Deutsch, Frankfurt/Main, 2001

[6] Krafft, Fritz: Die wichtigsten Naturwissenschaftler im Porträt, Marix Verlag, Wiesbaden 2007

[7] Meyenn, Karl (Hrg.): Die großen Physiker. Bd. 1 Von Aristoteles bis Kelvin, Verlag C.H.Beck München, 1997.

[8] Microsoft Corporation (Hrg.): Microsoft Encarta 2006, Martin Daumer, Physik (Übersichtsartikel zur Entwicklung und Einteilung in Fachgebiete)

[9] Reisinger, Josef: Der Weg zum physikalischen Kraftbegriff von Aristoteles bis Newton, Fakultät für Physik, Fachdidaktik Physik, Regensburg

[10] Siemens, Stephan: Der Begriff der Bewegung, Club Dialektik, *www.club-dialektik.de*, Köln, 2011

[11] Johanes Wickert: Isaac Newton. Rororo, Reinbek 1995, 2. Aufl, 2001

[12] In: Wikipedia, Die freie Enzyklopädie. Stand: 30.09.2015:
Archimedes, *https://de.wikipedia.org/w/index.php?title=Archimedes&oldid=146466152*
Galileo Galilei,
https://de.wikipedia.org/w/index.php?title=Galileo_Galilei&oldid=145919859
Isaac Newton,
https://de.wikipedia.org/w/index.php?title=Isaac_Newton&oldid=146236961
Henry Cavendish,
https://de.wikipedia.org/w/index.php?title=Henry_Cavendish&oldid=144651139

[13] Wolf, Fred A.: Der Quantensprung ist keine Hexerei. Die neue Physik für Einsteiger, fischer-logo, Frankfurt/Main, 1989. Kapitel 1 und 2

Anhang

I) SI-Einheiten und davon abgeleitete

Größe	Einheit	Symbol
Länge ***l***	Meter	m
Zeit ***t***	Sekunde	s
Masse ***m***	Kilogramm	kg
Fläche ***A***	Quadratmeter	m^2
Volumen ***V***	Kubikmeter	m^3
Geschwindigkeit ***v***	Meter pro Sekunde	m/s
Beschleunigung ***a***	Meter pro Quadratsekunde	m/s^2
Kraft ***F***	Newton	N
Gewicht F_G	Newton	N
Gravitationsfeldstärke, Fallbeschleunigung ***g***	Meter pro Quadratsekunde	m/s^2
Druck ***p***	Pascal	$Pa = N/m^2$
Arbeit ***W***	Joule	J = Nm
Energie ***E***	Joule	J = Nm
Wärme ***Q***	Joule	J
Temperatur ***T***	Kelvin (Celsius)	K (°C)

II) Formel-Sammlung

Dichte ρ	$\rho = \frac{m}{V}$	m V	Masse in g Volumen in cm³	$1\ \frac{g}{cm^3} = 1000\ \frac{kg}{m^3}$
Geschwindigkeit ***v***	$v = \frac{\Delta s}{\Delta t}$	Δs Δt	Verschiebung in m Zeit in s	$1\ \frac{m}{s} = 3{,}6\ \frac{km}{h}$
Beschleunigung ***a***	$a = \frac{\Delta v}{\Delta t}$	Δv Δt	Geschwindigkeits-änderung in m Zeit in s	$1\ \frac{m}{s^2}$
Dynamisches Grundgesetz	$F = m \cdot a$	a m	Beschleunigung in m/s² Masse in kg	$1\,N = 1\ \frac{kg \cdot m}{s^2}$
Hookesches Gesetz	$F = D \cdot \Delta l$	D Δl	Federkonstante in N/m² Dehnung in m	
Gewichtskraft ***F***	$F_G = m \cdot g$	m g	Masse in kg Fallbeschleunigung in m/s²	
Schiefe Ebene	$F_H = F_G \cdot sin\alpha$	F_G α h l	Gewichtskraft in N Neigungswinkel der Ebene Höhe der Ebene Länge der Ebene	$F_H = F_G \cdot sin\alpha = F_G \cdot \frac{h}{l}$
Mechanische Arbeit ***W***	$W = F \cdot \Delta s$	F Δs	Kraft entlang Weg in N Verschiebung in m	$1\,J = 1\,N \cdot m$ $1\,J = 1\ \frac{kg \cdot m^2}{s^2}$
Druck ***p***	$p = \frac{F}{A}$	F A	Kraft senkrecht zur Fläche Fläche in m²	$1\ \frac{N}{m^2} = 1\ Pa$ $1\ bar = 10^5 Pa$
Gewichtsdruck in Flüssigkeiten ***p***	$p = \rho \cdot g \cdot h$	ρ g h	Dichte der Flüssigk. kg/m³ Gravitationsfeldstärke m/s² Tiefe unter Flüssigk.-spiegel, m	Wasser: 10 m Tiefe ~ 1 bar Gewichtsdruck
Auftrieb ***F***	$F_A = V_{flü} \cdot \rho_{flü} \cdot g$	V ρ g	Vol.verdrängter Flü, in m³ Dichte der Flüssigk. kg/m³	

		Gravitationsfeldstärke m/s²	
Temperatur **ϑ** Abs. Temp. ***T***	$\frac{T}{K} = \frac{\vartheta}{°C} + 273$	Temperaturunterschiede: $\Delta\vartheta$ = 1 °C ~ ΔT = 1 K	0 K = -273 °C
Thermische kinet. Energie eines Teilchens	$E_{kin} = \frac{3}{2} k \cdot T$	k Boltzmannkonstante T absolute Temp. in K	k = 1,38 10^{-23} J/K
Wärme **Q**	$Q = \Delta E_i$	ΔE_i Änderung der Inneren Energie in J	$1\,J = 1\ \frac{kg \cdot m^2}{s^2}$
1. Hauptsatz der Wärmelehre	$\Delta E_i = W + Q$	W geleistete Arbeit in J Q umgesetzte Wärme in J	$1\,J = 1\,N \cdot m$ $1\,J = 1\ \frac{kg \cdot m^2}{s^2}$
Längenausdehnung ***Δl***	$\Delta l = \alpha \cdot l_0 \cdot \Delta\vartheta$	α Längenausdehnungskoeff. l_0 Ausgangslänge in m $\Delta\vartheta$ Temperaturänderung in °C	α in 1/K auch: ΔT in K
Zustandsgleichung idealer Gase	$\frac{V_1 \cdot p_1}{T_1} = \frac{V_2 \cdot p_2}{T_2}$	V Vol. eingeschl. Gasmenge p Druck im Gas T Temperatur des Gases	System geht vom Zustand (V_1,p_1,T_1) über nach (V_2,p_2,T_2)
T= konst: Gesetz „Boyle-Mariotte“	$V_1 \cdot p_1 = V_2 \cdot p_2$	Druck-Volumen-Abhängigkeit. einer abgeschlossenen Gasmenge	Doppelter Druck ~ halbes Volumen

Stichwortverzeichnis